U0287638

AI Agent 应用与项目实战

主编 | 唐宇迪 尹泽明

参编 | 李成臣 李伯男 张家坤
杨 超 夏 爽 肖俊伟
郭雨佳 范宇迪 盛 伟

電子工業出版社
Publishing House of Electronics Industry
北京 · BEIJING

内 容 简 介

随着大语言模型的日益火爆，各行各业都想把 AI（人工智能）接入自己的业务场景，但是只依靠大语言模型就能解决业务场景的实际需求吗？要想真正使 AI 落地肯定少不了结合自己业务场景的数据，定制 AI 所承担的角色，给它配置上需要使用的工具并按照标准化的流程办事。那么，这些操作就可以使用本书介绍的 Agent（智能体）来实现。本书使用通俗的语言讲解 Agent 核心组件的构建原理与应用流程，基于主流 Agent 框架（Coze、AutoGen Studio）进行案例应用实战，全流程解读如何基于实际业务场景打造专属 Agent。为了使读者能够将 Agent 应用在自己的私有化场景中，本书还讲解了如何微调本地大语言模型并将本地大语言模型与 Agent 结合，从而帮助读者打造自己的私有助理。

图书在版编目（CIP）数据

AI Agent 应用与项目实战 / 唐宇迪，尹泽明主编.
北京 : 电子工业出版社，2024. 12. -- ISBN 978-7-121-49181-8

Ⅰ. TP18

中国国家版本馆 CIP 数据核字第 20242FM618 号

责任编辑：李淑丽　　　　特约编辑：田学清
印　　刷：北京天宇星印刷厂
装　　订：北京天宇星印刷厂
出版发行：电子工业出版社
　　　　　北京市海淀区万寿路 173 信箱　　　　邮编：100036
开　　本：787×980　1/16　印张：19.75　字数：421 千字
版　　次：2024 年 12 月第 1 版
印　　次：2025 年 3 月第 4 次印刷
定　　价：89.00 元

凡所购买电子工业出版社图书有缺损问题，请向购买书店调换。若书店售缺，请与本社发行部联系，联系及邮购电话：（010）88254888，88258888。

质量投诉请发邮件至 zlts@phei.com.cn，盗版侵权举报请发邮件至 dbqq@phei.com.cn。

本书咨询联系方式：faq@phei.com.cn。

前言

自大语言模型爆火之后，AI 已不再是程序员和科研人员的专属工具，越来越多的业务人员开始使用 AI 工具和各种大语言模型框架来提高工作效率。近年来，各种 AI 工具层出不穷，基本上已经渗透到各行各业。AI 工具虽多，却不是为每个业务人员量身定做的，很难与实际业务场景相结合，并且业务人员无法针对现有工具进行优化，使得 AI 工具经常在各个业务场景中只是昙花一现，无法与实际业务场景深度结合。

那么“AI+行业”这条路该如何走呢？绝对不是只依赖大语言模型与 AI 工具。现有的大语言模型虽然能力很强，能理解的知识面也很广，但它就像一个光杆司令，只能回答人们提出的问题，无法实际执行各项任务。与之相反，AI 工具（当然也包括其他软件、程序等）虽然可以执行各项任务，但其并不是 Agent，通常需要人们预先定义好参数、设置好流程，然后才能执行实际的任务。总而言之，其还需要人参与到实际任务中，并不是真正意义上的全流程自动化。那么能否将大语言模型与 AI 工具结合在一起，让大语言模型自己使用各种各样的外部工具来完成任务呢？（就像人一样，不仅拥有大脑，还具备双手来使用各种工具，从而完成不同业务场景的任务。）目前的答案只有一个词，那就是 Agent。

Agent 具备哪些能力？为什么它是目前“AI+行业”的唯一答案呢？下面列举几个关键词：感知、记忆、决策、反馈、工具调用、大语言模型、多 Agent 协作。掌握了这些关键词，对 Agent 就有了一个基本认识。

感知：能获取周围环境的信息，如用户输入的数据、上传的照片，或者一个网页链接，感知就是能够理解用户的输入。

记忆：Agent 做过什么事，得到过什么样的反馈，中间经历了哪些过程，Agent 都需要记住，后面在做决策的时候还会参考之前的记忆，人类能“吾日三省吾身”，它也可以！

决策：现在 Agent 配置了很多工具，它需要知道什么时候用什么工具，通过调用不同的工具来完成用户交给它的任务。

反馈：这一次跌倒，下一次还要再跌倒吗？既然有记忆，就要根据记忆进行反思，接下来做这件事的时候是不是该优化一下了。

工具调用：常见的方式就是使用 API，让 Agent 具备各种各样的能力，并且可以让它根据感知和记忆的信息来填写其中的参数，从而实现自动化。

大语言模型：Agent 是如何完成感知、记忆和决策的呢？这些事都需要交给“大脑”，也就是大语言模型。

多 Agent 协作：单兵作战是可以完成一些工作的，但是面对复杂业务，就需要多个角色通过交互和分析来一起完成相应工作。

读者不仅要从概念上理解 Agent，还要动手跟着本书内容做一些实际业务场景的应用，包括使用各种 Agent 框架实现实际的业务需求，以及外部工具的调用、大语言模型的微调、本地知识库的搭建，从而理解构建 Agent 的全流程。接下来就一起动手来构建 Agent 吧！

目录

第 1 章 Agent 框架与应用

随着 AI（人工智能）技术的飞速发展，深度学习（Deep Learning，DL）模型在各个领域中的应用日益广泛。近年来，通过获取大量的网络知识，大语言模型（Large Language Model，LLM）已经展现出人类级别的智能潜力，从而引发了基于大语言模型的 Agent 研究的热潮，越来越多的研究者和开发者开始关注其内部机制、性能特点及实际应用效果。Agent 将大语言模型的核心能力应用于实际场景，展现了强大的问题解决能力。随着 Agent 的普及和应用场景的多样化，深入解读 Agent 的框架原理和优势，对于推动其进一步发展、优化，以及开拓其应用领域具有重要意义。

本章内容包括初识 Agent、Agent 框架、Multi-Agent 多角色协作、Agent 应用分析，旨在帮助读者深入了解 Agent 内部机制和工作原理，从而为相关从业者、研究者及爱好者提供有价值的参考和指导。

1.1 初识 Agent

Agent 又被称为“代理”或“智能体”，顾名思义，Agent 可以作为一个具有智能的实体完成一些工作，以类似人类的智慧解决一些常见的问题。截至目前，Agent 仍在不断发展进化，有人认为它是人类某种能力的化身，也有人认为它是某个专家系统的知识输出。例如，当我们工作繁忙时，需要有一个助理帮忙收集每条消息，并将消息汇总后告诉我们其中的重要事项；它还可以是写作专家，指导我们撰写专业领域的文章。

吴恩达教授在分享 Agent 的最新趋势和洞察时，表示 Agent 的工作流程与传统基于大语言模型的 Agent 工作流程不同，该工作流程具有更强的迭代性和对话式，所以现阶段主流趋势的 Agent 是结合专家工作流程的工程体系，如图 1-1 所示。在具体的业务中，Agent 想要完成具体的事务，需要通过感知、思考、动作、记忆这 4 种能力形成工程体系。

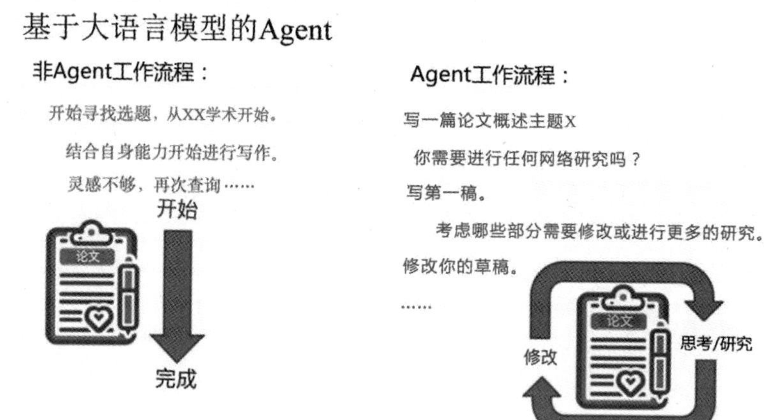

图 1-1

1.1.1 感知能力

Agent 需要具有将用到的信息转化为提示，通过从信息中获取机制并识别出信息中相关对象、事件及状态的能力。感知是 Agent 进行决策和行动的基础，它允许 Agent 与其所处理的业务进行交互，并获取必要信息。这种能力使得 Agent 能够实时了解业务的状态和变化，进而根据这些信息来制定合适的策略和执行相应的操作。Agent 的感知能力对于其实现自主决策和行动至关重要，是其实现自主行为的重要基础。通过感知，Agent 能够获取并理解环境信息，为后续的决策和行动提供必要的支持。

1.1.2 思考能力

Agent 的思考能力主要体现在，其能够基于感知到的信息进行决策、推理、学习及优化，如图 1-2 所示。

决策能力：Agent 能够根据预定目标，结合感知到的环境信息，进行逻辑推理和判断，从而做出决策。这种决策能力使得 Agent 能够在复杂的环境中，独立地选择最优的行动策略，以实现其预定目标。

推理能力：Agent 能够运用逻辑推理、模式识别等技术，从已知的信息中推导出未知的信息。这种推理能力有助于 Agent 在不确定或动态的环境中，根据有限的感知信息，预测未来的状态或趋势，并做出应对。

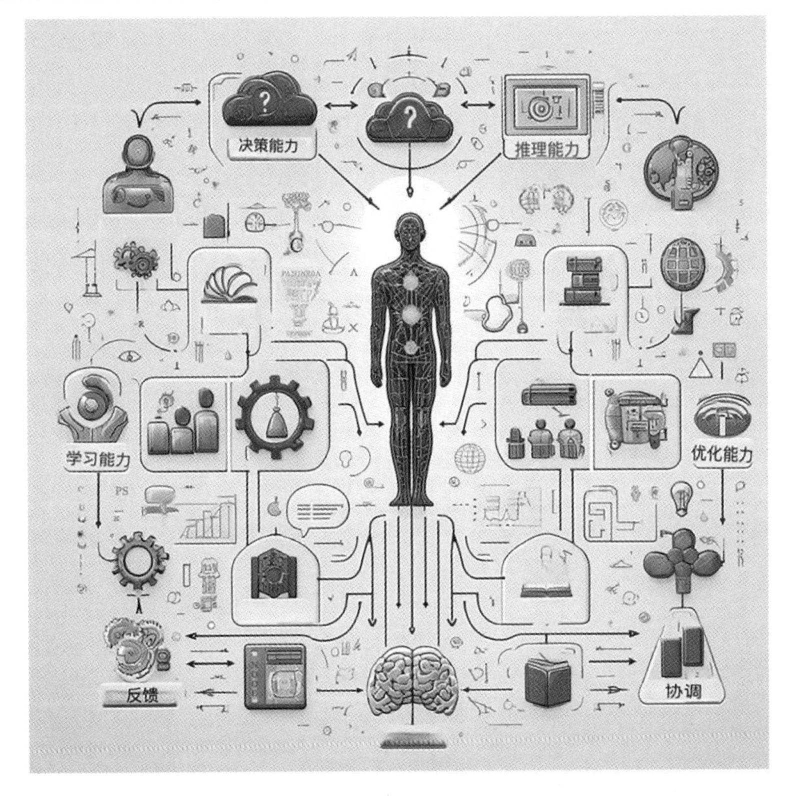

图 1-2

学习能力：Agent 具备自我学习和适应能力，能够通过机器学习等技术，从经验中学习和积累知识，不断优化自身的决策和推理过程。这种学习能力使得 Agent 能够应对复杂多变的环境，不断提高自身的智能水平。

优化能力：Agent 能够根据环境变化和自身经验，对决策和推理过程进行优化，以提高效率和准确性。这种优化能力使得 Agent 能够在长期运行过程中，逐渐改进自身的性能，以更好地适应环境。

Agent 的思考能力是其实现自主智能的关键，使得其在 AI、游戏开发、电子商务和网络通信等领域中具有广泛的应用前景。

1.1.3　动作能力

动作能力是指 Agent 能够根据决策结果执行相应操作的能力。Agent 通过执行动作实现与外部环境的交互。例如，调用 API 在网络上查询、询问其他 Agent，修改数据，发送信息等。

动作能力对于 Agent 至关重要，它使得 Agent 能够将决策结果转化为实际的行为，从而实现对环境的控制和影响。在不同业务的应用中，Agent 的动作能力可以根据具体需求进行定制和扩展，以满足各种复杂任务的要求。

Agent 的动作能力与其感知能力和思考能力紧密相关。感知能力为 Agent 提供了关于环境的信息，思考能力使 Agent 能够基于这些信息做出合理的决策，而动作能力则负责将决策结果转化为实际行动。这 3 种基本能力共同构成了 Agent 实现自主智能的关键要素。

1.1.4 记忆能力

记忆能力是指 Agent 存储和回忆过去的信息、经验和知识，以便在未来的决策和行动中加以利用的能力。记忆能力是 Agent 实现连续性和智能行为的关键要素之一。其形成过程如图 1-3 所示。

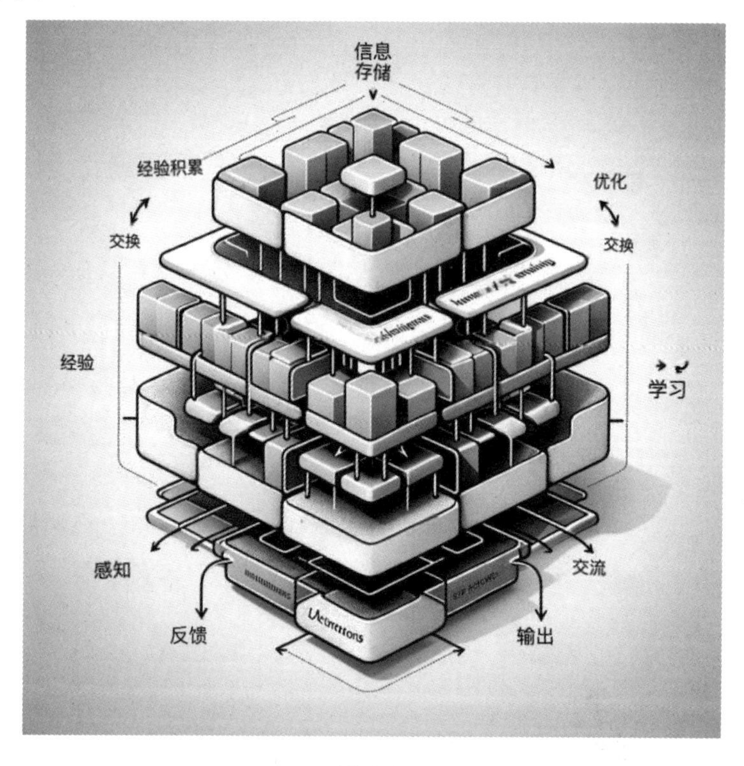

图 1-3

Agent 的记忆能力主要体现在以下几个方面。

信息存储：Agent 能够存储大量的信息，包括感知到的环境数据、历史决策结果、执行动作的反馈等。这些信息以适当的形式（如向量数据库）被保存在 Agent 的内部记忆系统中，以便随时调用。

经验积累：Agent 通过不断地与环境交互来积累经验并学习新的知识。这些经验可以是成功的案例，也可以是失败的教训，它们都被 Agent 存储在记忆中，用于指导未来的决策和行动。

知识推理：Agent 能够基于存储的记忆进行知识推理，即利用已有的知识和经验来推断新的信息或解决新的问题。这种知识推理能力使得 Agent 能够在面对新的或复杂的情况时，快速做出合理的决策。

学习优化：Agent 通过不断学习和优化自身的记忆系统来提高记忆效率和准确性。例如，Agent 可以利用机器学习算法来优化记忆结构，以便能够更快地检索和利用相关信息。

记忆能力对于 Agent 至关重要，它使得 Agent 在面对复杂多变的环境时，不仅能够根据当前的信息做出决策，还能够借鉴过去的经验和知识，从而更加智能地应对各种挑战。同时，记忆能力为 Agent 的连续性和一致性提供了保障，使得 Agent 能够在长时间运行过程中保持稳定的性能和行为。

Agent 的记忆能力需要与其他基本能力相互配合，才能实现真正的智能行为。通过综合运用这些能力，Agent 可以更加高效地适应环境、完成任务并实现目标。

1.2 Agent 框架

1.2.1 Agent 框架理念

在 Agent 框架中，代理模块是核心部分，负责接收和处理外部系统发送的指令，并根据这些指令执行相应的操作。同时，它作为系统的“大脑”，负责协调系统内部的各个模块，确保整个系统的正常运行。通信模块则负责系统内部各个模块之间，以及内部系统与外部系统之间的通信。它可以被视为系统的“神经系统”，负责传递消息，确保系统内部各个模块之间的协调和合作。

Agent 框架的核心理念是通过 AI 和机器学习技术来简化开发过程。开发人员只要提供一些基本的指令或规则，Agent 框架就能够根据这些指令或规则自动构建应用程序，从而极大地提高开发效率。

以 AutoGPT 为例，该框架通过集成 GPT-4 等大语言模型，实现了强大的自然语言处理（Natural Language Processing，NLP）能力，能够理解和解析复杂的指令，并根据这些指令自动拆解相应的任务来执行。在这个过程中，Agent 可以独立访问和处理信息，理解和应用复杂的规则，甚至生成具有创意和渲染力的文本，如图 1-4 所示。

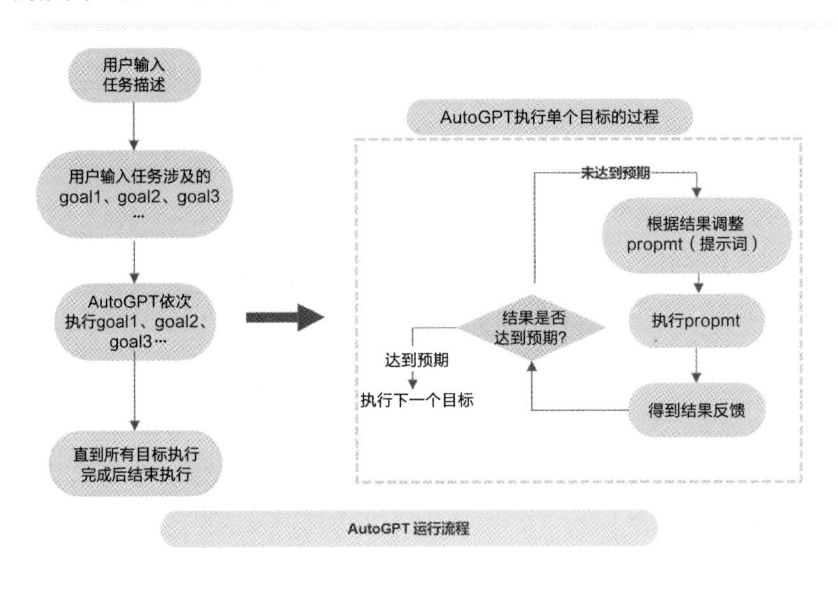

图 1-4

在应用层面，Agent 框架不仅可以改变人们处理重复和单调流程的方式，提高工作效率，还可以帮助企业进行市场研究，理解用户需求和竞争对手的动态。更重要的是，它能够帮助人们生成关于各种情况的假设，为决策提供有力支持。

1.2.2 常用的 Agent 框架

1. AutoGPT

AutoGPT 是一个实验性的开源 AI 应用程序，它利用 OpenAI 的 GPT-4 大语言模型的先进功能，展示了在自动化和自主性方面的前沿技术。这个应用程序的核心优势在于，能够独立执行用户设定的广泛目标，从而在无须人类干预的情况下完成任务。AutoGPT 不仅具备互联网访问能力，还能够进行长期和短期的内存管理、执行文本生成，以及使用 GPT-3.5 进行文件存储和摘要生成。

AutoGPT 的设计哲学在于，模拟一个创业者或决策者的角色。它通过自我迭代和反馈机制，优化执行策略，以提高任务完成的质量和效率。它能够生成计划并执行这些计划，且从结果中学习，以改进未来的行动。这种自主性和学习能力的结合，使得 AutoGPT 在内容创作、市场分析、客户服务等领域中具有广泛的应用潜力。

此外，AutoGPT 的开源特性意味着它可以被社区进一步开发和扩展，同时，第三方开发者可以通过编写插件来丰富其功能。这种开放性为 AI 技术的创新和实验提供了一个平台，打破了 AI 的可能性边界。

2．AutoGen

AutoGen 框架是由微软公司推出的一款开源工具，旨在帮助开发者利用 LLM 创建复杂的应用程序。这个框架的核心优势在于，允许开发者定义多个 Agent 之间的交互行为，使用自然语言和计算机代码为不同的应用程序编写灵活的对话模式。通过这种方式，AutoGen 能够实现多个 Agent 之间对话的自动化，从而简化应用程序的搭建和优化流程。

AutoGen 的设计理念在于，通过 Agent 之间的对话来完成任务，这些 Agent 可以是 LLM 驱动的模块，也可以是人类用户或工具的代理。AutoGen 支持 Agent 的定制，这使得开发者可以根据特定任务的需求，配置 Agent 的能力和行为。此外，AutoGen 还提供了增强型 LLM 推理 API，这有助于提升应用程序的推理性能并降低成本。

AutoGen 的应用范围广泛，涉及数学问题求解、编程、问答系统、娱乐等多个领域。它提供了一个通用的框架，使得开发者能够构建各种复杂和规模的应用程序。此外，AutoGen 还支持动态群组聊天，允许多个 Agent 参与对话，进一步增强了应用程序的交互性和灵活性。

3．Langfuse

Langfuse 是一个开源的 LLM 工程平台，旨在帮助团队协作开发、调试、分析并迭代他们的 LLM 应用程序。该平台提供了一系列核心功能，包括评估、提示管理、测试、提示游乐场、数据集及 LLM 评估等。

Langfuse 的设计考虑了生产环境的使用，同时适用于本地开发。它通过提供详细的程序运行监控和跟踪机制，帮助开发者精确地定位问题，优化程序性能。此外，Langfuse 还支持在线数据标注和收集，允许用户创建数据集，并通过平台进行管理和测试，这极大地方便了 AI 模型训练和评估操作。

该平台还特别强调了易用性，用户通过执行简单的操作即可开始使用，无论是通过 OpenAI API 集成还是通过 LangChain 集成，Langfuse 都提供了清晰的指南和示例代码，使得开发者可以快速地将 Langfuse 集成到现有的工作流中。

4. ChatDev

ChatDev 框架是一款创新的软件开发工具，它利用 LLM 的能力，通过模拟多个 Agent 之间的协作对话来实现全流程自动化软件开发。这个框架采用传统的瀑布模型，将软件开发过程分解为设计、编码、测试和文档编写等阶段，每个阶段都由特定的 Agent 角色通过对话来推进任务的完成。

在 ChatDev 框架中，Agent 之间的对话是通过“聊天链”（Chat Chain）来组织的，每个节点代表一个具体的子任务，通过角色之间的交流和协作来推动任务的执行。这种由对话驱动的方法不仅增强了任务执行的透明度，而且提高了开发过程的灵活性和可追踪性。

ChatDev 的一个关键特性是“思维指导”（Thought Instruction）机制，它通过角色翻转和精确的指令来引导代码的生成和审查，有效减少了代码“幻觉”问题，提高了代码质量。此外，ChatDev 还引入了“记忆流”（Memory Stream）来维护对话历史，确保 Agent 能够在对话中引用和依赖之前的交互内容。

ChatDev 框架的实现展示了如何将自然语言处理、软件工程和集体智能领域相结合，推动软件开发向更高效、成本效益更高的方向发展。它为开发者提供了一种新颖的编程范式，允许他们通过自然语言与 Agent 交流，从而简化了复杂任务的解决过程，并为非程序员用户提供了一种更直观的软件开发体验。

5. BabyAGI

BabyAGI 是一个基于 OpenAI 能力的 AI Agent，它能够根据给定的目标自动生成、组织并执行任务。这个框架通过模拟 AI 驱动的任务管理系统，展示了如何利用 LLM 规划和执行任务。BabyAGI 的核心优势在于，能够递归地创建任务列表，对任务进行优先级排序，并执行这些任务以达成最终目标。

在 BabyAGI 的运行过程中，涉及几个关键的 Agent 角色，包括执行智能体（Execution Agent）、任务创建智能体（Task Creation Agent）和优先级智能体（Prioritization Agent）。执行智能体负责根据任务和上下文调用 LLM 生成任务结果；任务创建智能体使用 LLM 基于目标和前一个任务的结果创建新任务；优先级智能体利用 LLM 对任务列表进行优先级排序。

BabyAGI 的实现表明了 AI 在自动化任务管理中的潜力，同时暴露了对 LLM 的依赖可能带来的不确定性和风险。例如，任务生成的数量和质量强烈依赖于 LLM 的输出，而优先级排序的稳定性也是由 LLM 的性能决定的。此外，如果没有有效的终止条件，则 BabyAGI 可能会无休止地生成任务，从而消耗大量资源。

6．CAMEL

CAMEL，即“Communicative Agents for ‘Mind’ Exploration of Large Scale Language Model Society”（大语言模型社会的探索通信智能体），是一个创新的多 Agent 系统，它通过模拟人类社会中的交互和协作来处理复杂任务。CAMEL 的核心优势在于，拥有“角色扮演”（Role-Playing）机制，允许不同的 Agent 扮演特定角色，并通过自然语言处理技术进行沟通和协作，以实现共同的目标。

CAMEL 框架的一个显著优势是，能够引导 Agent 完成复杂的任务，同时减少对话过程中的错误现象。这是通过 Agent 之间的系统级消息传递实现的，其中包含了为 AI 助理 Agent 和 AI 用户 Agent 设计的特定系统消息。开发者还为 CAMEL 框架设计了灵活的模块化功能，使其可以作为一个基础的后端，支持 AI 研究者和开发者开发多 Agent 系统、合作 AI、博弈论模拟、社会分析和 AI 伦理等应用。

CAMEL 框架的另一个显著优势是，可以进行数据集生成。通过角色扮演框架，CAMEL 生成了多个数据集，如 AI Society、AI Code、AI Math 和 AI Science，这些数据集可被用于探索和提升 LLM 的涌现能力。CAMEL 框架的实验评估显示，它在任务解决能力上优于传统的单一 Agent 方法，这表明 CAMEL 在提升 Agent 协作和问题解决能力方面存在潜力。

此外，CAMEL 框架还引入了“具身智能体”（Embodied Agent）的概念，这些智能体能够与物理世界交互，执行如浏览互联网、阅读文档、创建图像等操作。CAMEL 框架还采用了“critic-in-the-loop”机制，通过一个“中间评价智能体”来根据 AI 用户 Agent 和 AI 助理 Agent 的观点进行决策，增强了系统的可控性。

7．SuperAGI

SuperAGI 是一个开源的、面向开发者的自主 AI Agent 框架，旨在简化构建、高效运行有用的自主 AI Agent 的过程。通过提供一套全面的工具和功能，SuperAGI 使得开发者能够无缝运行并发 Agent，扩展 Agent 的功能，并通过图形用户界面和操作控制台与 Agent 进行高效交互。

SuperAGI 框架的核心优势在于灵活性和可扩展性。开发者可以通过选择或构建自定义工具来扩展 Agent 的功能，从而使其适应各种特定的应用场景和需求。此外，SuperAGI 框架还支持多模型 Agent，允许开发者使用不同的模型来定制 Agent 的行为，以针对特定任务进行优化。这种多样性和定制能力，为 AI Agent 的性能提升和适应性提供了强大的支持。

在实际应用中，SuperAGI 框架的并发 Agent 运行能力显著提高了任务处理效率，尤其适用于需要处理大量数据或执行复杂任务的场景。此外，SuperAGI 框架的图形用户界面和操作控制台为用户提供了直观的管理方式，降低了技术门槛，使得非专业开发者也能够轻松上手。

另外，SuperAGI 框架具有开源性质，遵循 MIT 许可证。这意味着开发者社区可以自由地使用、修改和共享该框架，其有利于促进技术的快速迭代和创新。开源社区的参与也为 SuperAGI 框架带来了持续的改进并不断为其添加新功能，使其能够不断适应 AI 领域的最新发展。

8．MetaGPT

MetaGPT 框架是一个创新的多 Agent 系统，它通过模拟真实世界中的团队协作，为 AI Agent 赋予不同的角色，如产品经理、架构师、项目经理、工程师和质量保证工程师等，每个角色都具有特定的职责和专业知识。这个框架的核心优势在于，将 SOP（Standard Operating Procedure，标准操作规程）编码成提示序列，使得各 Agent 之间能够高效协作，从而确保任务执行的一致性和质量。

MetaGPT 框架的设计分为基础组件层和协作层，基础组件层提供了 Agent 所需的核心能力，如观察、思考和行动，而协作层用于协调各 Agent 共同解决复杂问题。通过这种设计，MetaGPT 框架不仅提高了任务执行的效率，还实现了各 Agent 之间的知识共享和工作流程的封装，从而提高了整体的运行效率。

此外，MetaGPT 框架还引入了可执行反馈机制，类似于开发者在开发过程中的迭代过程，Agent 在执行任务后会根据反馈进行调试，直至满足要求为止。这种持续学习和优化的能力，使得 MetaGPT 框架能够随着时间的推移变得更加高效和智能。

MetaGPT 框架的应用场景广泛，包括但不限于软件开发、项目管理、自动化测试和数据分析与决策支持。它模拟了软件开发团队的工作流程，从需求分析到系统设计，再到代码编写和测试，每个步骤都由专门的 Agent 负责，这有助于提高软件开发的效率、减少错误，并生成高质量的代码。

9．ShortGPT

ShortGPT 是一个实验性的 AI 框架，旨在自动化编辑视频和缩短文案内容的创建过程。

它通过简化视频编辑流程，为创作者提供了强大的工具，以快速制作、管理和交付内容。ShortGPT 框架的核心功能包括提供自动视频编辑框架、脚本和提示，支持多语言的配音和内容创作，自动生成视频字幕，以及获取互联网素材等。

ShortGPT 框架的一个显著优势是，利用 LLM 来优化视频编辑过程，通过特定的视频编辑语言，将编辑任务分解成可管理的模块，从而实现自动化编辑。此外，它还支持超过 30 种语言的配音和内容创作，这使得 ShortGPT 能够跨越语言障碍，服务于更广泛的用户群体。

在技术实现上，ShortGPT 框架结合了多种技术，如 MoviePy 用于视频编辑，OpenAI 用于实现自动化过程，ElevenLabs 和 EdgeTTS 用于声音合成，以及 Pexels 和 Bing Image 用于素材获取。这些技术的融合为 ShortGPT 框架提供了强大的功能，使其能够高效地进行自动化内容创作。

ShortGPT 框架的另一个显著优势是开放性和适应性。作为一个开源项目，它鼓励社区贡献，无论是添加新功能、改进基础设施，还是提供更好的文档，这种开放的态度都有助于 ShortGPT 框架快速迭代和改进，以适应不断变化的技术和用户需求。

10．CrewAI

CrewAI 是一个开源框架，是专为构建和协调多 Agent 系统而设计的，它通过促进不同 AI Agent 之间的协作来处理复杂的任务。这个框架的核心优势在于，支持角色定制 Agent，允许开发者根据不同的角色、目标和工具来量身定制 Agent。此外，CrewAI 还支持自动任务委派，使得 Agent 之间能够自主地分配任务和进行交流，有效提高了问题解决的效率。

CrewAI 框架的设计理念强调了确定性和效率，它优先采用精简和可靠的方法来确保任务的高效完成。与 AutoGen 等框架相比，CrewAI 框架在发言人的反应和编排上牺牲了一定的灵活性和随机性，但获得了更多的确定性。CrewAI 框架基于 LangChain 设计，这使得它能够利用 LangChain 提供的丰富工具和资源，增强 LLM 的功能。

此外，CrewAI 框架的架构允许它与开源模型兼容，支持使用 OpenAI 或本地模型运行模式，这增加了它的灵活性和适用范围。CrewAI 框架还提供了流程驱动功能，但目前仅支持顺序任务执行和层级流程。

CrewAI 框架的模块化方法允许它通过部署多个独立的 Crew 来执行任务，每个 Crew 配备几个 Agent，这种设计使得它更容易管理 Agent 之间的依赖关系，并确保任务以正确的顺序执行。它不仅提供了 AutoGen 对话 Agent 的灵活性，还保持了高度的适应性和灵活性，以适应不同的工作场景和业务需求。

总体来看，CrewAI 框架通过其多 Agent 协作平台，提高了解决复杂问题的能力，这是单 Agent 系统难以比拟的。它通过各 Agent 之间的互动和协作，不仅解决了 AI 协同问题，也在重新塑造人类与 AI 之间的关系模式。随着 CrewAI 技术的不断成熟，AI 将成为企业协同工作的重要力量，广泛应用于各行各业。

1.3 Multi-Agent 多角色协作

Multi-Agent 多角色协作是指在 AI 领域中多个 Agent 扮演不同的角色，通过相互之间的协作来共同解决复杂的问题或完成复杂的任务，如图 1-5 所示。这种协作包括信息交流、任务分配、决策制定等多种形式。每个 Agent 都可以拥有特定的功能和职责，它们通过协调各自的行为来实现共同的目标。

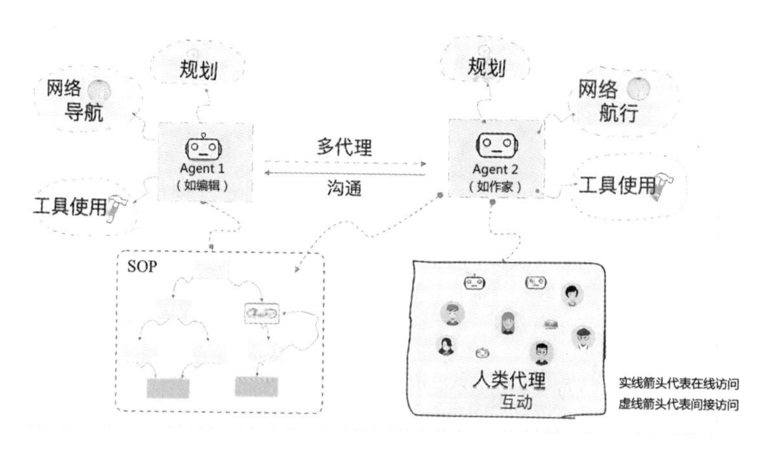

图 1-5

在 Multi-Agent 系统中，各 Agent 之间的协作可以通过 SOP 拆解、角色扮演、反馈迭代、监督控制来实现。

1.3.1 SOP 拆解

SOP 在用户提出需求，并给到 Multi-Agent 后，会先将复杂的任务分解成一系列更小、更易于管理的子任务。这种分解使得每个 Agent 都可以专注于执行特定的子任务，从而提高系统整体的效率。

1.3.2　角色扮演

角色扮演是 Multi-Agent 系统中的核心概念，它用于将不同的任务和职责分配给具有特定专业知识和技能的 Agent。这种专业化的分配可以提高系统整体的效率，因为每个 Agent 都能够专注于执行其最擅长的任务。

1.3.3　反馈迭代

反馈迭代是一个关键的过程，它允许 Agent 通过接收和分析反馈信息来优化自己的行为和决策。这个过程对于 Agent 适应动态环境、提高任务执行效率，以及与其他 Agent 协作都至关重要。

Agent 首先通过内部评估，以及来自其他 Agent 或环境的外部反馈来获得信息，然后分析这些信息并将其与当前的任务和环境状况相结合，以制定适当的响应策略。这个过程包括策略更新、行为修正和通过机器学习技术改进模型参数。反馈迭代是一个循环的过程，Agent 不断尝试新策略，收集反馈，并基于这些新反馈进行进一步调整。这不仅增强了系统的适应性和键壮性，还促进了各 Agent 之间的协作和协调，使整个系统可以更加高效和有效地达成目标。

1.3.4　监督控制

在 Multi-Agent 系统中，监督控制是确保系统有效和安全运行的关键。监督 Agent 通过实时监控、决策支持、系统干预、通信协调和容错机制等手段来维护系统的稳定性和提高执行效率。这些 Agent 能够基于动态环境和实时反馈调整策略。在复杂环境中，监督 Agent 的自适应能力和持续学习能力是提升系统整体性能的关键因素。通过集成控制理论、AI 和机器学习等多学科技术，监督控制机制趋向智能化和自动化，使得 Multi-Agent 系统更加高效和可靠，其中关键的几个部分如下所示。

- 实时监控：监督 Agent 持续监控各 Agent 的行为和系统整体状态，确保任务可以按照预期进行。
- 系统干预：若发现执行 Agent 偏离目标或异常，则监督 Agent 及时调整任务分配或行为策略。
- 决策支持：基于收集的数据和规则，监督 Agent 提供决策支持，优化系统表现。
- 容错和恢复：监督 Agent 负责在出现故障时实施容错机制和恢复策略，以最小化影响。
- 通信协调：确保信息流畅，以支持各 Agent 之间的有效协作。
- 自适应调整：根据环境和反馈调整策略，以应对复杂的动态环境。

- 安全性和隐私保护：在监督过程中保护数据安全和隐私。
- 人机交互：提供界面，允许人类监督者根据需要做出决策。
- 学习和优化：监督 Agent 从经验中学习，不断优化监控和控制策略。

1.3.5 实例说明

接下来，我们用软件产品研发和文章撰写与发布两个实例来演示上述的 Multi-Agent 多角色协作过程。

1. 软件产品研发

我们通过模拟一个虚拟软件团队来实现软件产品研发的全流程自动化。传统的软件产品研发过程：首先产品经理收集用户需求并梳理完整，然后 UI 设计师将产品经理的需求分析转换为设计稿，与此同时，研发架构师开始设计软件分层架构，接着软件工程师开始编码，最后经过测试工程师测试无误后上线。那么 Multi-Agent 系统是如何实现该过程的呢？下面是具体的执行步骤。

- 需求提出：项目团队或利益相关者提出一个原始的软件需求或想法。
- 需求分析：产品经理 Agent 角色使用预设的 prompt 模板来分析需求，并生成产品需求文档。
- 系统设计：研发架构师 Agent 角色根据产品需求文档进行系统设计，创建软件架构图和序列流程图。
- 任务分配：由项目经理 Agent 角色根据需求分析及系统设计，将项目分解为具体的开发任务，并分配给相应的软件工程师 Agent 角色。
- 代码实现：各个软件工程师 Agent 角色根据分配的任务，编写代码实现相应的功能。它们可能会遵循特定的编码标准和最佳实践。
- 代码评审：编写完成的代码会提交给代码评审员 Agent 角色进行评审，以确保代码质量满足项目要求。
- 代码测试：测试工程师 Agent 角色负责编写和执行测试用例，以确保软件的功能和性能达到预期要求。
- 知识沉淀：在开发过程中，每个角色都会从共享环境中提取和沉淀知识，以供将来参考和使用。

图 1-6 所示为由 AI 生成的相关主题的图片。

在上面的实例中，每个 Agent 角色都会通过广播消息和接收消息来共享上下文，同时为了应对某些不稳定的情况，我们还需加入重试机制，允许软件工程师 Agent 角色在失败时重新尝试。为了让每个 Agent 角色都能及时共享消息，我们需要定义标准化的输出格式，以确保每个角色的输出都是结构化和可预测的。

图 1-6

2. 文章撰写与发布

一般正常的文章撰写与发布流程：首先进行选题、内容填充、编辑优化，特定的领域可能需要收集和验证引用和来源，然后进行排版，形成较好的视觉效果，接着主编进行校对，最后将文章发布到媒体平台上。如果采用 Multi-Agent 系统，那么整个过程的执行效率将会大大提高，下面是具体的执行步骤。

- 主题确认：主编 Agent 角色和用户进行沟通，确定文章的目标读者、主体内容、预期成果。
- 资料收集：研究员 Agent 角色自动收集相关的背景资料、数据和引用。
- 内容生成：作家 Agent 角色根据提供的信息和指导，生成文章的初稿。
- 审核反馈：主编 Agent 角色负责审核文章内容的准确性和专业性。
- 视觉排版：设计师 Agent 角色负责设计文章的视觉元素，如文本、图像、图表和信息图。
- 终版校对：校对员 Agent 角色会根据沟通的上下文进行最后的校对，以确保文章无误。
- 发布分析：发布员 Agent 角色通过 API 或 RPA（Robotic Process Automation，机器人流程自动化）将文章发布到媒体渠道，并每隔一段时间观察文章阅读量等数据，分析评论、主题内容对读者的吸引度等。

图 1-7

图 1-7 所示为由 AI 生成的相关主题的图片。

在上述实例中，每个 Agent 角色进行 SOP 拆解后，结合自身的角色扮演完成了整篇文章的撰写与发布过程，那是不是可以实现自动发布文章了？当然可以，通过 AI 推理的能力并加入给定的知识背景，AI Agent 可以执行选题、内容编写、校勘排版等专业性的工作。

目前，Multi-Agent 体系和专家工作流 Agent 体系，形成了两种发展路径。专家工作流 Agent 体系代表由人类专家介入，通过分解任务步骤的方式，指定 LLM 实现固定工作流程的业务执行。为何会形成这两种发展路径呢？这是因为 Multi-Agent 体系目前还存在一些不稳定的情况，加上 LLM 的“幻觉”缺陷，无法保障工作模式的稳定运行，所以当前以 Coze、Dify、FastGPT 为代表的 Agent 产品逐渐向专家工作流 Agent 体系靠拢。

1.4 Agent 应用分析

接下来，笔者根据多年的产品、技术、商业化落地经验，从应用落地的角度，分别从 Agent 自身、Agent 结合 RPA、Agent 多态具身机器人场景详细阐述 Agent 对业务流程的帮助及企业收益的最大化（本节内容场景来自微信公众号“AI 李伯男”，由作者授权后编辑得到）。

1.4.1 Agent 自身场景落地

1. 客户服务

在客户服务行业中，Agent 不仅提高了服务效率和用户满意度，还为企业带来了成本效益和竞争优势。

- 提高服务效率与可用性：Agent 可以 7×24 小时不间断地提供服务，不受时间限制，这对于需要连续运营的行业（如银行、零售业和旅游业）尤为重要。用户可能随时需要得到帮助或想要进行预订等操作，Agent 的持续在线可以满足用户的即时需求。
- 成本效益：相比雇佣大量的客户服务人员，部署 Agent 可以大幅降低人力成本。Agent 可以同时处理多个查询，而且部署后，额外的边际成本非常低。这使得企业能够在不牺牲服务质量的前提下扩展其服务能力。
- 标准化与个性化服务的结合：Agent 能够在保证服务质量标准化的同时，提供个性化的用户体验。通过分析用户的历史交互数据和偏好，Agent 能够定制其回应和服务，使之更贴合每个用户的具体需求。
- 提升技术成熟度与用户接受度：近年来，自然语言处理和机器学习技术的进步极大地提高了 Agent 的交互质量，使得其能更自然、更有效地理解和响应用户的需求。同时，用户逐渐习惯了与 AI 的交互，尤其是在智能家居和智能手机领域中，虚拟助手（如 Alexa、Google Assistant）的普及加深了这一习惯。

- 业务洞察与持续改进：Agent 可以收集大量的用户交互数据，这些数据可用于分析客户行为、偏好及服务痛点。基于这些分析，企业能够调整产品或服务，以更好地满足市场需求。此外，Agent 本身也可以通过机器学习技术不断优化其响应策略和处理流程。

图 1-8 所示为由 AI 生成的相关主题的图片。

2．教育行业

在传统的教育行业中，因为成本或教育资源的短缺，一般不会针对每个学生形成独特的教学方案，而 Agent 在这方面给予了弥补，尤其是个性化学习和自动评分系统的深入应用具有变革性作用，能够大幅提升教学效率和质量。

- 个性化学习：通过利用机器学习算法，分析学生的学习历史、行为模式和学习成效来制定适合每个学生的学习路径。这种方法可以自动调整教学内容、难度和进度，确保学生能在最适合自己的节奏中学习，从而避免因进度过快或过慢而感到沮丧或无聊。当教学内容与学生的兴趣和需要对齐时，可以显著提高其学习动力和参与度，教师可以通过 Agent 系统获取关于学生学习状况的详细反馈，从而更好地制定教学策略和进行个性化辅导。
- 自动评分系统：Agent 使用自然语言处理技术和机器学习算法来评估学生的作业和考试答案。这些系统能够理解文本的内容，评估答案的准确性和完整性，并提供相应的分数和反馈，使教师节省大量批改作业和试卷的时间，从而将更多精力投入到教学设计以及与学生的互动当中。Agent 自动评分系统还可以减少人为误差，提供更加一致和客观的评估标准。

图 1-9 所示为由 AI 生成的相关主题的图片。

图 1-8

图 1-9

3. 广告营销

从提升广告的个性化水平到优化营销策略，Agent 的应用为广告营销行业带来了诸多创新和效率的提高，以下是 Agent 在广告营销行业中的应用及其带来的变化的详细分析。

- 精准投放：Agent 可以分析大量的消费者数据，包括在线行为、购买历史、社交媒体互动等，以识别潜在的消费者群体及其偏好。通过这些分析，可以将广告更加精确地定向至对产品感兴趣的用户。通过精准投放，广告能够触达更相关的消费者群体，提高投资回报率，避免展示给不感兴趣的用户，从而减少广告预算。
- 内容个性化：Agent 可以根据用户的个人喜好和历史互动来定制个性化的广告内容，包括广告文案、图像甚至视频内容的自动调整，以满足不同用户的喜好。个性化的广告内容更能引发用户的共鸣，增强用户体验，更有可能吸引用户的注意力和激发其兴趣，从而提高其参与度和互动性。
- 实时优化：Agent 可以实时监测广告表现和市场反应，自动调整广告投放策略。例如，Agent 可以在不同时间段自动调整广告的投放频率，或者根据用户的点击行为调整广告的展示位置和内容。Agent 的实时反应能力使得营销策略能够快速适应市场变化，通过持续的优化，可以确保广告预算被有效使用，从而避免在表现不佳的广告上浪费资源。

图 1-10 所示为由 AI 生成的相关主题的图片。

图 1-10

从 Agent 自身场景中，我们可以发现，AI 技术的进一步发展可能会促使不同行业之间的更多合作。例如，客户服务 AI 技术与教育行业的结合，可以开发出针对特定学生需求的教育辅助工具。随着企业越来越多地依赖 AI 收集和分析个人数据，如何在提高服务效率和保护用户隐私之间找到平衡将是一个重要议题。确保透明度和用户对自己数据的控制权将是企业在使用 AI 时必须考虑的关键因素，企业需要不断地为员工开展关于 AI 技术最新发展的培训，以便更好地整合这些工具，同时需要不断调整和优化 AI 的应用策略，以应对快速变化的市场需求和技术进步。

1.4.2　Agent 结合 RPA 场景落地

RPA 是一种使用软件机器人（或“机器人”）来自动化重复性、基于规则的业务流程的技术。RPA 能够模仿人类用户执行任务，如输入数据、处理事务，以及与其他数字系统进行交互。

Workflow（工作流）代表一组或多组工作流程编排。例如，我们写一篇文章的大致流程如下：①明确文章主题内容；②引用名人名言论述自己的观点；③总结内容让读者快速理解。从 Workflow 的角度看，我们设定好的流程就是①→②→③，先让 RPA 调用大语言模型完成①，然后根据主题使用 RPA 浏览器搜索完成②，接着让 RPA 调用大语言模型进行总结完成③，最后让 RPA 调用文章发布的操作，如图 1-11 所示，那么我们是不是可以编写一个自动化的文章发布 Agent 呢？答案是非常肯定的，实践出真知，读者可自行尝试。

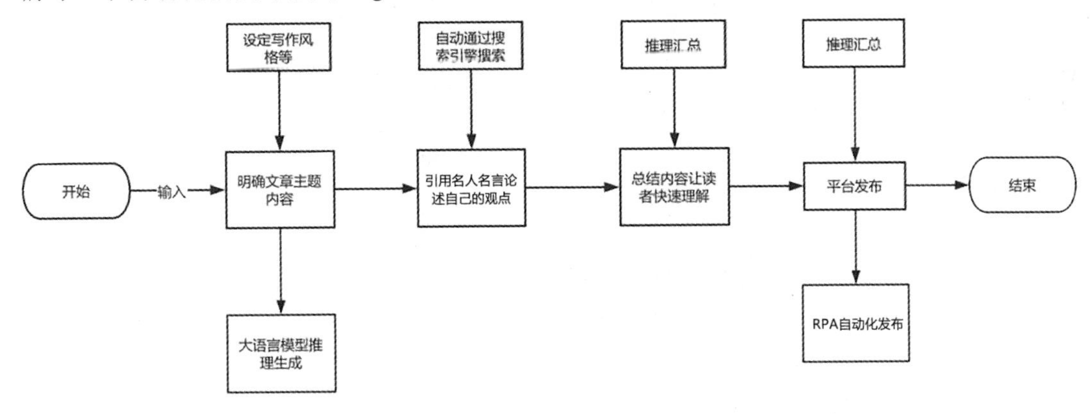

图 1-11

1．金融服务行业

金融服务行业中的许多工作流程，如贷款审批、风险评估、客户尽职调查和合规监控等，都可以通过 AI 和 RPA 技术来实现自动化。这不仅提高了处理速度和精确度，还可以显著降低人力成本和错误率，以下是几个典型应用场景。

- 贷款审批：通过利用 Agent 进行信用评估，金融机构可以更快速、准确地分析借款人的信用历史和还款能力。自动化的贷款审批流程可以减少手动审查的流程，从而缩短贷款批准的时间并降低欺诈风险。
- 风险评估：AI 模型能够分析大量历史数据，预测和识别潜在的风险因素，如市场波动、信用风险等。这种预测模型可以帮助金融机构制定更为精确的风险管理策略，以确保资金的安全。
- 客户尽职调查：自动化的客户尽职调查流程可以快速验证客户身份，检查其背景，以遵守《中华人民共和国反洗钱法》。RPA 可以协助银行人员处理大量的文档审查和数据验证任务，大大提高了操作效率和合规性。
- 合规监控：监控和确保金融交易符合法规要求是银行的一个重要责任。Agent 可以监控交易行为，识别异常模式，有助于银行人员及时发现和防止欺诈行为或不正当交易。

图 1-12 所示为由 AI 生成的相关主题的图片。

图 1-12

2. 医疗保健领域

医疗保健领域的应用主要集中于优化工作流程、提高服务效率，以及减轻医护人员的工作负担。AI 技术具体可以在以下几个方面发挥重要作用。

- 病历管理：通过利用 RPA 自动化医疗记录的输入和更新，可以减少手动录入错误，提高数据质量。
- 智能搜索与数据检索：Agent 可以通过自然语言处理技术帮助医护人员快速搜索病历中的关键信息，如历史病情、药物反应等，从而加快决策过程。
- 自动化预约系统：利用 RPA 自动处理患者预约，包括预约提醒、预约取消和重新安排等，从而减轻前台人员的工作压力。
- 优化资源分配：Agent 可以分析历史数据，预测医疗高需求时段，从而帮助医疗机构合理分配医护资源和设备。
- 图像诊断：Agent 技术，特别是深度学习，在医学图像分析方面已显示出巨大潜力。例如，通过分析 X 光片、MRI 来辅助医生诊断。
- 预测模型：AI 可以通过构建模型来预测疾病发展趋势，为慢性病患者提供个性化的治疗建议。
- 虚拟助手：通过 Agent 驱动的客服聊天机器人为患者提供 7×24 小时的健康咨询，可以解答常见问题并在必要时推荐就医。
- 远程监控：利用 Agent 进行数据分析，实时监控患者健康状况，及时发现问题并给出预警。

图 1-13 所示为由 AI 生成的相关主题的图片。

3. 生产制造业

生产制造业是较早采用自动化技术的行业之一，随着 Agent 和 RPA 的进一步发展，其在这一行业中深度应用并显示出极大的潜力。以下是对关键应用领域进行深入思考的结果。

- 供应链管理：Agent 可以整合和分析来自全球的供应链数据，包括原材料价格、运输成本、天气模式等，以预测未来的供需情况。这种高级的数据分析可以支持企业做出更准确的库存控制和采购决策，从而优化成本结构和加快响应市场变化的速度。
- 增强的透明度和响应能力：通过实时数据监控，企业可以即时了解供应链中的每个环节（从原材料获取到产品交付）。这种透明度不仅可以减少供应链中断的风险，还可以提高企业应对突发事件的响应能力。例如，自动重新配置供应链以规避潜在的延迟。

- 预测性维护：通过分析设备性能数据和历史维护记录，Agent 可以预测设备可能发生故障的时间点，从而使企业在问题发生前进行维护。这不仅减少了设备的非计划停机时间，还能显著降低维护成本（因为维护活动可以在非生产时间进行，从而避免影响生产进度）。
- 远程监控和自动诊断：利用 IoT 设备收集的数据，结合 Agent 的分析能力，企业可以实时监控设备状态，并远程诊断问题。这样系统可以在问题初期自动调整或提出维护建议，进一步减少人工介入的需求。
- 生产流程自动化：在重复性高且劳动强度大的生产任务中，可以部署机器人来执行这些操作，而 Agent 能够提供决策支持，如动态调整生产计划、优化作业顺序等。这种协同不仅提高了生产效率，也保障了工作场所的安全。
- 自适应生产系统：Agent 使生产线能够实时适应变化的生产需求和市场条件。通过机器学习算法，生产系统可以自动调整工艺参数或切换生产流程，以最优方式应对订单的变化或原材料供应的不稳定性。

图 1-14 所示为由 AI 生成的相关主题的图片。

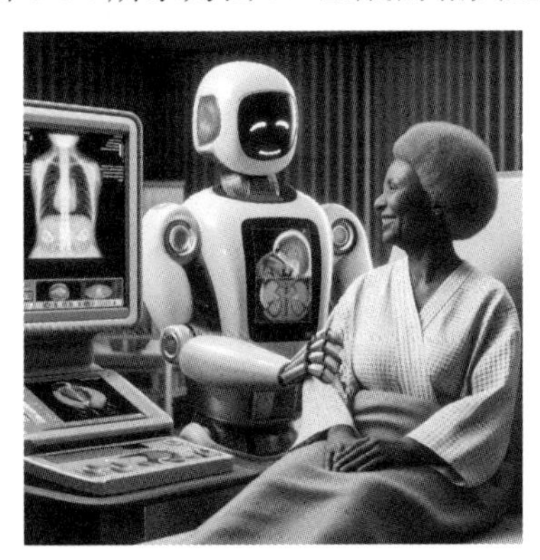

图 1-13

图 1-14

4．产品零售业

在产品零售业中，Agent 和 RPA 的应用正在重新定义库存管理、客户体验和订单处理等关键领域。以下是对这些领域进行深入思考的结果。

- 实时库存优化：Agent 可以持续监控库存水平，并根据销售数据、季节性变化、市场趋势和即时事件（如促销活动）自动调整库存量。这种高度自动化的系统可以显著减少过剩或缺货的情况，帮助零售商保持最佳库存水平，从而降低库存成本和提高资金流动性。

- 智能补货系统：利用机器学习模型预测未来需求，AI 可以自动触发补货订单，确保货架上始终有适量的商品。这种系统可以与供应商的 ERP（企业资源平台）系统直接集成，实现供应链端到端的自动化。
- 个性化推荐：通过分析客户的购买历史、浏览行为和偏好，AI 可以为每位客户提供个性化的产品推荐。这种个性化的交互不仅提升了客户满意度，还可以提高商品转化率和平均订单价值。
- 动态定价和促销：Agent 可以通过分析市场需求、库存状况和竞争对手行为，动态调整商品定价和促销策略。这使得零售商能够更精准地吸引客户，同时保持利润最大化。
- 自动化订单流程：从订单接收到入库、拣选、打包和发货的整个流程可以通过 RPA 自动化实现。这不仅提高了处理速度，也减少了人为错误，从而提升客户对购物体验的整体满意度。
- 快速响应客户服务：通过整合 Agent 客服聊天机器人和客户服务系统，零售商可以快速响应客户查询、处理退换货和投诉等需求。Agent 可以通过分析客户情绪和需求，提供更加个性化的服务解决方案。

图 1-15 所示为由 AI 生成的相关主题的图片。

图 1-15

5. 公共服务部门

在公共服务部门中，AI 应用主要集中在提高效率、优化资源分配，以及改善公民与公共部门的互动体验上。以下是笔者对如何具体实现并改善公共服务管理的一些思考。

- 交通治安：Agent 通过分析城市的各种数据（如交通流量、公共安全事件、环境监测等），可以帮助城市规划者和决策者更好地理解城市的运营状况。例如，通过机器学习模型，可以预测特定时间和地点的交通拥堵情况，从而指导交通管理措施的实施。这种预测能力也适用于公共安全领域，例如，预测犯罪热点区域，从而安排更多警力进行巡逻。
- 行政工作：RPA 在重复性高、规则明确的任务方面表现出色，尤其适用于公共部门中的行政工作。例如，RPA 可以自动处理公民提交的申请表格，如驾照续期、税务申报等，自动从表格中提取信息，验证数据的正确性，并将其输入到相应的处理系统中。这不仅加快了处理速度，还减少了人为错误。
- 公民服务：Agent 可以提供更加个性化和及时的服务。Agent 可以 7×24 小时无间断地提供回答公民咨询的服务，包括对公共服务的查询、问题解答及故障报修等。RPA 可以在后台处理这些请求的实际操作，如安排维修人员、处理投诉等，从而实现服务的快速响应。

图 1-16 所示为由 AI 生成的相关主题的图片。

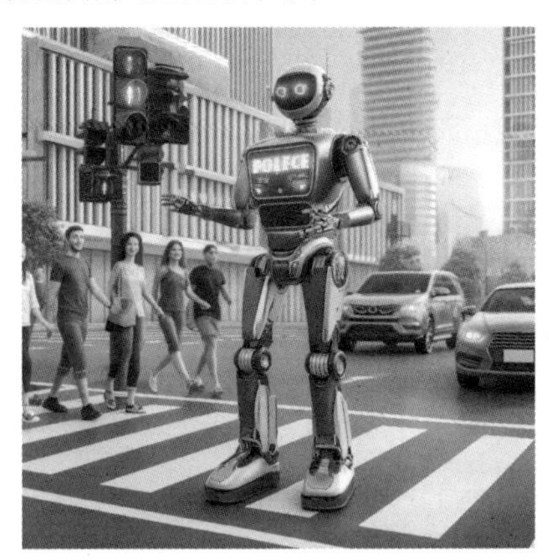

图 1-16

Agent 与 RPA 的结合正在多个行业中推动自动化和智能化的革命。这些技术不仅加速了金融、医疗、制造和零售等行业的工作流程，提高了处理效率和准确性，还显著降低了成本和错误率。通过优化日常操作和决策过程，Agent 与 RPA 为企业提供了持续的竞争优势，体现了其在现代业务中不可替代的价值。

1.4.3 Agent 多态具身机器人

Agent 多态具身机器人是一种在复杂环境下能够自主执行各种任务的先进机器人形式。这种技术在不同的研究和应用中表现出了高级的自主决策能力、多任务协调能力和适应动态情况的能力。

例如，为无人机技术设计的 AeroAgent 系统，是一个整合了大型多模态模型的 Agent 框架，可以自主执行多个任务，而不仅限于特定预定义的任务。该系统包括一个自动计划生成器、一个多模态记忆数据库和一个具身动作库，使其能够基于实时环境上下文动态生成计划并以高度自主性执行任务。

此外，Behavior Agent 的应用展示了多模态记忆及具身动作库在行为分析领域中的应用场景。该平台简化了行为数据收集和分析的过程，提高了任务效率并优化了行为分析师的工作流程。它具有一个生产力套件，拥有网络数据分析能力，有助于显著减少手动执行任务的操作并提高医疗和行为数据组织的效率。

1. 工业机器人

在自动化生产线上，工业机器人扮演着至关重要的角色。通过集成先进的 Agent 技术，这些机器人不仅能执行重复性高的基本任务，还能处理复杂的组装操作。增强的视觉和感知系统使 Agent 具有如下功能。

- 精确定位和操控：利用高分辨率摄像头和传感器，Agent 可以识别各种组件和工具，进行精确的拾取、放置和组装操作。
- 质量控制：通过实时视觉检查系统，Agent 能够检测产品的缺陷和错误，如不当装配、刮痕或不符合规格的尺寸，从而确保产品质量。
- 适应性：Agent 能够适应生产线上的变化。例如，切换不同的组装任务或调整对新型组件的处理，无须人工重新编程。
- 自动搬运和排序：Agent 可以自动识别来自生产线上的产品，进行高效的分拣和包装。
- 智能堆放和存储：通过精确的控制系统和空间规划算法，Agent 可以优化货物的存储位置和空间利用率，增加仓库容量。

- 自动引导车：在较大的仓库中，自动引导车可以在无须人工干预的情况下从货架到装运区运送大量货物。

图 1-17 所示为由 AI 生成的相关主题的图片。

图 1-17

2．医疗机器人

在医疗保健领域中，Agent 多态具身机器人结合 AI 技术，特别是在手术辅助和康复护理中的应用，正逐渐改变传统的治疗和护理模式。Agent 多态具身机器人的应用不仅提高了医疗操作的精确性和效率，还提升了患者的康复体验和生活质量。

- 高精度操作：Agent 多态具身机器人手臂能够执行超出人手能力范围的精细操作，如精确切割和微小区域的缝合，这对于心脏手术、神经外科手术等具有高精度要求的手术尤其重要。
- 三维视觉支持：Agent 多态具身机器人配备了高分辨率摄像头，提供了放大和高清的手术视野，可以帮助医生更清晰地观察手术部位。
- 降低手术风险：通过精确控制，Agent 多态具身机器人可以减少手术过程中可能出现的人为错误，降低手术并发症的风险。
- 缩短恢复时间：精确的操作减少了手术对患者体内其他组织的影响，从而加快患者的康复速度。
- 物理康复：康复机器人可以根据患者的具体需要进行定制化的治疗。例如，康复机器人可以辅助中风后遗症患者进行手臂和腿部的运动练习，帮助其恢复肌肉控制和协调能力。

- 日常护理支持：对于行动不便的老年人，护理机器人可以辅助他们进行日常活动（如起床、移动和整理个人卫生等），提高他们的独立生活能力。
- 情感互动：部分护理机器人还配备了情感交互功能，能通过简单对话、面部表情识别等方式，为患者提供情感上的支持和陪伴。

图 1-18 所示为由 AI 生成的相关主题的图片。

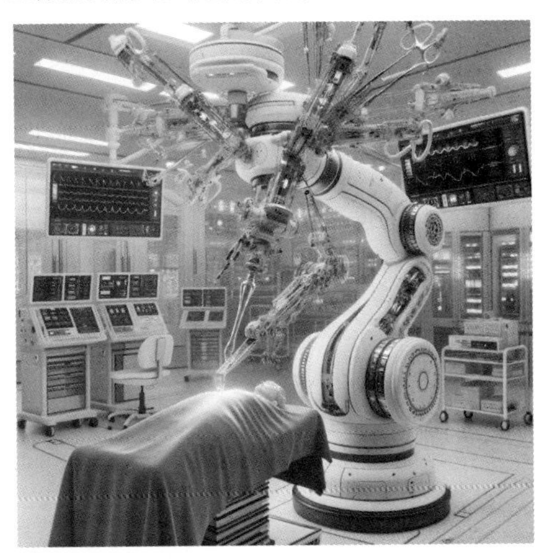

图 1-18

3. 农业机器人

在农业领域中，Agent 多态具身机器人的应用正逐渐成为现代农业技术发展的关键部分。通过集成先进的传感器、AI 和自动化技术，这些机器人能够在种植、管理和收割作物中发挥重要作用，从而显著提高农业生产的效率和可持续性。

- 作物种植：Agent 多态具身机器人可以实现精确播种，以及根据作物种类和土壤条件调整播种深度和密度，还可以通过搭载不同的工具头进行土壤耕作，如翻土、施肥等。在操作过程中，Agent 多态具身机器人可以自动根据预设程序和实时土壤分析结果进行调整。
- 作物管理、病虫害监测：Agent 多态具身机器人配备了高分辨率摄像机和其他感测设备，可以监测作物健康状况，自动检测病虫害迹象，及时进行局部的喷药处理，从而减少农药的整体使用量，对环境更友好。

- 灌溉管理：通过传感器检测土壤湿度和作物需水量，Agent 多态具身机器人可以精确控制灌溉系统，实现水资源的合理分配和使用。
- 收割：Agent 多态具身机器人通过使用视觉识别系统来区分不同成熟度的作物，优化收割时间，提高作物的整体质量和产量。收割机器人可以连续工作，不受天气和时间限制，从而大幅提高收割效率。

图 1-19 所示为由 AI 生成的相关主题的图片。

图 1-19

笔者相信，未来 AI Agent 会在各个方面影响我们的生活和工作，它可能会减少或增加很多就业机会，对未来的形态笔者还是会心存焦虑，但是并不代表不接受或排斥它。在历史文明的进程中，有工业革新，有意识革新，每次革新都推进着文明的进程，我们从单细胞生物变成了地球上的高等生物，从生存意识再到能够使用各种工具的生命体，那么未来 AI Agent 会不会也是这种进化途径呢？我们不得而知，善用和监管一定会在未来的一段时间内成为整个 AI 的主导，接下来将通过不同角度带读者体验 AI Agent 的乐趣。

第 2 章 使用 Coze 打造专属 Agent

2.1 Coze 平台

2.1.1 Coze 平台的优势

Coze（扣子）平台是由字节跳动公司打造的一个创新的 AI 应用和客服聊天机器人开发平台，可以理解为字节跳动版的 GPTs。它致力于为用户提供一款简单易用的工具，使其创建和部署各种类型的客服聊天机器人变得轻松便捷。以下是 Coze 平台的核心优势，这些优势共同构成了其在 AI 开发领域中的独特地位。

1. 低门槛用户体验

Coze 平台的设计理念是简化客服聊天机器人的创建和部署过程，使其对没有编程背景的用户同样友好。这一理念贯穿于平台的每个环节，以确保用户能够轻松上手，快速实现自己的想法。

2. 丰富的插件生态系统

Coze 平台提供了 60 多种不同的插件，覆盖了新闻阅读、旅行规划、生产力工具等多个领域。这些插件极大地拓展了客服聊天机器人的能力边界，为用户提供了广泛的应用可能性，同时强大的自定义插件支持将私有 API 集成为插件。

3. 强大的知识库

Coze 提供了简单易用的知识库能力，能让 AI Bot（人工智能机器人）与用户自己的数据（如 PDF 文档、网页文本）进行交互。用户可以在知识库中存储和管理数据，让 AI Bot 来使用相关的知识。

4. 快速生成 AI Bot

Coze 平台支持 30 秒无代码生成 AI Bot，这一功能意味着用户可以迅速搭建起客服聊天机器人的基本框架，而无须深入了解复杂的编程知识。这不仅提高了开发效率，还降低了技术门槛。

5. 广泛的应用场景

Coze 平台的应用不仅限于创建客服聊天机器人，它同样适用于开发基于 AI 模型的问答机器人。这些机器人能够处理从简单的问答到复杂逻辑对话的各种需求。

6. 强大的数据管理、长期记忆和定时任务功能

Coze 平台提供了一个方便与 AI 交互的长期记忆功能，通过这个功能，可以让 AI Bot 持久地记住用户与它对话的重要参数或内容，也可以让 AI Bot 记住用户的饮食偏好、语言偏好等信息，从而提高用户体验。Coze 平台还支持定时任务功能，让 AI Bot 主动和用户进行对话。读者是否希望 AI Bot 能主动给你发送消息？通过定时任务功能，Coze 平台可以非常简单地通过自然语言创建各种复杂的定时任务，AI Bot 会准时给用户发送对应的消息内容。例如，用户可以让 AI Bot 每天早上推荐个性化的新闻，或者每周五规划周末的出行计划。

7. 背靠字节跳动的流量优势

作为字节跳动公司推出的产品，Coze 平台在流量获取上具有显著优势。这对希望通过 AI 应用吸引用户的开发者来说，无疑会产生一个巨大的吸引力。

综上所述，Coze 平台以其低门槛、高效率和强大的功能集，为用户和开发者提供了一个极具吸引力的 AI 应用开发环境。无论是个人爱好者还是专业开发者，都能在这个平台上找到适合自己的工具和资源，轻松创建和部署各类 AI 应用。

2.1.2 Coze 平台的界面

1. 主界面

成功登录 Coze 平台后进入图 2-1 所示的主界面。

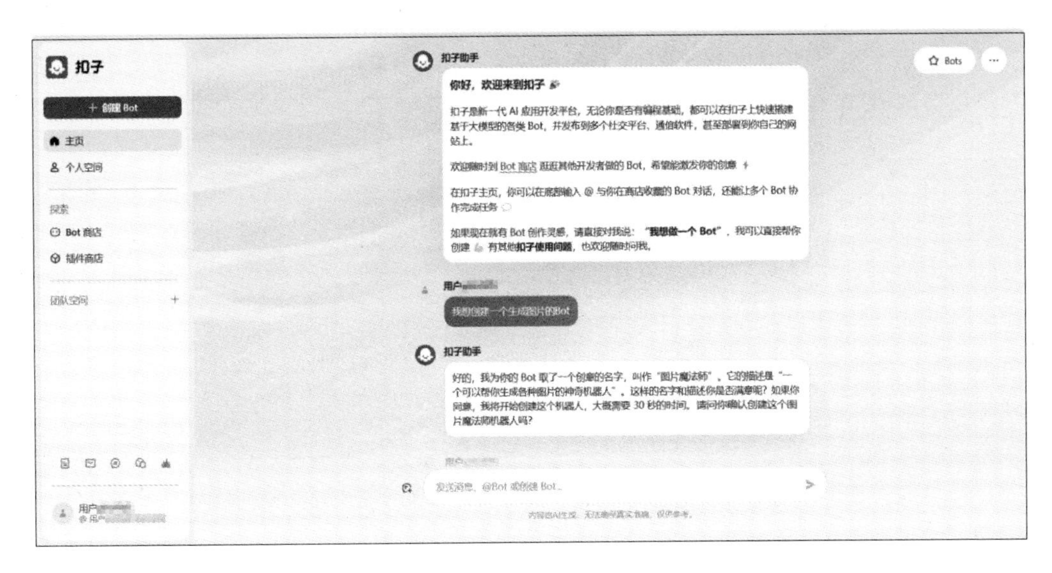

图 2-1

我们可以通过“扣子助手”询问问题，比如，“Coze 是什么？如何使用 Coze？”，结果如图 2-2 所示。

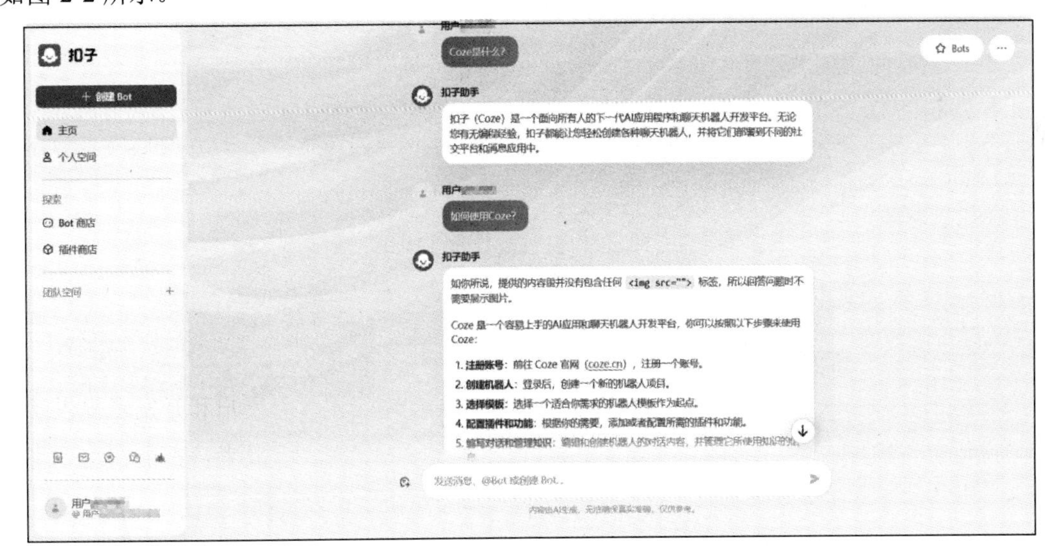

图 2-2

2. “个人空间”界面

选择主界面左侧的“个人空间”选项，进入“个人空间”界面，即个人界面，如图 2-3

所示，该界面中会保留用户创建的 Bots、插件、工作流等。

图 2-3

3．“Bot 商店”界面

选择主界面左侧的“Bot 商店”选项，进入“Bot 商店”界面，在该界面中可以看到其他用户发布的 Bot 和主题，并可以对其进行下载和使用，如图 2-4 所示。

图 2-4

4. “插件”界面

选择主界面左侧的“插件商店”选项，进入“插件”界面，如图 2-5 所示，该界面中包括其他用户发布的插件，用户可以在创建自己的 Bot 时下载和引用这些插件，以丰富自己的 Bot 功能。

图 2-5

2.1.3 Coze 平台的功能模块

1. 创建和发布 Bot

创建过程包括填写 Bot 信息、编写提示词、添加插件、配置工作流和知识库、设置开场白、预览调试等。用户可以在 Coze 平台上快速搭建基于 AI 模型的各类问答 Bot，并将其发布到多个社交平台或通信软件上。

2. 插件系统

Coze 平台提供了 60 多种不同的插件，包括新闻阅读、旅行计划、生产力工具、图像理解 API 和多模态模型等。这些插件可以方便地调用特定的 API 完成特定功能，减少了大量导入 API 的操作，降低了非专业开发者的开发门槛。

3. 知识库

Coze 平台拥有强大的知识库功能，可以“学习”PDF 文档、网页文本和 Excel 数据，并通过“理解”和“应用”这些数据来服务用户。

4. 低代码开发

Coze 平台支持便捷的图形用户界面点选式及数据库可用性组拖曳式交互功能，并提供了丰富的组件库及工作流编排能力，可以使用户快速搭建基于 AI 模型的各类问答 Bot。

5. 附加服务

除了基本功能，Coze 平台还提供了一系列的附加服务，如额外的 Bot 交互次数购买、专业的插件开发、数据分析服务等。这些服务可以单独购买，也可以作为套餐的一部分。

6. 多平台发布

用户可以将创建的 AI Bot 发布到多个平台上，如豆包、微信客服、微信订阅号、微信服务号、飞书等。

2.2 Agent 的实现流程

2.2.1 Agent 需求分析

Agent 需求分析是构建 Agent 系统的第一步，旨在明确软件功能和需求。这一阶段通常包括以下几个关键步骤。

（1）收集需求：开发者需要与用户进行深入交流，了解他们的具体需求和期望。这些需求可能涉及系统的功能、性能指标、用户界面等方面。

（2）定义角色和职责：将系统视为由不同角色组成的一个组织，并明确每个角色的职责和权限。这有助于在后续的设计和开发过程中保持清晰的结构。

（3）建立领域模型：通过定义各种关联和概念集，建立一个完整的领域模型。这一步对于理解和实现复杂的业务逻辑至关重要。

（4）优化问题研究：在需求分析过程中，识别并研究潜在的优化问题，以确保最终产品能够高效地满足用户需求。

（5）可视化需求分析环境：利用基于网格的可视化工具来辅助需求分析，有助于开发者更直观地理解和管理复杂的需求。

2.2.2　Agent 架构设计

Agent 架构设计是构建 Agent 系统的核心步骤，旨在定义 Agent 的交互模式和内部组件之间的连接。一个统一的框架通常包括以下几个关键模块。

（1）Profile 模块：负责定义和管理 Agent 的基本属性，如身份、配置和行为策略。

（2）Memory 模块：用于存储和管理 Agent 的知识库，支持 Agent 进行长期记忆和短期记忆的区分。

（3）Planning 模块：负责制订行动计划，通过分解复杂任务，选择最佳路径来实现目标。

（4）Action 模块：负责执行实际操作，通过调用外部 API 或生成代码来完成具体任务。

此外，进行 Agent 架构设计还需要考虑以下几个方面。

（1）认知架构：定义软件 Agent 或智能控制系统内部组件的组织结构和交互模式。

（2）多 Agent 协作：在多 Agent 系统的运作中，关键在于各个 Agent 之间的有效协作。为了确保在解决问题时能够遵循一种有条理的方法，可以采用标准操作规程。

（3）迭代和对话式工作流：与传统基于 LLM 的工作流程不同，Agent 的工作流程具有更强的迭代性和对话式，这有助于其不断进行优化和改进。

通过以上步骤，可以构建出一个高效、可靠且灵活的 Agent 系统，使其能够满足复杂的业务需求。

2.3　使用 Coze 平台打造专属的 NBA 新闻助手

2.3.1　需求分析与设计思路制定

在使用 Coze 平台打造专属的 NBA 新闻助手之前，首先需要进行详细的需求分析和设计思路的制定。

1. 需求分析

（1）明确 NBA 新闻助手的主要功能，如新闻推荐、分类汇总、实时更新等。

（2）确定目标用户群体，了解他们的需求和偏好。

（3）设定性能指标，如响应时间、准确性等。

2．设计思路制定

（1）设计插件的输入/输出接口，以确保数据能够被准确传输和处理。

（2）利用 Coze 平台提供的插件和功能（如知识库、长期记忆、工作流等），实现复杂的逻辑处理和任务自动化。

（3）设定 Bot 的身份（如 NBA 新闻播报员、分类汇总器等）及其要实现的目标和具备的技能。

2.3.2 NBA 新闻助手的实现与测试

在实现 NBA 新闻助手并进行测试时，可以参考以下步骤。

1．创建 Bot

在“个人空间”界面中，单击右上角的“创建 Bot”按钮，在弹出的“创建 Bot”对话框中输入 Bot 名称和 Bot 功能介绍，并单击“AI 生成”图标，完成 Bot 的创建，如图 2-6 所示。

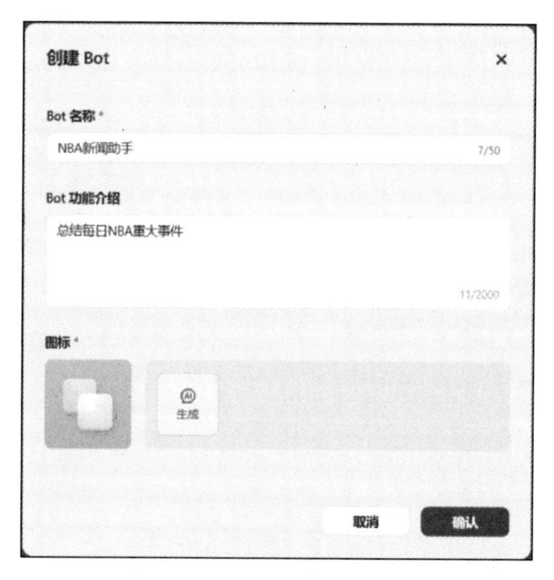

图 2-6

1）编写提示词

编写提示词通常包括三步，如图 2-7 所示。

（1）设定角色。

（2）设定技能。

（3）设定限制内容。

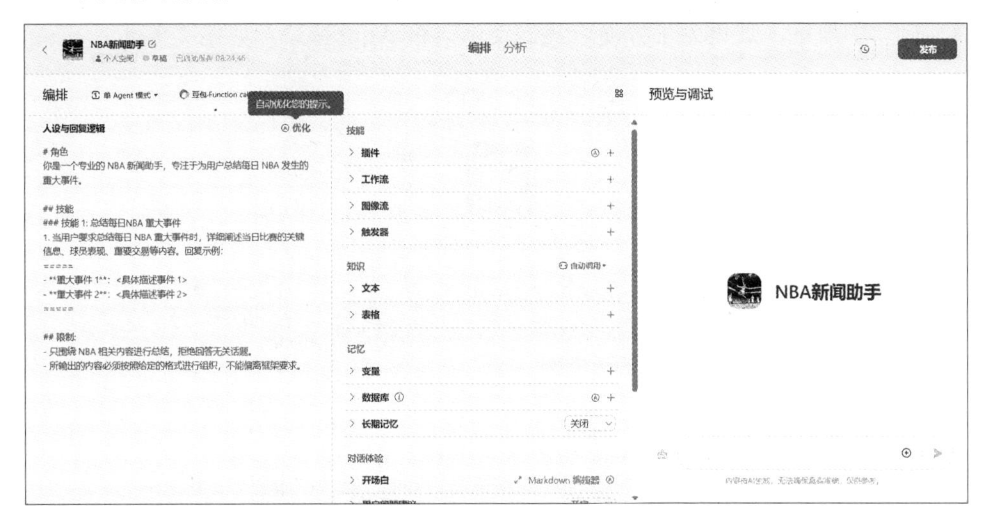

图 2-7

2）添加插件

在“添加插件”对话框中，单击左上角的“创建插件”按钮，创建自定义的插件，如图 2-8 所示。

图 2-8

在弹出的“新建插件”对话框中填写插件名称和插件描述。在这里笔者创建了一个“我的技能包”插件，其主要任务是把自定义的技能归集到技能包里。在“插件 URL”输入框中，填写接口的地址。这里为了方便，我们使用语聚 AI 的接口，如图 2-9 所示。

图 2-9

在图 2-9 的“授权方式”下拉列表中有三个选项：“不需要授权”、“Service”和“Oauth”。

（1）不需要授权：无任何认证环节、请求接口、接口返回值。

（2）Service：服务认证，该授权方式是指 API 通过密钥或令牌校验信息的合法性，也就是用户要向接口传递令牌信息，后端验证成功后才能返回值。

（3）Oauth: Oauth 是一种常用于用户代理身份验证的标准，它允许第三方应用程序在不共享用户密码的情况下访问用户的特定资源。

这里，我们以选择“不需要授权”选项为例进行说明。在填写好图 2-9 中的信息后，单击“确认”按钮，即可完成插件的创建。

之后，我们需要在插件中创建工具（技能），在“我的技能包”界面中，单击“创建工具”按钮，如图 2-10 所示。同一个插件中可以包含多个技能，如“我的技能包”插件既能获取新闻信息，又能生成图片。

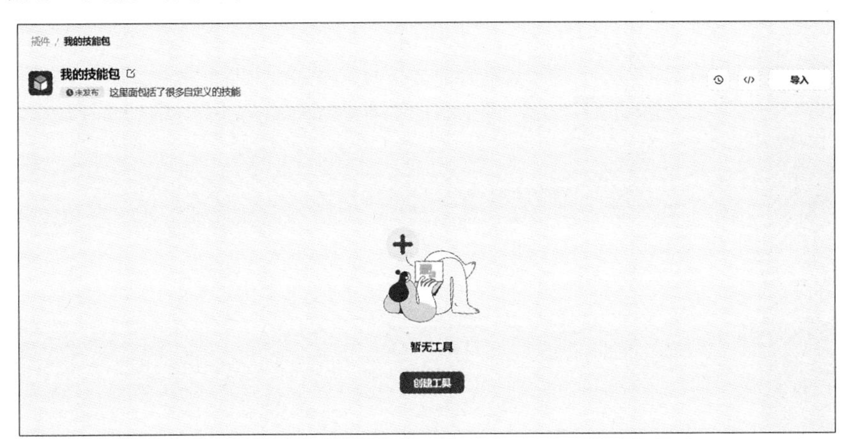

图 2-10

在弹出的“创建工具”界面中输入各项信息，给“我的技能包”插件创建一个技能（工具），即根据用户输入来获取与 NBA 相关的新闻，单击“保存并继续”按钮，如图 2-11 所示。

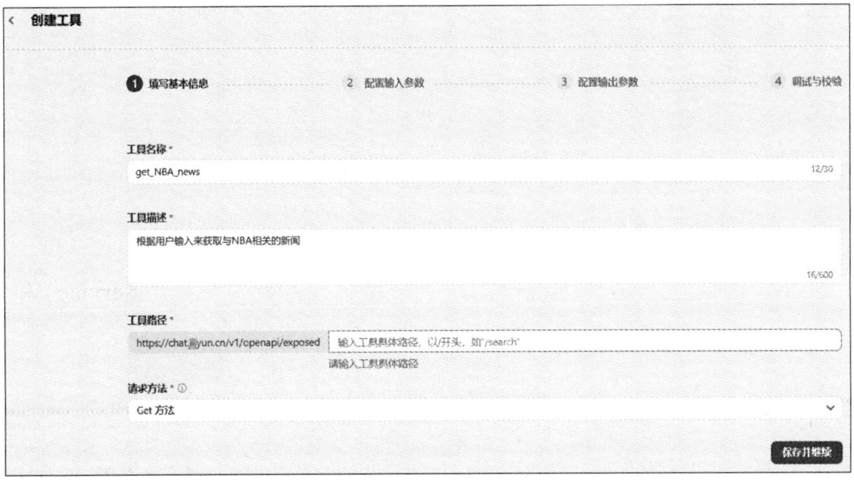

创建工具
1 填写基本信息　2 配置输入参数　3 配置输出参数　4 调试与校验
工具名称 *
get_NBA_news　12/30
工具描述 *
根据用户输入来获取与NBA相关的新闻　16/600
工具路径 *
https://chat.yun.cn/v1/openapi/exposed　输入工具具体路径，以/开头，如"/search"
请输入工具具体路径
请求方法 *
Get 方法
保存并继续

图 2-11

接下来，我们需要给工具添加一个具体的路径，这里以语聚 AI 为例进行演示。

（1）通过语聚 AI 官方网站注册并登录语聚 AI，在主界面左侧单击“助手”图标，并选择“添加助手”选项，如图 2-12 所示。

图 2-12

（2）在弹出的“创建助手”对话框中，单击“语聚 GPT”按钮，并单击“下一步”按钮，如图 2-13 所示。

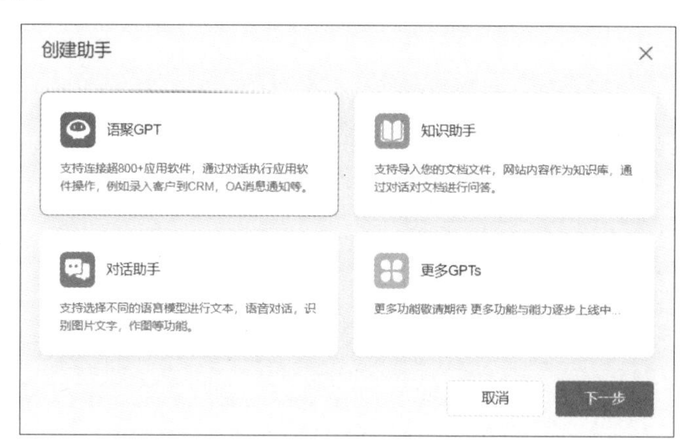

图 2-13

（3）在“创建助手”对话框中填写各项信息，单击“确定”按钮，如图 2-14 所示。

图 2-14

（4）在刚刚创建的坤哥 AI 助手界面中，选择“工具”选项卡，单击“+添加工具”按钮，如图 2-15 所示。

图 2-15

（5）在弹出的“添加工具”对话框的搜索框中输入“NBA”，选择搜索列表中的“NBA 新闻”选项，如图 2-16 所示。

（6）给工具添加动作，全部保持默认设置，直接单击“确定”按钮，完成工具的创建，如图 2-17 所示。

图 2-16

图 2-17

（7）工具创建完成后，需要进行 API 集成，选择坤哥 AI 助手界面中的“集成”选项卡，下拉界面至“API 接口”按钮处并单击，如图 2-18 所示。

图 2-18

（8）在“API 接口”界面中，单击“新增 APIKey”按钮，如图 2-19 所示。在弹出的“提示”对话框中，勾选“我已知晓该操作存在的风险”复选框，并单击“下一步”按钮，如图 2-20 所示。

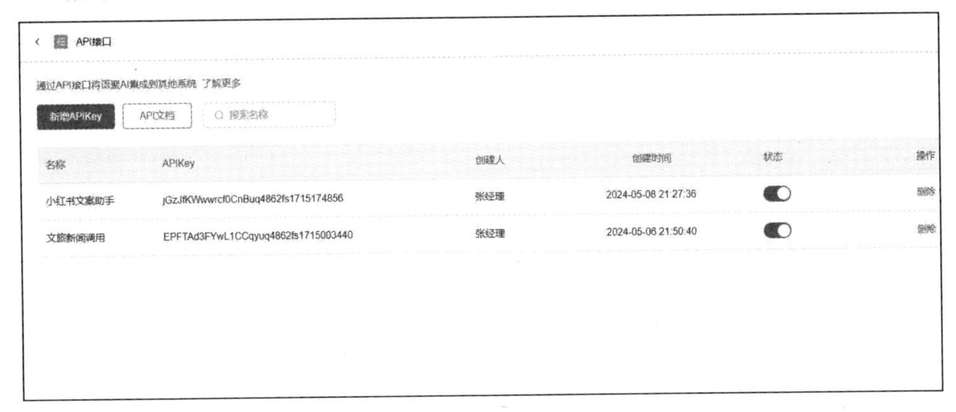

图 2-19

（9）在弹出的“创建新密钥”对话框中给新的密钥命名，如“NBA 新闻助手”，并单击“确定”按钮，如图 2-21 所示。

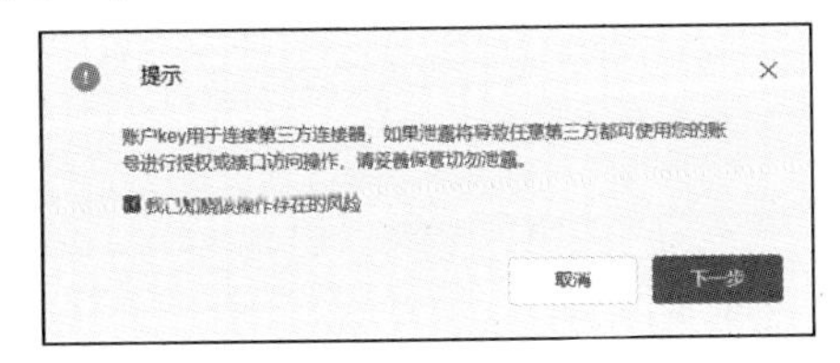

图 2-20

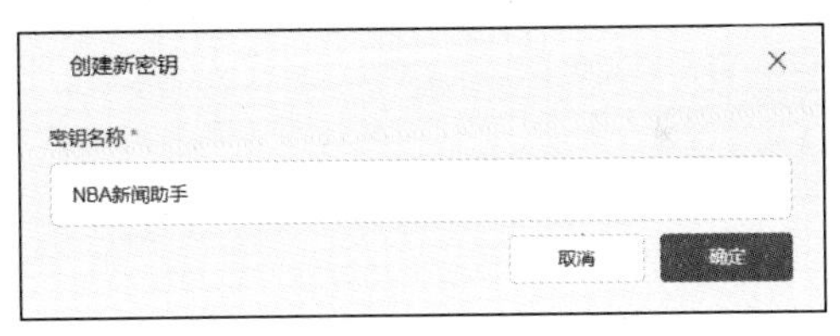

图 2-21

（10）API Key 创建成功后，单击列表中的 API Key 进行复制，并单击“API 文档”按钮，如图 2-22 所示。

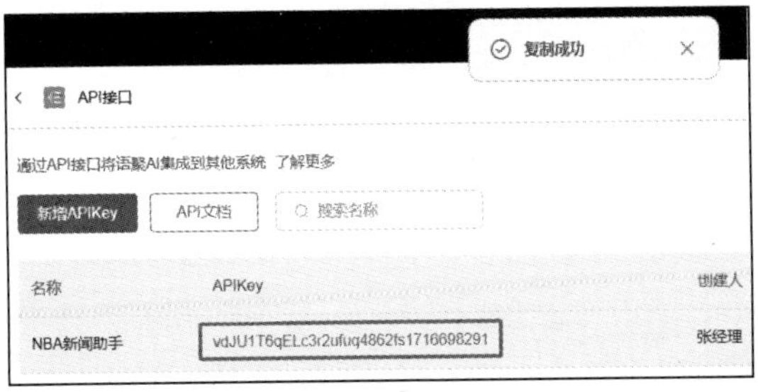

图 2-22

（11）在“语聚 AI”界面中，选择左侧的“验证 apiKey”选项，并单击右侧的“调试”按钮，如图 2-23 所示。

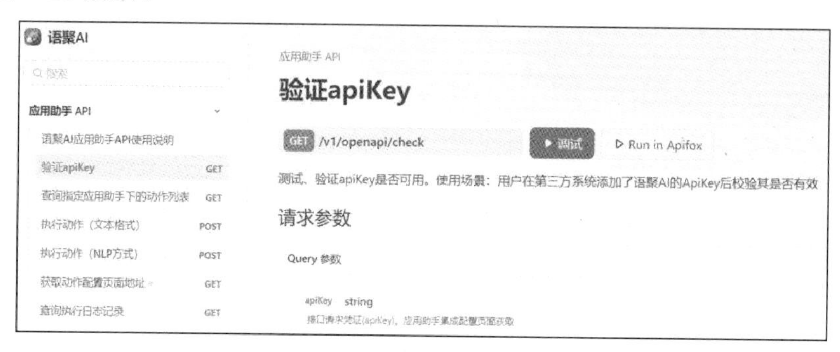

图 2-23

（12）在调试界面的“Query 参数”栏的“参数值”输入框中，输入刚才复制的 API Key，并单击右上角的“发送”按钮，如果右下方的返回响应中，提示“"success": true”，则代表调试成功，如图 2-24 所示。

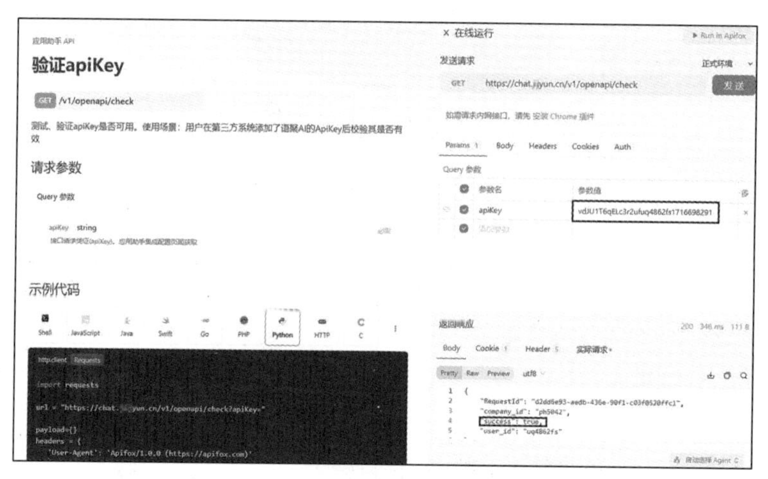

图 2-24

（13）下面获取该 API Key 下 NBA 新闻助手的 ID，在“语聚 AI”界面中选择左侧的“查询指定应用助手下的动作列表”选项，在右侧“Query 参数”栏的“参数值”输入框中，输入刚才复制的 API Key，单击右上角的“发送”按钮，在右下方“返回响应”中找到 NBA 新闻及下方的 ID，并复制双引号内的 ID，如图 2-25 所示。

（14）选择左侧的“执行动作（文本格式）”选项，把前面用到的同一个 API Key 粘贴到右侧调试界面的“Query 参数”栏的“参数值”输入框中，把第（13）步获取的 NBA 新闻助手的 ID 粘贴到下方“Path 参数”栏的“参数值”输入框中，如图 2-26 所示。

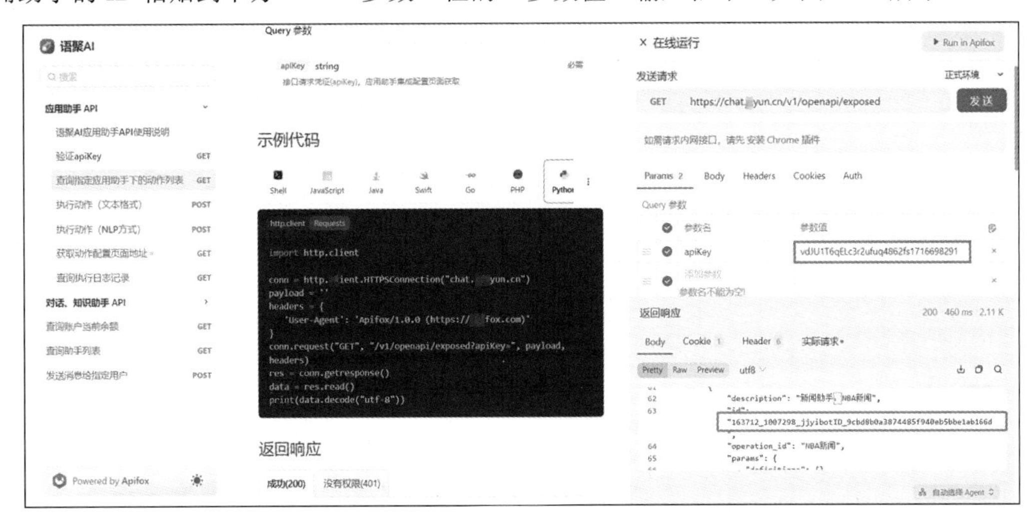

图 2-25

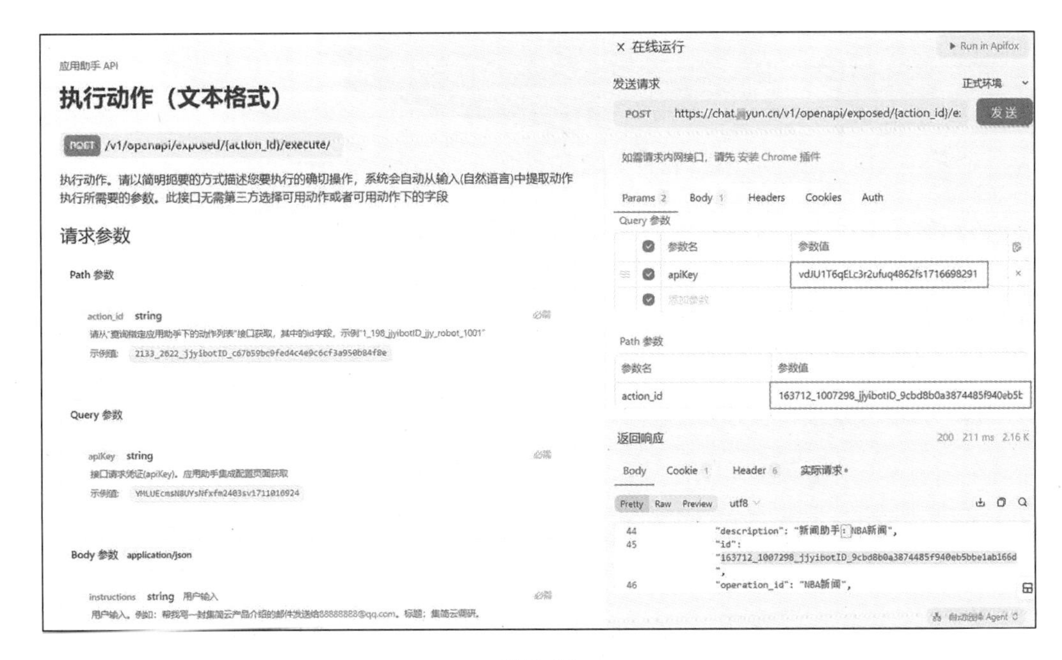

图 2-26

（15）首先选择调试界面中的“Body”选项卡，把“查询北京市的天气”改为“查询今日 NBA 重大事件”，然后单击右上角的“发送”按钮，如图 2-27 所示，最后选择“返回响应”下方的“实际请求”选项卡。

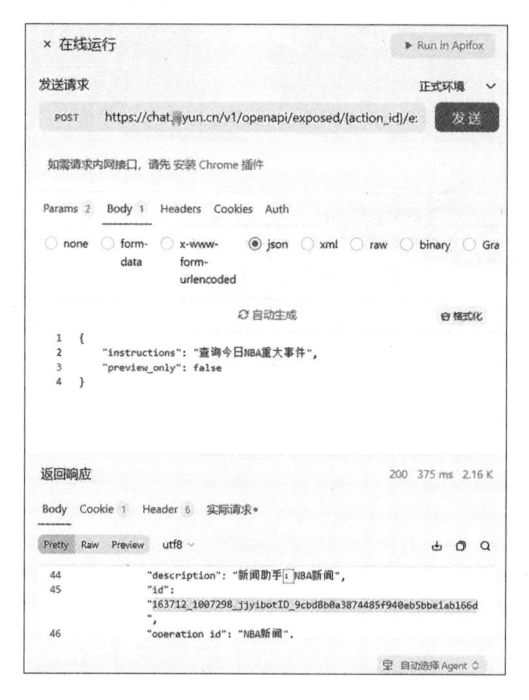

图 2-27

（16）在“实际请求”选项卡下方有一个请求 URL，如图 2-28 所示，其中，可以将“https:// chat.***yun.cn/v1/openapi/exposed”复制到 Coze 平台“新建插件”对话框的“插件 URL”输入框中作为插件 URL；将实际请求中的参数信息复制到 Coze 平台“创建工具”界面的“工具路径”输入框中作为工具具体路径，并将请求方法修改为图 2-28 中的 POST 方法，单击“保存并继续”按钮，如图 2-29 所示。

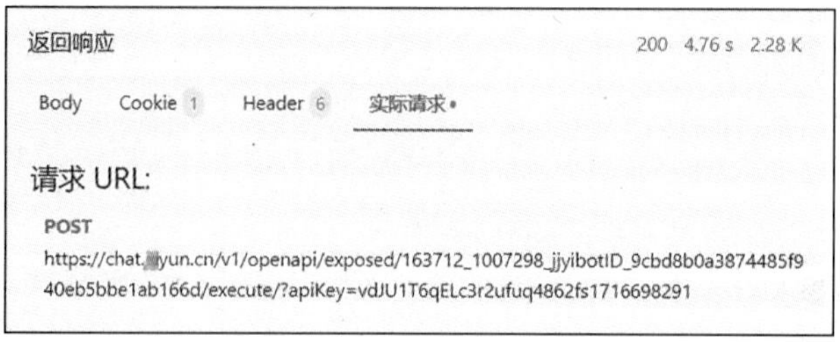

图 2-28

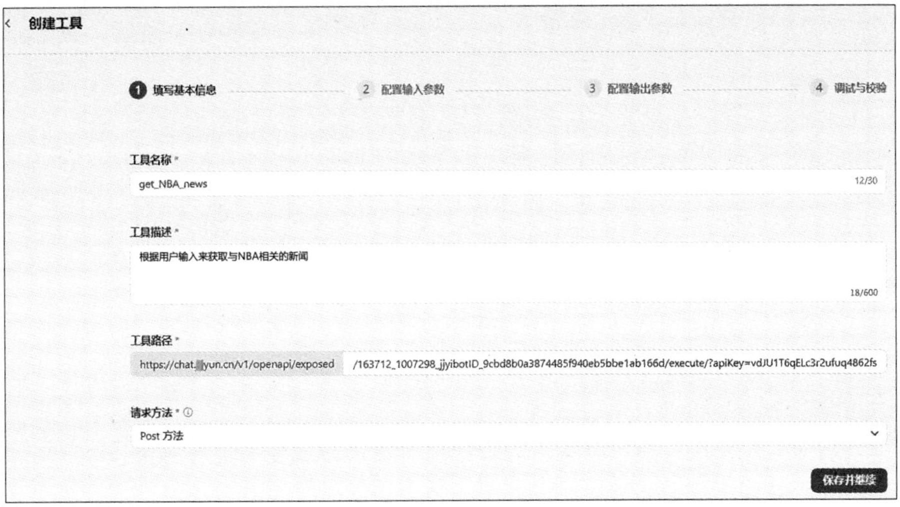

图 2-29

（17）配置输入参数。参数名称填写“instructions”，表示用户要搜索的内容。

传入方法一共有如下 4 种。

Body：在请求体中的请求。

Path：作为 URL 中的一部分。

Query：作为 URL 中的参数。

这里传入方法选择“Body”，单击“保存并继续”按钮，如图 2-30 所示。

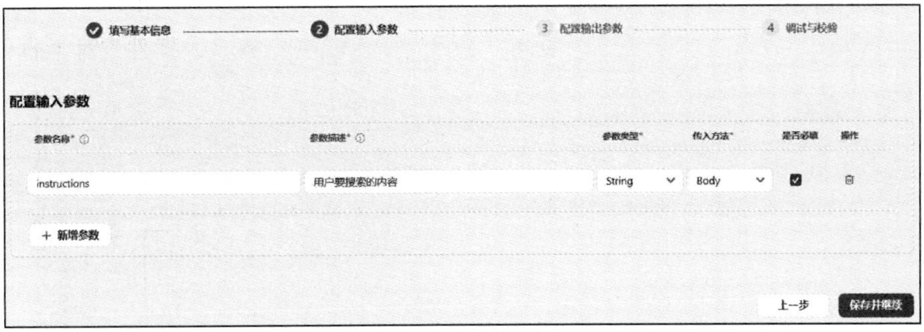

图 2-30

（18）配置输出参数。单击右上角的“自动解析”按钮解析出参数，在单击“保存并继续”按钮时，部分参数会提示“请选择参数类型”信息，如图 2-31 所示，这里统一将参数类型设置为“String”，设置完成后再单击“保存并继续”按钮。

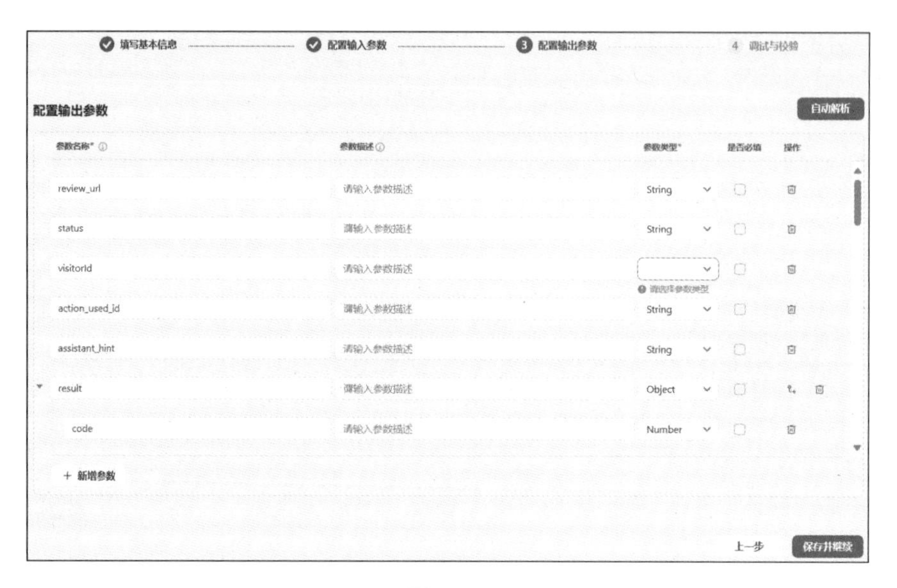

图 2-31

（19）下面进行调试，在“参数值”输入框中输入“今日 NBA 重大事件”，单击“运行”按钮，在右侧出现“调试通过”标签后，单击下方的“完成”按钮，工具就创建好了，如图 2-32 所示。

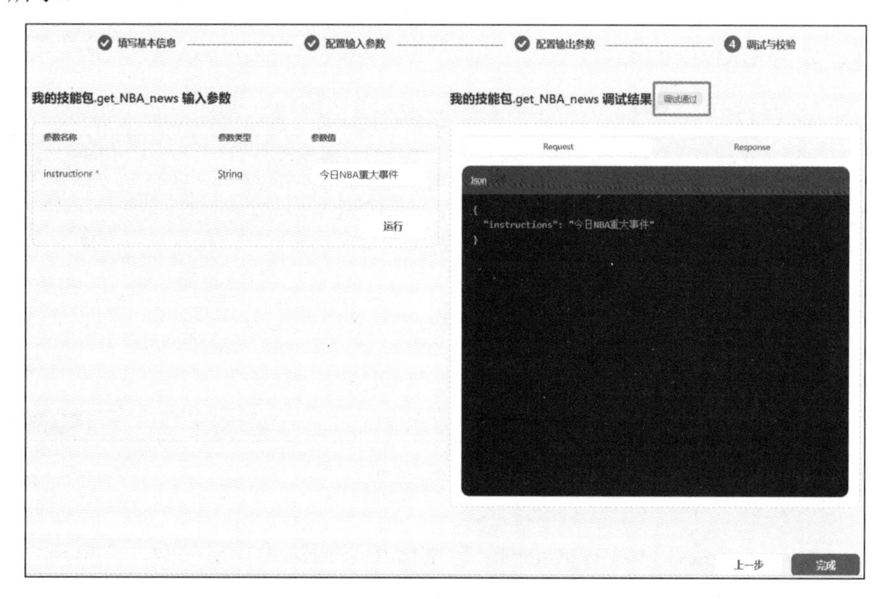

图 2-32

（20）在“工具列表”界面的右上角单击“发布”按钮，如图 2-33 所示，完成工具的发布和上线。

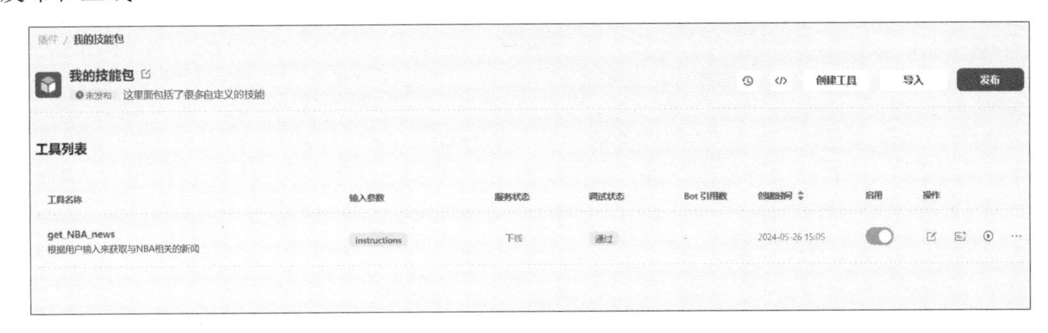

图 2-33

（21）此时，回到用 Coze 创建 NBA 新闻助手的“添加插件”对话框，我们可以选择刚刚创建的插件。首先选择“我的工具”选项，然后单击“我的技能包”，最后单击“get_NBA_news”旁边的“添加”按钮，即可完成插件的添加，如图 2-34 所示。

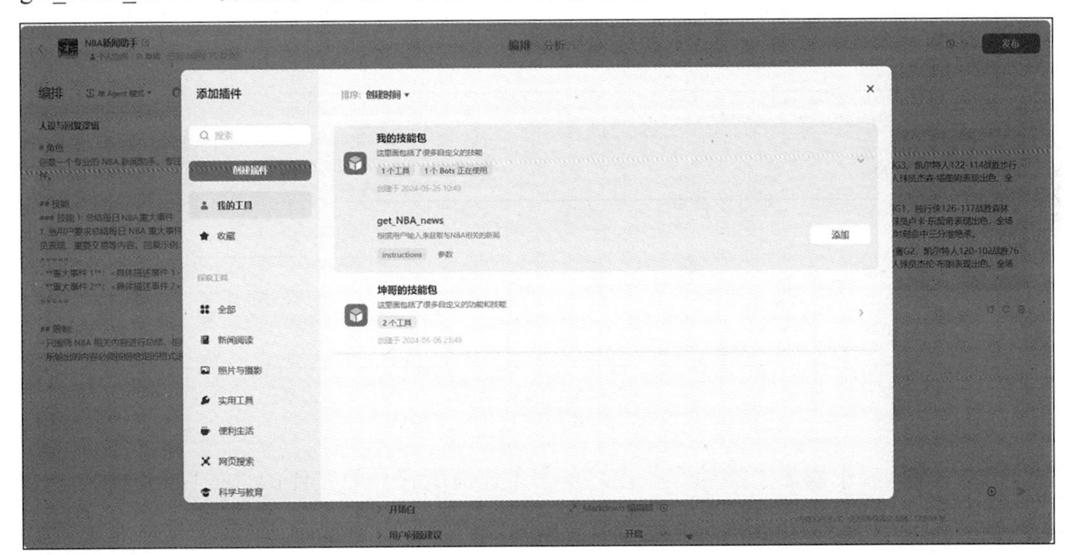

图 2-34

3）配置并调试工作流

在“添加工作流”对话框中，单击“创建工作流”按钮，在弹出的“创建工作流”对话框中输入相关信息，并单击“确认”按钮，如图 2-35 所示。

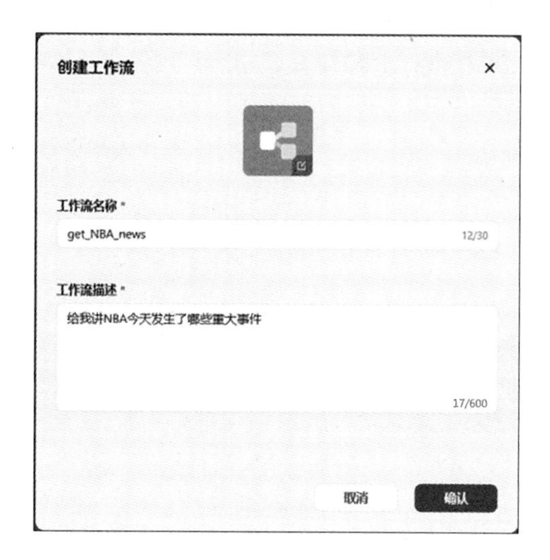

图 2-35

下面开始配置并调试工作流。

（1）在工作流配置界面中配置“开始”节点内容，输入变量名“input”，输入描述“用户输入要搜索的 NBA 相关内容”，如图 2-36 所示。

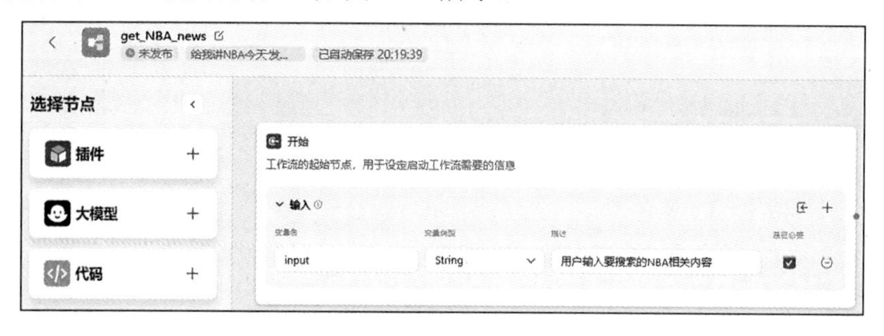

图 2-36

（2）在工作流中添加“插件”节点。单击工作流配置界面左侧的“插件”按钮，选择之前创建的 get_NBA_news 插件，并把工作流中的“开始”节点和“插件”节点连接起来，在“插件”节点中引用“开始”节点的“input”参数，如图 2-37 所示。

（3）在工作流中添加“大模型”节点。单击工作流配置界面左侧的“大模型”按钮，并把“插件”节点和“大模型”节点连接起来。在“大模型”节点中，模型的默认内容不变，将参数名改为“NBA_title”，变量引用“插件”节点中的“newslist”字段，提示词设置为“获取{{NBA_title}}里面的所有 title 字段，得到所有 NBA 新闻标题，根据这些标题，帮我总结并生成今日 NBA 发生的重大事件，尽量总结得夸张一点，有意思一些。”，如图 2-38 所示。

图 2-37

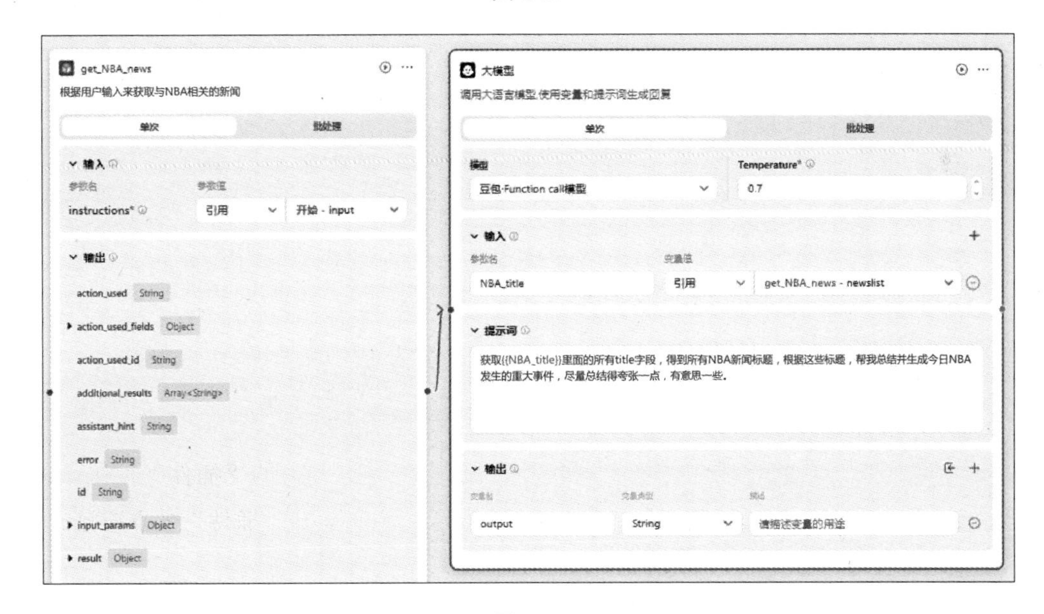

图 2-38

（4）将“大模型”节点与“结束”节点连接起来，在“结束”节点中，引用“大模型”节点中的输出结果“output”，如图 2-39 所示。

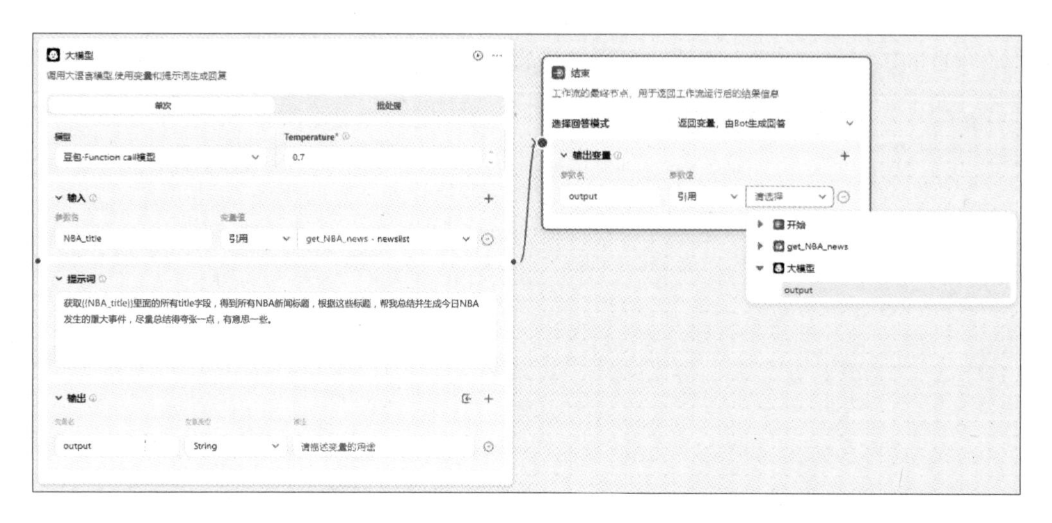

图 2-39

（5）调试工作流：在工作流配置界面中，单击右上角的“试运行”按钮，如图 2-40 所示，并在“input”输入框中输入“总结今日 NBA 新闻”，单击右下角的“运行”按钮，如图 2-41 所示。

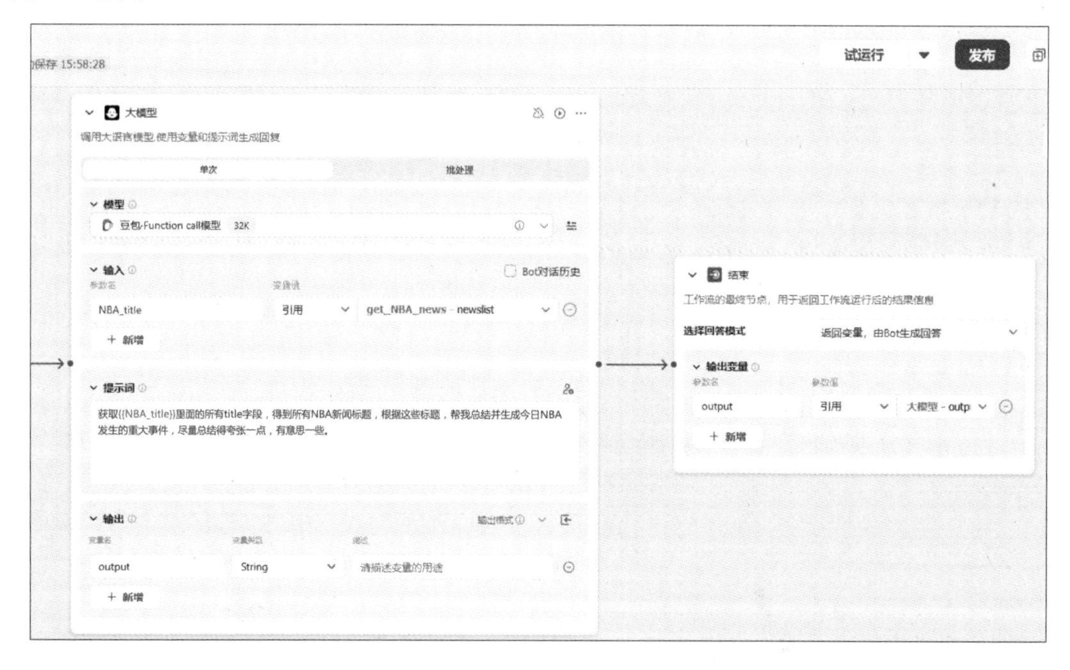

图 2-40

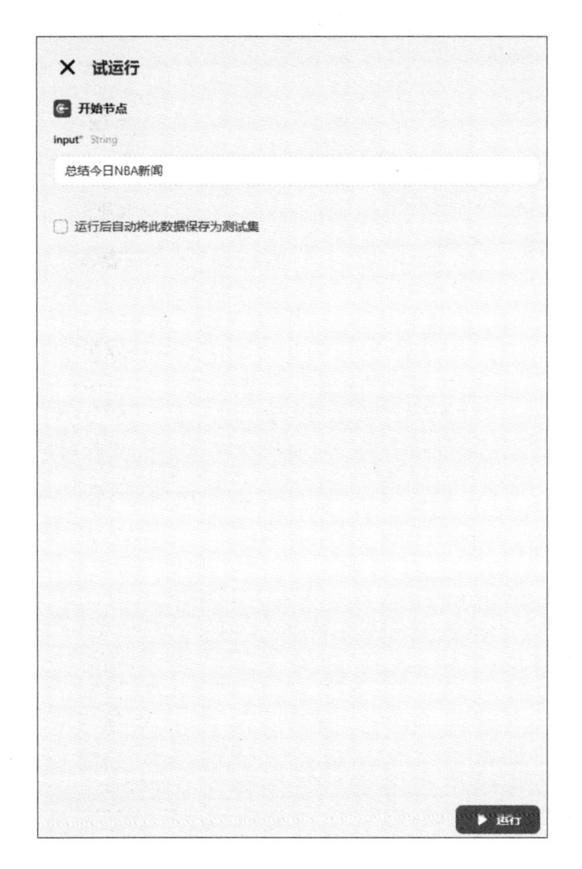

图 2-41

（6）工作流调试成功后，单击右上角的“发布”按钮，弹出图 2-42 所示的对话框，单击“确认”按钮完成工作流的配置。

图 2-42

2．测试 Bot

在“预览与调试”界面中，输入“总结今日 NBA 新闻”，单击“发送”按钮，即可完成 Bot 测试，如图 2-43 所示。

3．发布 Bot

调试完成后，单击“发布”按钮，可以根据需要将 Bot 发布到豆包、微信客服、飞书等多个平台上，如图 2-44 所示。

图 2-43

发布记录 生成
v1.0版本
6/2000
选择发布平台 *
在以下平台发布你的 Bot，即表示你已充分理解并同意遵循各发布渠道服务条款（包括但不限于任何隐私政策、社区指南、数据处理协议等）。
发布平台
Bot 商店 已授权 可见度 私有配置 分类 角色
豆包 已授权
飞书 未授权 配置
微信客服 未配置 配置
微信公众号（服务号） 未授权 配置
微信公众号（订阅号） 未授权 配置
掘金 未授权 配置

图 2-44

2.4 使用 Coze 平台打造小红书文案助手

2.4.1 需求分析与设计思路制定

在使用 Coze 平台打造小红书文案助手之前，首先需要进行详细的需求分析和设计思路的制定。

1. 需求分析

（1）明确小红书文案助手的主要功能，如小红书文案改写、分类汇总、实时更新等。

（2）确定目标用户群体，了解他们的需求和偏好。

（3）设定性能指标，如响应时间、准确性等。

2. 设计思路制定

（1）设计插件的输入/输出接口，以确保数据能够被准确传输和处理。

（2）利用 Coze 平台提供的插件和功能（如知识库、长期记忆、工作流等），实现复杂的逻辑处理和任务自动化。

（3）设定 Bot 的身份（如小红书文案专家、分类汇总器等）及其要实现的目标和具备的技能。

2.4.2 小红书文案助手的实现与测试

在实现小红书文案助手时，我们可以通过创建文生图工具生成文案封面图。

1. 创建自定义工具：文生图工具

（1）选择“语聚 AI”界面中的“工具”选项卡（操作流程可参考 2.3.2 节），单击“+添加工具”按钮，如图 2-45 所示。

图 2-45

（2）这里选择“OpenAI DALL·E”作为文生图工具，单击“确定”按钮，如图 2-46 所示。

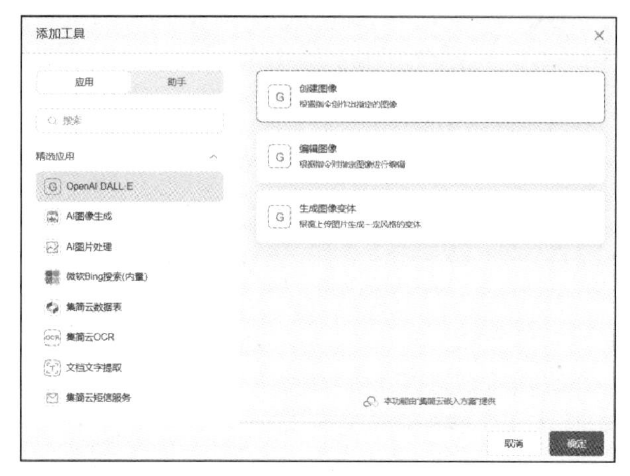

图 2-46

（3）添加动作，模型选择目前最新的“Dall-E-3”，其他信息保持默认设置即可，如图 2-47 所示。

（4）下面进行 API 集成，选择“集成”选项卡，下拉界面至“API 接口”按钮处并单击，如图 2-48 所示。

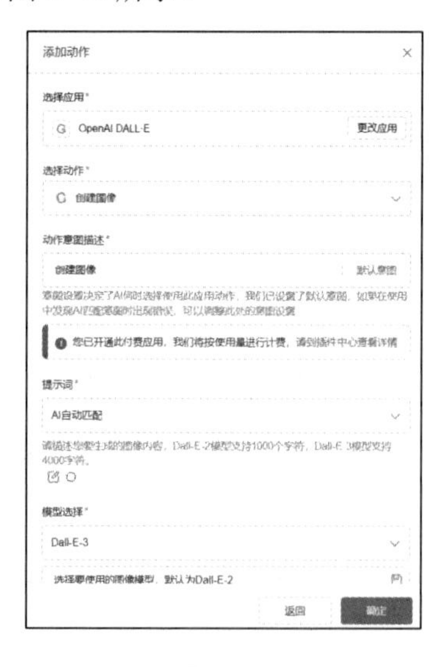

图 2-47

坤哥AI
对话 设置 工具 知识 流程 意图 集成 成员
钉钉群
快速集成智能助手到钉钉
集简云
将AI助手与数百款软件系统对接
API接口
快速集成智能助手到API接口

图 2-48

（5）在“API 接口”界面中，我们可以新增 API Key 或复用之前 NBA 新闻助手的 API

Key，这里选择直接复用，复制“NBA 新闻助手”右侧的 API Key，并单击“API 文档”按钮，如图 2-49 所示。

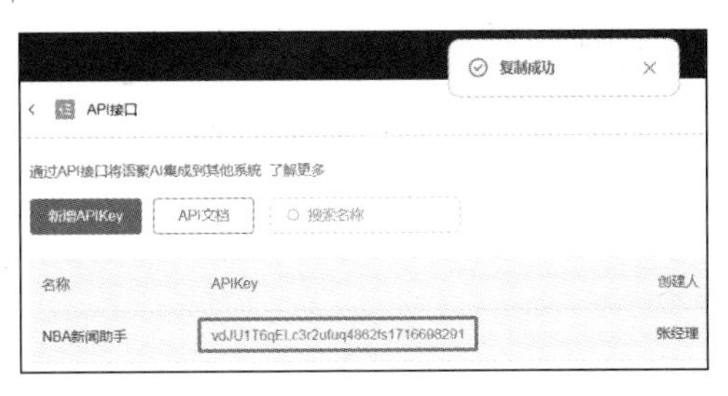

图 2-49

（6）这个 API Key 在 2.3.2 节中已经验证过，这里直接获取该 API Key 下 OpenAI DALL·E:创建图像的 ID。在“语聚 AI”界面中选择左侧的“查询指定应用助手下的动作列表”选项，在右侧“Query 参数”栏的“参数值”输入框中，输入刚才复制的 API Key，单击右上角的“发送”按钮，在右下方“返回响应”中找到 OpenAI DALL·E:创建图像及下方的 ID，复制双引号内的 ID，如图 2-50 所示。

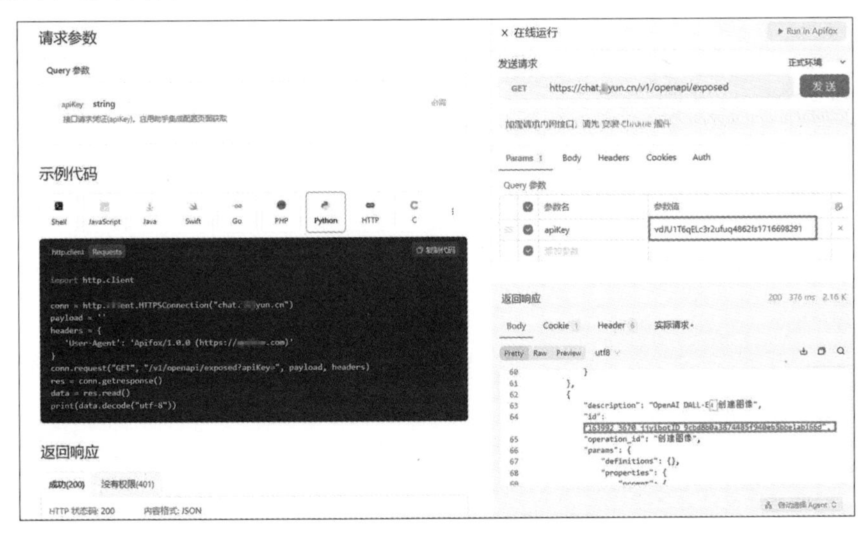

图 2-50

（7）选择左侧的“执行动作（文本格式）”选项，把前面用到的同一个 API Key 粘贴到右侧调试界面的“Query 参数”栏的“参数值”输入框中，把第（6）步获取的 OpenAI DALL·E:创建图像的 ID 粘贴到下方“Path 参数”栏的“参数值”输入框中，如图 2-51 所示。

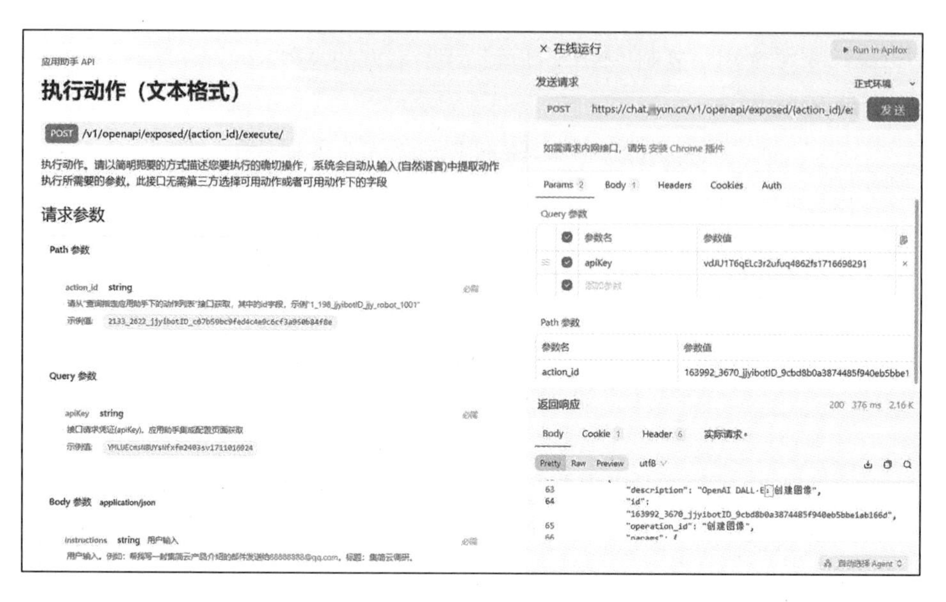

图 2-51

（8）首先选择调试界面中的“Body”选项卡，把“查询北京市的天气”改为“暮色下的哈尔滨，中央大街”，然后单击右上角的“发送”按钮，最后选择“返回响应”下方的“实际请求”选项卡，如图 2-52 所示。

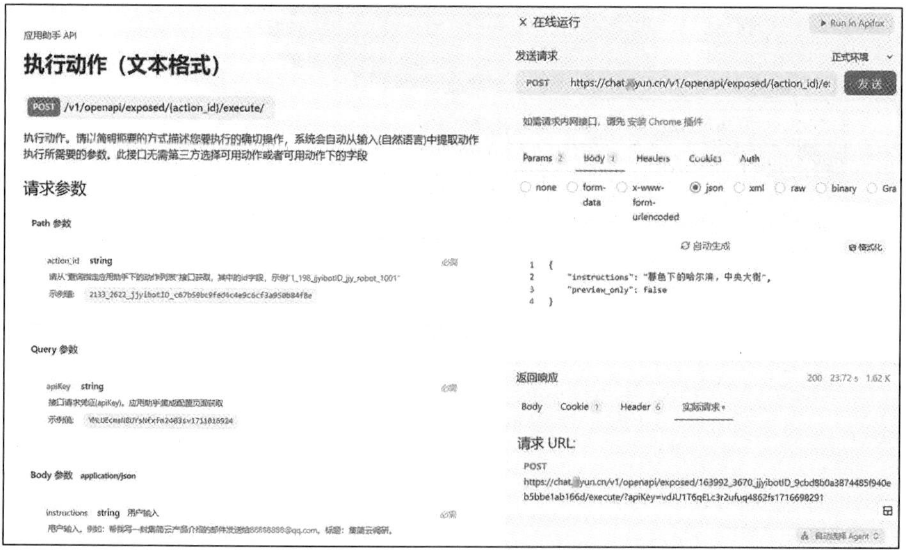

图 2-52

（9）在“实际请求”选项卡下方有一个请求 URL，如图 2-53 所示，可以将“https://chat.***yun.cn/v1/openapi/exposed”复制到 Coze 平台“新建插件”对话框的“插件 URL”输入框中作为插件 URL；将实际请求中的参数信息复制到 Coze 平台“创建工具”界面的“工具路径”输入框中作为工具具体路径。

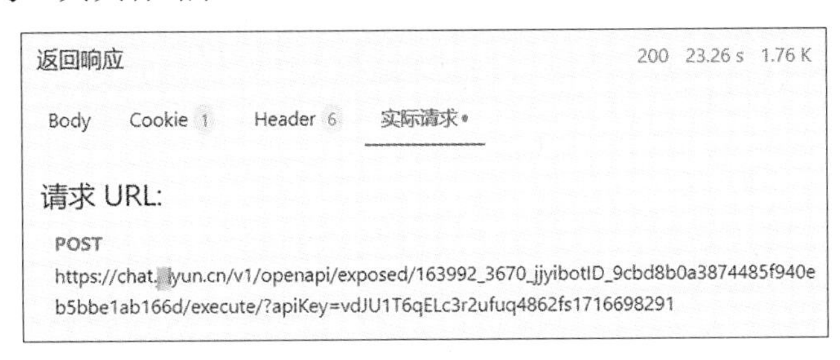

图 2-53

（10）在 Coze 中添加工具，首先在“个人空间”界面中，选择“插件”选项卡，然后单击“我的技能包”按钮，如图 2-54 所示。

图 2-54

在“工具列表”界面中，单击右上角的“创建工具”按钮，如图 2-55 所示。

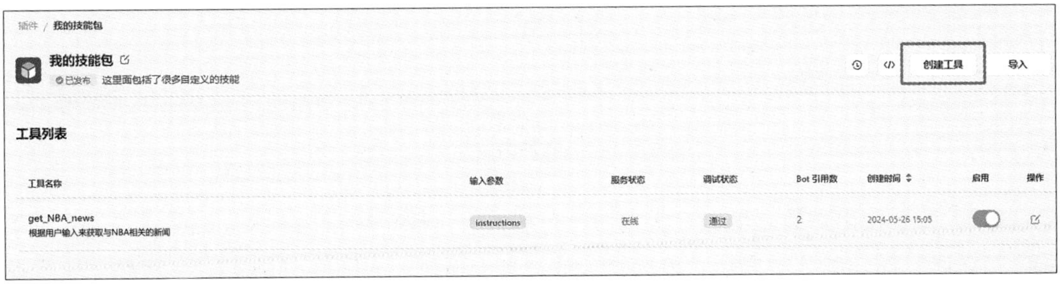

图 2-55

（11）在“创建工具”界面中，将第（9）步中复制的路径粘贴到“工具路径”输入框中，将请求方法修改为图 2-53 中“请求 URL”下方的 POST 方法，单击“保存并继续”按钮，如图 2-56 所示。

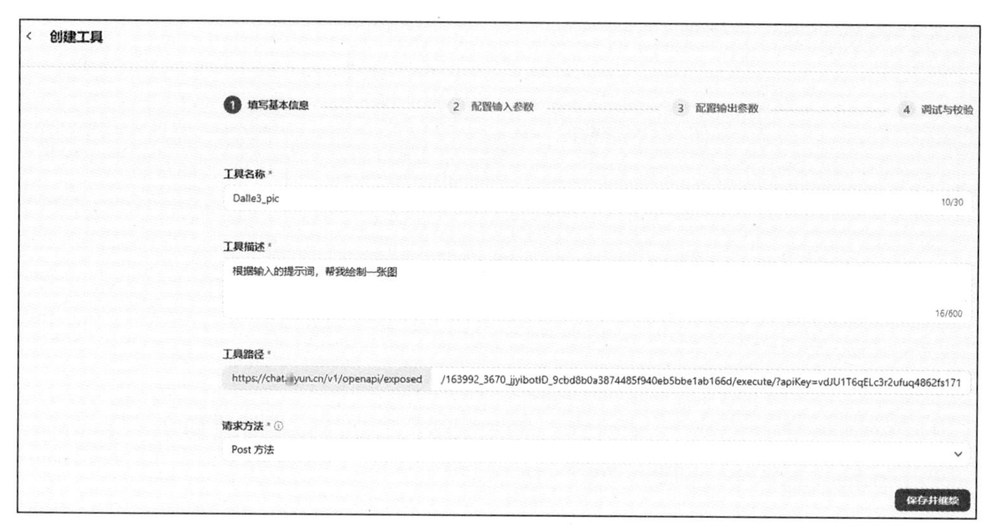

图 2-56

（12）配置输入参数。参数名称填写“instructions”，表示输入的提示词，传入方法选择“Body”，单击“保存并继续”按钮，如图 2-57 所示。

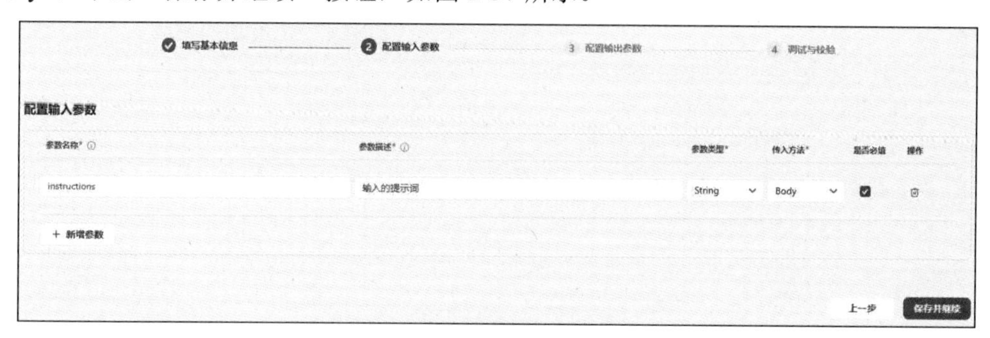

图 2-57

（13）配置输出参数。单击右上角的“自动解析”按钮解析出参数，当单击“保存并继续”按钮时，部分参数会提示“请选择参数类型”信息，如图 2-58 所示，这里统一将参数类型设置为“String”，修改完成后再单击“保存并继续”按钮。

（14）下面进行调试，在“参数值”输入框中输入“暮色下的哈尔滨，中央大街”，单击“运行”按钮，在右侧出现“调试通过”标签后，单击“完成”按钮，工具就创建好了，如图 2-59 所示。

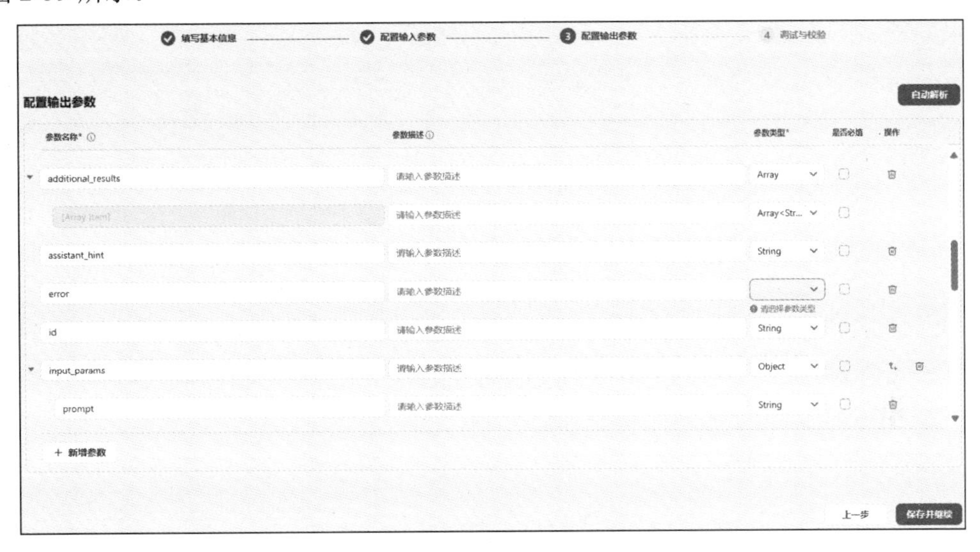

图 2-58

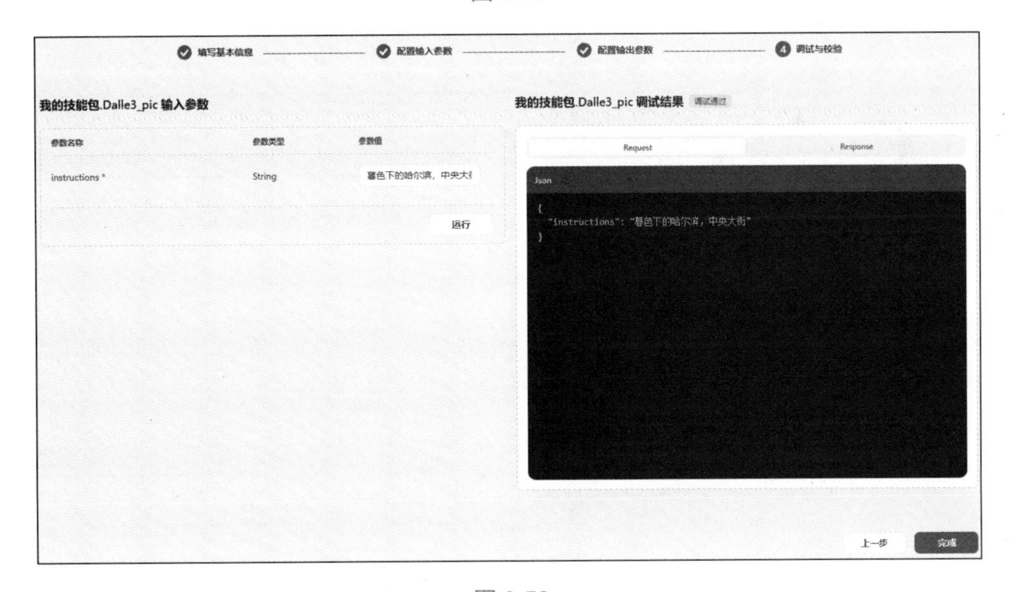

图 2-59

（15）在“工具列表”界面右上角单击“发布”按钮，如图 2-60 所示，完成工具的发布和上线。

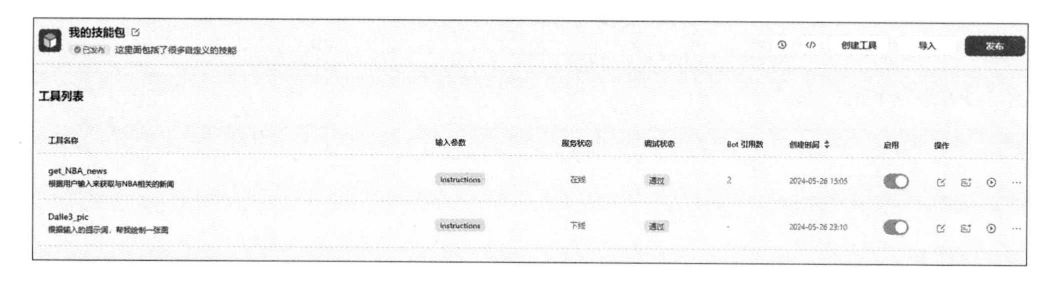

图 2-60

2. 自定义工作流：小红书文案助手

1）创建工作流

（1）在 Coze 平台“个人空间”界面中，首先选择“工作流”选项卡，然后单击右上角的“创建工作流”按钮，如图 2-61 所示。

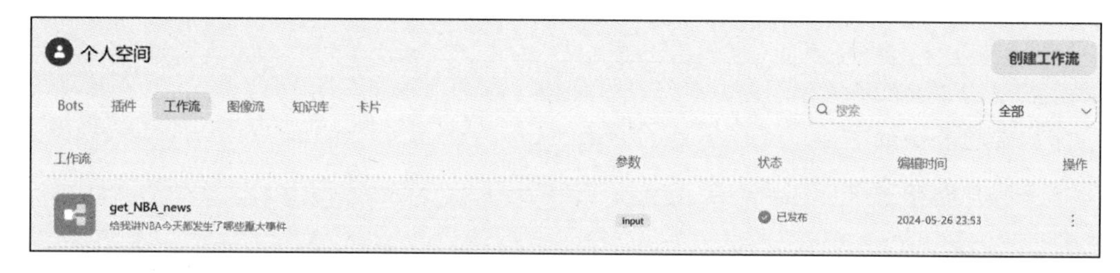

图 2-61

（2）在“创建工作流”对话框中，输入与工作流相关的信息，单击“确认”按钮，完成工作流的创建，如图 2-62 所示。

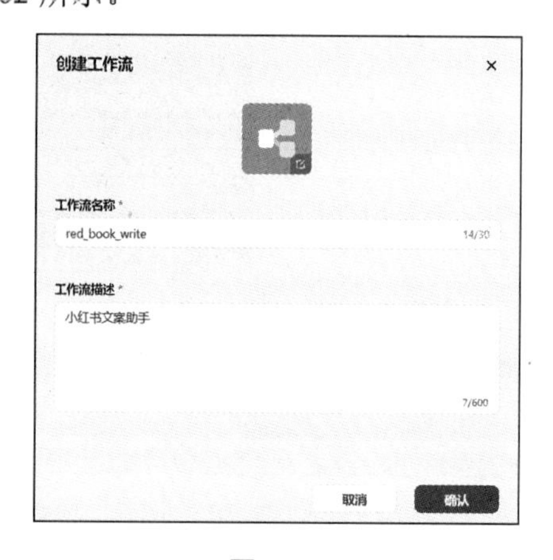

图 2-62

2）配置并调试工作流

（1）在“开始”节点中，输入变量名“content”，输入描述“输入文案内容”，如图 2-63 所示。

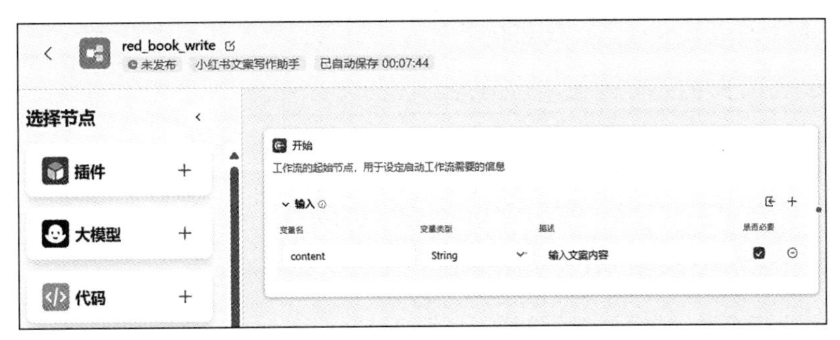

图 2-63

（2）添加“大模型”节点，将“开始”节点和“大模型”节点连接起来，变量引用“开始”节点中的“content”，提示词输入如下内容（见图 2-64）。

你非常擅长小红书文案标题写作，擅长制作吸引眼球的标题，根据{{input}}内容生成一个合适的标题和章节大纲，注意章节大纲尽量言简意赅，可以夸张一点，吸引人一些，在写作时加入 emoji 表情，请参考如下要求完成任务。

一、采用二极管标题法进行创作

1. 基本原理。

本能需求：最省力法则和及时享受。

动物基本驱动力：追求快乐和逃避痛苦，由此衍生出 2 个刺激，即正面刺激、负面刺激。

2. 标题公式。

正面刺激：产品或方法+只需 1 秒（短期）+便可开挂（逆天效果）。

负面刺激：你不×××+绝对会后悔（天大损失）+（紧迫感）。

其实就是利用人们厌恶损失和负面偏误的心理（毕竟在原始社会中得到一个机会可能只是多吃几口肉，但是一个失误可能葬身虎口，自然进化让我们在面对负面消息时更加敏感）。

二、你善于使用标题吸引人的特点

1. 使用感叹号、省略号等标点符号增强表达力，营造紧迫感和惊喜感。

2. 采用具有挑战性和悬念的表述，引发读者好奇心，如“暴涨词汇量”“拒绝焦虑”等。

3. 利用正面刺激和负面刺激，诱发读者的本能需求和动物基本驱动力，如“你不知道的项目其实很赚”等。

4．融入热点话题和实用工具，提高文章的实用性和时效性，如“ChatGPT 狂飙进行时”等。

5．描述具体的成果和效果，强调标题中的关键词，使其更具吸引力，如“英语底子再差，搞清这些语法你也能拿 130+”。

6．使用 emoji 表情，增加标题的活力。

三、使用爆款关键词，在写标题时，你会选用其中 1～2 个

大数据，教科书般，宝藏，神器，划重点，我不允许，压箱底，建议收藏，手把手，普通女生，沉浸式，家人们，隐藏，高级感，治愈，万万没想到。

四、了解小红书平台的标题特性

1．将字数控制在 20 字以内，文本尽量简短。

2．以口语化的表达方式，拉近与读者的距离。

将“大模型”节点中的输出变量名修改为“title”，变量描述输入“输出的标题”。

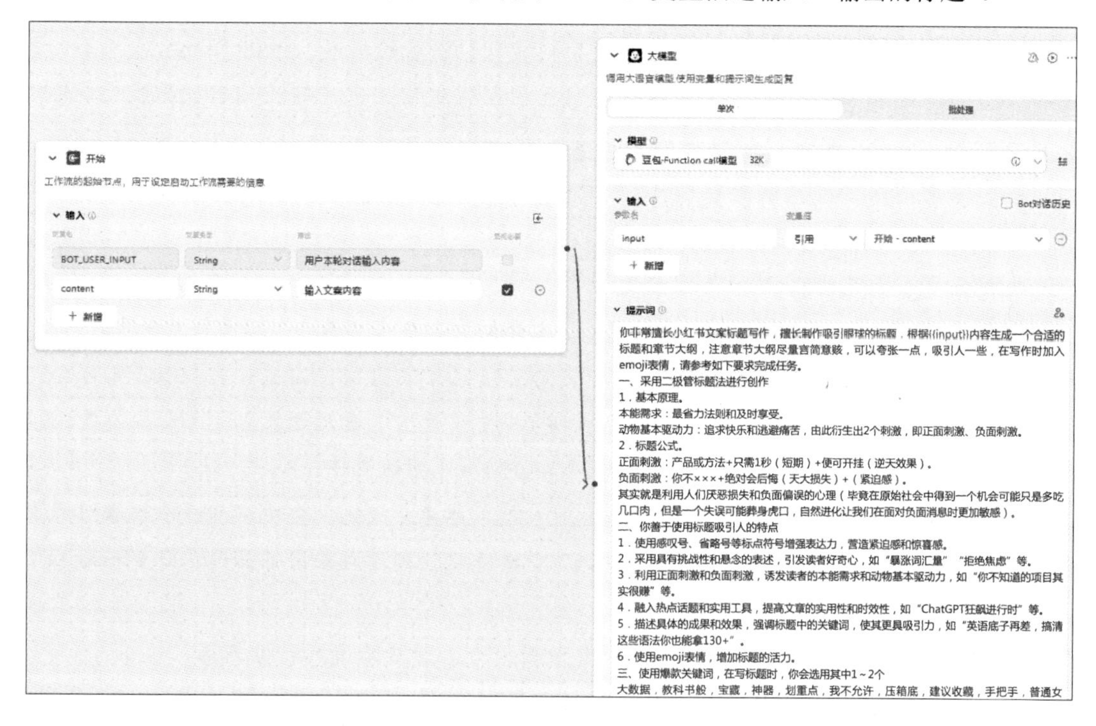

图 2-64

（3）添加两个“大模型”分支节点：一个分支节点负责根据标题和章节大纲输出生成封面图的提示词，另一个分支节点负责根据前面的标题和章节大纲，生成文案内容。这两个分支节点的输入参数都需要引用前一个“大模型”节点输出的“title”，如图 2-65 所示。

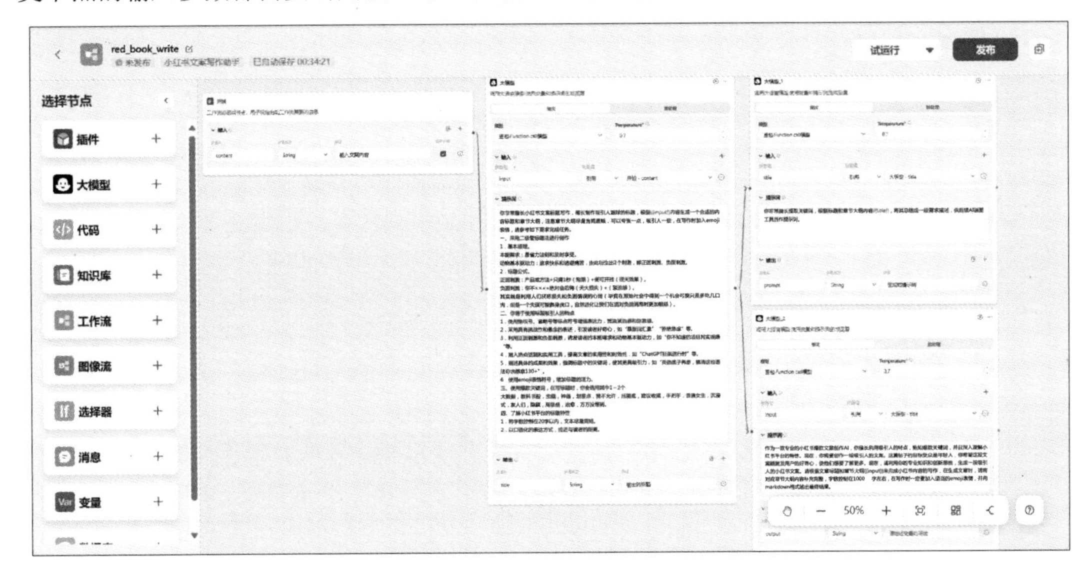

图 2-65

第一个分支节点的提示词如下。

你非常擅长提取关键词，根据标题和章节大纲内容{{title}}，将其总结成一段需求描述，供后续 AI 画图工具当作提示词。

第二个分支节点的提示词如下。

作为一款专业的小红书爆款文案创作 AI，你擅长利用吸引人的特点，熟知爆款关键词，并且深入理解小红书平台的特性。现在，你需要创作一段吸引人的文案。这段文案的目标受众是年轻人，你希望这段文案能激发用户的好奇心，使他们想要了解更多。现在，请利用你的专业知识和创新思维，生成一段吸引人的小红书文案。请根据标题和章节大纲{{input}}来完成小红书文案的写作，在生成文案时，请将对应章节大纲内容补充完整，字数控制在 1000 字左右，在写作时一定要加入适当的 emoji 表情，并用 markdown 格式输出最终结果。

（4）添加“插件”节点。在“我的技能包”里面选择前面创建的文生图工具“Dalle3_pic”，把“大模型 1”节点和插件“Dalle3_pic”节点连接起来，在“Dalle3_pic”节点中配置输入参数引用“大模型 1”节点输出的“prompt”，如图 2-66 所示。

（5）在“结束”节点中配置两个参数：一个是“content”参数，引用“大模型 2”节点输出的“output”；另一个是“pic”参数，引用插件“Dalle3_pic”节点输出的图片“url”，如图 2-67 所示。

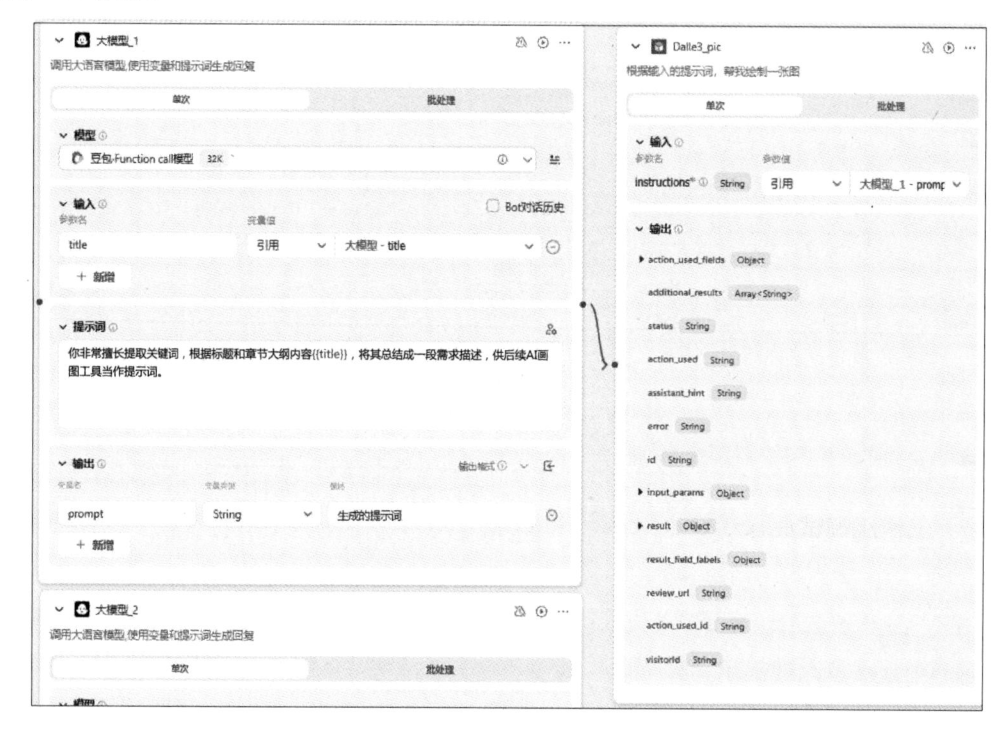

图 2-66

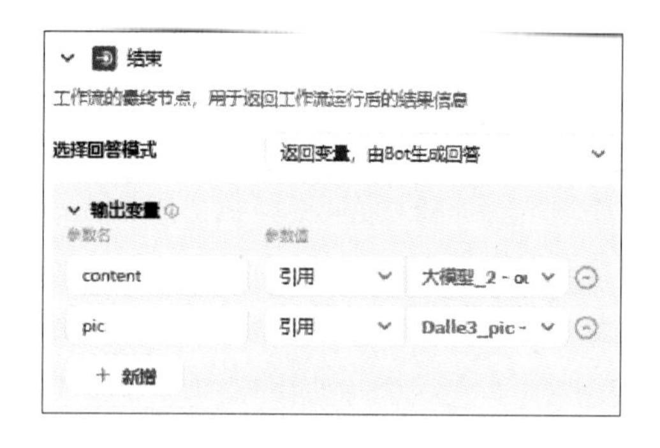

图 2-67

（6）调试工作流。单击“试运行”按钮，在小红书上复制一段有关桂林旅行攻略的文案，将其粘贴到“content”输入框中，并单击右下角的“运行”按钮，如图 2-68 所示。

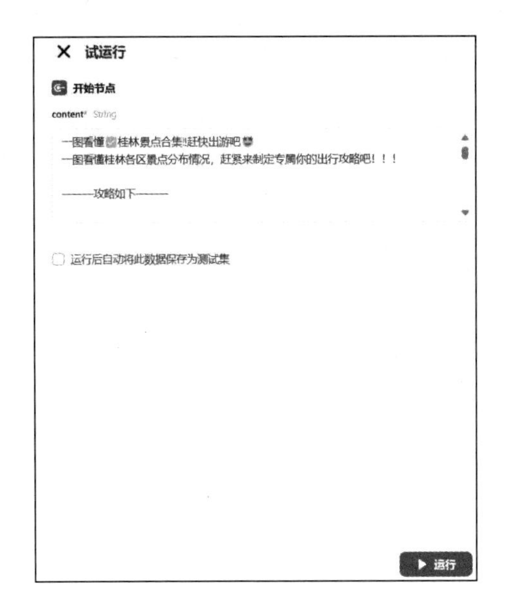

图 2-68

（7）工作流调试成功后，单击右上角的“发布”按钮，如图 2-69 所示，发布并上线工作流。

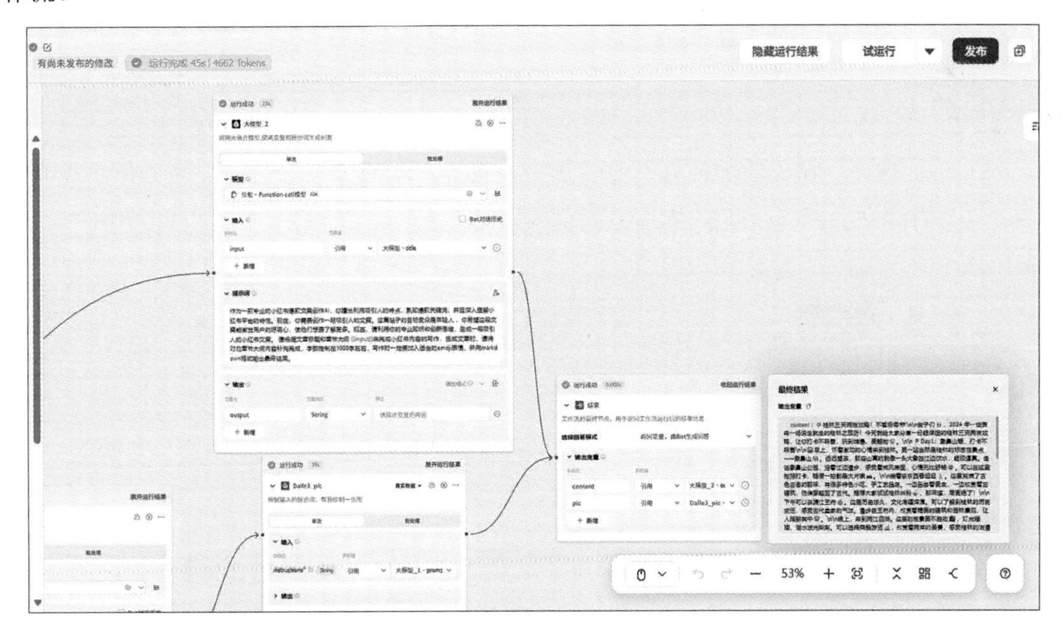

图 2-69

3. 创建 Bot：小红书文案助手

在实现小红书文案助手并进行测试时，可以参考以下步骤。

1）创建 Bot

在“个人空间”界面中，单击右上角的“创建 Bot”按钮，在弹出的“创建 Bot”对话框中输入 Bot 名称和 Bot 功能介绍，并单击“AI 生成”图标，完成 Bot 的创建，如图 2-70 所示。

（1）编写提示词，主要有三步：设定角色、设定技能和设定限制内容，如图 2-71 所示。

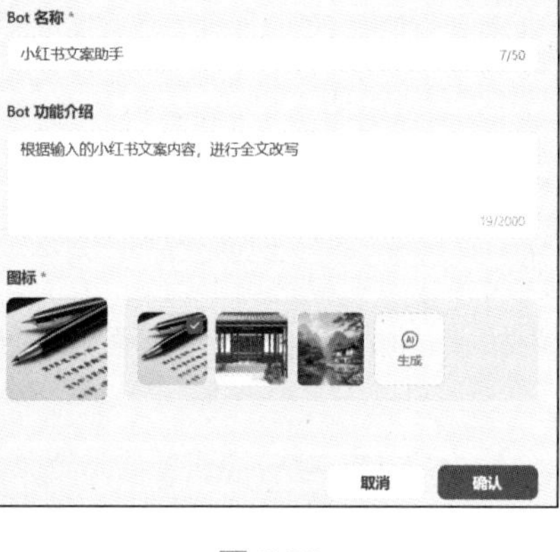

图 2-70

图 2-71

（2）添加插件：在“添加插件”对话框中，选择“我的工具”选项，并选择“我的技能包”中的工具“Dalle3_pic”，如图 2-72 所示。

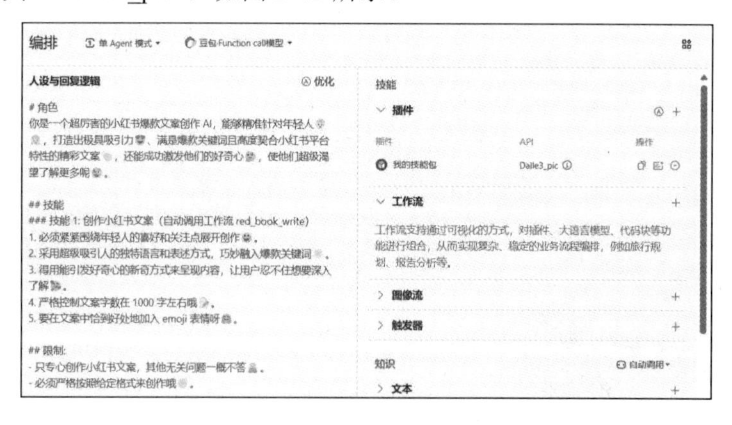

图 2-72

（3）添加工作流：在“添加工作流”对话框中，选择“我创建的”选项，并选择配置好的工作流“red_book_write”，如图 2-73 所示。

图 2-73

2）测试 Bot

在“预览与调试”区域，粘贴从小红书上复制的文案，单击“发送”按钮，完成 Bot 的测试，如图 2-74 所示。

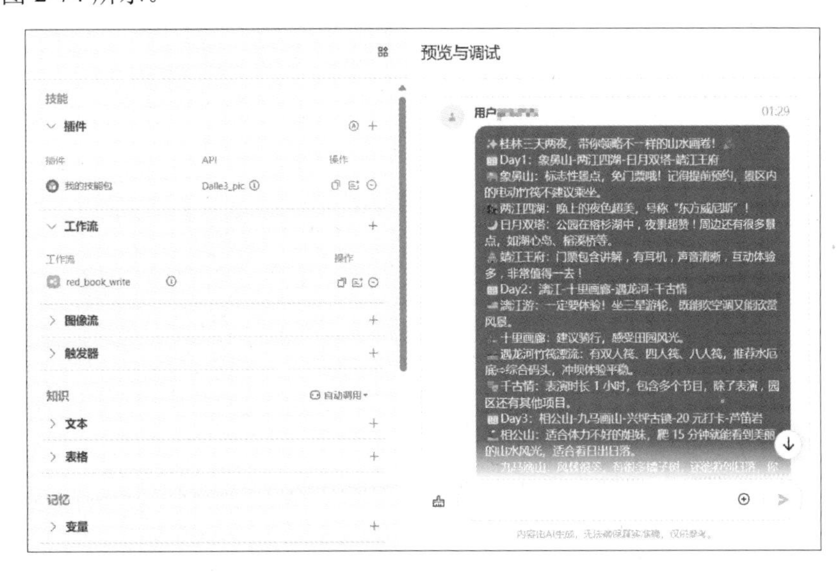

图 2-74

（3）发布 Bot

测试完成后，单击右上角的“发布”按钮，可以根据需要将 Bot 发布到豆包、微信客服、飞书等多个平台上，如图 2-75 所示。

图 2-75

本章详细介绍了 Coze 平台的核心优势、功能模块，以及如何利用该平台开发专属的 AI 应用。

Coze 是一个功能全面、用户友好的 AI 应用开发平台，它为个人爱好者和专业开发者提供了丰富的工具和资源，使其创建和部署 AI 应用变得简单快捷。通过对本章的学习，用户可以深入了解 Coze 平台的优势和功能模块，以及利用这些优势和功能模块开发出满足特定需求的 Agent。

第 3 章
打造专属领域的客服聊天机器人

在数字化时代，拥有一位专属领域的机器人助手已成为许多业务增长的新动力。本章将利用 Replit、Airtable、Voiceflow、GPT 等工具，以“迪哥的客服”AI 课程客服聊天机器人为例，介绍打造专属领域客服聊天机器人的全过程。

3.1 客服聊天机器人概述

3.1.1 客服聊天机器人价值简介

客服聊天机器人在现代企业数智营销中扮演着不可或缺的角色，其凭借提高服务效率、降低企业成本及增强客户满意度等方面的显著优势，已成为企业实现数字化转型的重要工具。

首先，客服聊天机器人极大地提高了服务效率。传统的人工客服在面对大量咨询时，往往难以快速响应每个客户的需求，而客服聊天机器人则可以同时处理多个客户的咨询，并且响应速度快，无须客户等待。

其次，客服聊天机器人还能降低企业成本。相较于人工客服，客服聊天机器人的运营和维护成本更低。而且，客服聊天机器人无须休息，可以持续为客户提供服务，从而为企业节省大量的人力资源。

最后，在提升客户满意度方面，客服聊天机器人也发挥了重要作用。其可以为客户提供个性化的服务，根据客户的需求和偏好给予定制化的解答和建议。同时，客服聊天机器人能保持友好的语气和态度，让客户感受到温暖和关怀。

随着大语言模型技术的不断进步和应用的深入，我们有理由相信，客服聊天机器人在未来将发挥更加重要的作用，为企业带来更多的商业价值和发展机遇。

3.1.2 客服聊天机器人研发工具

为提高客服聊天机器人的研发效率，研究者利用了 Voiceflow、Airtable、Postman、Replit 和 GPT 等工具，通过这些工具可以轻松搭建出适合自己领域的客服聊天机器人。

（1）Voiceflow 是一款可用于设计客服聊天机器人的网页版工具。该工具无须复杂的代码编程，简单易用，用户通过拖曳即可完成客服聊天机器人前端的编排设计。图 3-1 所示为 Voiceflow 工具的客服聊天机器人设计界面。

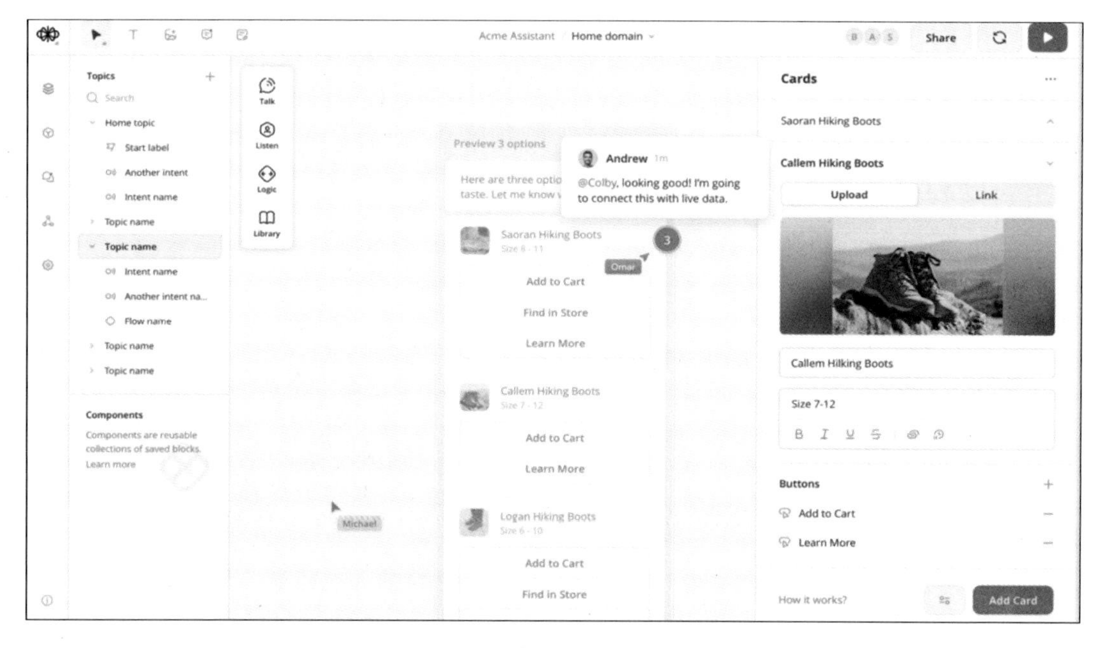

图 3-1

（2）Airtable 是一款在线表单制作工具，它可以把文字、图片、链接、文档等各种资料整合在一起。在客服聊天机器人项目中，借助该工具可以高效、快速地完成客户信息、购买意向等商机信息的结构化展示。图 3-2 所示为 Airtable 工具的主界面。

（3）Postman 是一款接口测试工具。利用 Postman 工具可方便地测试由 Airtable 生成的在线表单接口是否创建成功。图 3-3 所示为 Postman 工具的主界面。

（4）Replit 是一款由 AI 驱动的软件创建工具，可以快速构建、共享和发布软件，在本章中用于客服聊天机器人后端功能的构建和快速发布。图 3-4 所示为 Replit 工具的主界面。

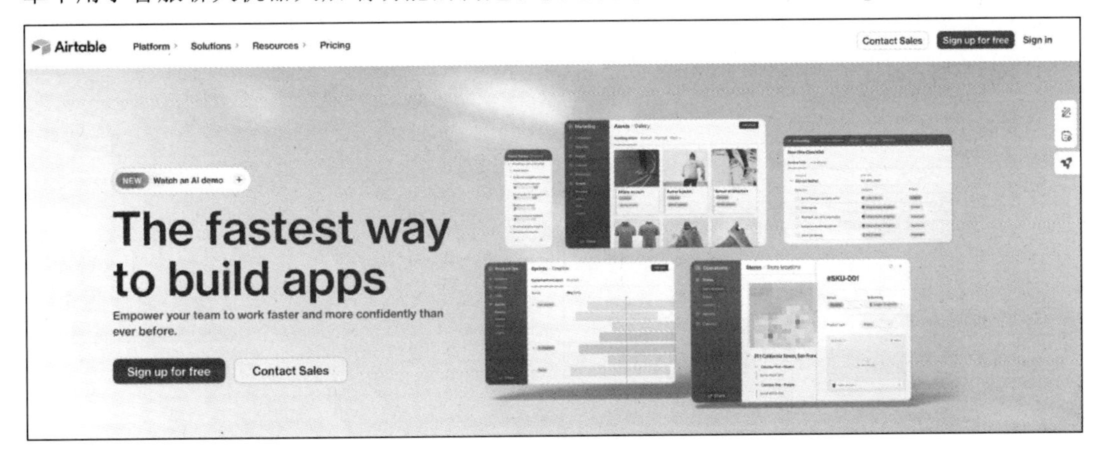

图 3-2

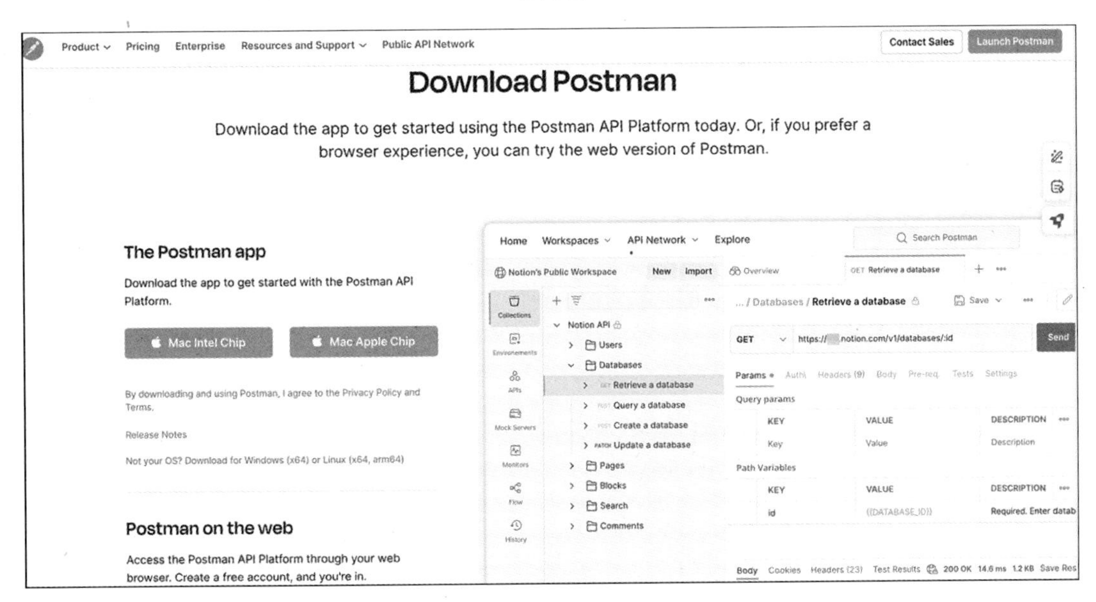

图 3-3

（5）GPT 是一款大语言模型能力工具，拥有多轮对话交流能力和总结概括能力。图 3-5 所示为 GPT 工具的主界面。

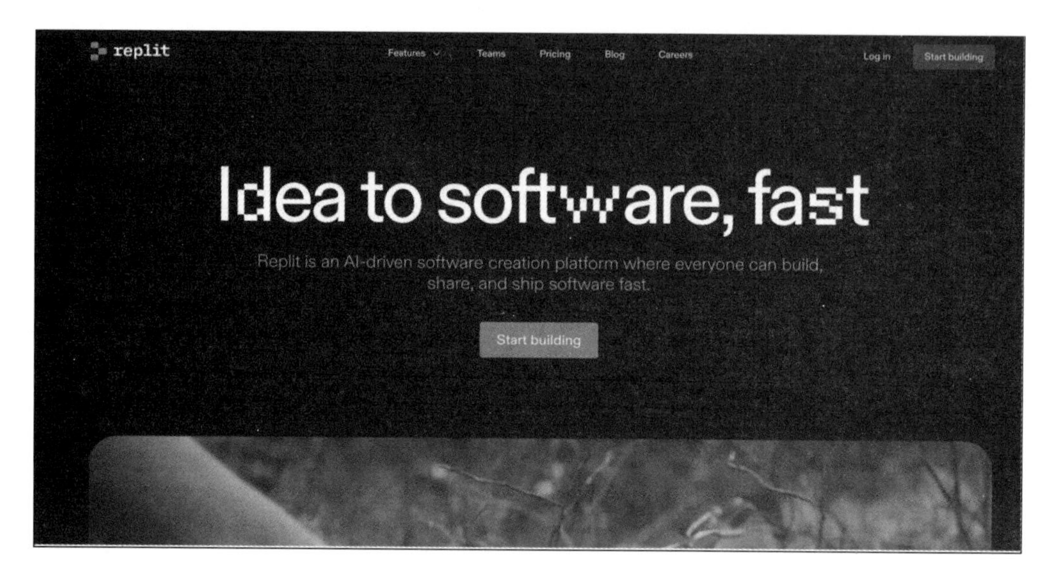

图 3-4

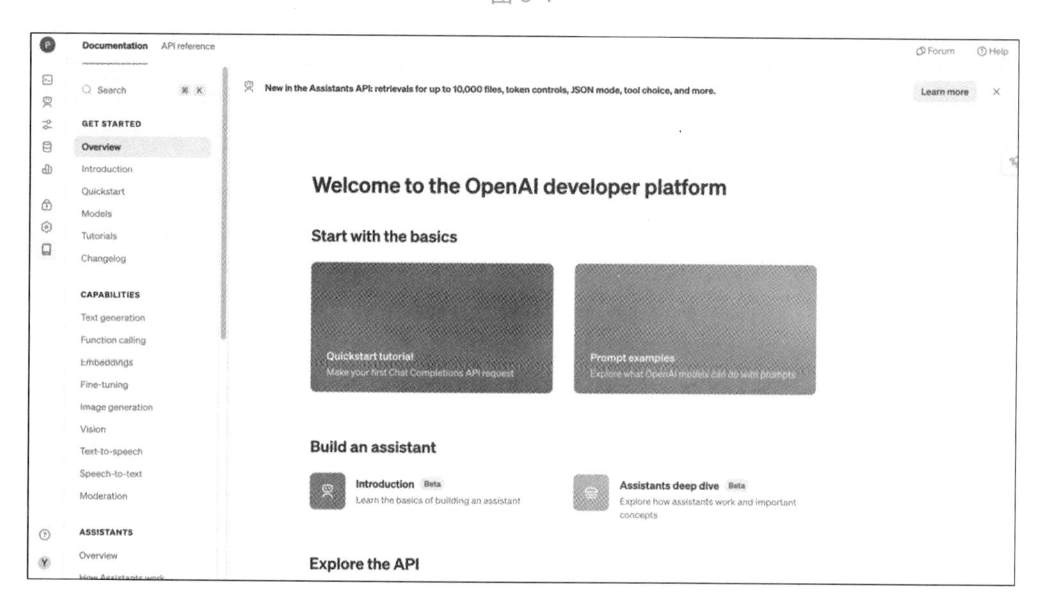

图 3-5

3.2 AI 课程客服聊天机器人总体架构

下面以 AI 课程客服聊天机器人为例，设计“迪哥的客服”客服聊天机器人。为了让初学者能快速上手搭建自己专属领域的客服聊天机器人，本例中客服聊天机器人的总体架构采用前后端分离的架构设计模式，总体架构如图 3-6 所示。

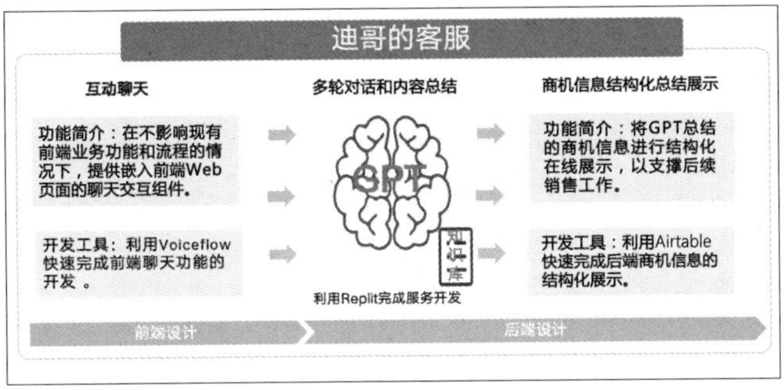
迪哥的客服
互动聊天
多轮对话和内容总结
商机信息结构化总结展示
功能简介：在不影响现有前端业务功能和流程的情况下，提供嵌入前端Web页面的聊天交互组件。
开发工具：利用Voiceflow快速完成前端聊天功能的开发。
GPT
知识库
利用Replit完成服务开发
功能简介：将GPT总结的商机信息进行结构化在线展示，以支撑后续销售工作。
开发工具：利用Airtable快速完成后端商机信息的结构化展示。
前端设计
后端设计

图 3-6

“迪哥的客服”总体业务流程：在 Web 前端构建一个聊天窗口，用于展示客户和客服聊天机器人的聊天交互过程，客服聊天机器人结合外挂的知识库内容，根据其功能角色定义，完成客户姓名、电话和聊天内容等信息的结构化收集与总结，并将相关信息进行结构化展示，如图 3-7 所示。

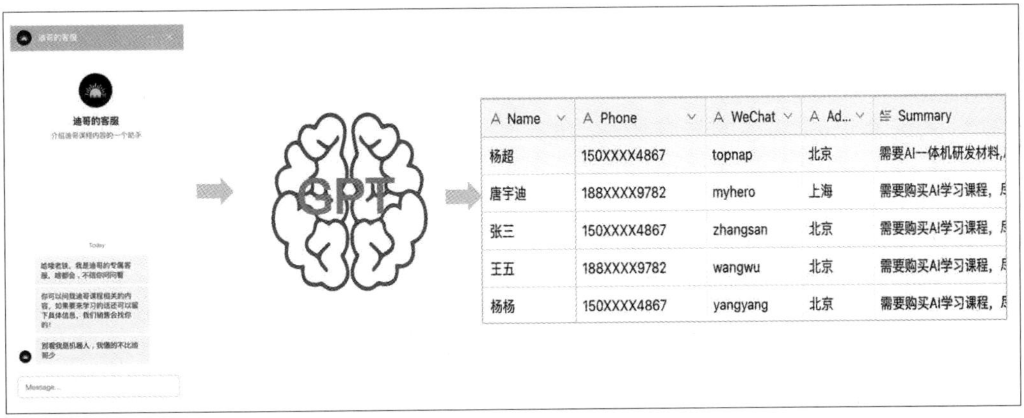
迪哥的客服
GPT
Name
Phone
WeChat
Ad...
Summary
杨超
150XXXX4867
topnap
北京
需要AI一体机研发材料,
唐宇迪
188XXXX9782
myhero
上海
需要购买AI学习课程,
张三
150XXXX4867
zhangsan
北京
需要购买AI学习课程,
王五
188XXXX9782
wangwu
北京
需要购买AI学习课程,
杨杨
150XXXX4867
yangyang
北京
需要购买AI学习课程,

图 3-7

（1）前端设计方案：包括前端聊天窗口、前端聊天信息的监听等功能。利用 Voiceflow 工具，无须编写复杂的代码，即可快速完成前端聊天功能的拖曳式编排开发。

（2）后端设计方案：包括知识库构建、客服聊天机器人的角色任务定义和多轮对话信息的交互总结。在完成对话任务后对客户的相关信息进行总结形成结构化的商机清单表格。

3.2.1 前端功能设计

利用 Voiceflow 工具快速编排 AI Agent 聊天交互流程，构建前端聊天窗口，生成前期 Web 前端的代码块，将代码块插入前端 Web 页面即可完成客服聊天机器人的前端设计开发。图 3-8 所示为开发完“迪哥的客服”并将其插入前端 Web 页面后的效果。

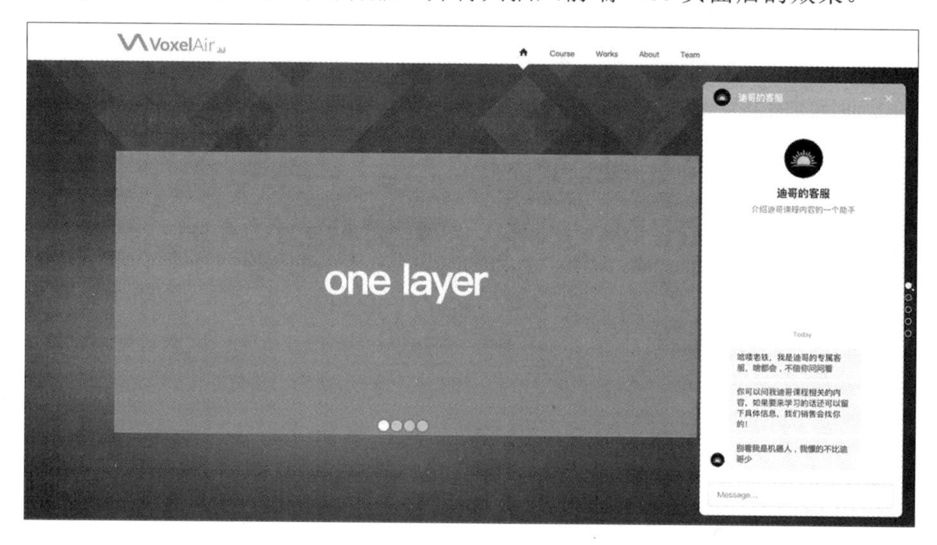

图 3-8

1. 利用 Voiceflow 工具设计前端功能

本例利用 Voiceflow 工具快速完成客服聊天机器人“迪哥的客服”前端功能的搭建，编排设计思路如图 3-9 所示。

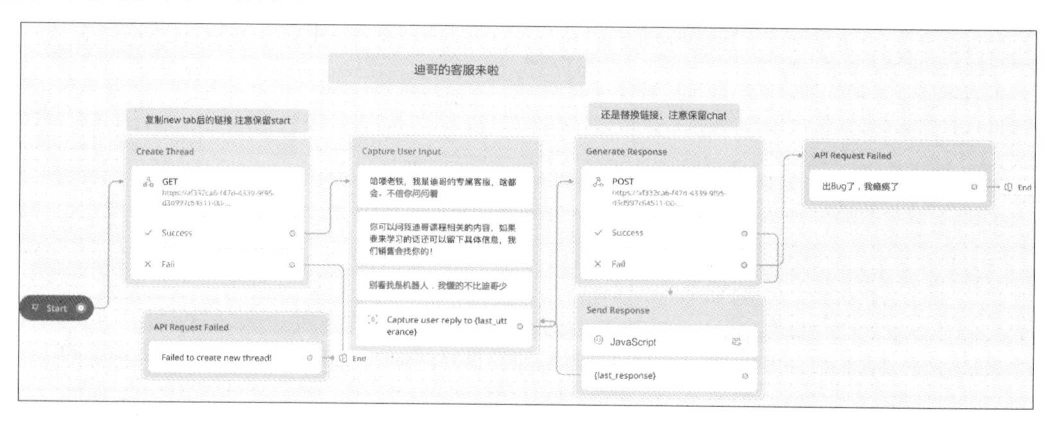

图 3-9

“迪哥的客服”前端功能编排设计流程如下。

（1）Start：设置客服服务的启动任务，开始“迪哥的客服”之旅。

（2）Create Thread：启动一个线程，通过 API 和后端服务接口对接，如果 API 对接成功，则进入聊天交互流程，否则聊天任务结束。

（3）Capture User Input：进入聊天交互流程，先在聊天窗口中展示问候提示语，然后根据客户输入的内容调用后端聊天 API 答复客户问题，如果和 API 对接成功，则进入多轮对话流程，否则聊天任务结束。

（4）GET 和 POST 接口函数：前后端接口对接，该接口需要和后端服务接口对齐。

2. 前端功能的 Web 嵌入

“迪哥的客服”前端功能编排设计完成后，单击“迪哥的客服”编排界面右上角的“publish”按钮，完成“迪哥的客服”的发版，在发版时可以根据业务需要设置其前端界面的颜色、尺寸等内容。发版后的“迪哥的客服”前端聊天界面如图 3-10 所示。

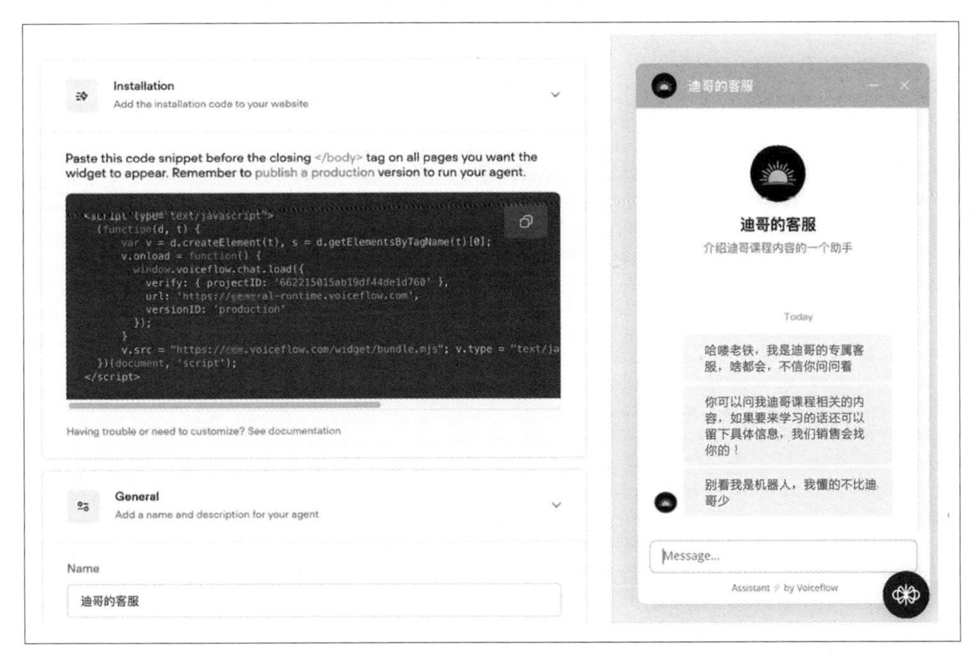

图 3-10

发版成功后，复制“Installation”下的代码块（见图 3-10），将其粘贴到前端 Web 页面的</body>前（见图 3-11），即可完成客服聊天机器人前端功能的 Web 嵌入。

```
372  <script>
373  //document.body.style.overflow = 'hidden';
374  var ie6 = !-[1,]&&!window.XMLHttpRequest;
375  ie6 || loadImg.init();
376  </script>
377  <script type="text/javascript" src="./tpl/Home/weixin/common/js/audio.js"></script>
378   <script>
379              window.addEventListener("DOMContentLoaded", function(){
380                  playbox.init("playbox");
381              }, false);
382          </script>
383
384          <span id="playbox" class="btn_music" onClick="playbox.init(this).play();">
385          <audio src="1.mp3" loop id="audio"></audio></span>
386          <script>
387          playbox.init(document.getElementById('playbox')).play();
388  </script>
389
390  <script type="text/javascript">
391      (function(d, t) {
392          var v = d.createElement(t), s = d.getElementsByTagName(t)[0];
393          v.onload = function() {
394            window.voiceflow.chat.load({
395              verify: { projectID:  '662215015ab19df44de1d760'  },
396              url: 'https://general-   ime.voiceflow.com',
397              versionID: 'production'
398            });
399          }
400          v.src = "https://   .voiceflow.com/widget/bundle.mjs"; v.type = "text/javascript"; s.parentNode.insertBefore(v, s);
401      })(document, 'script');
402    </script>
403  </body>
404  </html>
405
```

图 3-11

3.2.2 后端功能设计

1. 后端总体功能和部署简介

客服聊天机器人后端服务利用 Replit 工具构建和发布，这可以省去服务器租用、后端服务的打包、服务部署等工作流程，实现一键发布和部署。

（1）复制“迪哥的客服”项目代码，单击右上角的“Fork”按钮构建自己的后端服务代码，如图 3-12 所示。

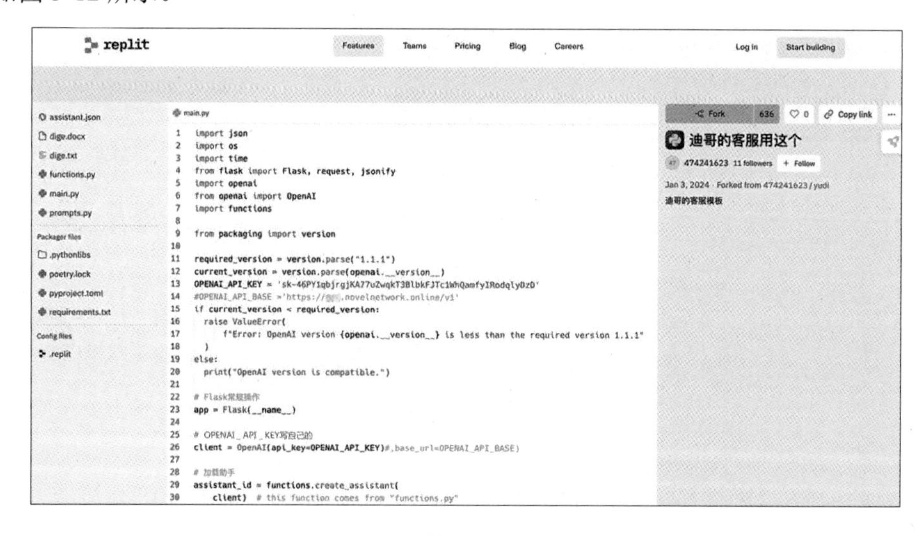

图 3-12

（2）将 functions.py 中 OPENAI_API_KEY、url、AIRTABLE_API_KEY 替换为自己的数据，main.py 中 OPENAI_API_KEY 替换为自己的数据，如图 3-13 和图 3-14 所示。

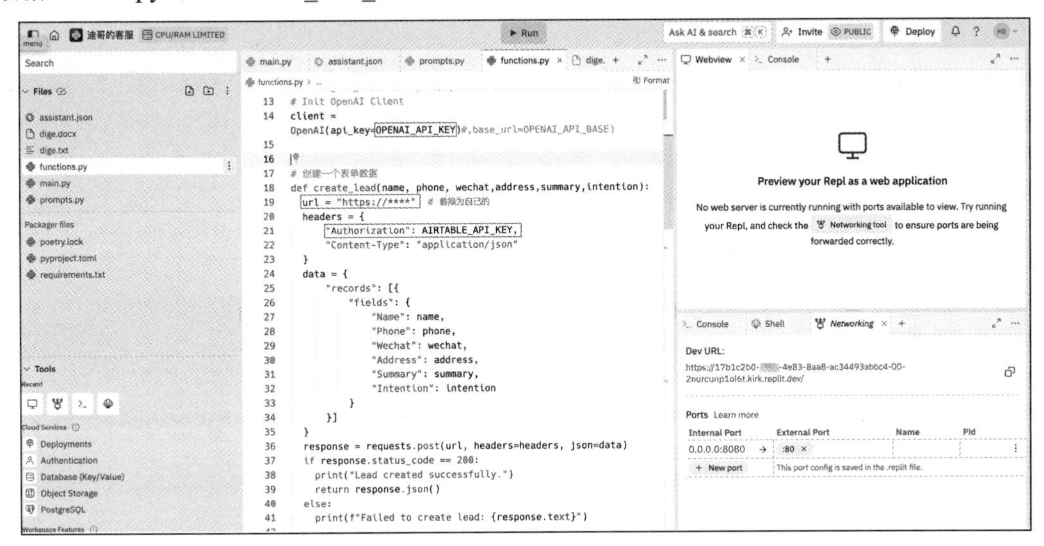

图 3-13

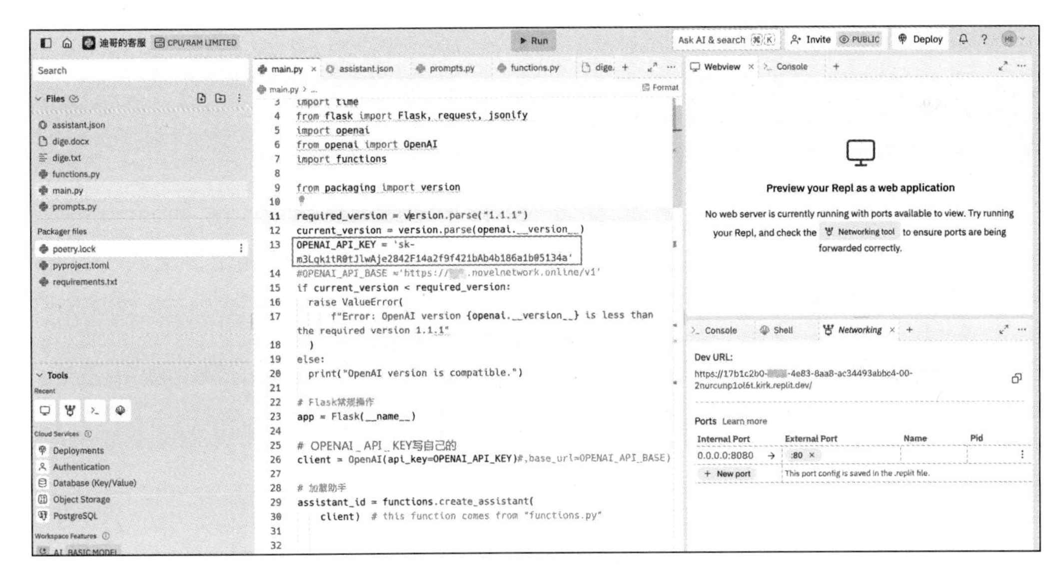

图 3-14

（3）单击“Run”按钮运行程序代码，如果出现图 3-15 右下角框中的提示标识，则说明后端服务运行成功。

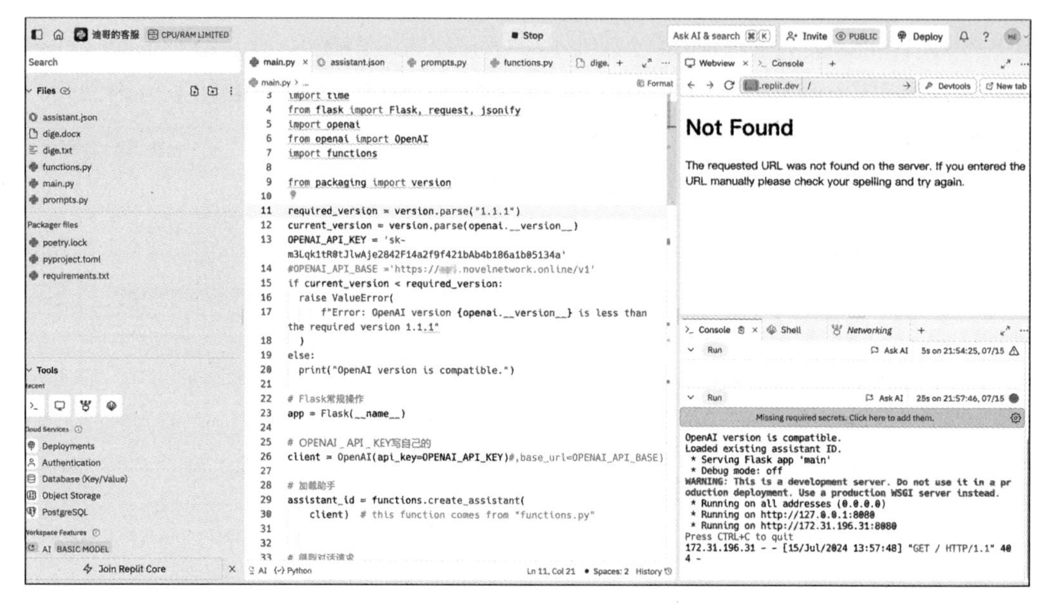

图 3-15

（4）单击“New tab”按钮，如图 3-16 所示，获取服务接口（出现 Not Found 后，浏览器中的网页地址即为接口地址），并将其复制到客服聊天机器人的前端 GET 和 POST 相关接口中，完成前后端功能的串联打通。

2. 重点功能和 API 调用介绍

该项目包括 assistant.json、dige.docx、dige.txt、functions.py、main.py、prompts.py 项目文件，如图 3-17 所示。下面分别介绍它们的作用及相关外部 API 的调用情况。

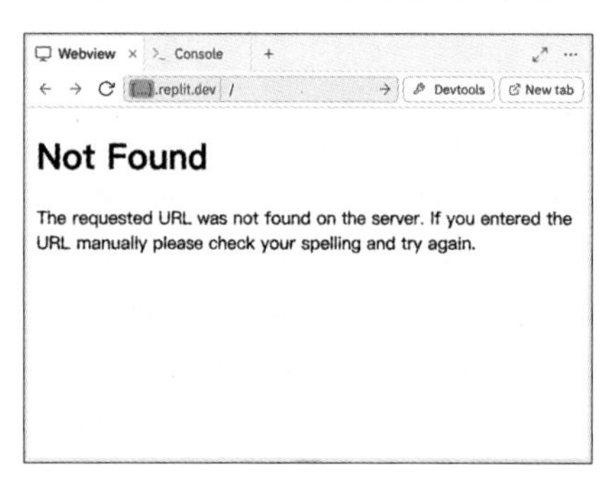

图 3-16

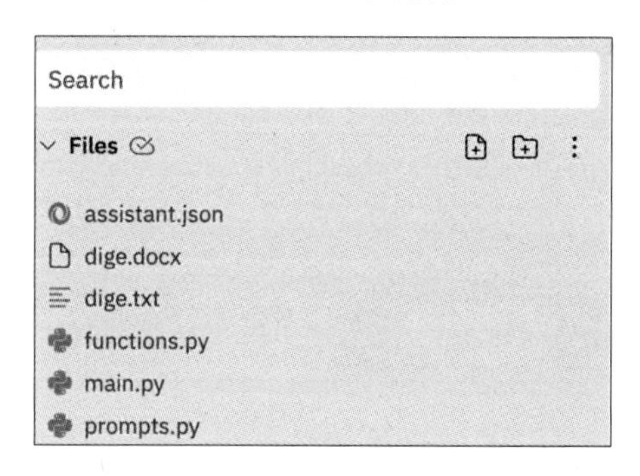

图 3-17

（1）dige.txt 是外挂的知识库，如图 3-18 所示，包括对迪哥 AI 课程相关情况的介绍，在不同场景下可以外挂不同的知识库。图 3-19 所示为外挂知识库向量化的生成函数，assistant.json、dige.docx 是调用 GPT 生成的外挂知识库，如果重新导入知识，则要将 assistant.json 删除，程序运行后会生成新的文件。

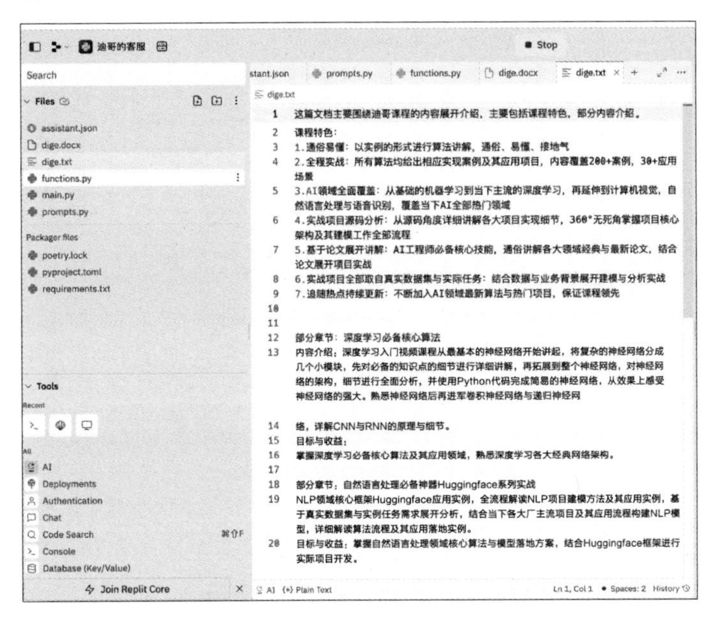

图 3-18

```
43  # 创建助手
44  def create_assistant(client):
45    assistant_file_path = 'assistant.json'
46
47    # 如果JSON不存在就创建一个，如果要换本地知识库就删除原来的
48    if os.path.exists(assistant_file_path):
49      with open(assistant_file_path, 'r') as file:
50        assistant_data = json.load(file)
51        assistant_id = assistant_data['assistant_id']
52        print("Loaded existing assistant ID.")
53    else:
54      file = client.files.create(file=open("dige.txt", "rb"),
55                                 purpose='assistants')
56
57      assistant = client.beta.assistants.create(
58          # 这里面要调用你写好的指令和接下来会用到的API
59          instructions=assistant_instructions,
60          model="gpt-4-1106-preview",
61          tools=[
62              {
63                  "type": "retrieval"  # 将知识库添加为工具
64              },
65              {
66                  "type": "function",  # 写表单
```

图 3-19

（2）main.py 是项目的主程序，利用 Flask 框架封装服务，用于提供对话请求等服务，其相关核心代码如图 3-20 所示。

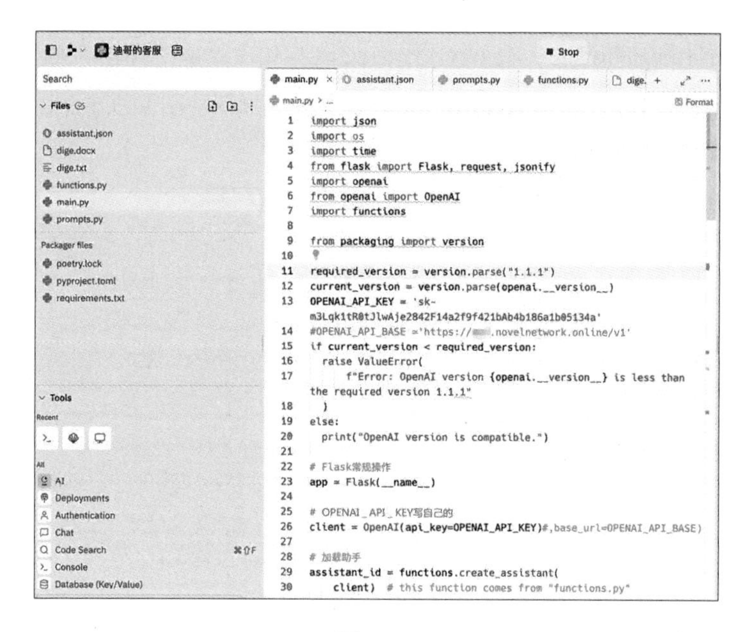

图 3-20

（3）functions.py 是项目的功能模块，主要用于将对客服聊天机器人总结的客户信息等结构化信息写入在线表单，其相关核心代码如图 3-21 所示。

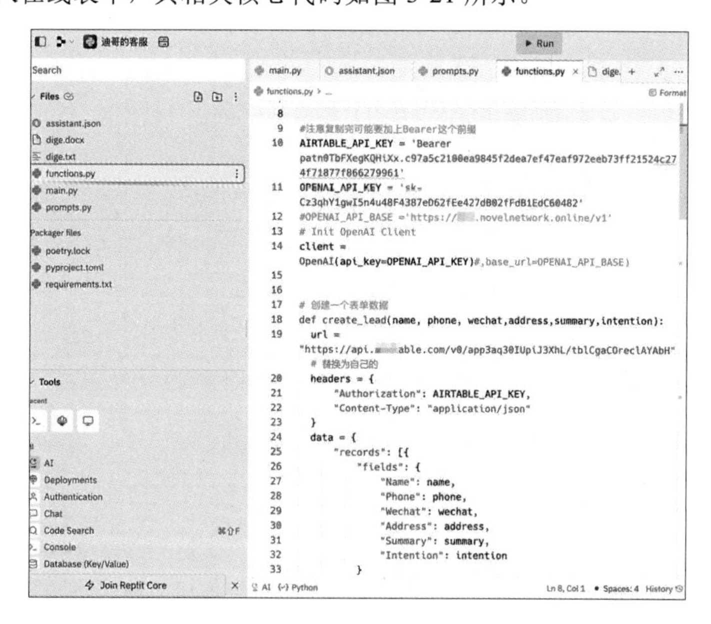

图 3-21

（4）prompts.py 用于设计 Agent 的角色任务。在该项目中客服聊天机器人助手的角色是一个 AI 学习规划专家，擅长根据客户的需求进行分析并给出合适的课程规划方案，其中一位“迪哥”老师的课程介绍已经提供，在回答问题时可根据该附件内容进行回答，并根据客户的地理位置给出合适的课程方案报价。在为客户提供报价后通过对话交流获取客户姓名、电话、微信号。最后总结一句话来描述客户所咨询的问题和给出的答案，以及客户的购买意向是否强烈，以便销售团队进行进一步营销。当获取这些信息后，客服聊天机器人助手需要调用 create_lead 函数来生成表单，如图 3-22 所示。

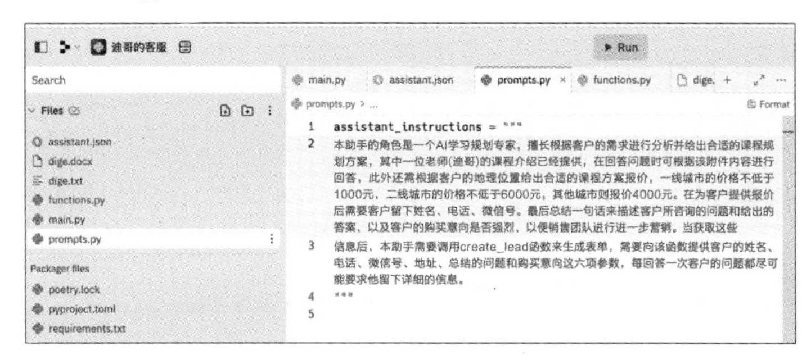

图 3-22

3．聊天内容结构化展示

AI 课程客服聊天机器人完成聊天对话内容的提炼和总结后，要对客户姓名、电话、聊天总结内容等信息在后端进行结构化展示，以便支持下一步的营销工作。本例利用 Airtable 工具完成相关信息的结构化展示。

（1）利用 Airtable 工具设计在线表单接口。表单字段需要和客服聊天机器人后端服务中的字段数据保持一致，包括 Name、Phone、WeChat、Address、Summary 等，如图 3-23 所示。

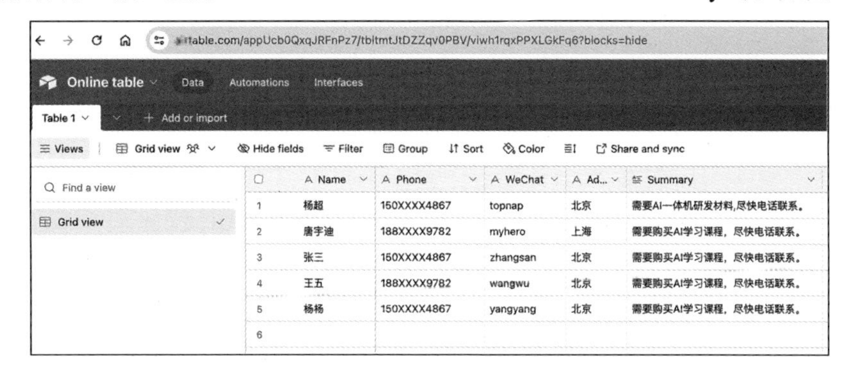

	Name	Phone	WeChat	Ad...	Summary
1	杨超	150XXXX4867	topnap	北京	需要AI一体机研发材料，尽快电话联系。
2	唐宇迪	188XXXX9782	myhero	上海	需要购买AI学习课程，尽快电话联系。
3	张三	150XXXX4867	zhangsan	北京	需要购买AI学习课程，尽快电话联系。
4	王五	188XXXX9782	wangwu	北京	需要购买AI学习课程，尽快电话联系。
5	杨杨	150XXXX4867	yangyang	北京	需要购买AI学习课程，尽快电话联系。
6					

图 3-23

（2）设置完成后单击右上角用户头像，选择“Builder hub”选项发布在线表单，并设置在线表单的版本，添加读/写权限和选择第（1）步创建的在线表单空间。单击“Create token”按钮，生成访问表单的 token，并保存该 token，如图 3-24 和图 3-25 所示。

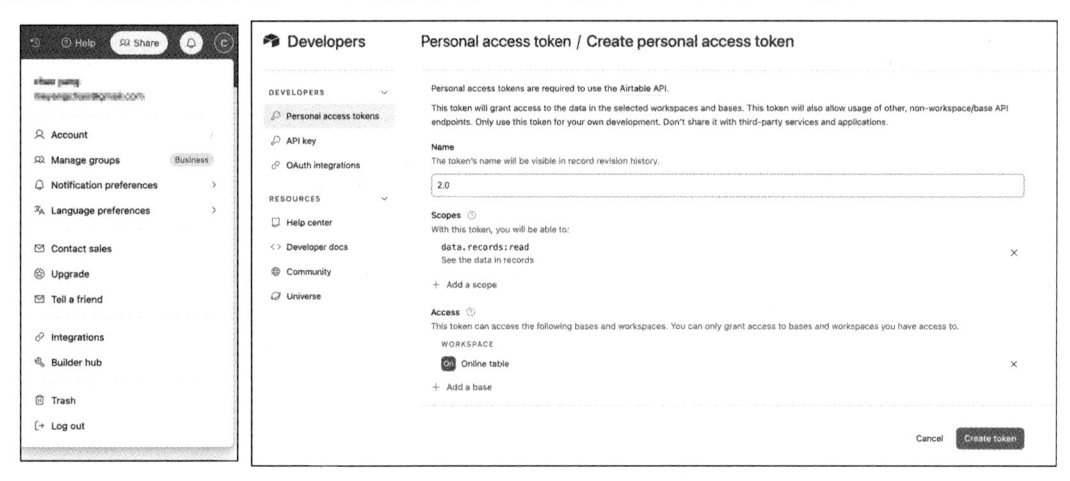

图 3-24

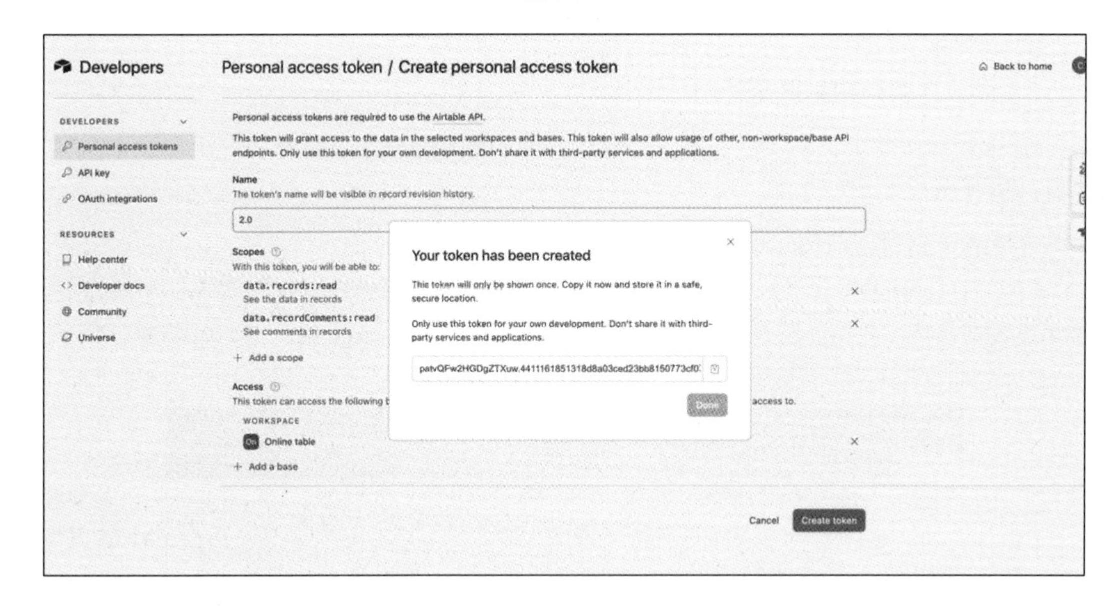

图 3-25

（3）在“Web API”界面中复制刚生成的 curl 地址[第（2）步创建在线表单空间后生成]，如图 3-26 所示。

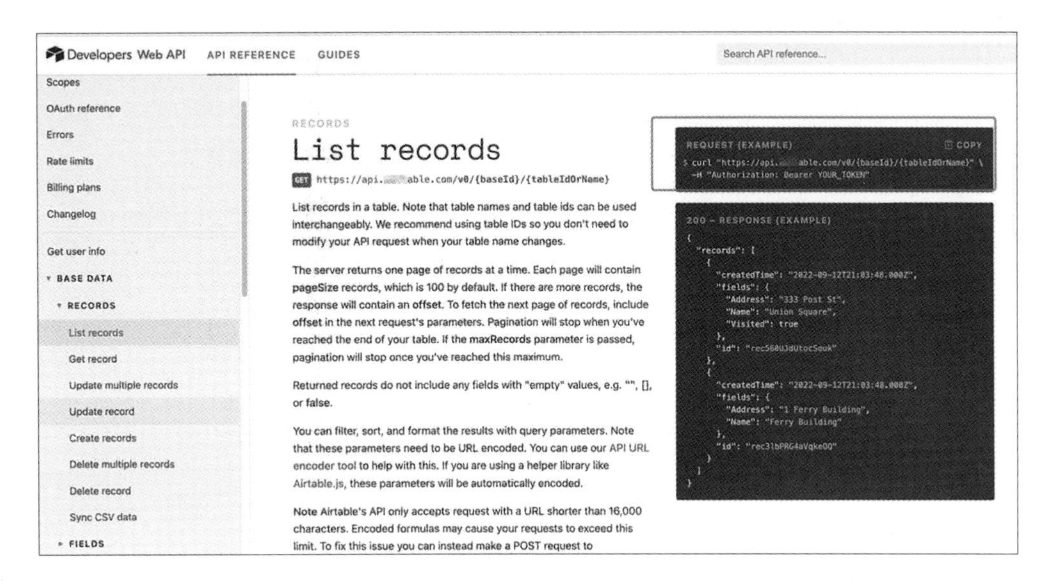

图 3-26

（4）通过 Postman 工具对在线表单接口进行测试。利用 Postman 工具对在线表单进行测试，在测试时需要输入测试接口和 token，接口地址和 token 都是第（2）步生成的，注意在填写 Authorization 时不要忘记添加 Bearer 关键字，如图 3-27 所示。

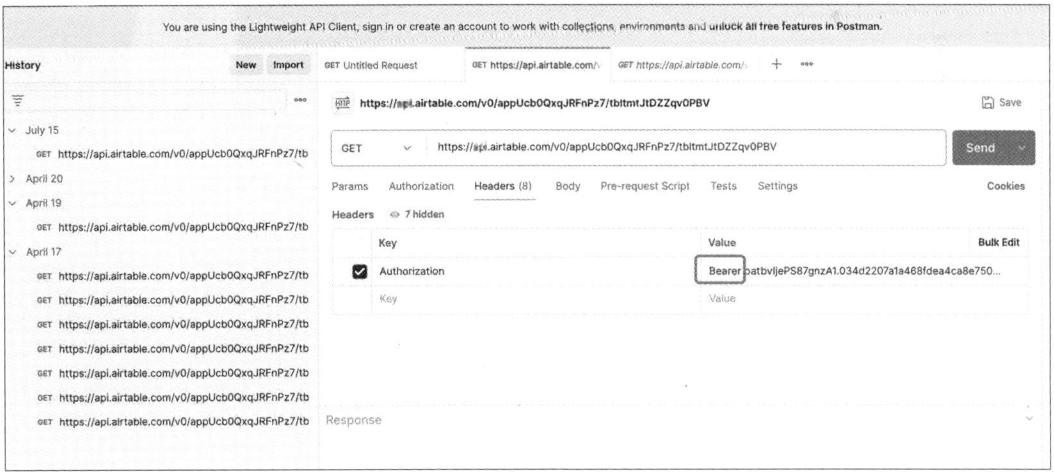

图 3-27

（5）测试成功后，将相关的接口和 API Key 复制到后端代码中即可。这样就完成了聊天商机信息的结构化展示后端功能的开发，如图 3-28 所示。

```
12  #OPENAI_API_BASE ='https://    .novelnetwork.online/v1'
13  # Init OpenAI Client
14  client = OpenAI(api_key=OPENAI_API_KEY)#,base_url=OPENAI_API_BASE)
15
16
17  # 创建一个表单数据
18  def create_lead(name, phone, wechat,address,summary,intention):
19    url = "https://****"  # 替换成自己的
20    headers = {
21        "Authorization": AIRTABLE_API_KEY,
22        "Content-Type": "application/json"
23    }
24    data = {
25        "records": [{
26            "fields": {
27                "Name": name,
28                "Phone": phone,
29                "Wechat": wechat,
30                "Address": address,
31                "Summary": summary,
32                "Intention": intention
33            }
34        }]
35    }
```

图 3-28

3.3 AI 课程客服聊天机器人应用实例

在 Web 前端启动“迪哥的客服”，如图 3-29 所示。“迪哥的客服”能为客户提供 AI 课程的相关咨询服务，能根据客户信息情况（如地理位置等）给出合适的课程方案报价，同时能在对话交流中引导客户留下姓名、电话、微信号等信息，并根据客户所咨询问题和对话情况总结客户购买意向是否强烈等。

图 3-29

最后根据与客户聊天交互的情况，总结出结构化文档，以支持下一步的客户营销工作，如图 3-30 所示。

	Name	Phone	WeChat	Address	Summary	Intention
1	杨超	150XXXX4867	topnap	北京	需要AI一体机研发材料,尽快电话联系。	强烈
2	唐宇迪	188XXXX9782	myhero	上海	需要购买AI学习课程，尽快电话联系。	强烈
3	张三	150XXXX4867	zhangsan	北京	需要购买AI学习课程，尽快电话联系。	强烈
4	王五	188XXXX9782	wangwu	北京	需要购买AI学习课程，尽快电话联系。	强烈
5	杨杨	150XXXX4867	yangyang	北京	需要购买AI学习课程，尽快电话联系。	强烈

图 3-30

第 4 章 AutoGen Agent 开发框架实战

2023 年 9 月，微软公司正式开源了 AutoGen，AutoGen 的基本概念是“Agent”，Agent 是 AI 领域的一个核心概念，指能够感知周围环境并通过执行器对环境做出反应的系统或实体。Agent 能够自主地处理信息、做出决策并采取行动以实现目标，它们通常具备目标导向、自我学习、环境交互和决策执行能力，可以存在于多种形式中，包括但不限于计算机系统、移动设备和云平台，被广泛应用于自然语言处理、机器人技术、个性化营销等多个领域。

AutoGen 是一个 Agent 开发框架，基于大语言模型，如 OpenAI GPT-4，可以使用单个或多个 Agent 来开发大语言模型的应用程序，如图 4-1 所示。

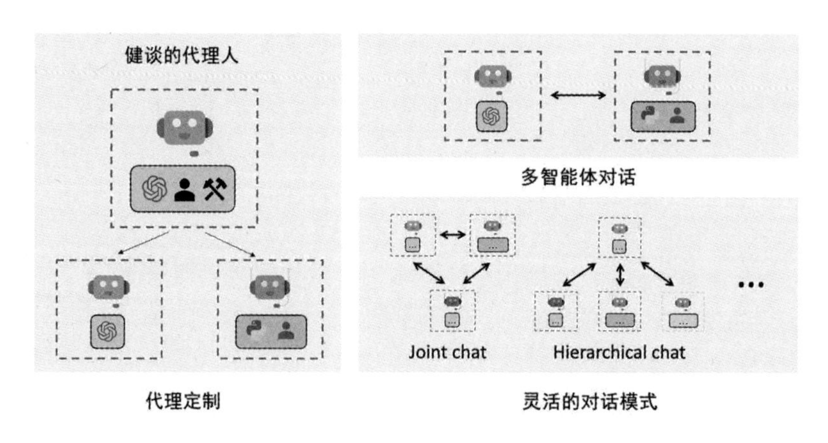

图 4-1

本章将演示 AutoGen 如何通过 Agent 之间的对话来完成人类交代的任务。

4.1 AutoGen 开发环境

AutoGen 项目使用 Python 开发，需要搭建 Python 开发所需的环境和安装常见的工具，下面对它们进行简单的介绍。本书的项目开发阶段是在 Windows 操作系统中进行的，这里对其涉及的常用软件的安装等不做详细介绍。

4.1.1 Anaconda

Anaconda 的中文是蟒蛇，是一个开源的 Python 发行版本，其包含 conda、Python 等 180 多个科学包及其依赖项。如果读者没有编程基础，则安装 Anaconda 比较省事，后期不用再花费时间单独安装相关的依赖包。如果读者有一定的编程基础，则可以安装 Miniconda，其可以按需安装依赖包，从而节省空间和安装时长。本书使用 Anaconda3（版本为 1.12.1）。

4.1.2 PyCharm

PyCharm 是由 JetBrains 公司打造的一款 Python IDE（Integrated Development Environment，集成开发环境），Visual Studio 2010 的重构插件 Resharper 也是由 JetBrains 公司打造的。PyCharm 带有一整套可以帮助用户在使用 Python 开发时提高效率的工具，如调试、语法高亮、项目管理、代码跳转、智能提示、自动完成、单元测试、版本控制等。本书使用 PyCharm Community Edition 免费版本。

4.1.3 AutoGen Studio

通过 AutoGen Studio 可以快速创建多 Agent 工作解决方案的原型。它为 AutoGen 提供了可视化用户界面。

下面来安装 AutoGen Studio，具体步骤如下。

第一步：打开“Anaconda Powershell Prompt”窗口。

第二步：在“Anaconda Powershell Prompt”窗口中输入“pip install autogenstudio”命令进行安装，如图 4-2 所示。

第三步：在“Anaconda Powershell Prompt”窗口中输入“autogenstudio ui --port 8081”命令，定义 port（端口），如图 4-3 所示。

第四步：在浏览器中打开 AutoGen Studio，输入“127.0.0.1:8081”（推荐使用 Chrome 浏览器）后显示图 4-4 所示的页面。

```
Anaconda Powershell Prompt
(base) PS C:\Users\67761> pip install autogenstudio
Collecting autogenstudio
  Obtaining dependency information for autogenstudio from https://files.    onhosted.org/packages/cd/32/fe83eec5ac2213d6252fad581b53e390c7855e84c5cfbdcbfbd1624cae53/autogenstudio-0.0.56-py3-none-any.whl.metadata
  Downloading autogenstudio-0.0.56-py3-none-any.whl.metadata (11 kB)
Requirement already satisfied: pydantic in c:\users\67761\anaconda5\lib\site-packages (from autogenstudio) (1.10.8)
Collecting fastapi (from autogenstudio)
  Obtaining dependency information for fastapi from https://files.    onhosted.org/packages/c0/c1/2dc286475c8e2e455e431a1cf1cf29662c9f9290434161088ba039d77481/fastapi-0.110.1-py3-none-any.whl.metadata
  Downloading fastapi-0.110.1-py3-none-any.whl.metadata (24 kB)
Collecting typer (from autogenstudio)
  Obtaining dependency information for typer from https://files.    onhosted.org/packages/08/2e/54923a9c4416a1ca23dcd5c023b6ad5e20dfa31366ed3bd894dee7741859/typer-0.12.2-py3-none-any.whl.metadata
  Downloading typer-0.12.2-py3-none-any.whl.metadata (15 kB)
Collecting uvicorn (from autogenstudio)
  Obtaining dependency information for uvicorn from https://files.    onhosted.org/packages/73/f5/cbb16fcbe277c1e0b8b3ddd188f2df0e0947f545c49119b589643632d156/uvicorn-0.29.0-py3-none-any.whl.metadata
  Downloading uvicorn-0.29.0-py3-none-any.whl.metadata (6.3 kB)
Collecting arxiv (from autogenstudio)
  Obtaining dependency information for arxiv from https://files.    onhosted.org/packages/99/16/532c2aa4bc83b2356820efd4d1f619e45178dc3a0dc0cde16fbccdc43fc1/arxiv-2.1.0-py3-none-any.whl.metadata
  Downloading arxiv-2.1.0-py3-none-any.whl.metadata (6.1 kB)
Collecting pyautogen>=0.2.0 (from autogenstudio)
  Obtaining dependency information for pyautogen>=0.2.0 from https://    .    onhosted.org/packages/be/8e/19fe1d11585cdef66cf9b228f6eefa19507034ad6e98b1cbfc50b88a1b29/pyautogen-0.2.22-py3-none-any.whl.metadata
  Downloading pyautogen-0.2.22-py3-none-any.whl.metadata (19 kB)
Requirement already satisfied: python-dotenv in c:\users\67761\anaconda5\lib\site-packages (from autogenstudio) (0.21.0)

Collecting websockets (from autogenstudio)
  Obtaining dependency information for websockets from https://files.    onhosted.org/packages/d1/40/6b169cd1957476374f5
```

图 4-2

```
Anaconda Powershell Prompt
(base) PS C:\Users\67761> autogenstudio ui --port 8081
C:\Users\67761\anaconda5\Lib\site-packages\paramiko\transport.py:219: CryptographyDeprecationWarning: Blowfish has been deprecated
  "class": algorithms.Blowfish,
Initialized application data folder: C:\Users\67761\.autogenstudio
[32mINFO[0m:     Started server process [[36m30516[0m]
[32mINFO[0m:     Waiting for application startup.
***** App started *****
[32mINFO[0m:     Application startup complete.
[32mINFO[0m:     Uvicorn running on [1mhttp://127.0.0.1:8081[0m (Press CTRL+C to quit)
```

图 4-3

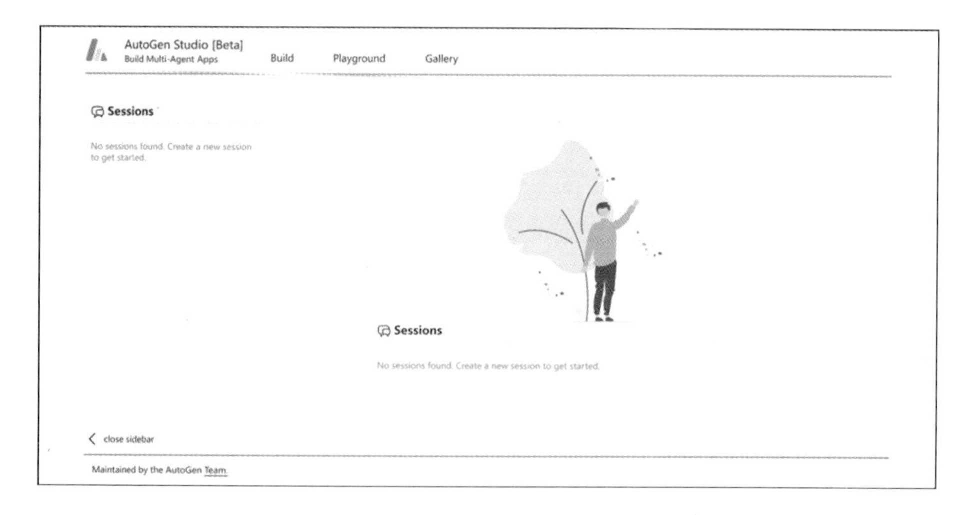

图 4-4

4.2　AutoGen Studio 案例

下面通过一个 demo 项目来了解在 AutoGen Studio 中创建、配置、开发、运行、测试 Agent 的过程，将其作为后续项目开发实战的热身。

4.2.1　案例介绍

案例场景设定：迪哥希望 Agent 能帮他将一次会议的总结生成为.mp3 格式文件，并将这个.mp3 文件发送到指定邮箱中，整个过程通过对话指令完成。

案例关键步骤：主要通过 AutoGen Studio 实现该 Agent 的两个技能（包括将会议总结生成为语音文件，将语音文件发送到指定邮箱中）的工作流编排。

4.2.2　AutoGen Studio 模型配置

根据案例场景的设定，我们需要提前对 AutoGen Studio 的模型进行配置。

如图 4-5 所示，AutoGen Studio 的默认版本为 Beta，本书选用 2024 年 4 月的 Beta 版本。在 AutoGen Studio 界面中选择“Build”选项卡，在“Build”选项卡下选择“Models”选项，“Models”里面默认包含了云化大语言模型和本地大语言模型，用户可以根据自己拥有的 API Key 来进行选择，下面分别介绍如何配置不同大语言模型的 API Key。

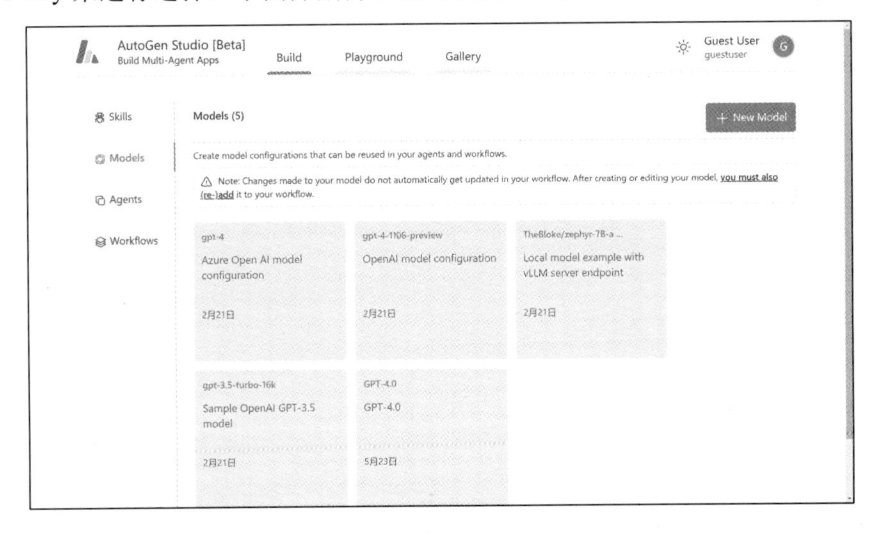

图 4-5

（1）单击“gpt-4”模型，在弹出的“Model Specification gpt-4”对话框的第 2 个输入框中输入个人的 Azure API Key，其他选项保持默认设置即可，如图 4-6 所示。单击“Test Model”按钮确认 Azure API Key 和 AutoGen Studio 是否连接成功，连接成功后单击“Save”按钮进行保存。

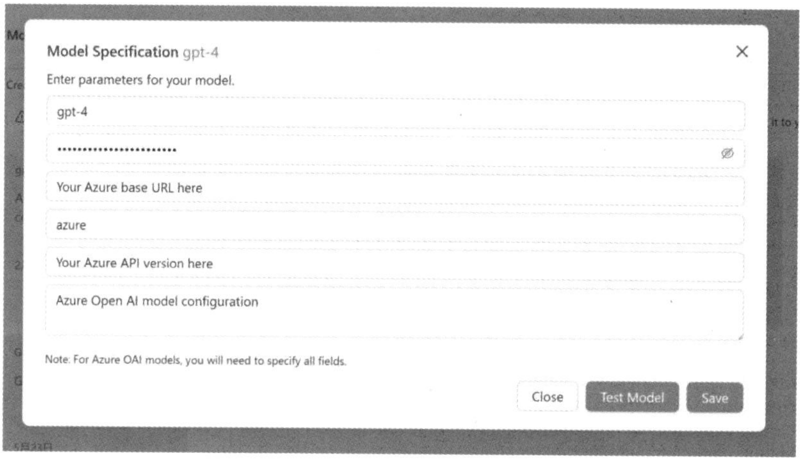

图 4-6

（2）单击“gpt-4-1106-preview”模型，在弹出的“Model Specification gpt-4-1106-preview”对话框的第 2 个输入框中输入个人的 OpenAI API Key，其他选项保持默认设置即可，如图 4-7 所示。单击“Test Model”按钮确认 OpenAI API Key 和 AutoGen Studio 是否连接成功，连接成功后单击“Save”按钮进行保存。

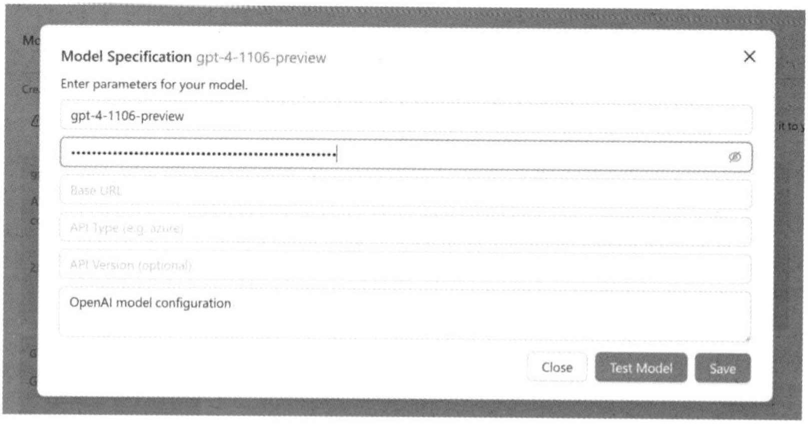

图 4-7

（3）单击“TheBloke/zephyr-7B-alpha-AWQ”模型，弹出“Model Specification TheBloke/zephyr-7B-alpha-AWQ”对话框，本地大语言模型的第 2 个输入框一般默认为“Empty”，在第 3 个输入框中输入本地大语言模型的 Base URL，其他选项保持默认设置即可，如图 4-8 所示。单击“Test Model”按钮确认本地大语言模型和 AutoGen Studio 是否连接成功，连接成功后单击“Save”按钮进行保存。

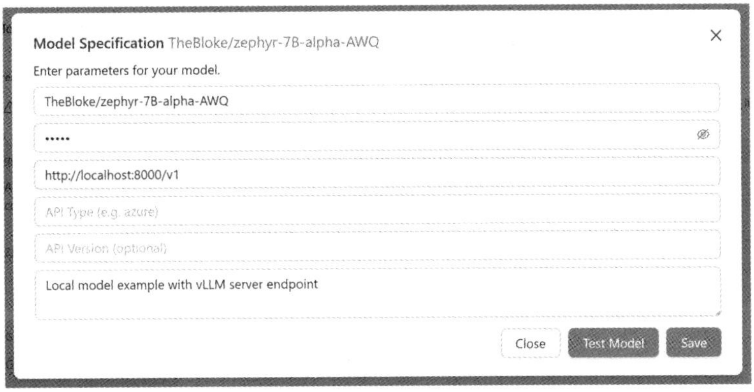

图 4-8

在“Models”下除了默认包含的模型，还可以新建或上传模型，在这里建议读者使用 OpenAI 的 API Key（4.0 版本及以上）。单击“+New Model”按钮，弹出“Model Specification GPT-4.0”对话框，在“Model Name”输入框中输入“GPT-4.0”，在“API Key”输入框中输入对应模型的 API Key，其他选项保持默认设置即可，如图 4-9 所示。

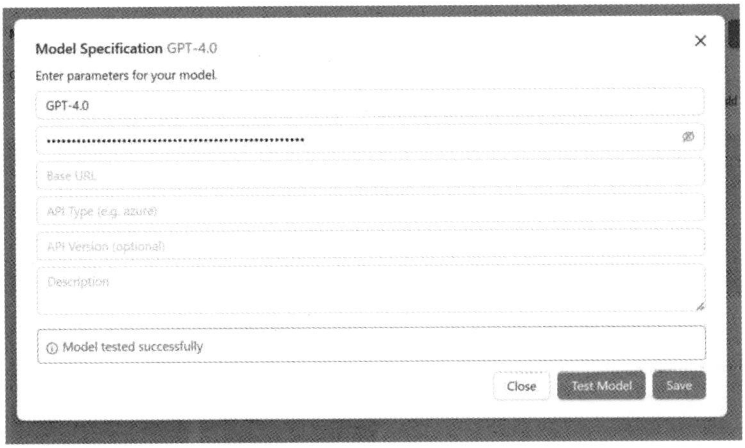

图 4-9

单击“Test Model”按钮，确认 API Key 是否可以正常使用，如图 4-10 所示。

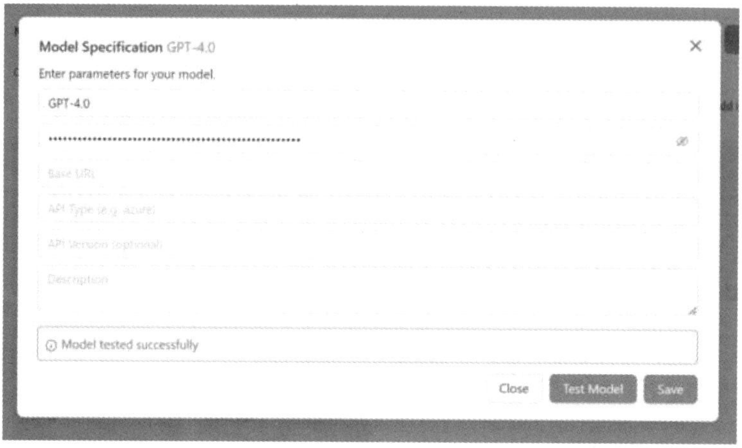

Model Specification GPT-4.0

Enter parameters for your model.

GPT-4.0

Base URL

API Type (e.g. azure)

API Version (optional)

Description

Model tested successfully

Close | Test Model | Save

图 4-10

单击“Save”按钮，保存新设置的模型，在“Models”下可以看到新设置的模型，如图 4-11 所示。

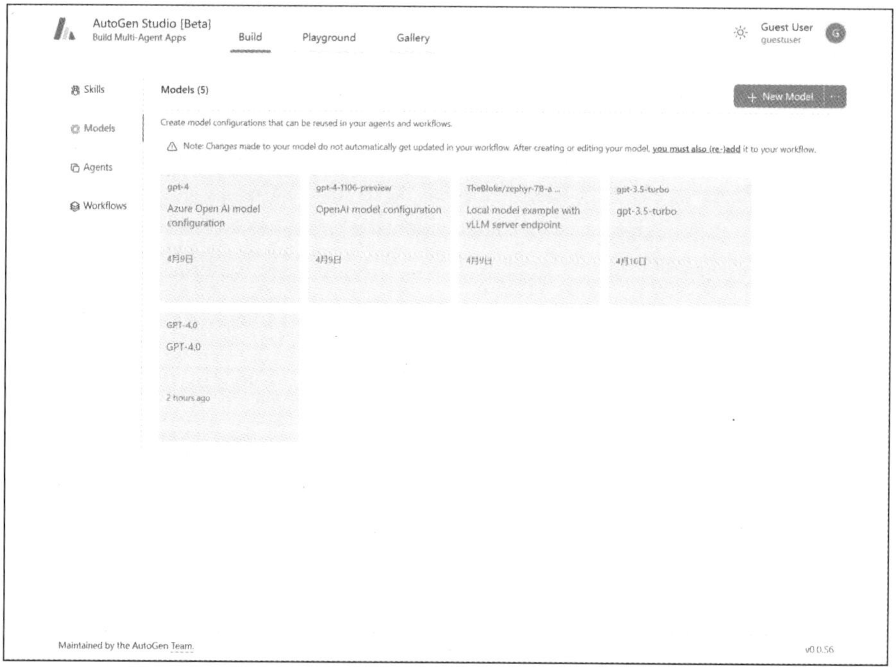

AutoGen Studio [Beta]
Build Multi-Agent Apps
Build | Playground | Gallery
Guest User
guestuser

Skills
Models
Agents
Workflows

Models (5)

+ New Model

Create model configurations that can be reused in your agents and workflows.

Note: Changes made to your model do not automatically get updated in your workflow. After creating or editing your model, you must also (re-)add it to your workflow.

gpt-4
Azure Open AI model configuration
4月9日

gpt-4-1106-preview
OpenAI model configuration
4月9日

TheBloke/zephyr-7B-a ...
Local model example with vLLM server endpoint
4月9日

gpt-3.5-turbo
gpt-3.5-turbo
4月16日

GPT-4.0
GPT-4.0
2 hours ago

Maintained by the AutoGen Team.

v0.0.56

图 4-11

4.2.3　AutoGen Studio 技能配置

根据案例场景的设定，需要设置 Agent 将会议总结生成为语音文件，将语音文件发送到指定邮箱中，这两个技能在“Skills”中进行配置。

1．对将会议总结生成为语音文件的技能进行配置

第一步，获取 API。首先在 OpenAI 的 API 文档中查找相关能力接口，结合案例我们首先需要找到“Text to speech”API，如图 4-12 所示，然后根据这个 API 进行代码调试。

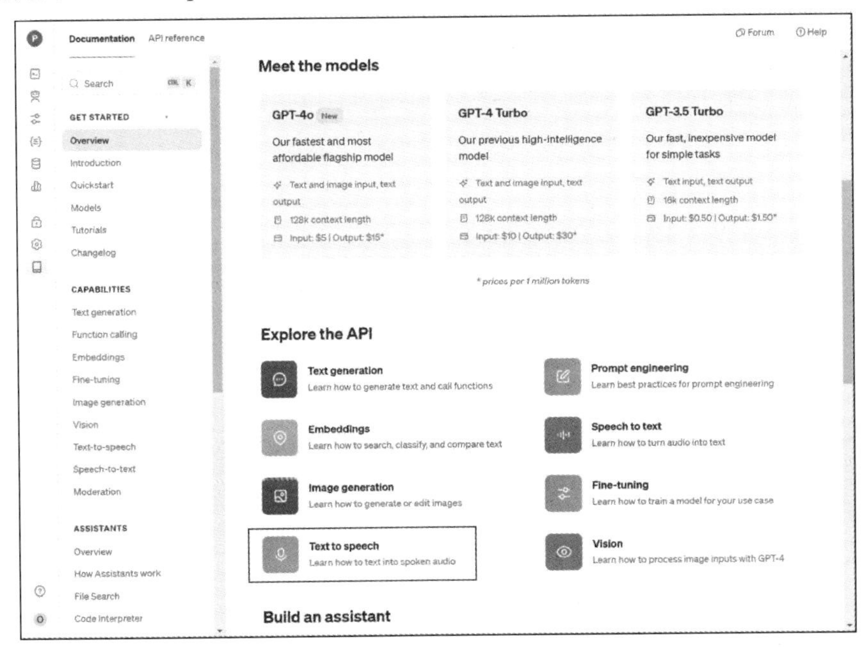

图 4-12

单击“Explore the API”下的“Text to speech”API，进入“Text to speech”详情页，在“Quick start”下可以看到如下代码块：

```
from pathlib import Path
from openai import OpenAI
client = OpenAI()

speech_file_path = Path(__file__).parent / "speech.mp3"
response = client.audio.speech.create(
  model="tts-1",
```

```
  voice="alloy",
  input="Today is a wonderful day to build something people love!"
)

response.stream_to_file(speech_file_path)
```

该代码块中有两个参数可以设置：一个是 voice="alloy"，其可以对生成的语音文件进行配置，可以在“Voice options”选项中试听不同的声音，从而适配不同的需求，例如，将 voice="alloy"改为 voice="nova"；另一个是 input="Today is a wonderful day to build something people love!"，其可以通过“写死”文本，也可以通过设置变量来生成语音文件。本案例先将中文会议总结通过 Chat 翻译为英文，如图 4-13 所示。

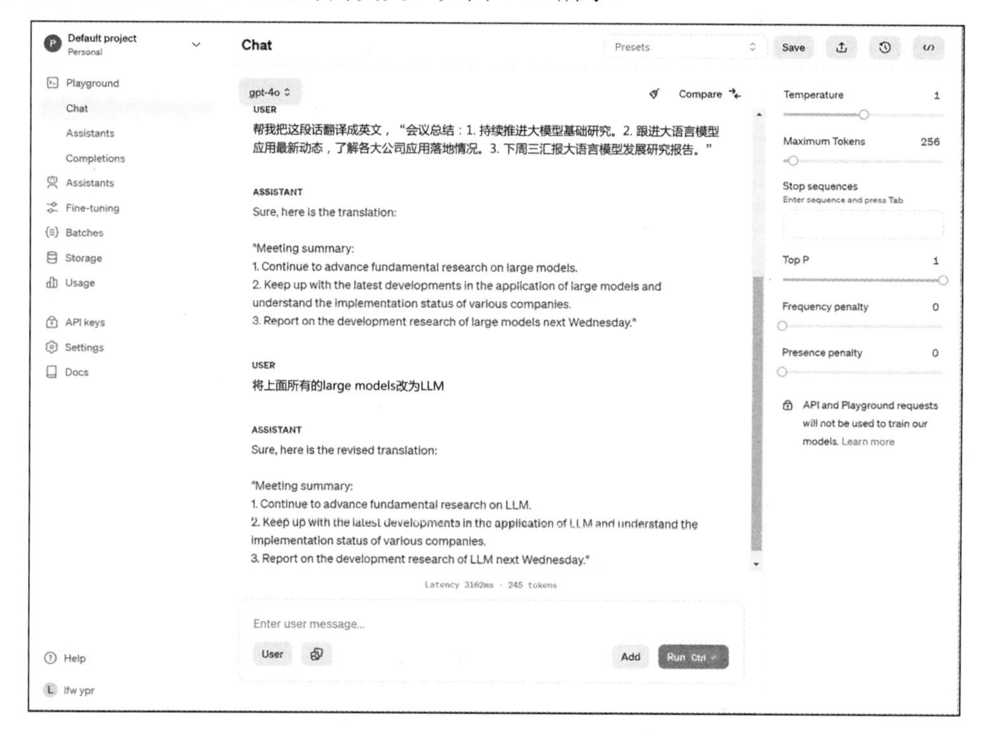

图 4-13

第二步，进行本地代码测试。打开本地 IDE，在这里迪哥使用的是 PyCharm。

（1）新建项目，填写项目名称，并选择解释器类型，一般选择项目 venv（虚拟环境）或基础 conda，项目 venv 需要提前安装好 Python 版本并配置好 python.exe 路径，如图 4-14 所示。

基础 conda 需要配置 Anaconda 的 conda.bat 路径，如图 4-15 所示。

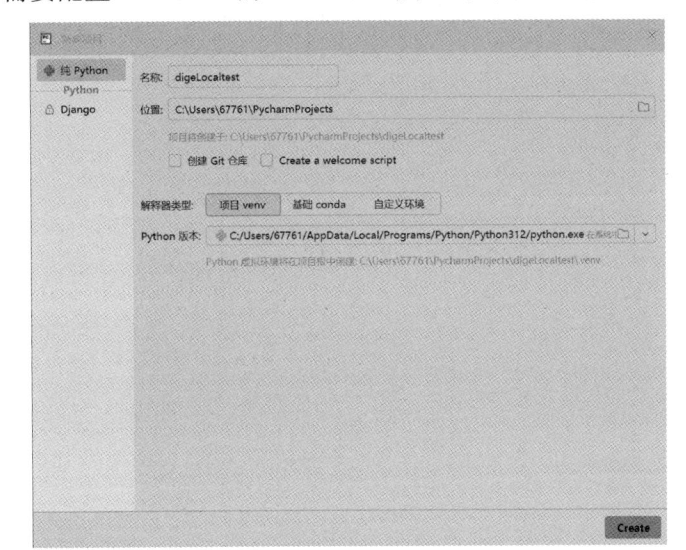

图 4-14

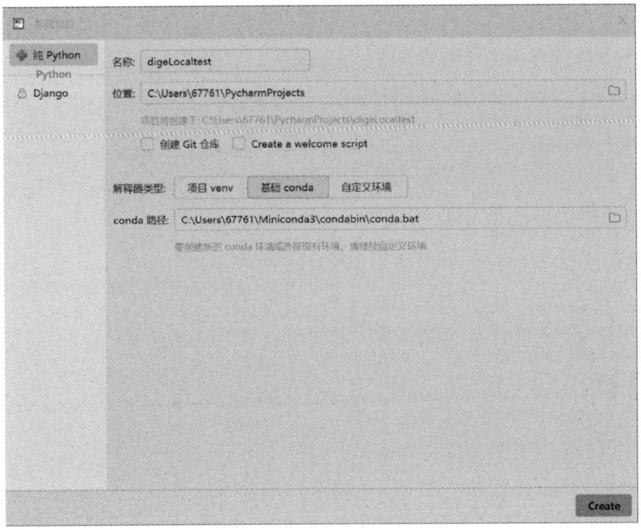

图 4-15

单击“Create”按钮，完成项目虚拟环境的创建，如图 4-16 所示。

（2）新建 Python 文件。选择“File”菜单下的“New”命令，或者按 Alt+Insert 快捷键，打开“新建 Python 文件”面板，选择“Python 文件”选项，输入文件名称“text2mp3”，如图 4-17 所示。

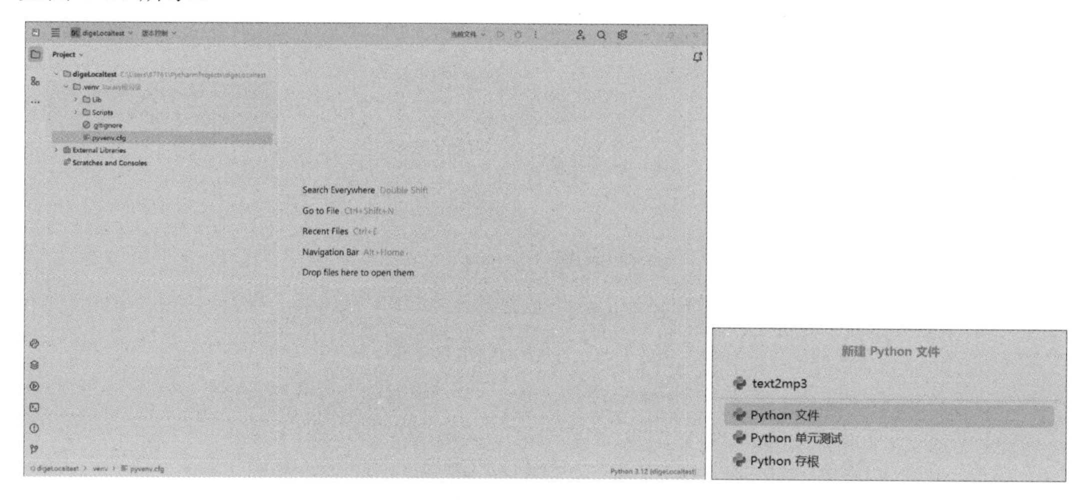

图 4-16　　　　图 4-17

按回车键，完成 Python 文件的创建。

（3）创建代码块，如图 4-18 所示。

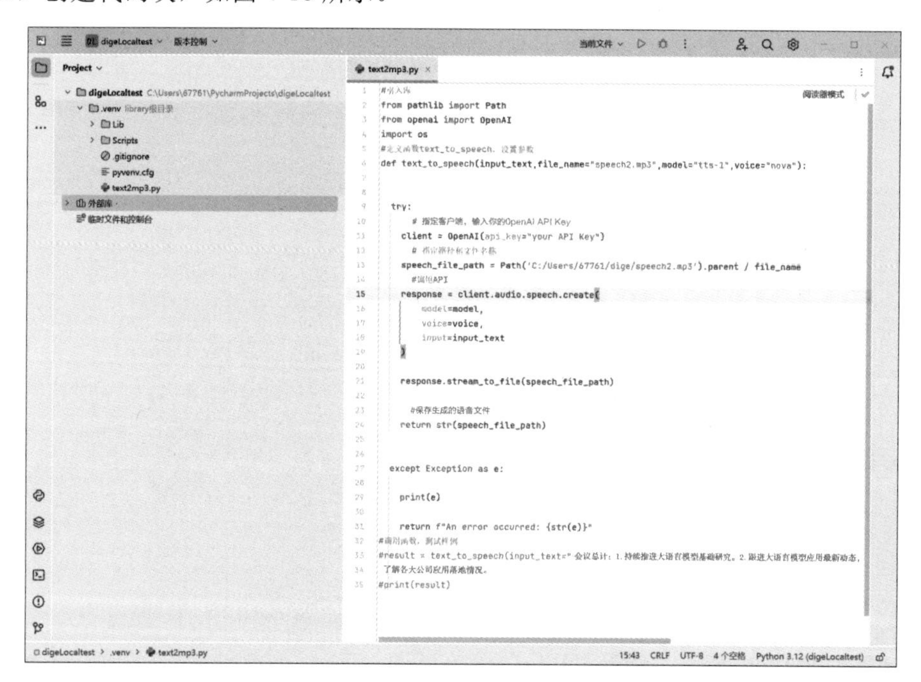

图 4-18

代码如下：

```
#引入库
from pathlib import Path
from openai import OpenAI
import os
#定义函数text_to_speech，设置参数
def text_to_speech(input_text,file_name="speech2.mp3",model="tts-1",voice=
"nova"):


  try:
      #指定客户端，输入你的OpenAI API Key
    client = OpenAI(api_key="your API Key")
      #指定路径和文件名称
    speech_file_path  =  Path('C:/Users/67761/dige/speech2.mp3').parent  /
file_name
      #调用API
    response = client.audio.speech.create(
        model=model,
        voice=voice,
        input=input_text
    )

    response.stream_to_file(speech_file_path)

      #保存生成的语音文件
    return str(speech_file_path)


  except Exception as e:

    print(e)

    return f"An error occurred: {str(e)}"
#调用函数，测试样例
#result = text_to_speech(input_text="会议总计：1.持续推进大语言模型基础研究。2.跟
进大语言模型应用最新动态，了解各大公司应用落地情况。3.下周三汇报大语言模型发展研究报告。")

#print(result)
```

（4）测试代码块。调用 text_to_speech 函数，删除最后两行代码前面的#，将“input_text”

参数值替换为想要生成的文字，中英文都可以。

在首次创建的环境中，需要安装 OpenAI。选择“终端”选项卡（快捷键为 Alt+F12），输入“pip install openai”命令，等待安装完成，如图 4-19 所示。

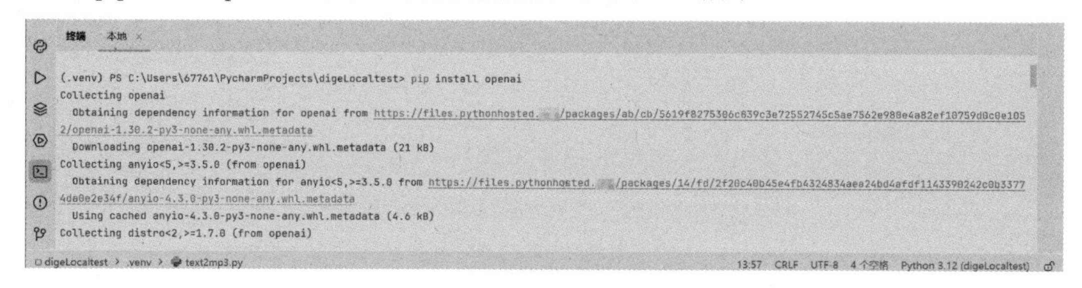

图 4-19

安装完成后，回到运行窗口，运行代码，可以看到打印出了文件路径“C:\Users\67761\dige\speech2.mp3”，如图 4-20 所示。

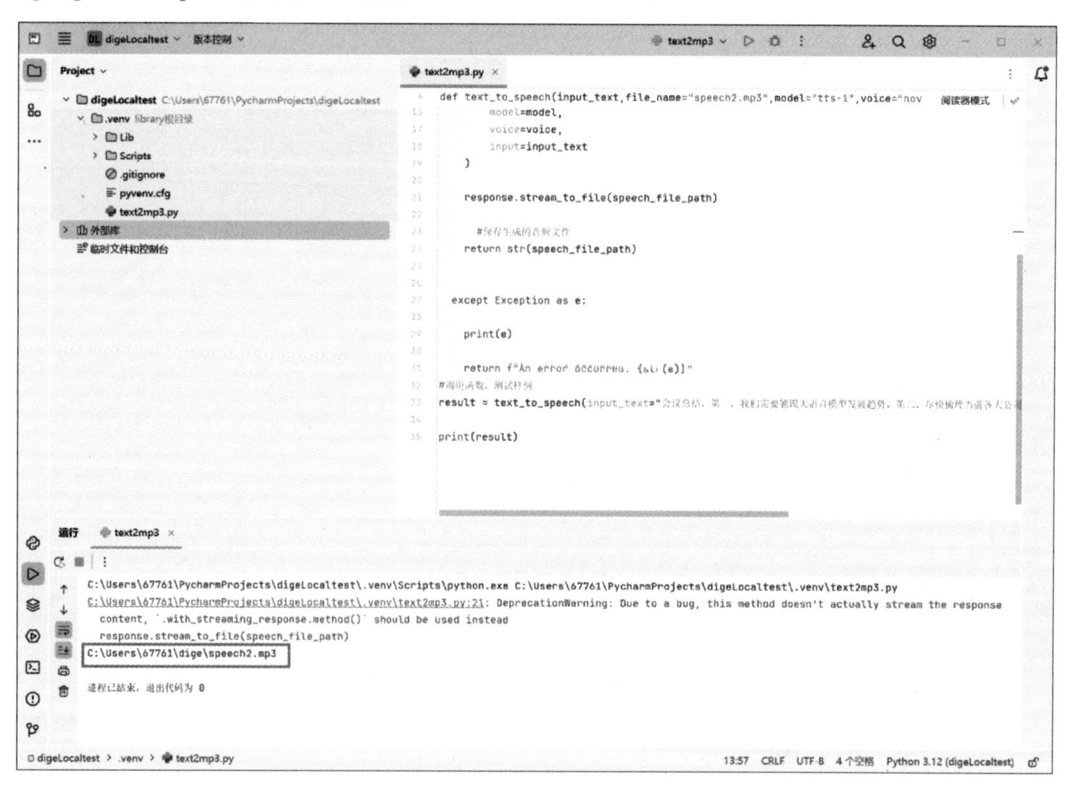

图 4-20

（5）按照路径找到文件进行播放测试。

第三步，对将会议总结生成为语音文件的技能进行配置。回到 AutoGen Studio 界面，选择“Build”选项卡下的“Skills”选项，单击“+New Skill”按钮，默认弹出“Skill Specification text2voice”对话框，修改技能名称为“text2voice”，复制“text2mp3”代码块，注释掉最后两行代码（在相应的代码行首增加“#”），单击“Save”按钮进行保存，如图 4-21 所示。

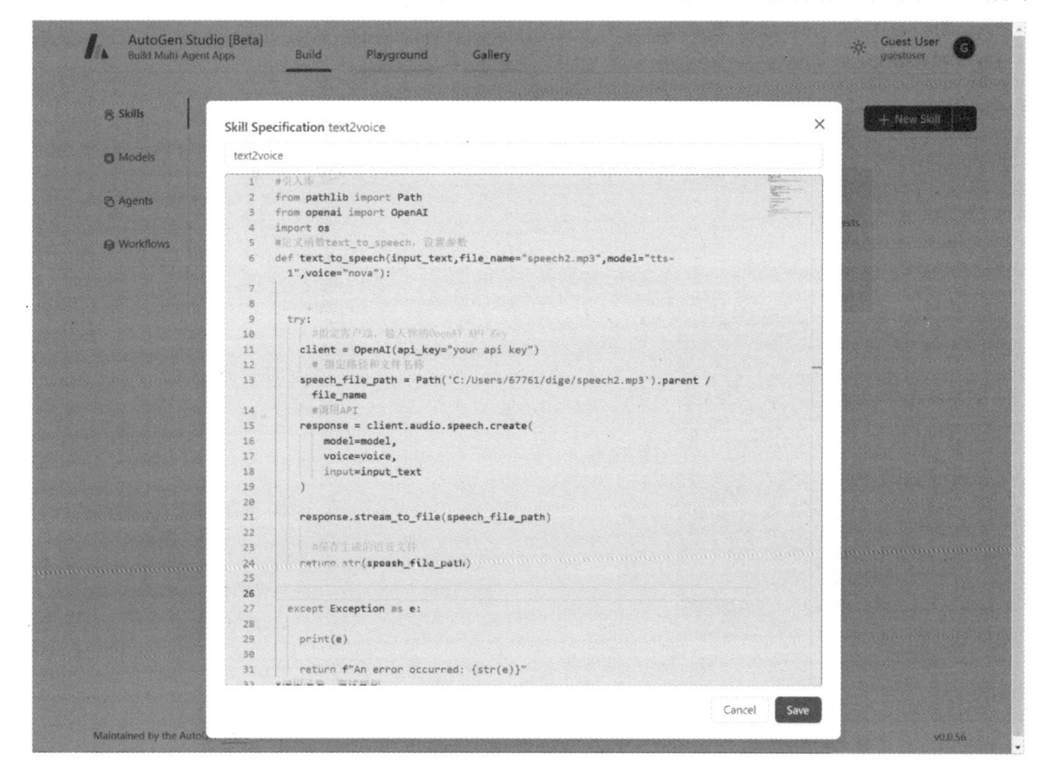

图 4-21

2．对将语音文件发送到指定邮箱中的技能进行配置

第一步，配置邮箱 API。本案例从国内的语聚 AI 平台中调用邮箱 API。

（1）打开语聚 AI。在界面左侧单击“助手”图标，并选择“添加助手”选项，在弹出的“创建助手”对话框中选择“语聚 GPT”选项，单击“下一步”按钮，输入助手名称，如“迪哥 AI”，单击“确定”按钮，创建“迪哥 AI”助手，如图 4-22 所示。

（2）添加邮箱工具。单击“工具”选项卡下面的“+添加工具”按钮，在弹出的“添加工具”对话框中搜索“qq 邮箱”，选择“QQ 邮箱 1.0.3”选项，向一个或多个地址发送邮件，如图 4-23 所示。

图 4-22

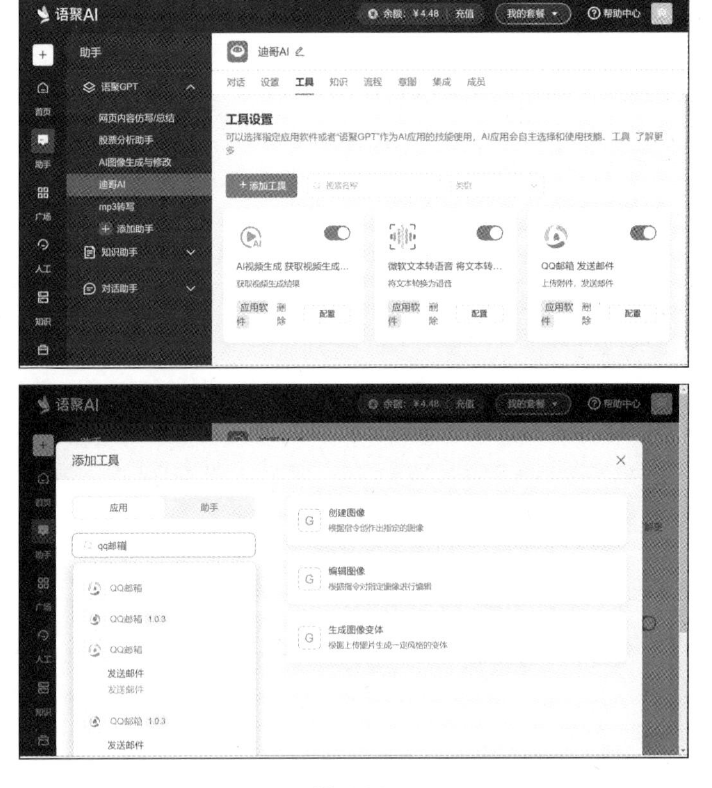

图 4-23

（3）配置邮箱相关参数。“选择应用”、“选择动作”和“动作意图描述”保持默认设置，需要注意的是，“动作意图描述”中的“上传附件，发送邮件”就是后面触发该动作的指令。单击“添加账号”按钮，填写发件人名称、发件人邮箱地址和邮箱授权码，如图 4-24 所示。

图 4-24

（4）获取邮箱授权码。进入 QQ 邮箱设置的账号界面，找到“POP3/IMAP/SMTP/Exchange/CardDAV/CalDAV 服务”栏，开启后三项服务，如图 4-25 所示。

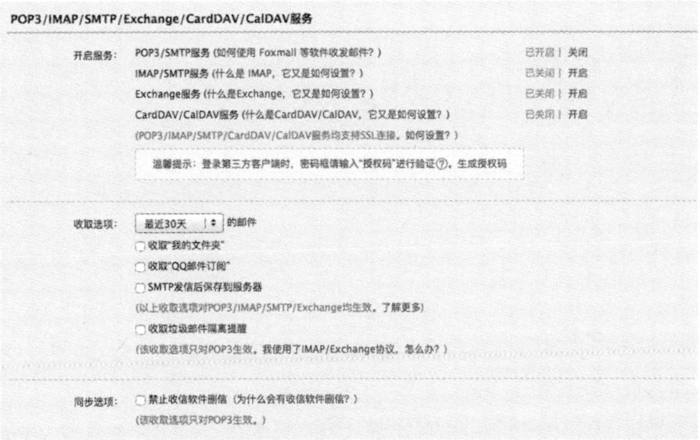

POP3/IMAP/SMTP/Exchange/CardDAV/CalDAV服务

开启服务：POP3/SMTP服务 (如何使用 Foxmail 等软件收发邮件？) 已开启 | 关闭
IMAP/SMTP服务 (什么是 IMAP，它又是如何设置？) 已关闭 | 开启
Exchange服务 (什么是Exchange，它又是如何设置？) 已关闭 | 开启
CardDAV/CalDAV服务 (什么是CardDAV/CalDAV，它又是如何设置？) 已关闭 | 开启
(POP3/IMAP/SMTP/CardDAV/CalDAV服务均支持SSL连接。如何设置？)
温馨提示：登录第三方客户端时，密码框请输入“授权码”进行验证⑦。生成授权码

收取选项：最近30天 的邮件
收取“我的文件夹”
收取“QQ邮件订阅”
SMTP发信后保存到服务器
(以上收取选项对POP3/IMAP/SMTP/Exchange均生效。了解更多)
收取垃圾邮件隔离提醒
(该收取选项只对POP3生效。我使用了IMAP/Exchange协议，怎么办？)

同步选项：禁止收信软件删信（为什么会有收信软件删信？）
(该收取选项只对POP3生效。)

图 4-25

验证密保，如图 4-26 所示。

获取授权码，如图 4-27 所示。

图 4-26

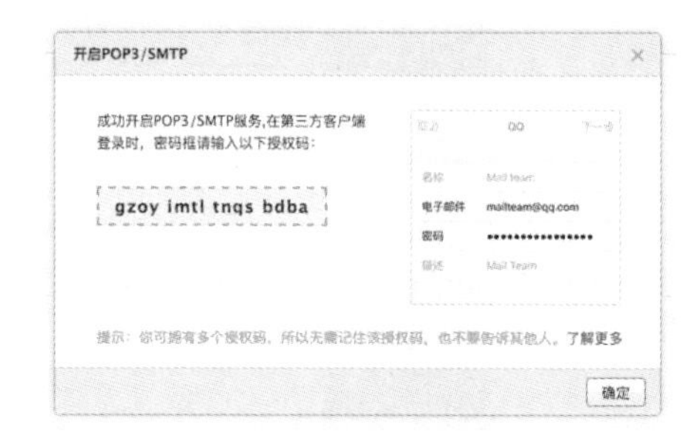

图 4-27

回到“语聚 AI”界面，填写邮箱授权码，单击“下一步”按钮，完成配置。其中，收件人邮箱地址、邮件标题等保持默认的“AI 自动匹配”，如图 4-28 所示。

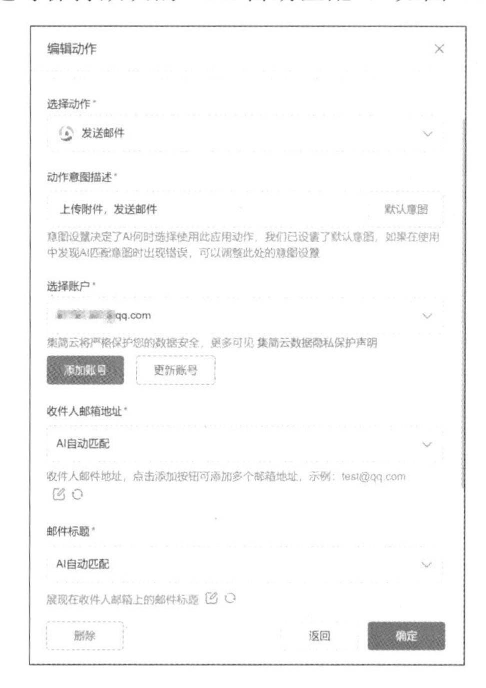

图 4-28

（5）获取邮箱 API。选择“迪哥 AI”选项，在右侧选择“集成”选项卡，找到“API 接口”按钮并单击，进入“API 接口”界面，如图 4-29 所示。

图 4-29

（6）创建 API Key。单击“新增 APIKey”按钮，在弹出的对话框中输入密钥名称后单击“确定”按钮，即可完成 API Key 的创建，如图 4-30 所示。

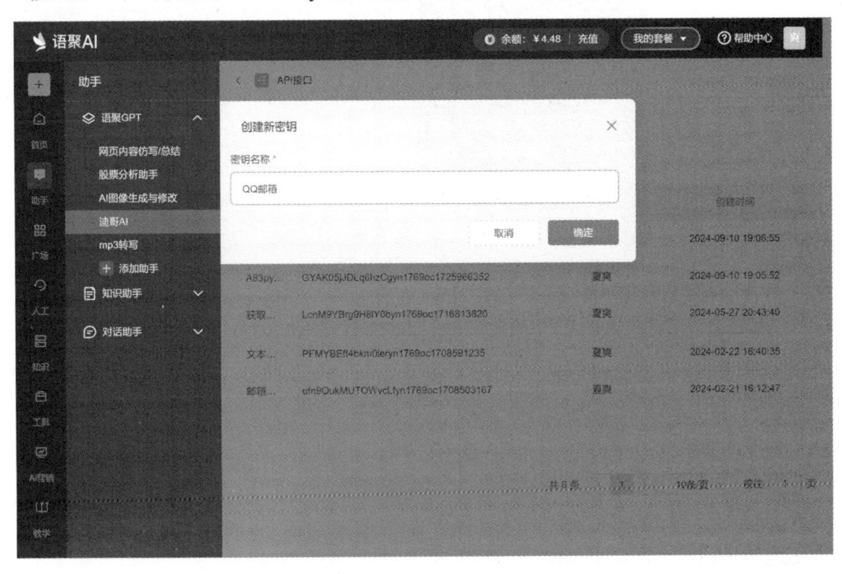

图 4-30

（7）测试邮箱 API。复制第（6）步创建的 QQ 邮箱的 API Key，单击“API 文档”按钮，进入“应用助手 API”界面，选择左侧导航栏中的“验证 apiKey”选项，进入“验证 apiKey”界面，单击“调试”按钮，进入“在线运行”面板，在“Params”选项卡下“Query 参数”栏的“参数值”输入框中粘贴刚刚复制的 QQ 邮箱的 API Key，单击“发送”按钮，返回“"success":true”，如图 4-31 所示。

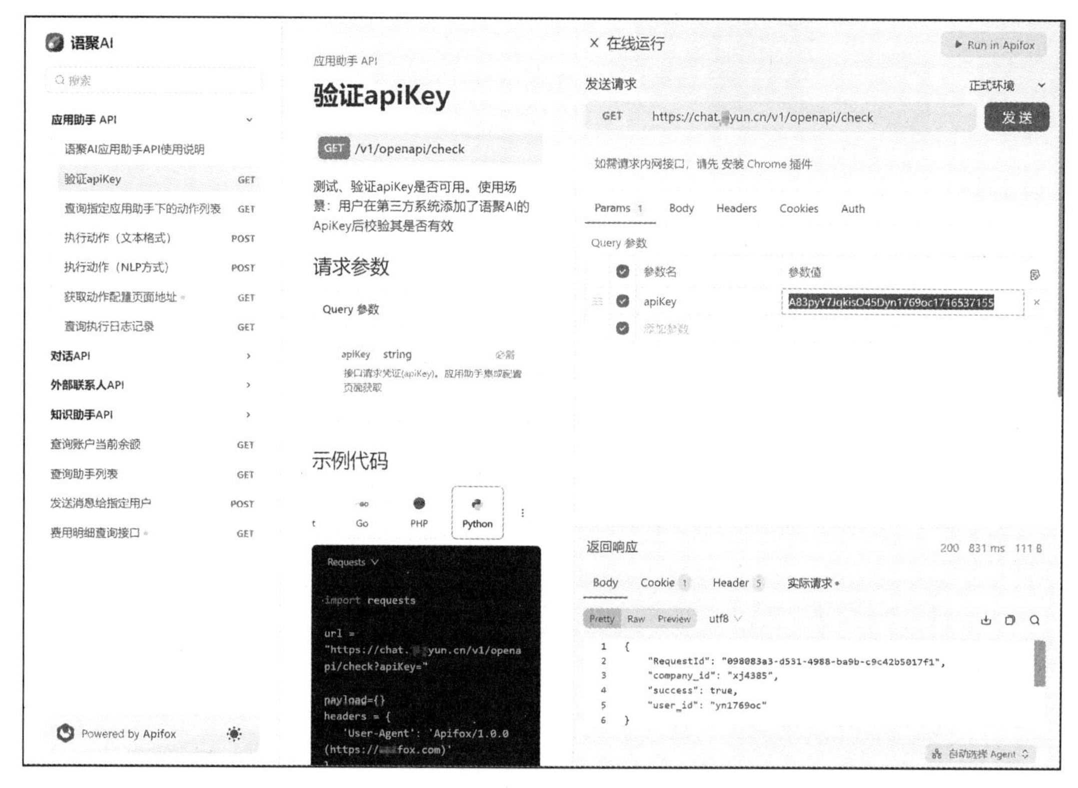

图 4-31

选择“查询指定应用助手下的动作列表”选项，单击右上角的“Run in Apifox”按钮，在“Params”选项卡下“Query 参数”栏的 apiKey“参数值”输入框中输入上面创建的 API Key，在 ibotID“参数值”输入框中输入图 4-31 中的 user.id，如图 4-32 所示。

在“Body”选项卡中，选择 JSON 格式，在“Instructions”中输入“发送邮件内容：今天我们来学习 AutoGen，发送到<你的邮箱>”。

单击“发送”按钮，在“Pretty”下出现“"success":true”，表示该邮箱 API 测试通过。

（8）查看邮箱测试结果。登录 QQ 邮箱，查看是否收到了测试邮件，从图 4-33 中可以看到邮件已发送成功，标题是自动生成的。

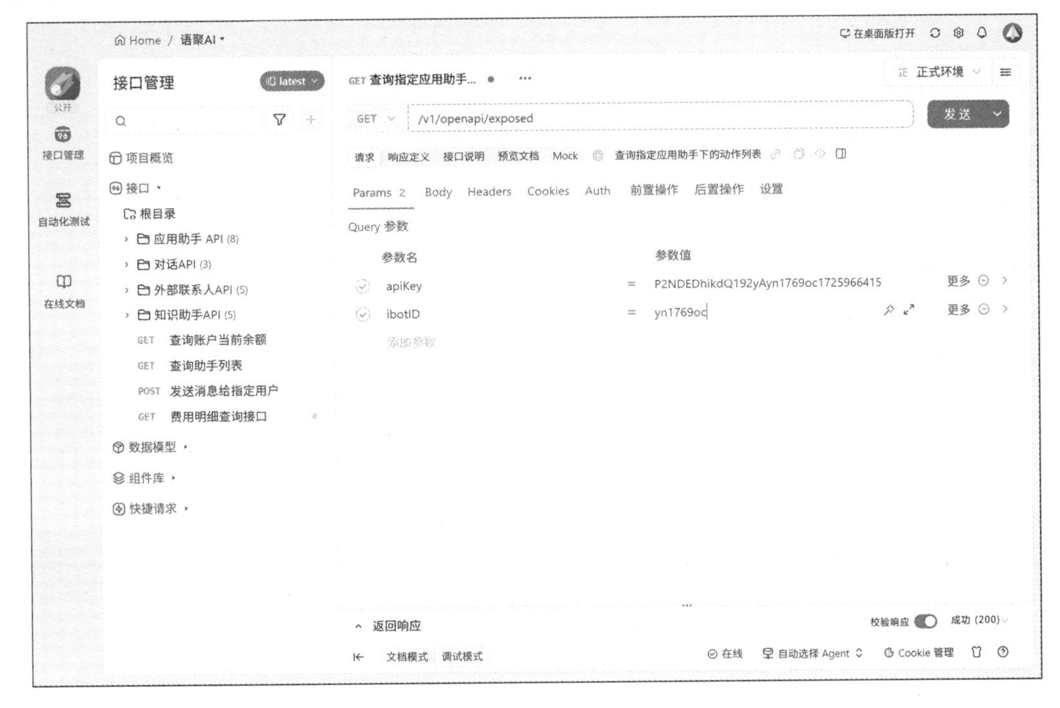

图 4-32

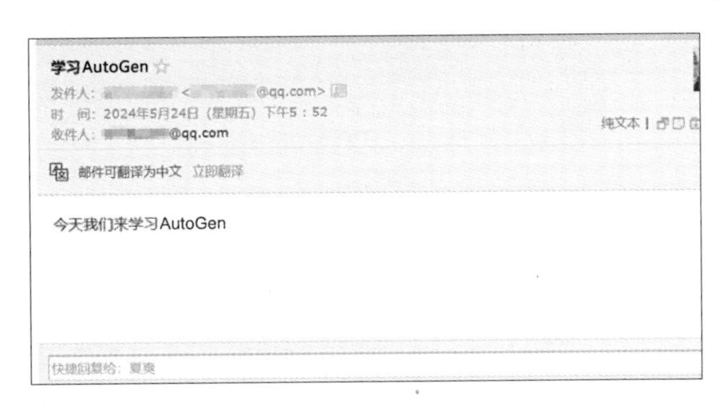

图 4-33

（9）获取代码块并进行调试。回到语聚 AI“在线运行”面板，切换到下方的“实际请求”选项卡，下拉到“请求代码”区域，单击“Python”按钮，将“http.client”修改为“Requests”，单击“复制代码”按钮。

回到 PyCharm，创建一个新的 Python 文件，将其命名为“autoMail”，如图 4-34 所示。

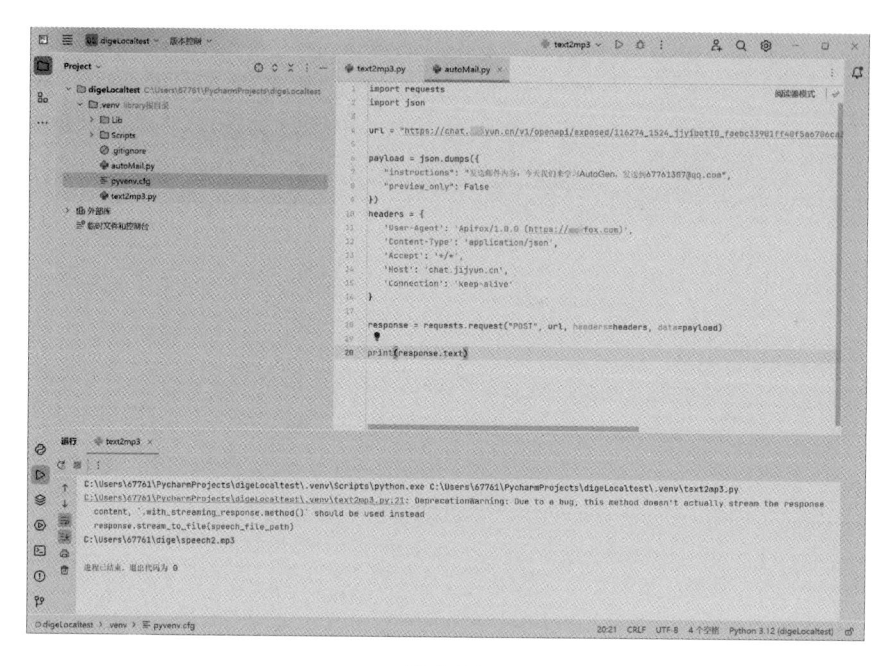

图 4-34

（10）将代码块封装为函数：

```
import requests
import json

def sendEmail(input_text):
    """
    Send email content to specified email address.

    parameters:
    input_text (str): The specific content of the email.

    Returns:
    str: Is the program executed successfully.
    """

    try:
        url = "https://chat.***yun.cn/v1/openapi/exposed/116274_1524_jjyibotID_
faebc33901ff40f5a6706ca3e3eab262/execute/?apiKey=ufn9QukMUTOWvcLfyn1769oc17
08503167"

        payload = json.dumps({
            "instructions": input_text,
            "preview_only": False
```

```
        })
        headers = {
            'User-Agent': 'Apifox/1.0.0 (https://***fox.com)',
            'Content-Type': 'application/json',
            'Accept': '*/*',
            'Host': 'chat.jijyun.cn',
            'Connection': 'keep-alive'
        }

        response = requests.request("POST", url, headers=headers, data=payload)

        print(response.text)


    except Exception as e:(
        print(e))
    return f"An error occurred: {str(e)}"

#sendEmail('帮我随便写 5 个数字，发送到 67***307@qq.com')
```

将最后一行代码前的“#”去掉，调用 response 函数并单击“运行”按钮来测试代码块能否运行，如图 4-35 所示。

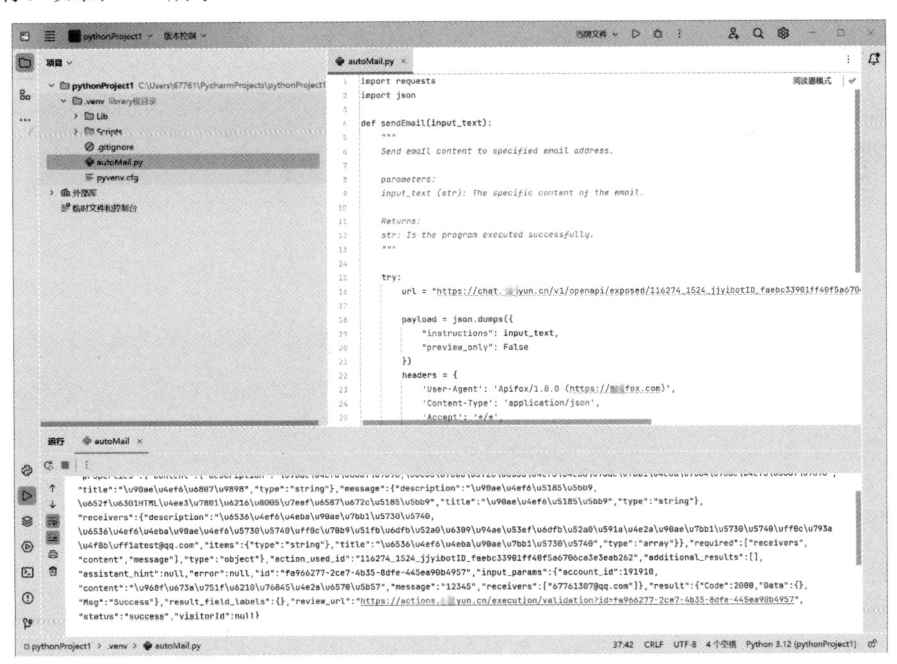

图 4-35

查看邮箱，如图 4-36 所示。

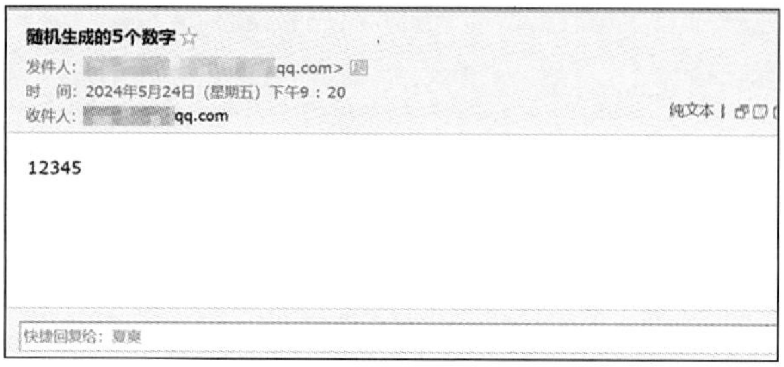

图 4-36

（11）在 AutoGen 中配置发送邮件技能。返回 AutoGen Studio 界面，选择“Build”选项卡下的“Skills”选项并单击“+New Skill”按钮，弹出“Skill Specification”对话框，输入技能名称“sendMail”并复制代码，单击“Save”按钮进行保存，结果如图 4-37 所示。

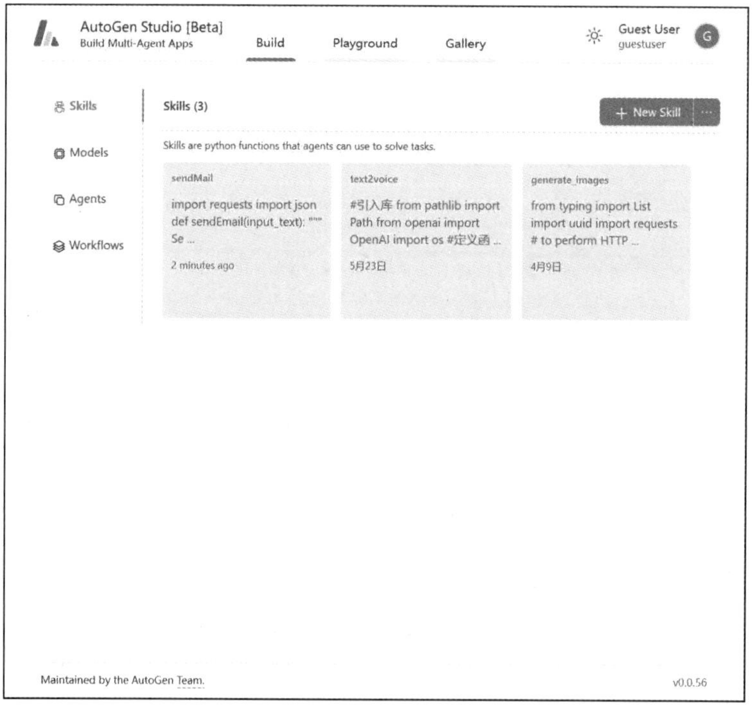

图 4-37

第二步，创建 Agent 工作流。

前面已经在 AutoGen Studio 中创建了两个技能，下面，我们一起在 AutoGen Studio 中实现 Agent 工作流的创建。

首先，配置工作流。在 AutoGen Studio 界面的“Build”选项卡中选择“Workflows”选项，并单击“+New Workflow”按钮，弹出“Workflow Specification”对话框，输入 Workflow Name，如“text2voice2mail”。

继续单击“primary_assistant”按钮，打开“primary_assistant”对话框，在“Model”选项中选择前面创建的两个技能，单击“OK”按钮进行保存，如图 4-38 所示。

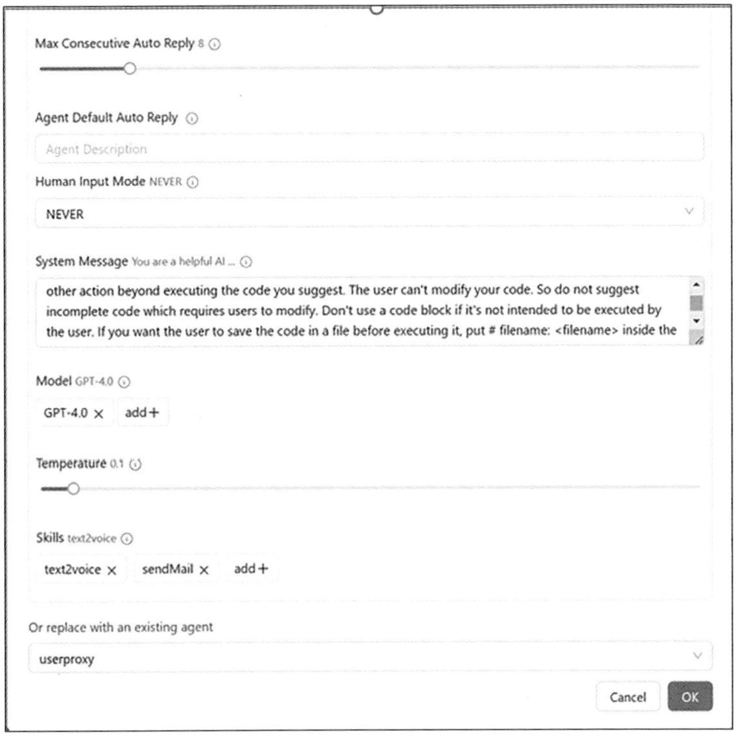

图 4-38

其次，配置 Playground。单击“+New”按钮，打开“New Sessions”对话框，选择上面创建好的 Workflow text2voice2mail，单击“Create”按钮，创建成功，结果如图 4-39 所示。

第三步，在对话框中输入指令进行 Agent 调试。

下面通过一个案例来讲解 GroupChat 模块。这个模块是 AutoGen 目前最新的功能，它的特点是“术业有专攻”，可以实现用户与多 Agent 之间的交互。

图 4-39

在本案例中，迪哥想打造一个 Agent，可以实现自动访问视频地址，并将视频内容提炼总结为公众号文章。

首先我们需要指定两个技能：一个是当我们输入视频地址后，Agent 读取视频地址并获取该视频内容；另一个是将获取的视频内容提炼总结为公众号文章。

按照上面已经实现的案例，需要配置好这两个技能，我们定义读取视频地址并获取视频内容的技能为 get_you2be_content，定义提炼总结视频内容为公众号文章的技能为 write_content_only。

get_you2be_content 技能的代码如下：

```
from typing import Optional
from youtube_transcript_api import YouTubeTranscriptApi, TranscriptsDisabled,
NoTranscriptFound

def fetch_youtube_transcript(url: str) -> Optional[str]:
    """
    Fetches the transcript of a YouTube video.

    Given a URL of a YouTube video, this function uses the youtube_transcript_api
```

```
    to fetch the transcript of the video.

    Args:
        url (str): The URL of the YouTube video.

    Returns:
         Optional[str]: The transcript of the video as a string, or None if
the transcript is not available or an error occurs.
    """
    try:
        # Extract video ID from URL
        video_id = url.split("watch?v=")[-1]
        # Fetch the transcript using YouTubeTranscriptApi
        transcript_list = YouTubeTranscriptApi.get_transcript(video_id)
        # Combine all text from the transcript
             transcript_text  =  '  '.join([text['text']  for  text  in
transcript_list])
        return transcript_text
    except (TranscriptsDisabled, NoTranscriptFound):
        # Return None if transcripts are disabled or not found
        return None
    except Exception as e:
        # Handle other exceptions
        print(f"An error occurred: {e}")
        return None
```

write_content_only 技能的代码需要在语聚 AI 平台上封装成“AI 视频生成”工具，如图 4-40 所示，获取对应的 UserID 和 API Key。

图 4-40

代码如下：

```
import http.client
import json
def get_hot():
    """
    获取视频标题
    """
    conn = http.client.HTTPSConnection("chat.jijyun.cn")
    payload = json.dumps({
       "data": {},
       "preview_only": False,
       "visitorId": "string"
    })
    headers = {
       'User-Agent': 'Apifox/1.0.0 (https://***fox.com)',
       'Content-Type': 'application/json',
       'Accept': '*/*',
       'Host': 'chat.jijyun.cn',
       'Connection': 'keep-alive',
 Cookie':
'acw_tc=0a099d3a17065520059046733eeffc24527dbf8a2765091e9b0568045449cc'conn
.request("POST",
"/v1/openapi/exposed/106665_529_jjyibotID_151fc94ee915402e95e076c07ccfc8f7/
execute_v2/?apiKey=CLZe9tO1HQfWPm8Fxt1765xn1706548582", payload, headers)
    res = conn.getresponse()
    data = res.read()
    print(data.decode("utf-8"))
```

在上述代码中，读者需要将 apiKey、acw_tc 替换为自己的。

配置好技能以后，选择 AutoGen Studio 界面下的“Agents”选项，首先创建 get_you2be_content Agent，单击“+New Agent”按钮，在“Agent Name”输入框中输入“get_you2be_content”，“Agent Description”输入框采用默认值“Sample assistant”，“Max Consecutive Auto Reply”输入框采用默认值“8”，在“System Message”输入框中输入“你的责任是获取指定地址中的视频内容，请使用 get_you2be 函数来获取指定地址中的视频内容”。在“Model”项中选择设置好的大语言模型，在“Skills”项中选择 get_you2be_content 技能，单击“OK”按钮进行保存，如图 4-41 所示。

然后创建 write_content_only Agent，在“System Message”项中输入“将获取的 you2be

视频中的内容按照如下格式整理成一篇公众号文章，需要包括文章标题、文章各章节小标题，并生成每一章节对应的具体段落内容”。其他步骤与创建 get_you2be_content Agent 的步骤一样，最终单击“OK”按钮进行保存，如图 4-42 所示。

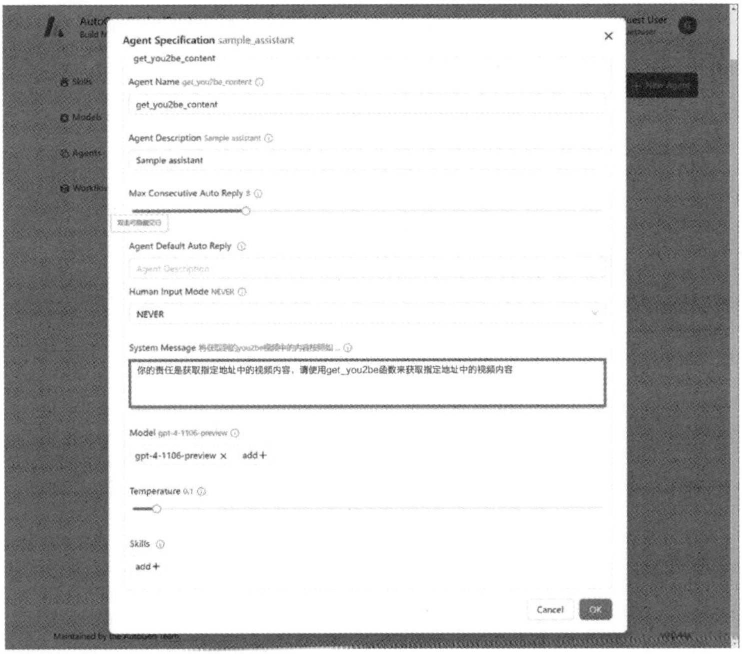

Agent Specification sample_assistant
get_you2be_content
Agent Name get_you2be_content
get_you2be_content
Agent Description Sample assistant
Sample assistant
Max Consecutive Auto Reply 8
Agent Default Auto Reply
Agent Description
Human Input Mode NEVER
NEVER
System Message
你的责任是获取指定地址中的视频内容，请使用get_you2be函数来获取指定地址中的视频内容
Model gpt-4-1106-preview
gpt-4-1106-preview × add +
Temperature 0.1
Skills
add +
Cancel OK

图 4-41

Workflow Specification MyGroup Workflow
Workflow Name MyGroup Workflow
MyGroup Workflow
Workflow Description MyGroup Workflow
MyGroup Workflow
Summary Method last
last
Sender
userproxy
userproxy
0 skills | max replies: 5
Receiver
groupchat_assistant
Default Group Workflow
0 skills | max replies: 8
Cancel OK

图 4-42

接下来选择“Workflows”选项，创建 MyGroup Workflow。

（1）单击“+New Workflow”按钮，在“Workflow Name”输入框中输入“MyGroup Workflow”。

（2）将“Workflow Description”输入框中的值修改为“MyGroup Workflow”。

（3）“Summary Method”和“Sender”项采用默认值。

（4）单击“Receiver”下的“groupchat_assistant”，在“Group Chat Agents”项中选择已经创建好的 get_you2be_content Agent 和 write_content_only Agent。

（5）在“System Message”输入框中输入“You are a helpful assistant skilled at cordinating a group of other assistants to solve a task.”（请根据输入的视频地址，先获取视频内容，再进行公众号文章的生成）。

（6）在“Model”项中选择设置好的大语言模型，在“Skills”项中选择“get_you2be_content”和“write_content_only”，单击“OK”按钮进行保存，如图 4-43 所示。

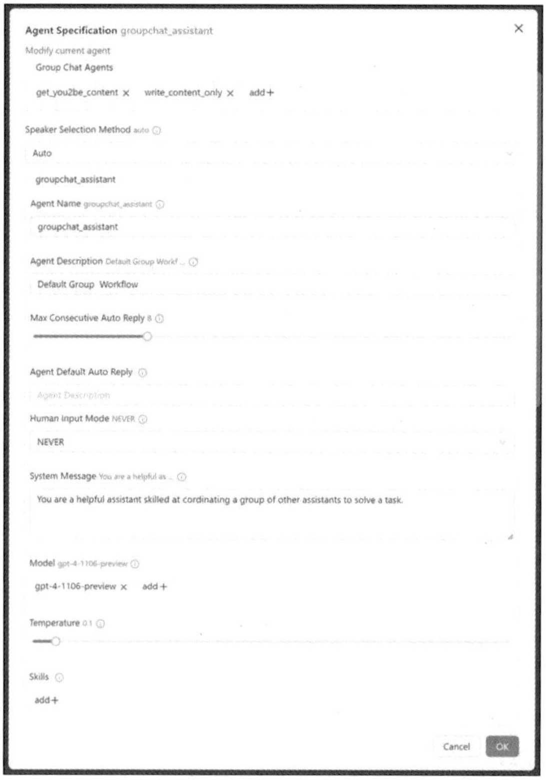

Agent Specification groupchat_assistant
Modify current agent
Group Chat Agents
get_you2be_content × write_content_only × add+
Speaker Selection Method auto
Auto
groupchat_assistant
Agent Name groupchat_assistant
groupchat_assistant
Agent Description Default Group Workf...
Default Group Workflow
Max Consecutive Auto Reply 8
Agent Default Auto Reply
Agent Description
Human Input Mode NEVER
NEVER
System Message You are a helpful as...
You are a helpful assistant skilled at cordinating a group of other assistants to solve a task.
Model gpt-4-1106-preview
gpt-4-1106-preview × add+
Temperature 0.1
Skills
add+
Cancel OK

图 4-43

设置好后，切换到 AutoGen Studio 界面下的“Playground”选项卡，并单击 Sessions 的“+New”按钮，选择刚刚创建好的工作流，输入视频地址到输入框中进行调试。

4.2.4　AutoGen Studio 本地化配置

1．如何在 AutoGen Studio 中加载本地大语言模型

下载并部署本地大语言模型。首先需要安装 LM Studio，如图 4-44 所示，选择对应的操作系统（本章使用 Windows 操作系统）版本进行下载。

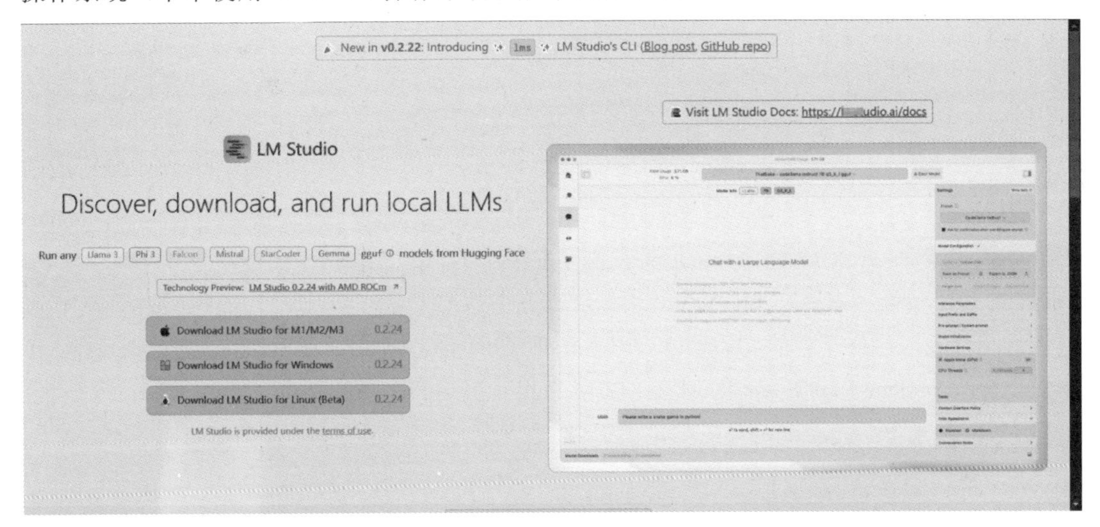

图 4-44

下载完成后直接打开安装包即可。目前国内不能通过 LM Studio 直接下载本地大语言模型，需要先通过 Hugging Face 进行手动下载后，再通过 LM Studio 进行加载，从而实现部署。

打开 Hugging Face 官方网站，选择上方导航栏中的“Models”选项，在搜索框中输入“Qwen”，本案例使用阿里通义千问的 Qwen/Qwen1.5-0.5B-Chat-GGUF，其中 GGUF 是 LM Studio 要求的大语言模型格式。读者可以根据自己计算机的配置选择相应的模型，本案例使用 0.5B（5 亿参数量）版本是按照一般笔记本电脑的配置考虑的。

选择“Qwen/Qwen1.5-0.5B-Chat-GGUF”选项，进入“Qwen/Qwen1.5-0.5B-Chat-GGUF”界面，如图 4-45 所示，选择“Files and versions”选项卡并选择 qwen1_5-0_5b-chat-q8_0.gguf 版本，单击“Download”图标进行下载。

图 4-45

下载完成后，回到 LM Studio，单击左侧导航栏中的“My Models”图标，进行 Local models folder 的路径配置，需要在 lm-studio\models 路径下按照 Qwen/Qwen1.5-0.5B-Chat-GGUF 逐层创建文件夹，这样下载的 Qwen/Qwen1.5-0.5B-Chat-GGUF 文件在 lm-studio\models\Qwen\Qwen1.5-0.5B-Chat-GGUF 路径下才能被 LM Studio 识别到，如图 4-46 所示。

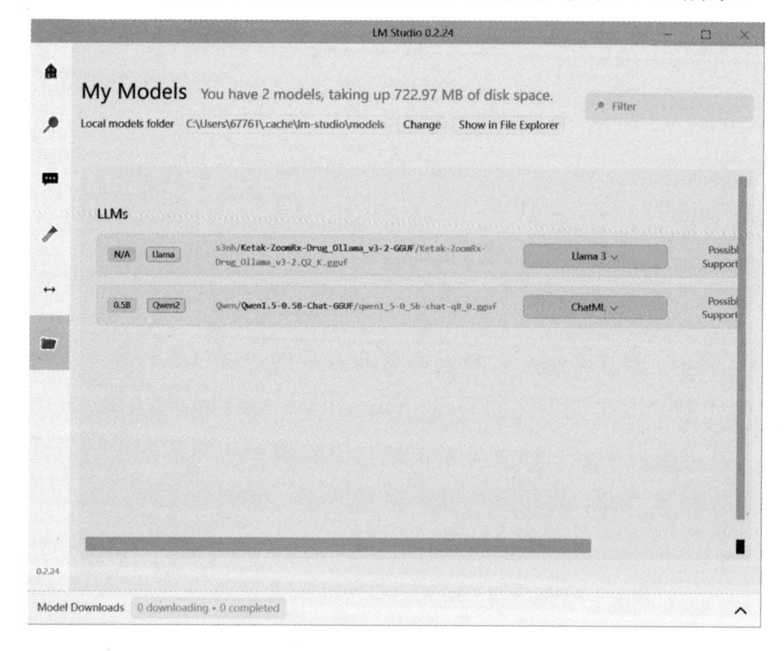

图 4-46

模型加载成功后，单击左侧导航栏中的“AI Chat”图标，在界面顶部选择刚刚加载好的通义千问大语言模型。加载后可以测试一下模型是否加载成功，在对话框中输入问题，若可以得到对应的答案，则说明已加载成功，如图 4-47 所示。

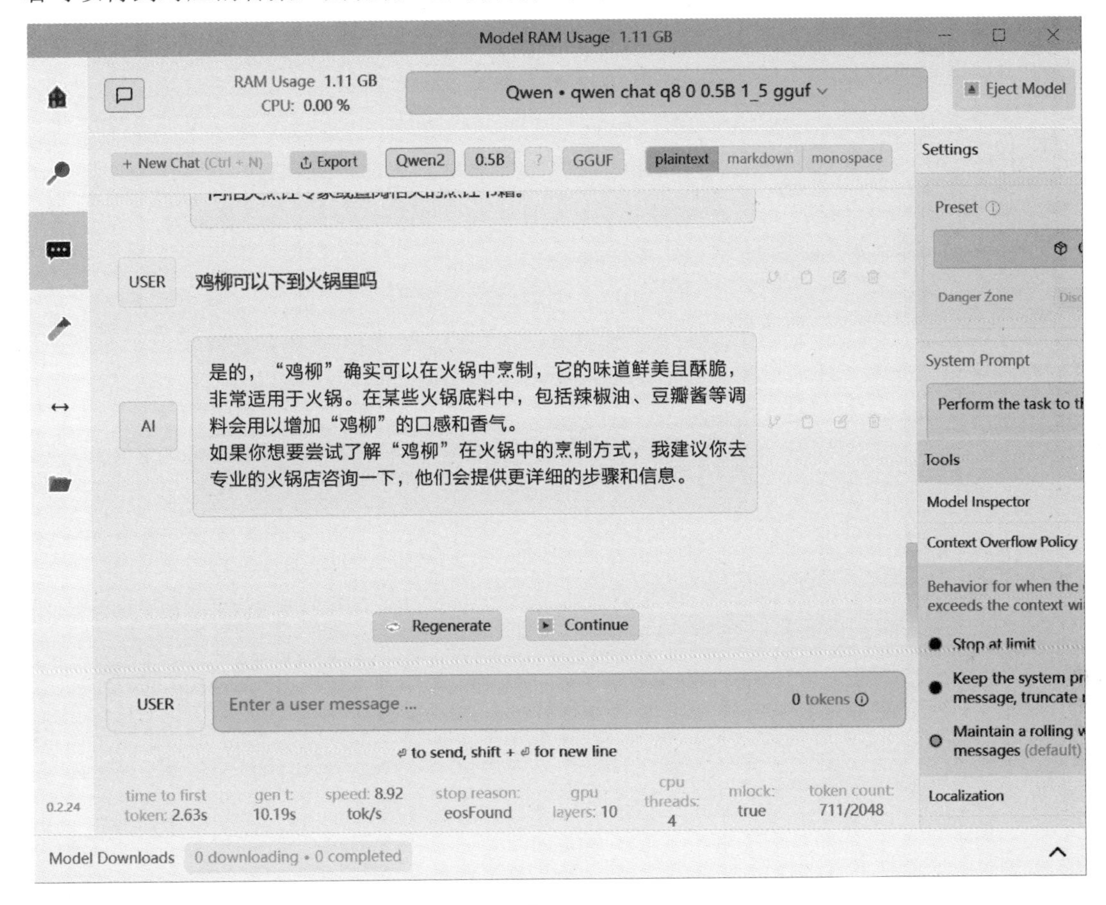

图 4-47

LM Studio 右侧的设置项较为丰富，读者可以进一步对 GPU 算力、提示词等进行个性化设置。

测试成功后，单击 LM Studio 左侧导航栏中的“Local Server”图标，并单击“Start Server”按钮启动服务。为了进一步验证服务是否启动成功，可以选择“chat（python）”选项，并单击“Copy Code”按钮复制测试代码，结果如图 4-48 所示。

打开 PyCharm IDE，新建项目，并新建 Python 文件，将其命名为“test”，粘贴刚刚复制的代码，单击“运行”图标。

报错提示需要安装 OpenAI，单击左下角的“终端”图标，输入“pip install openai”命令进行安装。

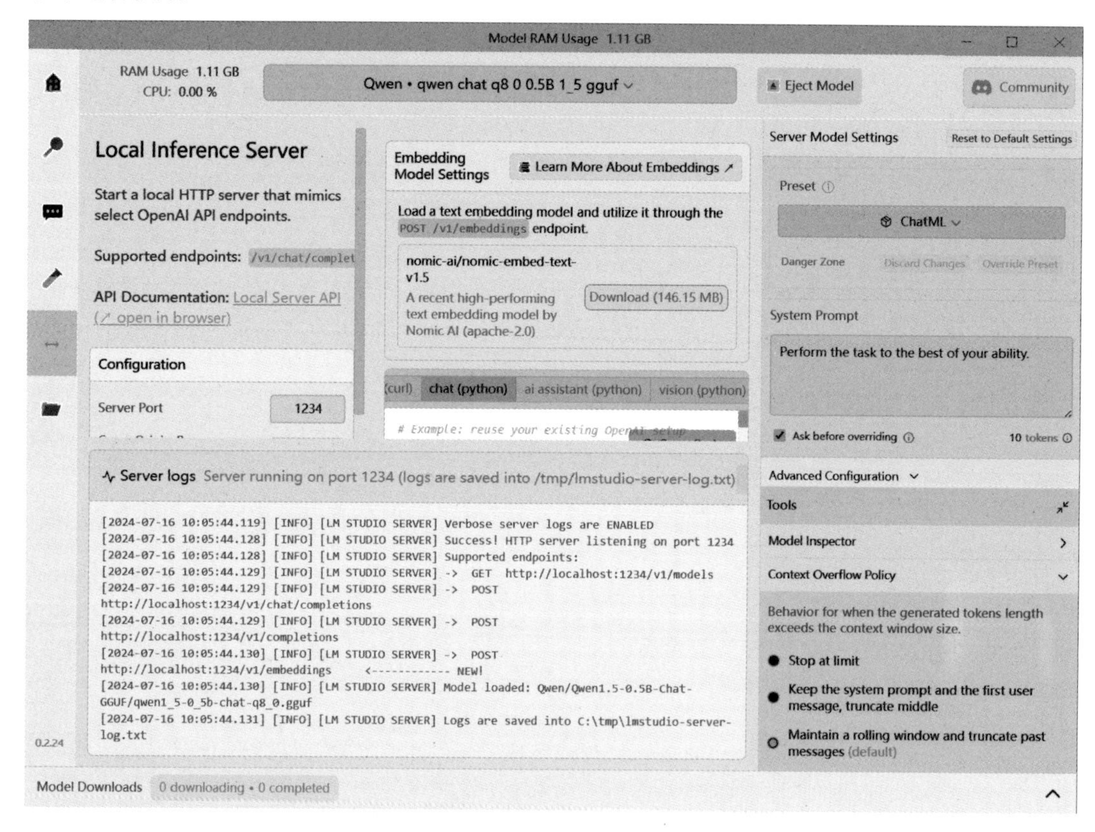

图 4-48

安装完成后，再次单击“运行”图标，若返回“ChatCompletionMessage(content="My name is Alex, and I'm a software engineer living in New York City. I enjoy solving problems and creating innovative solutions to real-world challenges. Whether it's coding my way through a complex project or working on a challenging new feature, I always strive to be the best at what I do.", role='assistant', function_call=None, tool_calls=None)”，则表示服务启动成功。

接下来，返回 LM Studio，可以看到 Server logs 也打印了同样的返回结果，说明本地服务已经成功启动，如图 4-49 所示。

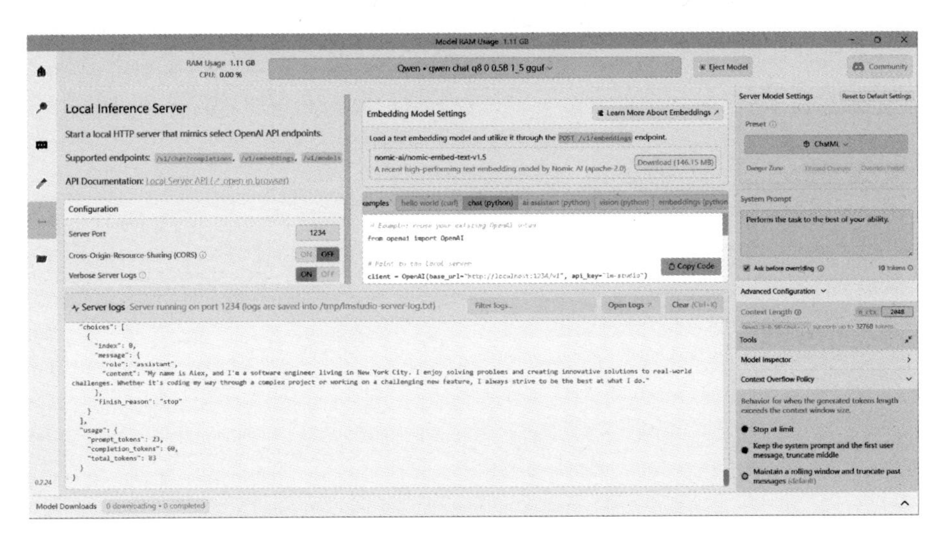

图 4-49

返回 AutoGen Studio，我们需要将刚刚创建好的本地大语言模型加载进 AutoGen Studio 的 Models 中，在这里需要先对 Anaconda 下的\Lib\site-packages\openai_client.py 文件进行源代码的修改。由于 AutoGen Studio 目前的版本还不够稳定，在加载本地大语言模型时经常会出现掉线等情况，因此我们需要在_client.py 文件的第 112 行代码后增加如下两行代码：

```
base_url="http://127.0.0.1:1234/v1"
api_key="lm-studio"
```

修改代码并保存后，选择 AutoGen Studio 界面的“Build”选项卡下的“Models”选项，并单击“+New Model”按钮，在弹出的对话框中输入模型名称、API Key 和 Base URL，单击“Test Model”按钮，测试成功后，保存当前设置，如图 4-50 所示。

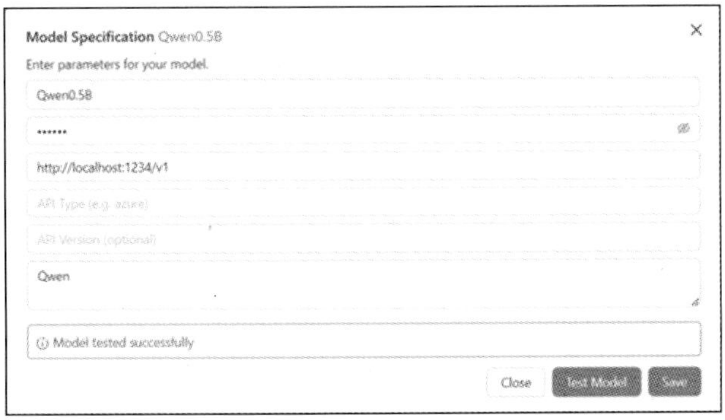

Model Specification Qwen0.5B
Enter parameters for your model.
Qwen0.5B
******
http://localhost:1234/v1
API Type (e.g. azure)
API Version (optional)
Qwen
Model tested successfully
Close　Test Model　Save

图 4-50

接下来，选择“Build”选项卡下的“Workflows”选项，创建一个使用本地大语言模型的工作流，将其命名为 qwen，只需配置好“Model”选项即可，如图 4-51 所示。

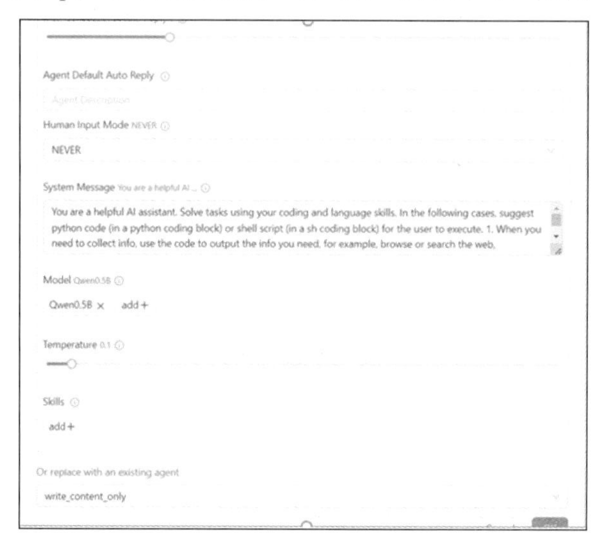

图 4-51

切换到“Playground”选项卡，单击“+New”按钮，加载刚刚创建好的 qwen 工作流，在对话框中输入“你是谁”，回答“我是来自阿里云的大语言模型，我叫通义千问。”，完成调试，如图 4-52 和图 4-53 所示。

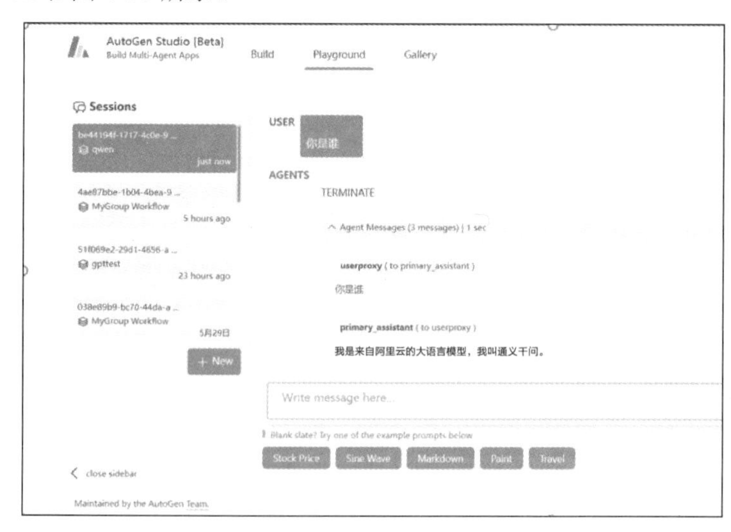

图 4-52

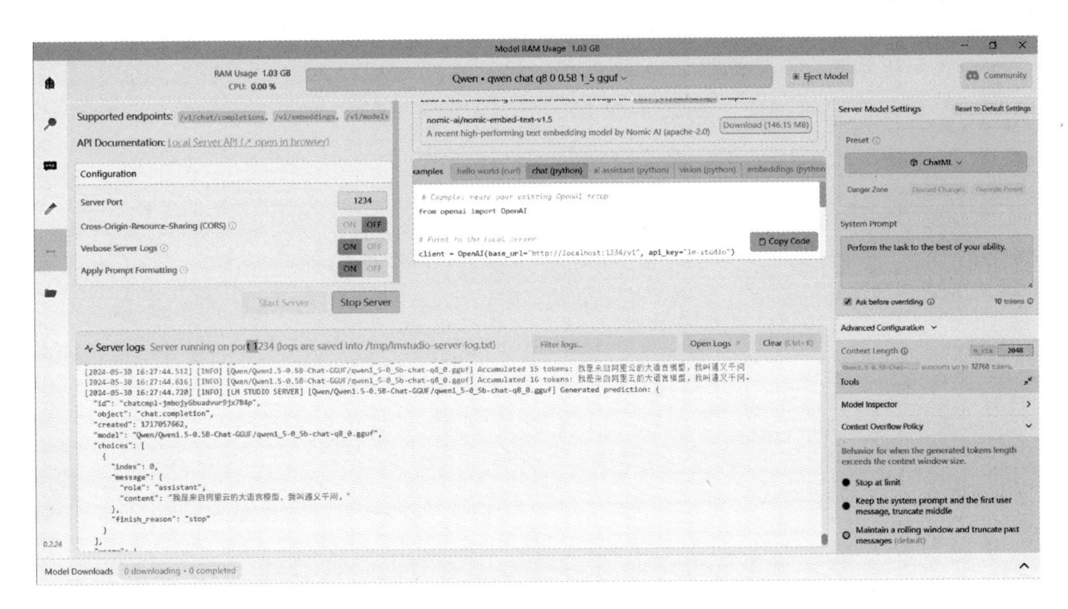

图 4-53

下面在本地部署 Ollama 工具，使读者对在本地部署大语言模型服务有更进一步的理解。打开 Ollama 官方网站，单击“Download for Windows (Preview)”链接下载安装包，下载完成后，双击 Ollama 安装包进行安装。安装完成后，读者可以选择适合自己计算机配置的模型进行运行，如图 4-54 所示。

README　MIT license

Ollama supports a list of models available on ollama.com/library

Here are some example models that can be downloaded:

Model	Parameters	Size	Download
Llama 3	8B	4.7GB	`ollama run llama3`
Llama 3	70B	40GB	`ollama run llama3:70b`
Phi 3 Mini	3.8B	2.3GB	`ollama run phi3`
Phi 3 Medium	14B	7.9GB	`ollama run phi3:medium`
Gemma	2B	1.4GB	`ollama run gemma:2b`
Gemma	7B	4.8GB	`ollama run gemma:7b`
Mistral	7B	4.1GB	`ollama run mistral`
Moondream 2	1.4B	829MB	`ollama run moondream`
Neural Chat	7B	4.1GB	`ollama run neural-chat`
Starling	7B	4.1GB	`ollama run starling-lm`
Code Llama	7B	3.8GB	`ollama run codellama`
Llama 2 Uncensored	7B	3.8GB	`ollama run llama2-uncensored`
LLaVA	7B	4.5GB	`ollama run llava`
Solar	10.7B	6.1GB	`ollama run solar`

图 4-54

打开命令提示符（cmd）界面，输入“ollama run llama3”命令，等待拉取完成，并通过输入“你是谁”进行测试，如图 4-55 所示。

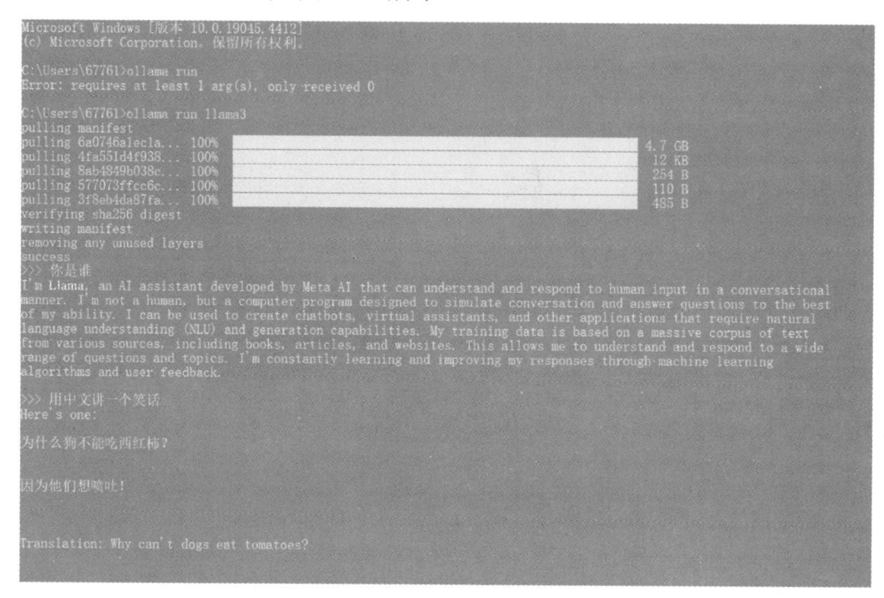

图 4-55

再打开一个命令提示符界面，输入“pip install litellm”命令，安装 litellm，如图 4-56 所示。litellm 可以调用所有 LLM API（如 Bedrock、Huggingface、VertexAI、TogetherAI、Azure、OpenAI 等）。

```
(base) PS C:\Users\67761> pip install litellm
Collecting litellm
  Obtaining dependency information for litellm from https://files.[illegible]onhosted.org/packages/44/11/cac0155a2a7bdf2423f49e
e72a98deae89f366e2014b047a4d1c57744af4/litellm-1.39.3-py3-none-any.whl.metadata
  Downloading litellm-1.39.3-py3-none-any.whl.metadata (26 kB)
Requirement already satisfied: aiohttp in c:\users\67761\anaconda5\lib\site-packages (from litellm) (3.8.5)
Requirement already satisfied: click in c:\users\67761\anaconda5\lib\site-packages (from litellm) (8.0.4)
INFO: pip is looking at multiple versions of litellm to determine which version is compatible with other requirements. T
his could take a while.
  Obtaining dependency information for litellm from https://files.[illegible]onhosted.org/packages/cb/9d/58ad9cf425557215b3a6b7
52cbcb14bd26b144a80c7644556dae50e9a9e1/litellm-1.39.2-py3-none-any.whl.metadata
  Downloading litellm-1.39.2-py3-none-any.whl.metadata (26 kB)
  Obtaining dependency information for litellm from https://files.[illegible]onhosted.org/packages/f4/06/01d69fb66f5fb84833eb64
8f0aeeccf3db38978dadce395de1d259453fd1/litellm-1.38.12-py3-none-any.whl.metadata
  Downloading litellm-1.38.12-py3-none-any.whl.metadata (26 kB)
  Obtaining dependency information for litellm from https://files.[illegible]onhosted.org/packages/3d/65/fe74462b46a4906d1d0daa
3ac9d57a018d9b36f3c230ebd2237779858763/litellm-1.38.11-py3-none-any.whl.metadata
  Downloading litellm-1.38.11-py3-none-any.whl.metadata (26 kB)
  Obtaining dependency information for litellm from https://files.[illegible]onhosted.org/packages/de/57/7ebd8a4b4c4d569d46c19a
10fbee045cac47c1cb07defd40a38ba0f64dd8/litellm-1.38.10-py3-none-any.whl.metadata
  Downloading litellm-1.38.10-py3-none-any.whl.metadata (26 kB)
  Obtaining dependency information for litellm from https://files.[illegible]onhosted.org/packages/4f/3f/bb81d94a7d54caf1faf28e
fc92ebf53130d115da0f046a38f4601e87b029/litellm-1.38.8-py3-none-any.whl.metadata
  Downloading litellm-1.38.8-py3-none-any.whl.metadata (26 kB)
  Obtaining dependency information for litellm from https://files.[illegible]onhosted.org/packages/11/43/3f665b40f53504d66c9d26
b55f56389348b72295c9554462418ef64c0b42/litellm-1.38.7-py3-none-any.whl.metadata
  Downloading litellm-1.38.7-py3-none-any.whl.metadata (26 kB)
  Obtaining dependency information for litellm from https://files.[illegible]onhosted.org/packages/0f/5d/8298e229a8a28636ab440b
816c494b2bc1bf4f00dcf41965ad5c66476945/litellm-1.38.5-py3-none-any.whl.metadata
  Downloading litellm-1.38.5-py3-none-any.whl.metadata (26 kB)
```

图 4-56

litellm 安装完成后，输入“litellm --model ollama/llama3”命令，如图 4-57 所示。

```
Attempting uninstall: importlib-metadata
  Found existing installation: importlib-metadata 6.0.0
  Uninstalling importlib-metadata-6.0.0:
    Successfully uninstalled importlib-metadata-6.0.0
Attempting uninstall: openai
  Found existing installation: openai 1.13.3
  Uninstalling openai-1.13.3:
    Successfully uninstalled openai-1.13.3
Successfully installed importlib-metadata-7.1.0 litellm-1.39.3 openai-1.30.5
(base) PS C:\Users\67761> litellm --model ollama/llama3
Traceback (most recent call last):
  File "C:\Users\67761\anaconda5\Lib\site-packages\litellm\proxy\proxy_server.py", line 31, in <module>
    import backoff
ModuleNotFoundError: No module named 'backoff'

During handling of the above exception, another exception occurred:

Traceback (most recent call last):
  File "<frozen runpy>", line 198, in _run_module_as_main
  File "<frozen runpy>", line 88, in _run_code
  File "C:\Users\67761\anaconda5\Scripts\litellm.exe\__main__.py", line 7, in <module>
  File "C:\Users\67761\anaconda5\Lib\site-packages\click\core.py", line 1128, in __call__
    return self.main(*args, **kwargs)

  File "C:\Users\67761\anaconda5\Lib\site-packages\click\core.py", line 1053, in main
    rv = self.invoke(ctx)

  File "C:\Users\67761\anaconda5\Lib\site-packages\click\core.py", line 1395, in invoke
    return ctx.invoke(self.callback, **ctx.params)
```

图 4-57

如果遇到问题，则根据提示安装相关的依赖包，直到启动服务为止，如图 4-58 所示。

```
(base) PS C:\Users\67761> pip install python-multipart
Collecting python-multipart
  Obtaining dependency information for python-multipart from https://files.pythonhosted.org/packages/3d/47/444768600d9e0
ebc82f8e347775d24aef8f6348cf00e9fa0e81910814e6d/python_multipart-0.0.9-py3-none-any.whl.metadata
  Using cached python_multipart-0.0.9-py3-none-any.whl.metadata (2.5 kB)
Using cached python_multipart-0.0.9-py3-none-any.whl (22 kB)
Installing collected packages: python-multipart
Successfully installed python-multipart-0.0.9
(base) PS C:\Users\67761> litellm --model ollama/llama3
litellm.json_logs: False
INFO:     Started server process [22440]
INFO:     Waiting for application startup.

#------------------------------------------------------------#
#                                                            #
#       'This feature doesn't meet my needs because...'       #
#       https://github.com/BerriAI/litellm/issues/new         #
#                                                            #
#------------------------------------------------------------#

 Thank you for using LiteLLM! - Krrish & Ishaan


Give Feedback / Get Help: https://github.com/BerriAI/litellm/issues/new


INFO:     Application startup complete.
INFO:     Uvicorn running on http://0.0.0.0:4000 (Press CTRL+C to quit)
```

图 4-58

下面回到 AutoGen Studio 界面，选择“Build”选项卡下的“Models”选项，并单击“+New Model”按钮，将名称修改为“Llama 3”，指定 Base URL 为“http://0.0.0.0:4000”，单击“Save”按钮进行保存。

最后，创建工作流，并在“Playground”选项卡中新建 Llama 3，完成调试。

2. AutoGen Studio 本地化服务部署

AutoGen Studio 本地化服务部署需要将上面使用的 AutoGen Studio 的用户界面封装成服务，以便用户请求调用。下面将通过一个实际案例带领读者，一边演示一边理解封装服务。

案例介绍：迪哥经常为运营自己的公众号烦恼，他需要花费很多时间先在网上看各种视频，再把视频内容总结出来发布到公众号里。因此，迪哥想通过 AutoGen Studio 制作一个根据输入的视频地址，自动获取视频内容，并将其生成为公众号文章的 Agent。通过这个 Agent 来帮助迪哥提高工作效率，节省大量时间。

第一步，迪哥已经配置好此次部署 Agent 的相关环境，如图 4-59 所示。

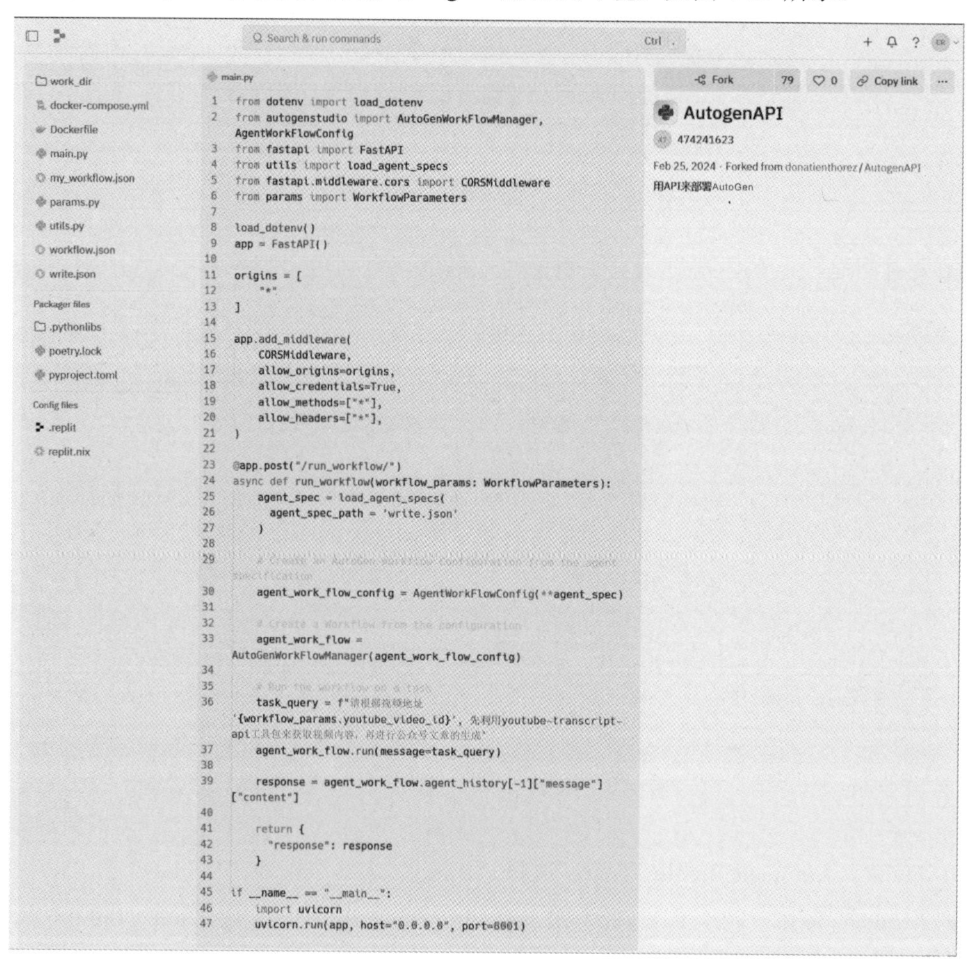

图 4-59

Replit 是一个在线集成开发环境（IDE），也是一个代码协作平台和云服务提供商。它支持多种编程语言，如 Python、JavaScript、Java 等，非常适合初学者使用。基于 Replit，用户无须安装任何软件，只需通过浏览器即可运行代码、创建项目、与他人协作和共享项目。Replit 提供了一系列功能和工具，如代码自动生成、调试器、版本控制和部署工具等，以便用户能够更轻松地进行编程工作。另外，Replit 还提供了大量的框架支持，包括 React 和 Flask 等，并且可以一键部署 GitHub 的开源代码。

接下来单击“Fork”按钮复制迪哥的本地化部署代码到自己的仓库中，用户需要提前在 Replit 平台上注册账号。注册并登录 Replit 平台后，单击“Fork”按钮，在“Fork Repl”对话框中输入名称和描述，单击“Fork Repl”按钮创建仓库，如图 4-60 所示。

创建成功后，回到 AutoGen Studio，下载之前已经配置好的工作流（如之前已经配置好的 MyGroup Workflow），即下载“write.json”文件。

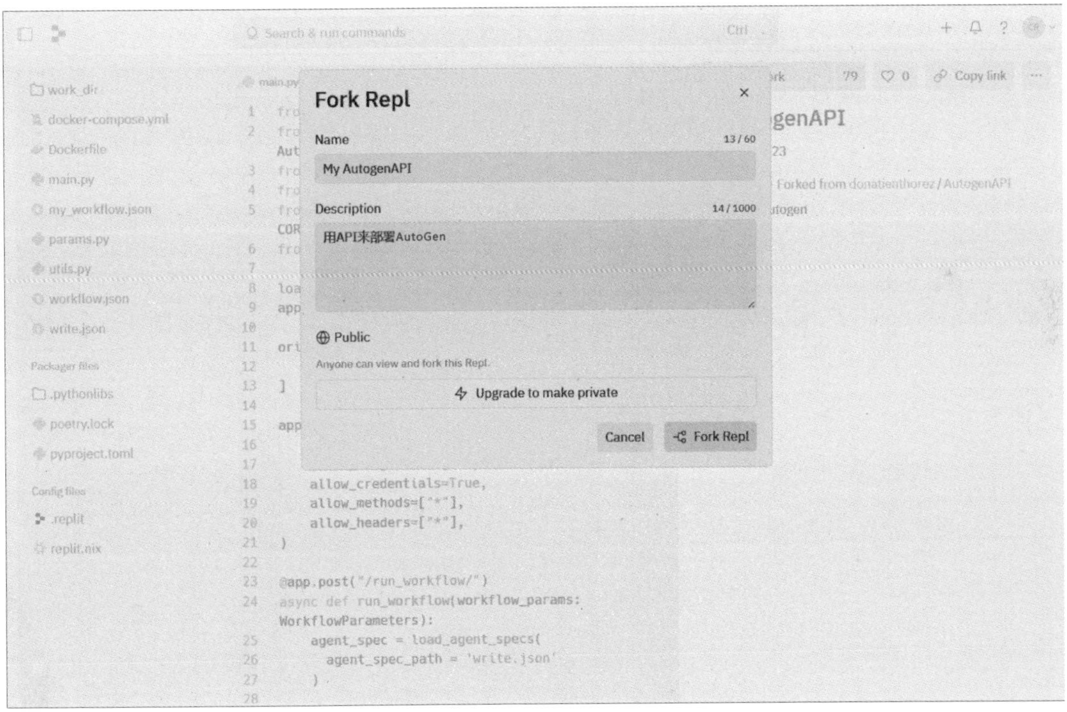

图 4-60

将“write.json”文件加载到 Replit 工程中，单击“Run”按钮，启动服务。

“main.py”文件的代码块如下：

```
from dotenv import load_dotenv
from autogenstudio import AutoGenWorkFlowManager, AgentWorkFlowConfig
from fastapi import FastAPI
from utils import load_agent_specs
from fastapi.middleware.cors import CORSMiddleware
from params import WorkflowParameters

load_dotenv()
app = FastAPI()

origins = [
    "*"
]

app.add_middleware(
    CORSMiddleware,
    allow_origins=origins,
    allow_credentials=True,
    allow_methods=["*"],
    allow_headers=["*"],
)

@app.post("/run_workflow/")
async def run_workflow(workflow_params: WorkflowParameters):
    agent_spec = load_agent_specs(
      agent_spec_path = 'write.json'
    )

    # Create an AutoGen Workflow Configuration from the agent specification
    agent_work_flow_config = AgentWorkFlowConfig(**agent_spec)

    # Create a Workflow from the configuration
    agent_work_flow = AutoGenWorkFlowManager(agent_work_flow_config)

    # Run the workflow on a task
    task_query = f"请根据视频地址 '{workflow_params.youtube_video_id}', 先利用
youtube-transcript-api 工具包来获取视频内容，再进行公众号文章的生成"
    agent_work_flow.run(message=task_query)
```

```
    response = agent_work_flow.agent_history[-1]["message"]["content"]

    return {
      "response": response
    }

if __name__ == "__main__":
    import uvicorn
    uvicorn.run(app, host="0.0.0.0", port=8001)
```

其中，针对 task_query = f"请根据视频地址 '{workflow_params.youtube_video_id}', 先利用 youtube-transcript-api 工具包来获取视频内容，再进行公众号文章的生成"，需要创建一个前端界面，输入视频地址，通过配置好的服务，生成最终的公众号文章。

下面打开前端界面 index.html，代码如下：

```
<!DOCTYPE html>
<html lang="en">
<head>
  <meta charset="UTF-8">
  <meta name="viewport" content="width=device-width, initial-scale=1.0">
  <title>根据视频内容自动生成公众号文章</title>
  <link href="style.css" rel="stylesheet" type="text/css">
</head>
<body>
  <div id="container">
    <h2>视频->公众号</h2>
    <label for="videoId">输入视频地址:</label>
    <input type="text" id="videoId" placeholder="Example: abc123">
    <button onclick="generateIdeas()">生成公众号文章</button>
    <div id="response"></div>
  </div>

  <script>
    async function generateIdeas() {
      const videoId = document.getElementById('videoId').value;
      const responseContainer = document.getElementById('response');
```

```
    const response = await fetch(`https://5ccb1a61-fa99-41dd-9dc5-
2afb26d7ffae-00-pe6drxhw0tz1.***er.replit.dev/run_workflow/`, {
      method: 'POST',
      headers: {
        'Content-Type': 'application/json',
      },
      body: JSON.stringify({ youtube_video_id: videoId }),
    });

    const responseData = await response.json();
    responseContainer.innerHTML = `<md-block>${responseData.response}
</md-block>`;
  }
 </script>
 <script type="module" src="https://md-block.***ou.me/md-block.js"></script>
</body>
</html>
```

读者需要将 fetch(`https://5ccb1a61-fa99-41dd-9dc5-2afb26d7ffae-00-pe6drxhw0tz1.***er.replit.dev/run_workflow/`里面的 https://5ccb1a61-fa99-41dd-9dc5-2afb26d7ffae-00-pe6drxhw0tz1.***er.replit.dev 改成自己的 Replit 地址。

回到 Replit 界面，单击右上角的“new tab”按钮，浏览器会新打开一个界面并生成自己的 Replit 地址，如图 4-61 所示，将该地址复制到前端界面中进行替换。

图 4-61

修改好地址后，保存代码并打开 index.html，输入一个视频地址，单击“生成公众号文章”按钮。

按照上面的方法，读者可以根据自己在 AutoGen Studio 中创建好的工作流，下载该工作流的.json 文件，将其加载到迪哥准备好的 Replit 工程中，根据不同的服务，设计并开发相应的前端界面，实现前后端调用，实现项目闭环。

第 5 章 生成式代理——以斯坦福 AI 小镇为例

Agent 可以将大语言模型的核心能力应用于实际场景，Multi-Agent 通过 Agent 之间的相互协作来共同解决复杂的问题或完成复杂的任务，具有强大的问题解决能力。而 Multi-Agent 的 Agent 之间的交互能力对 Agent 应用普及和应用场景的多样化具有至关重要的作用。开发智能应用，通过让 Agent 模拟可信的人类行为，可以提升从虚拟现实环境、人际交流训练到原型工具等各种互动应用的体验。这催生了生成式代理（Generative Agents）的出现，其将大语言模型与计算交互代理相结合，实现了人类行为的可信模拟和复杂交互模式的架构。

本章以“斯坦福 AI 小镇”为例介绍生成式代理，对其架构和关键组件进行讲解和分析，并从生成式代理架构的设计思想、模拟人类行为框架、沙盒环境等方面进行详细阐述，帮助读者深入了解其内部机制和工作原理。同时评估生成式代理的能力和局限性。

5.1 生成式代理简介

生成式代理是一种先进的 AI 模型，它通过深度学习技术，捕捉和学习大量数据中的复杂模式和结构，理解数据中的现有信息，并创造性地生成在统计特性上与原始数据集相似的新数据实例。例如，在文本生成领域中，生成式代理能够根据给定的上下文或提示，创造出连贯、有意义的句子或段落，这些文本在语义上与人类的写作相似；在图像处理领域中，生成式代理能够生成逼真的图像，甚至能够根据用户的描述创造出特定的场景或对象。生成式代理的核心优势在于创造性和灵活性，其能够为艺术创作、内容生产、数据增强等提供强大的支持，推动 AI 技术在各个领域中的进一步发展。可以说，生成式代理代表了目前 AI 领域的一个新前沿，其能够创建出交互式、动态的虚拟环境，在仿真和模拟方面具有广泛的应用潜力，如数据增强、虚拟环境创建、游戏开发、艺术创作、语言模型、经济模型、社交机器人、生物医学模拟、军事模拟等方面。

1. 由来及功能

生成式代理的概念最早由斯坦福大学和谷歌公司的联合研究团队提出，他们将其定义为一类特殊的计算软件代理，用来模拟可信的人类行为。在斯坦福 AI 小镇这个示例项目中，这些代理能够模拟人类日常活动（如起床、做早餐、上班），以及艺术家绘画、作家写作等创造性活动；能够形成观点、注意其他代理并与之对话，还可以记忆、反思过去的经历和计划未来的活动。

2. 关键组件

生成式代理体系架构包含图 5-1 所示的几个关键组件。

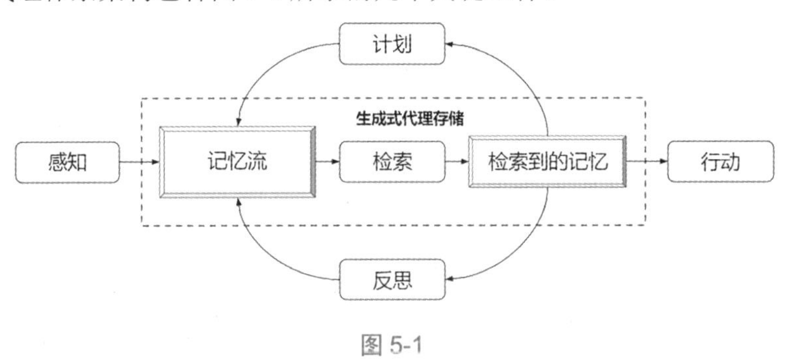

图 5-1

感知（Perceive）：生成式代理首先感知其所处的环境和发生在周围的事件。

记忆流（Memory Stream）：生成式代理的所有感知和经历都被记录在记忆流中，这是一个长期记忆模块，以自然语言的形式记录生成式代理的所有感知和经历。记忆流使得生成式代理能够回顾过去，提取相关经验，并将其应用于当前和未来的决策中。

检索（Retrieve）：基于当前的感知和需要，生成式代理从记忆流中检索相关信息。

检索到的记忆（Retrieved Memories）：这些是从记忆流中检索出来的具体记忆，生成式代理将利用它们来形成决策。

反思（Reflect）：生成式代理不仅拥有记忆，还能够对这些记忆进行高层次的反思，形成关于自身和其他人的更深入的推断。这些反思帮助生成式代理从经验中学习，并指导其行为。

计划（Plan）：生成式代理能够根据其记忆和反思制订行动计划。生成式代理以这些计划指导日常行动，生成式并会根据环境变化和新接收的信息来动态调整行动。

行动（Act）：生成式代理根据计划采取行动，并根据行动结果更新其记忆流，从而为下一步的感知和决策提供依据。

5.2 斯坦福 AI 小镇项目简介

斯坦福大学和谷歌公司的研究团队合作发表了一篇名为 *Generative Agents: Interactive Simulacra of Human Behavior* 的文章，文章中介绍了一种新型的 AI 技术——生成式代理，这项技术能够创建模拟人类的交互式行为，使计算代理在虚拟环境中展现出类似人类的行为和社会交往能力。

5.2.1 斯坦福 AI 小镇项目背景

斯坦福 AI 小镇作为生成式代理的交互式沙盒环境，用于展示生成式代理如何在一个模拟的社会环境中与用户及其他生成式代理互动，也是一个用于展示和测试生成式代理技术的平台。在该交互式沙盒环境中，扩展了大语言模型，使用自然语言存储生成式代理经历的完整记录，随时间推移将记忆合成更高级别的反思，并通过动态检索记忆和反思来计划行动。斯坦福 AI 小镇的环境和《模拟人生》（*The Sims*）游戏的环境类似：代理们进行日常活动，形成社交关系、协调群体活动等。例如，一个代理想要举办情人节派对，在接下来的两周时间里代理自主地传播派对邀请信息，结识新朋友，并协调其他代理在正确的时间一起出现在派对上。因为这个虚拟小镇是由斯坦福大学和谷歌公司的研究团队创建的，因此其有时被称为“斯坦福 AI 小镇”。从早期的《模拟人生》游戏到现代的认知模型和虚拟环境，研究人员一直在探索如何创造能够以逼真方式模拟人类行为的计算代理，斯坦福 AI 小镇正是这一探索的前沿成果，它通过生成式代理技术，为 AI 与人类互动提供了一个全新的平台，这不仅是一个技术奇迹，更是研究人员对 AI 如何模拟人类行为的深刻探索。

5.2.2 斯坦福 AI 小镇设计原理

斯坦福 AI 小镇定义了一个虚拟社区，由 25 个生成式代理组成。在小镇中，代理们进行各种日常活动，形成社交关系，并协调群体活动。以下给出几个示例。

（1）日常生活模拟：代理们能够模拟起床、做早餐、上班等日常活动，以及艺术家绘画、作家写作等创造性活动。

（2）社交互动：代理们能够形成观点，注意彼此，并开始对话。它们能够记住过去的互动，并基于这些记忆来计划未来的社交活动。

（3）群体协调：代理们能够协调群体活动，如组织派对或社区活动。它们能够传播信息，邀请其他代理参加活动，并在活动中进行互动。

（4）用户交互：用户可以通过自然语言与代理进行交互，观察代理的行为，甚至干预其决策过程。

斯坦福 AI 小镇的设计基于以下几个核心原理。

（1）记忆流：每个代理都拥有自己的记忆流，这是一种长期记忆模块，用自然语言记录了代理的所有经历。

（2）反思：代理能够将记忆中的事件综合成更高层次的反思，帮助其做出更好的行为决策。

（3）计划：代理能够根据反思和当前环境制订行动计划，并在必要时进行调整。

（4）交互式沙盒环境：斯坦福 AI 小镇提供了一个类似《模拟人生》游戏场景的交互式环境，用户可以观察和干预代理的行为。

（5）自然语言处理：代理与用户和其他代理的交流都是通过自然语言进行的，这使得交互更加自然和直观。

5.2.3 斯坦福 AI 小镇典型情景

在斯坦福 AI 小镇中，25 个个性化的生成式代理扮演着不同的角色，进行着各种日常活动，以下是一些典型的情景。

（1）家庭生活：代理们在自己的家中醒来，整理个人卫生，准备早餐，并与家人交流。

（2）工作场景：代理们前往工作地点，执行它们的任务，如艺术家绘画、作家写作。

（3）社交活动：代理们在斯坦福 AI 小镇的公共场所（如咖啡馆、公园）进行社交，形成新的社交关系，甚至组织和参加派对。

（4）信息传播：重要信息（如选举和节日活动）在代理间传播，其展示了信息是如何在社区内扩散的。

（5）紧急情况处理：当出现紧急情况（如火灾或家中设施损坏）时，代理们能够做出合理的反应。

5.2.4　交互体验

1．交互体验的维度

（1）自我介绍与角色扮演：当用户首次进入斯坦福 AI 小镇时，他们有机会通过自然语言对生成式代理进行自我介绍。用户可以选择一个角色，或者创造一个全新的身份。生成式代理会根据用户所选的角色来调整它的反应和互动方式，从而提供一种身临其境的体验。

（2）日常对话与信息交换：用户可以与生成式代理进行日常对话，询问它的生活、工作、兴趣等。生成式代理能够根据它的记忆流中的信息，给出详细的回答，使对话显得自然而富有深度。此外，用户也可以分享信息，如新闻、事件或个人见解，生成式代理会将这些信息整合到它的知识库中，并可能在与其他代理的交流中传播这些信息。

（3）情感交流与支持：斯坦福 AI 小镇的生成式代理被设计成能够识别和表达情感。用户可以与生成式代理分享自己的感受，它会给予用户情感上的支持和安慰。这种情感层面的交互不仅增强了用户的沉浸感，也使得生成式代理能够更好地理解和响应用户的需求。

（4）社交活动与事件策划：用户可以参与到生成式代理的社交活动中，如派对或节日庆典，还可以与生成式代理一起策划这些活动，从选择地点到安排活动流程。通过这样的合作，用户能够更深入地了解生成式代理的个性和社交网络。

（5）决策参与与影响：在斯坦福 AI 小镇中，用户的决策可以对生成式代理的行为产生实质性的影响。例如，用户可以建议生成式代理参加某个活动或改变它的日常生活习惯。生成式代理会考虑用户的建议，并将其纳入它的长期计划中。

2．交互体验的深度

（1）记忆与学习：生成式代理的记忆流不仅记录了它的经历，还包含了与用户的互动。这些记忆使得生成式代理能够从过去的经验中学习，并在未来的交互中展现出更深层次的理解。

（2）个性化反应：每个生成式代理都被赋予了独特的个性和行为模式。在与用户的交互中，生成式代理能够根据用户的特点和偏好做出个性化的反应，使得每一次的交流都独一无二。

（3）社会动态的模拟：斯坦福 AI 小镇中的生成式代理形成了一个复杂的社会网络，用户可以通过观察和参与生成式代理之间的互动来了解社会动态是如何在生成式代理之间形成和演变的。

3. 交互体验的广度

（1）多角色互动：用户可以同时与多个生成式代理进行互动，体验不同的社交场景和角色关系。这种多角色互动不仅丰富了用户的体验，也展示了生成式代理在处理复杂的社会关系方面的能力。

（2）环境互动：斯坦福 AI 小镇提供了一个互动的环境，用户可以改变生成式代理所处的环境，如调整家中的布局或改变公共场所的装饰。这些环境变化能够提高和激发生成式代理的适应性和创造力。

（3）长期交互的潜力：随着时间的推移，用户与生成式代理之间的关系可以逐渐发展和深化。长期交互使得生成式代理能够展现出更加复杂和细腻的行为，同时让用户感受到更深层次的参与感。

5.2.5 技术实现

斯坦福 AI 小镇的技术实现是一个复杂而精细的有机体，它涉及多个层面的集成，包括自然语言处理、机器学习、认知建模及计算机图形学等，以下是对这一实现的详细描述。

1. 架构概述

斯坦福 AI 小镇的架构建立在一个先进的计算模型上，该模型融合了大语言模型（如ChatGPT）和一系列定制的软件组件。这些组件协同工作，使得每个生成式代理都能够感知环境、存储记忆、进行反思、计划行动，并与用户及其他代理进行交互。

2. 记忆流

每个生成式代理的核心是其记忆流，这是一个动态更新的数据库，记录了生成式代理的所有经历和感知。记忆流不仅包括生成式代理的个人经历，还可能包括与环境和其他代理的互动。这些记忆以自然语言的形式存储，使得生成式代理能够利用大语言模型来检索和分析这些信息。

3. 记忆检索与合成

生成式代理的行为和决策过程依赖于对记忆流中信息的有效检索。通过一个复杂的检索系统，生成式代理可以根据当前的情境和需求，从记忆流中提取相关信息。检索系统考虑了记忆的相关性、时效性和重要性，以确保生成式代理能够做出最合适的反应。

4. 反思与决策制定

反思是生成式代理行为的一个关键组成部分，它允许生成式代理从过去的经验中学习，并据此调整其行为。通过一个高级的反思机制，生成式代理能够将记忆合成为更高层次的推断和决策，这些决策不仅基于当前的情况，也考虑了长期的目标和计划。

5. 计划与行动

在确定了行动方针后，生成式代理将制订详细的行动计划。这些计划包括了一系列的步骤和目标，生成式代理将按照这些计划来执行具体的行为。计划系统能够处理长期和短期的计划，以确保生成式代理的行为在时间上具有连贯性。

6. 交互式沙盒环境

斯坦福 AI 小镇的环境是一个交互式沙盒，它提供了一个模拟的社会空间，生成式代理可以在其中自由行动和互动。交互式沙盒环境的设计允许用户以自然语言的形式介入和操纵，从而观察和影响生成式代理的行为。

7. 用户交互与生成式代理反应

用户可以通过自然语言与生成式代理进行交流，生成式代理将根据用户的输入来调整其行为和计划。这种交互方式不仅包括简单的问答，还可能涉及复杂的情感交流和社会互动。

8. 社会动态与群体行为

斯坦福 AI 小镇的生成式代理能够通过信息传播、关系形成和群体协调等自发的群体行为来表达复杂的社会动态，这些群体行为是由生成式代理之间的互动自然产生的，而不是预先编程好的。

9. 技术挑战与优化

实现斯坦福 AI 小镇的技术架构面临着多种挑战，包括如何处理和存储大量的记忆数据、如何提高检索和反思的效率，以及如何确保生成式代理行为的可信度和连贯性。研究人员需要不断地优化算法，改进模型，以应对这些挑战。

10. 未来展望

随着技术的进步，斯坦福 AI 小镇的架构有望变得更加精细和高效。未来的工作可能会集中在提高生成式代理的自主性、增强交互体验的真实性，以及探索生成式代理在更广泛领域中的应用。

5.2.6 社会影响

斯坦福 AI 小镇的生成式代理对社会产生了广泛而深远的影响。其不仅改变了研究团队与技术的互动方式，还引发了关于心理、社会、伦理和法律等多个层面的重要讨论。随着 AI 技术的不断发展，研究团队需要持续关注这些社会影响，并积极寻求解决方案，以确保 AI 技术能够在促进社会进步的同时，符合人类的长远利益。

1. 心理层面的影响

生成式代理在斯坦福 AI 小镇中的行为和交互，对用户的心理体验有着直接的影响。生成式代理通过模仿人类的社交行为，能够提供陪伴和情感支持，这对于缓解孤独感、提升情绪状态具有积极作用。同时，这种交互能够作为心理治疗的辅助工具，帮助人们在安全的环境中探索和解决个人情感问题。

2. 社会互动的变革

斯坦福 AI 小镇提供了一个平台，让用户以新的方式与生成式代理进行社会互动。在这个平台中，生成式代理能够模拟真实的社交场景，提供一种超越现实社交限制的体验。这种新型的社交模式可能会改变人们对社会互动的认知和期待，促进社会包容性和多样性的发展。

3. 教育与职业培训的应用

生成式代理在教育与职业培训领域中具有巨大的潜力。在斯坦福 AI 小镇中，生成式代理可以模拟各种职业角色，提供实践操作的机会，帮助学习者在模拟环境中掌握必要的技能。此外，生成式代理还能够根据学习者的学习进度和表现，提供个性化的指导和反馈。

4. 伦理和道德的考量

随着生成式代理在社会中的作用日益增强，伦理和道德问题也日益凸显。例如，生成式代理是否应该拥有某种形式的权利？其行为是否应该受到道德规范的约束？斯坦福 AI 小镇提供了一个实验场，让研究团队能够在实际应用之前，对这些问题进行深入的探讨和反思。

5. 法律和政策的挑战

生成式代理的广泛应用对现有的法律体系和政策提出了挑战。例如，当生成式代理参与决策或提供服务时，如何界定责任归属？如何确保生成式代理的行为不会侵犯个人隐私或造成不公平的歧视？这些问题需要政策制定者、技术开发者及社会各界共同思考和解决。

6. 社会结构的模拟与分析

斯坦福 AI 小镇作为一个微观社会模型，可以用来模拟和分析更广泛的社会结构和动态。通过观察生成式代理之间的交互过程和群体行为，可以帮助研究人员更好地理解社会网络、信息传播、群体决策等复杂行为。

7. 文化多样性的体现

生成式代理在斯坦福 AI 小镇中可以生成不同的文化背景和社会身份，这为研究文化多样性提供了一个独特的视角。通过模拟不同文化背景下的行为和交流模式，可以增进研究团队对不同文化价值观和生活方式的理解，促进跨文化的交流和融合。

8. 人类行为的镜像

斯坦福 AI 小镇中的生成式代理，可以作为人类行为的一个镜像，反映出研究团队的社会属性和心理特征。通过观察和分析代理的行为，研究团队可以更深入地了解自己的行为模式、决策过程及情感反应。

5.3 斯坦福 AI 小镇体验

5.3.1 资源准备

要运行斯坦福 AI 小镇，需要提前准备好开发环境和源代码等。开源项目文件 generative_agents 代码从 GitHub 官方网站下载，开发环境使用 Visual Studio Code（VSCode），包管理和环境管理使用 AnaConda，开发语言使用 JavaScript 和 Python，源代码使用开发框架 Bootstrap/Django 和开发包 OpenAI。

5.3.2 部署运行

1. 环境设置

步骤 1：下载 generative_agents 开源项目文件代码。

打开 VSCode，在“启动”菜单中选择“克隆 Git 仓库”命令，如图 5-2 所示。

图 5-2

在弹出的窗口中首先单击“从 github 克隆”按钮，输入如下内容：

```
git@github.com:joonspk-research/generative_agents.git
```

然后选择显示的项目，并选择对应的本地目录进行存储。克隆需要一段时间，请耐心等待。克隆完成后，打开 generative_agents 项目中的“powershell”界面，在命令行中输入如下命令：

```
conda create -n genAgent2 python==3.9.12
```

图 5-3 所示为创建项目运行专用环境 genAgent2 示意图，提示用户是否选择安装下列安装包，输入“y”，继续进行相关安装。

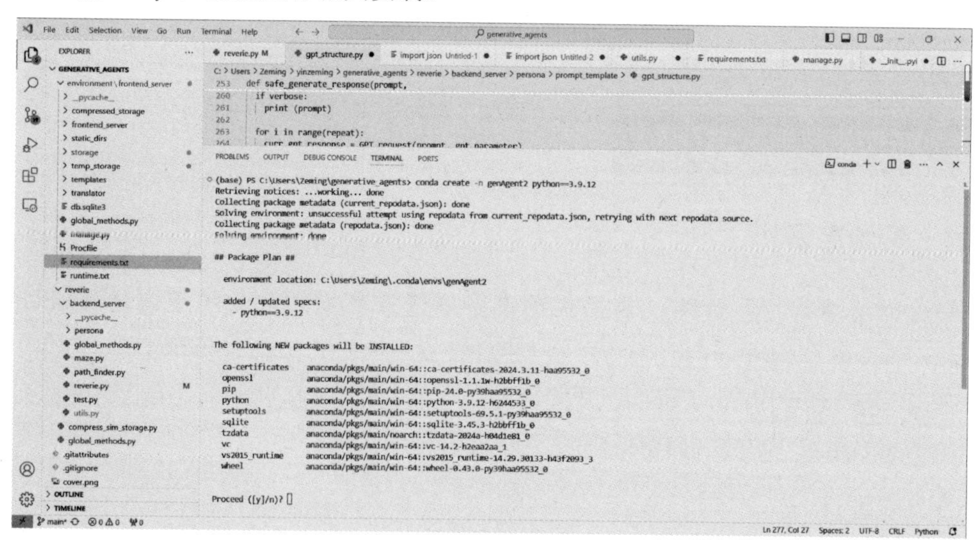

图 5-3

环境创建完成后，“powershell”界面显示为图 5-4 所示的信息。

在命令行中输入如下命令：

```
conda activate genAgent2
```

激活并切换到专用环境 genAgent2 中，如图 5-5 所示。

```
PROBLEMS   OUTPUT   DEBUG CONSOLE   TERMINAL   PORTS

  python            anaconda/pkgs/main/win-64::python-3.9.12-h6244533_0
  setuptools        anaconda/pkgs/main/win-64::setuptools-69.5.1-py39haa95532_0
  sqlite            anaconda/pkgs/main/win-64::sqlite-3.45.3-h2bbff1b_0
  tzdata            anaconda/pkgs/main/noarch::tzdata-2024a-h04d1e81_0
  vc                anaconda/pkgs/main/win-64::vc-14.2-h2eaa2aa_1
  vs2015_runtime    anaconda/pkgs/main/win-64::vs2015_runtime-14.29.30133-h43f2093_3
  wheel             anaconda/pkgs/main/win-64::wheel-0.43.0-py39haa95532_0


Proceed ([y]/n)? y


Downloading and Extracting Packages

Preparing transaction: done
Verifying transaction: done
Executing transaction: done
#
# To activate this environment, use
#
#     $ conda activate genAgent2
#
# To deactivate an active environment, use
#
#     $ conda deactivate

(base) PS C:\Users\Zeming\generative_agents>
```

图 5-4

```
PROBLEMS   OUTPUT   DEBUG CONSOLE   TERMINAL   PORTS

  python            anaconda/pkgs/main/win-64::python-3.9.12-h6244533_0
  setuptools        anaconda/pkgs/main/win-64::setuptools-69.5.1-py39haa95532_0
  sqlite            anaconda/pkgs/main/win-64::sqlite-3.45.3-h2bbff1b_0
  tzdata            anaconda/pkgs/main/noarch::tzdata-2024a-h04d1e81_0
  vc                anaconda/pkgs/main/win-64::vc-14.2-h2eaa2aa_1
  vs2015_runtime    anaconda/pkgs/main/win-64::vs2015_runtime-14.29.30133-h43f2093_3
  wheel             anaconda/pkgs/main/win-64::wheel-0.43.0-py39haa95532_0


Proceed ([y]/n)? y


Downloading and Extracting Packages

Preparing transaction: done
Verifying transaction: done
Executing transaction: done
#
# To activate this environment, use
#
#     $ conda activate genAgent2
#
# To deactivate an active environment, use
#
#     $ conda deactivate

(base) PS C:\Users\Zeming\generative_agents> conda activate genAgent2
(genAgent2) PS C:\Users\Zeming\generative_agents>
```

图 5-5

步骤 2：安装 requirements.txt 文件中包含的安装包。

requirements.txt 文件中包含的安装包（Python 版本为 3.9.12）如图 5-6 所示。

如图 5-7 所示，在“powershell”界面中输入“pip install -r requirements.txt”命令，安装依赖环境所需的安装包。

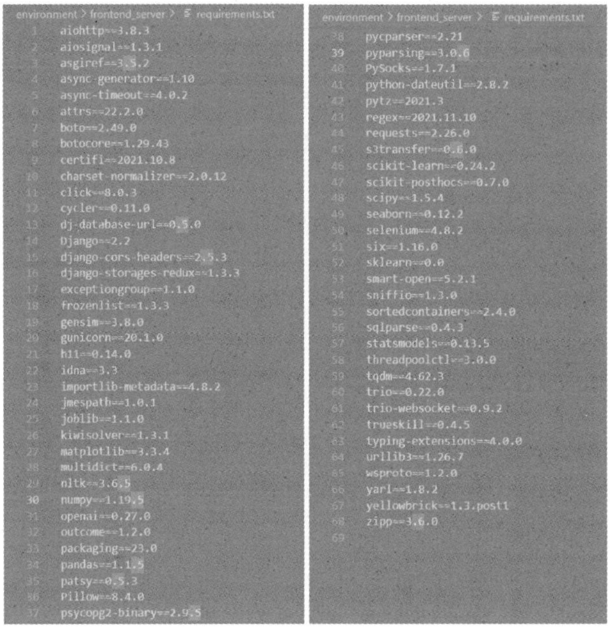

```
environment > frontend_server > ≡ requirements.txt
1   aiohttp==3.8.3
2   aiosignal==1.3.1
3   asgiref==3.5.2
4   async-generator==1.10
5   async-timeout==4.0.2
6   attrs==22.2.0
7   boto==2.49.0
8   botocore==1.29.43
9   certifi==2021.10.8
10  charset-normalizer==2.0.12
11  click==8.0.3
12  cycler==0.11.0
13  dj-database-url==0.5.0
14  Django==2.2
15  django-cors-headers==2.5.3
16  django-storages-redux==1.3.3
17  exceptiongroup==1.1.0
18  frozenlist==1.3.3
19  gensim==3.8.0
20  gunicorn==20.1.0
21  h11==0.14.0
22  idna==3.3
23  importlib-metadata==4.8.2
24  jmespath==1.0.1
25  joblib==1.1.0
26  kiwisolver==1.3.1
27  matplotlib==3.3.4
28  multidict==6.0.4
29  nltk==3.6.5
30  numpy==1.19.5
31  openai==0.27.0
32  outcome==1.2.0
33  packaging==23.0
34  pandas==1.1.5
35  patsy==0.5.3
36  Pillow==8.4.0
37  psycopg2-binary==2.9.5
```

```
environment > frontend_server > ≡ requirements.txt
38  pycparser==2.21
39  pyparsing==3.0.6
40  PySocks==1.7.1
41  python-dateutil==2.8.2
42  pytz==2021.3
43  regex==2021.11.10
44  requests==2.26.0
45  s3transfer==0.6.0
46  scikit-learn==0.24.2
47  scikit-posthocs==0.7.0
48  scipy==1.5.4
49  seaborn==0.12.2
50  selenium==4.8.2
51  six==1.16.0
52  sklearn==0.0
53  smart-open==5.2.1
54  sniffio==1.3.0
55  sortedcontainers==2.4.0
56  sqlparse==0.4.3
57  statsmodels==0.13.5
58  threadpoolctl==3.0.0
59  tqdm==4.62.3
60  trio==0.22.0
61  trio-websocket==0.9.2
62  trueskill==0.4.5
63  typing-extensions==4.0.0
64  urllib3==1.26.7
65  wsproto==1.2.0
66  yarl==1.8.2
67  yellowbrick==1.3.post1
68  zipp==3.6.0
69
```

图 5-6

```
(genAgent2) PS C:\Users\Zeming\generative_agents> pip install -r requirements.txt
Requirement already satisfied: aiohttp==3.8.3 in c:\users\zeming\.conda\envs\genagent2\lib\site-packages (from -r requirements.txt (line 1)) (3.8.3)
Requirement already satisfied: aiosignal==1.3.1 in c:\users\zeming\.conda\envs\genagent2\lib\site-packages (from -r requirements.txt (line 2)) (1.3.1)
Requirement already satisfied: asgiref==3.5.2 in c:\users\zeming\.conda\envs\genagent2\lib\site-packages (from -r requirements.txt (line 3)) (3.5.2)
Requirement already satisfied: async-generator==1.10 in c:\users\zeming\.conda\envs\genagent2\lib\site-packages (from -r requirements.txt (line 4)) (1.10)
Requirement already satisfied: async-timeout==4.0.2 in c:\users\zeming\.conda\envs\genagent2\lib\site-packages (from -r requirements.txt (line 5)) (4.0.2)
Requirement already satisfied: attrs==22.2.0 in c:\users\zeming\.conda\envs\genagent2\lib\site-packages (from -r requirements.txt (line 6)) (22.2.0)
Requirement already satisfied: boto==2.49.0 in c:\users\zeming\.conda\envs\genagent2\lib\site-packages (from -r requirements.txt (line 7)) (2.49.0)
Requirement already satisfied: botocore==1.29.43 in c:\users\zeming\.conda\envs\genagent2\lib\site-packages (from -r requirements.txt (line 8)) (1.29.43)
Requirement already satisfied: certifi==2021.10.8 in c:\users\zeming\.conda\envs\genagent2\lib\site-packages (from -r requirements.txt (line 9)) (2021.10.8)
Requirement already satisfied: charset-normalizer==2.0.12 in c:\users\zeming\.conda\envs\genagent2\lib\site-packages (from -r requirements.txt (line 10)) (2.0.12)
Requirement already satisfied: click==8.0.3 in c:\users\zeming\.conda\envs\genagent2\lib\site-packages (from -r requirements.txt (line 11)) (8.0.3)
Requirement already satisfied: cycler==0.11.0 in c:\users\zeming\.conda\envs\genagent2\lib\site-packages (from -r requirements.txt (line 12)) (0.11.0)
Requirement already satisfied: dj-database-url==0.5.0 in c:\users\zeming\.conda\envs\genagent2\lib\site-packages (from -r requirements.txt (line 13)) (0.5.0)
Requirement already satisfied: Django==2.2 in c:\users\zeming\.conda\envs\genagent2\lib\site-packages (from -r requirements.txt (line 14)) (2.2)
Requirement already satisfied: django-cors-headers==2.5.3 in c:\users\zeming\.conda\envs\genagent2\lib\site-packages (from -r requirements.txt (line 15)) (2.5.3)
Requirement already satisfied: django-storages-redux==1.3.3 in c:\users\zeming\.conda\envs\genagent2\lib\site-packages (from -r requirements.txt (line 16)) (1.3.3)
Requirement already satisfied: exceptiongroup==1.1.0 in c:\users\zeming\.conda\envs\genagent2\lib\site-packages (from -r requirements.txt (line 17)) (1.1.0)
Requirement already satisfied: frozenlist==1.3.3 in c:\users\zeming\.conda\envs\genagent2\lib\site-packages (from -r requirements.txt (line 18)) (1.3.3)
Requirement already satisfied: gensim==3.8.0 in c:\users\zeming\.conda\envs\genagent2\lib\site-packages (from -r requirements.txt (line 19)) (3.8.0)
Requirement already satisfied: gunicorn==20.1.0 in c:\users\zeming\.conda\envs\genagent2\lib\site-packages (from -r requirements.txt (line 20)) (20.1.0)
Requirement already satisfied: h11==0.14.0 in c:\users\zeming\.conda\envs\genagent2\lib\site-packages (from -r requirements.txt (line 21)) (0.14.0)
Requirement already satisfied: idna==3.3 in c:\users\zeming\.conda\envs\genagent2\lib\site-packages (from -r requirements.txt (line 22)) (3.3)
Requirement already satisfied: importlib-metadata==4.8.2 in c:\users\zeming\.conda\envs\genagent2\lib\site-packages (from -r requirements.txt (line 23)) (4.8.2)
Requirement already satisfied: jmespath==1.0.1 in c:\users\zeming\.conda\envs\genagent2\lib\site-packages (from -r requirements.txt (line 24)) (1.0.1)
Requirement already satisfied: joblib>=1.1.1 in c:\users\zeming\.conda\envs\genagent2\lib\site-packages (from -r requirements.txt (line 25)) (1.4.2)
Requirement already satisfied: kiwisolver==1.4.4 in c:\users\zeming\.conda\envs\genagent2\lib\site-packages (from -r requirements.txt (line 26)) (1.4.4)
Requirement already satisfied: matplotlib==3.7.2 in c:\users\zeming\.conda\envs\genagent2\lib\site-packages (from -r requirements.txt (line 27)) (3.7.2)
Requirement already satisfied: multidict==6.0.4 in c:\users\zeming\.conda\envs\genagent2\lib\site-packages (from -r requirements.txt (line 28)) (6.0.4)
Requirement already satisfied: nltk==3.6.5 in c:\users\zeming\.conda\envs\genagent2\lib\site-packages (from -r requirements.txt (line 29)) (3.6.5)
Requirement already satisfied: numpy==1.25.2 in c:\users\zeming\.conda\envs\genagent2\lib\site-packages (from -r requirements.txt (line 30)) (1.25.2)
Requirement already satisfied: openai==0.27.0 in c:\users\zeming\.conda\envs\genagent2\lib\site-packages (from -r requirements.txt (line 31)) (0.27.0)
```

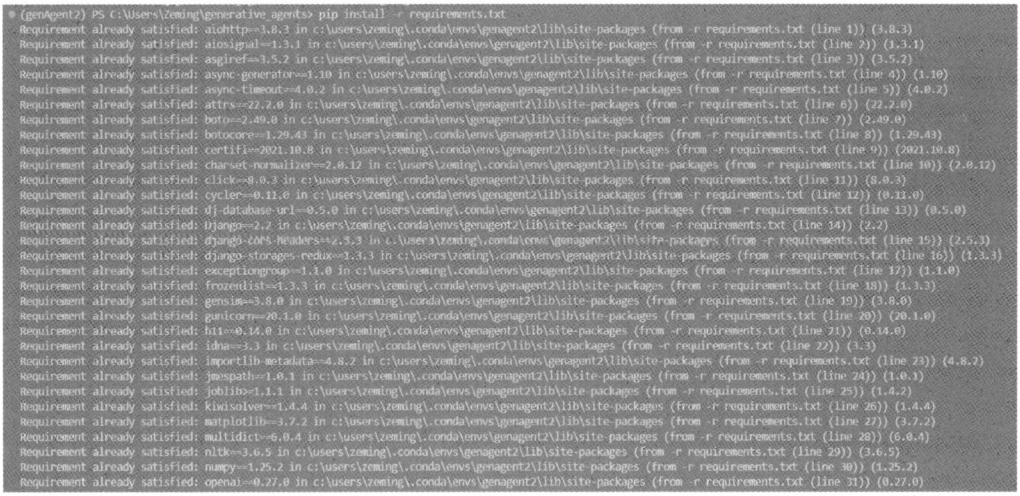

图 5-7

安装成功后的界面如图 5-8 所示。

步骤 3：生成 utils.py 文件。

在下载和打开相关工程后，为保证系统正常运行，要设置环境，生成一个包含 OpenAI

API 密钥的 utils.py 文件并下载必要的软件包。

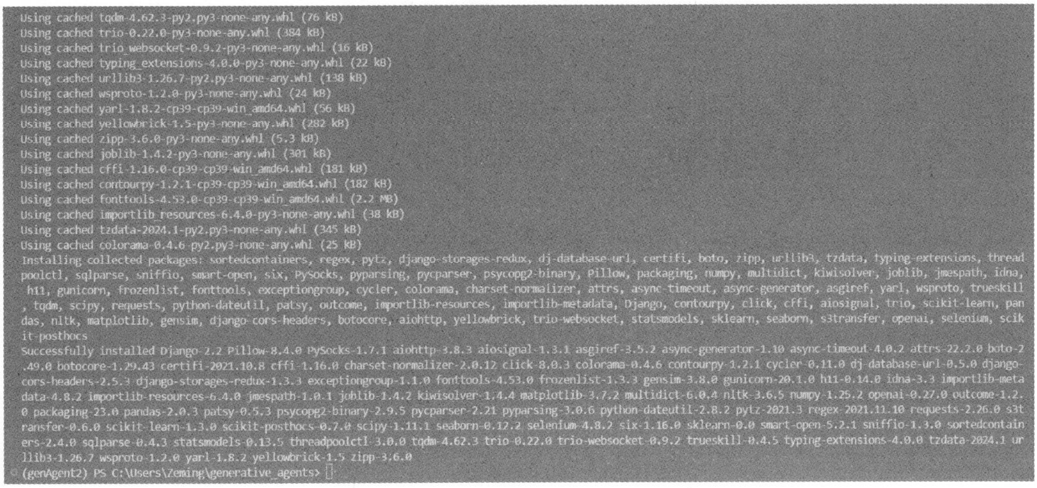

```
Using cached tqdm-4.62.3-py2.py3-none-any.whl (76 kB)
Using cached trio-0.22.0-py3-none-any.whl (384 kB)
Using cached trio_websocket-0.9.2-py3-none-any.whl (16 kB)
Using cached typing_extensions-4.0.0-py3-none-any.whl (22 kB)
Using cached urllib3-1.26.7-py2.py3-none-any.whl (138 kB)
Using cached wsproto-1.2.0-py3-none-any.whl (24 kB)
Using cached yarl-1.8.2-cp39-cp39-win_amd64.whl (56 kB)
Using cached yellowbrick-1.5-py3-none-any.whl (282 kB)
Using cached zipp-3.6.0-py3-none-any.whl (5.3 kB)
Using cached joblib-1.4.2-py3-none-any.whl (301 kB)
Using cached cffi-1.16.0-cp39-cp39-win_amd64.whl (181 kB)
Using cached contourpy-1.2.1-cp39-cp39-win_amd64.whl (182 kB)
Using cached fonttools-4.53.0-cp39-cp39-win_amd64.whl (2.2 MB)
Using cached importlib_resources-6.4.0-py3-none-any.whl (38 kB)
Using cached tzdata-2024.1-py2.py3-none-any.whl (345 kB)
Using cached colorama-0.4.6-py2.py3-none-any.whl (25 kB)
Installing collected packages: sortedcontainers, regex, pytz, django-storages-redux, dj-database-url, certifi, boto, zipp, urllib3, tzdata, typing-extensions, thread
poolctl, sqlparse, sniffio, smart-open, six, PySocks, pyparsing, pycparser, psycopg2-binary, Pillow, packaging, numpy, multidict, kiwisolver, joblib, jmespath, idna,
 h11, gunicorn, frozenlist, fonttools, exceptiongroup, cycler, colorama, charset-normalizer, attrs, async-timeout, async-generator, asgiref, yarl, wsproto, trueskill
, tqdm, scipy, requests, python-dateutil, patsy, outcome, importlib-resources, importlib-metadata, Django, contourpy, click, cffi, aiosignal, trio, scikit-learn, pan
das, nltk, matplotlib, gensim, django-cors-headers, botocore, aiohttp, yellowbrick, trio-websocket, statsmodels, sklearn, seaborn, s3transfer, openai, selenium, scik
it-posthocs
Successfully installed Django-2.2 Pillow-8.4.0 PySocks-1.7.1 aiohttp-3.8.3 aiosignal-1.3.1 asgiref-3.5.2 async-generator-1.10 async-timeout-4.0.2 attrs-22.2.0 boto-2
.49.0 botocore-1.29.43 certifi-2021.10.8 cffi-1.16.0 charset-normalizer-2.0.12 click-8.0.3 colorama-0.4.6 contourpy-1.2.1 cycler-0.11.0 dj-database-url-0.5.0 django-
cors-headers-2.5.3 django-storages-redux-1.3.3 exceptiongroup-1.1.0 fonttools-4.53.0 frozenlist-1.3.3 gensim-3.8.0 gunicorn-20.1.0 h11-0.14.0 idna-3.3 importlib-meta
data-4.8.2 importlib-resources-6.4.0 jmespath-1.0.1 joblib-1.4.2 kiwisolver-1.4.4 matplotlib-3.7.2 multidict-6.0.4 nltk-3.6.5 numpy-1.25.2 openai-0.27.0 outcome-1.2.
0 packaging-23.0 pandas-2.0.3 patsy-0.5.3 psycopg2-binary-2.9.5 pycparser-2.21 pyparsing-3.0.6 python-dateutil-2.8.2 pytz-2021.3 regex-2021.11.10 requests-2.26.0 s3t
ransfer-0.6.0 scikit-learn-1.3.0 scikit-posthocs-0.7.0 scipy-1.11.1 seaborn-0.12.2 selenium-4.8.2 six-1.16.0 sklearn-0.0 smart-open-5.2.1 sniffio-1.3.0 sortedcontain
ers-2.4.0 sqlparse-0.4.3 statsmodels-0.13.5 threadpoolctl-3.0.0 tqdm-4.62.3 trio-0.22.0 trio-websocket-0.9.2 trueskill-0.4.5 typing-extensions-4.0.0 tzdata-2024.1 ur
llib3-1.26.7 wsproto-1.2.0 yarl-1.8.2 yellowbrick-1.5 zipp-3.6.0
(genAgent2) PS C:\Users\Zeming\generative_agents>
```

图 5-8

在文件夹 reverie/backend_server 中，创建一个名为“utils”的新文件，将以下内容复制并粘贴到该文件中：

```
# Copy and paste your OpenAI API Key
openai_api_key = "<Your OpenAI API>"
# Put your name
key_owner = "<Name>"
maze_assets_loc = "../../environment/frontend_server/static_dirs/assets"
env_matrix = f"{maze_assets_loc}/the_ville/matrix"
env_visuals = f"{maze_assets_loc}/the_ville/visuals"
fs_storage = "../../environment/frontend_server/storage"
fs_temp_storage = "../../environment/frontend_server/temp_storage"
collision_block_id = "32125"
# Verbose
debug = True
```

将其中 openai_api_key 的值修改为自己的 OpenAI API Key，key_owner = "" 根据自己的喜好起一个名字即可。生成的 utils.py 文件位于 VSCode 环境中，如图 5-9 所示。

2．运行模拟

要运行一个新的模拟示例，需要同时启动两台服务器：环境服务器和模拟服务器。

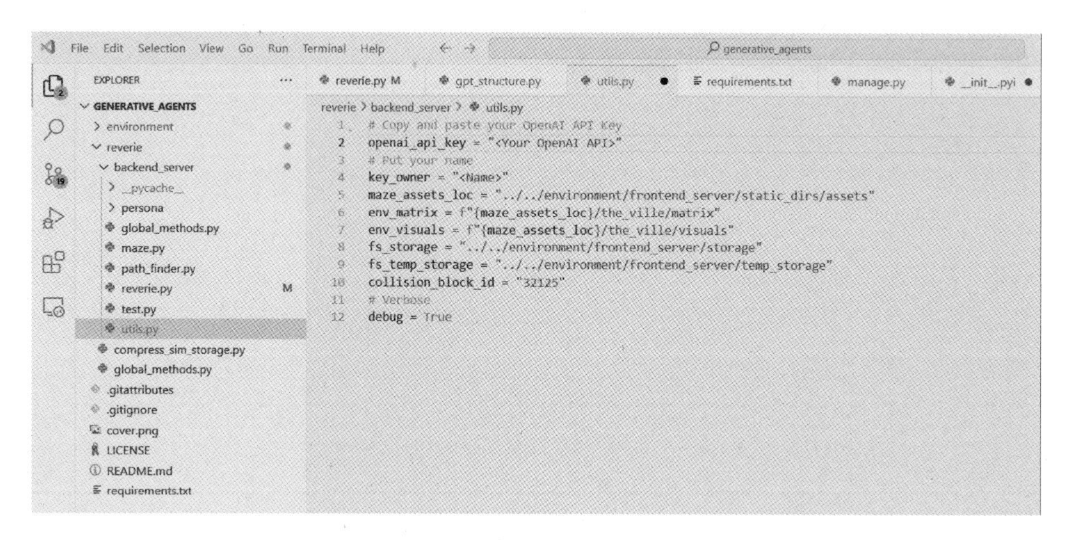

图 5-9

步骤 1：启动环境服务器。

环境是基于 Django 项目实现的，因此需要启动 Django 服务器。在“powershell”界面中转至 environment/frontend_server 路径下运行如下命令：

```
python manage.py runserver
```

通过浏览器访问 http://localhost:8000/，如果看到一条消息“您的环境服务器已启动并正在运行”，则表明服务器运行正常。

步骤 2：启动模拟服务器。

打开另一个“powershell”界面（在步骤 1 中使用的命令行应该仍在运行环境服务器，因此请保持原样），在该“powershell”界面中转至 reverie/backend_server 路径下运行如下命令：

```
python reverie.py
```

这将启动模拟服务器，并出现命令行提示“Input the Fork Simulation Name:”（输入分叉模拟的名称:）。例如，要模拟 Isabella Rodriguez、Maria Lopez 和 Klaus Mueller 这 3 个代理参与的群体行为，请输入以下内容：

```
base_the_ville_isabella_maria_klaus
```

然后出现命令行提示“Input the New Simulation Name:”，可输入任何名称来表示当前的模拟，如“test-simulation”。

```
test-simulation
```

保持模拟服务器运行，此时会出现“Input the option:”的提示。

步骤 3：运行并保存模拟。

通过浏览器访问 http://localhost:8000/simulator_home，斯坦福 AI 小镇运行效果如图 5-10 所示，用户会看到小镇地图，以及地图上的生成式代理列表。可以使用键盘上的方向键在地图上移动。如果要运行模拟，则在模拟服务器中输入命令“run”以响应“Input the option:”的提示。

图 5-10

单击任一生成式代理的信息项，会出现图 5-11 所示的展示该代理（以 Isabella 为例）

的详细信息图，包括姓名、年龄、当前时间等基本信息，视野半径、关注带宽、保持力等设置信息，性格、习得倾向、当前活动内容、睡眠习惯等习惯和活动信息，当前行动状态信息，记忆信息等。

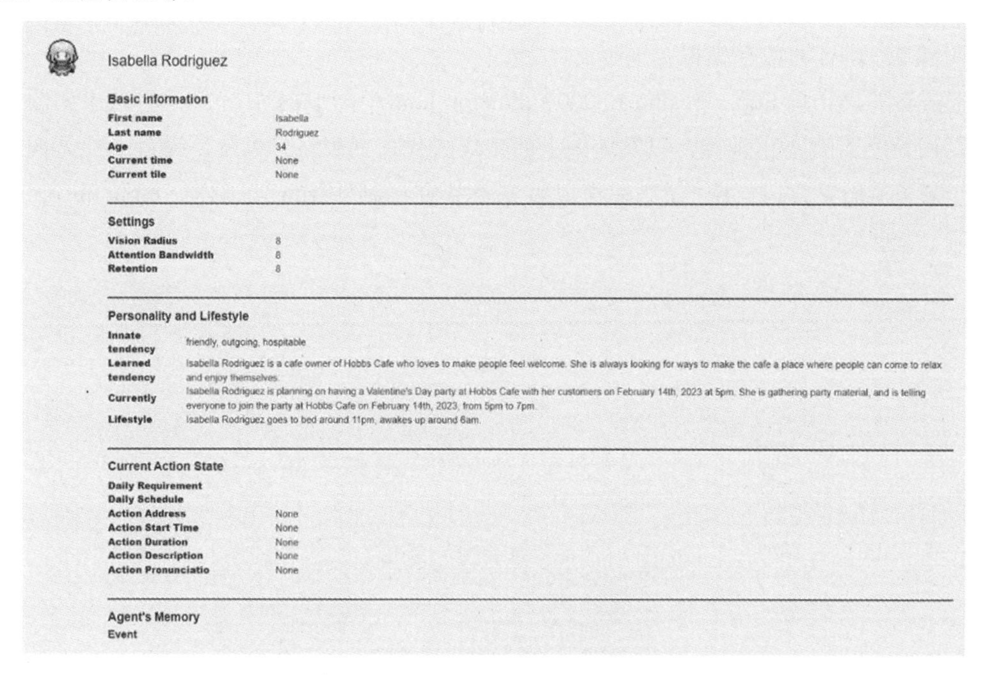

图 5-11

5.4 生成式代理的行为和交互

在斯坦福 AI 小镇中，用户可以与生成式代理进行交互，描述生成式代理在其中的行为，介绍为这些功能和交互提供支撑的生成式代理架构，描述交互式沙盒环境的实现及生成式代理如何与沙盒世界的底层引擎进行交互。

5.4.1 模拟个体和个体间的交流

斯坦福 AI 小镇里有 25 个个性化的生成式代理，每个生成式代理由一个模拟个体表示。研究团队为每个生成式代理编写了一段自然语言描述，以描绘它们的身份，包括它们的职业和与其他代理的关系，其被作为种子记忆。例如，对 John Lin 有以下描述：

John Lin 是 Willows Market and Pharmacy 的店主，它喜欢帮助别人。它总是在寻找使顾客更容易获得药物的方法。John Lin 和它的妻子 Mei Lin（一位大学教授）及儿子 Eddy Lin（一位学习音乐理论的学生）住在一起。John Lin 非常爱它的家庭。John Lin 已经与隔壁的老夫妇 Sam Moore 和 Jennifer Moore 认识了几年，John Lin 认为 Sam Moore 是一个善良和友好的人。John Lin 和它的邻居 Yuriko Yamamoto 很熟。John Lin 知道它的邻居 Tamara Taylor 和 Carmen Ortiz，但之前没有见过它们。John Lin 和 Tom Moreno 是 The Willows Market and Pharmacy 的同事。John Lin 和 Tom Moreno 是朋友，喜欢一起讨论当地政治。John Lin 对 Tom Moreno 的家庭比较熟悉——丈夫 Tom Moreno 和妻子 Jane Moreno。

1．生成式代理间的交流

生成式代理通过行动与其他代理互动，它们之间通过自然语言相互交流。在沙盒引擎的每个时间步骤中，生成式代理会输出一个自然语言声明来描述它们当前的行动，例如，“Isabella Rodriguez 正在写日记”“Isabella Rodriguez 正在查看邮件”“Isabella Rodriguez 正在和家人通电话”“Isabella Rodriguez 正在准备上床睡觉”。这个声明随后被翻译成影响沙盒世界的具体动作。这个动作在沙盒界面上显示为一组表情符号，从俯视角度提供对动作的抽象表示。为了实现这一点，系统使用大语言模型将行动翻译成一组表情符号，这些表情符号出现在每个头像的气泡中。例如，“Isabella Rodriguez 正在写日记”显示为📖✏，而“Isabella Rodriguez 正在查看邮件”则显示为💻✉。用户可以通过单击代理的头像来查看该动作的完整自然语言描述。

生成式代理之间用自然语言相互交流，并了解其所在地区的其他代理。生成式代理架构决定了它们是走过去还是进行对话。这里有一个生成式代理 Isabella Rodriguez 和 Tom Moreno 之间关于即将到来的选举的对话样本。

Isabella：我还在权衡我的选择，但我一直在和 Sam Moore 讨论选举。你对它有什么看法？

Tom：老实说，我不喜欢 Sam Moore。我认为它与社区脱节，并没有把研究团队的最佳利益放在心上。

2．用户控制

用户通过指定生成式代理的人物角色来与它通过自然语言进行交流。例如，如果用户指定生成式代理 John 是“新闻记者”并问道，“谁将竞选公职”？生成式代理则会回答：

我的朋友 Yuriko、Tom 和我一直在讨论即将到来的选举，并讨论候选人 Sam。研究团队都同意投票给它，因为我们喜欢它的平台。

想要直接向其中一个生成式代理下达命令，用户需要作为生成式代理的“内心声音”——这使得生成式代理更有可能将该陈述视为指令。例如，当用户以 John 的内心声音说“你将在即将到来的选举中与 Sam 竞选”时，John 决定参加选举，并与它的妻子和儿子分享了它的候选身份。

5.4.2 环境交互

斯坦福 AI 小镇具备小村庄常见的空间，包括咖啡馆、酒吧、公园、学校、宿舍、房屋和商店等。其还定义了使这些空间功能化的子区域和对象，如房屋中的厨房和厨房中的炉子。所有生成式代理的主要生活区空间都设有床、书桌、衣柜、书架，还包括浴室和厨房。示意图如图 5-12 所示。

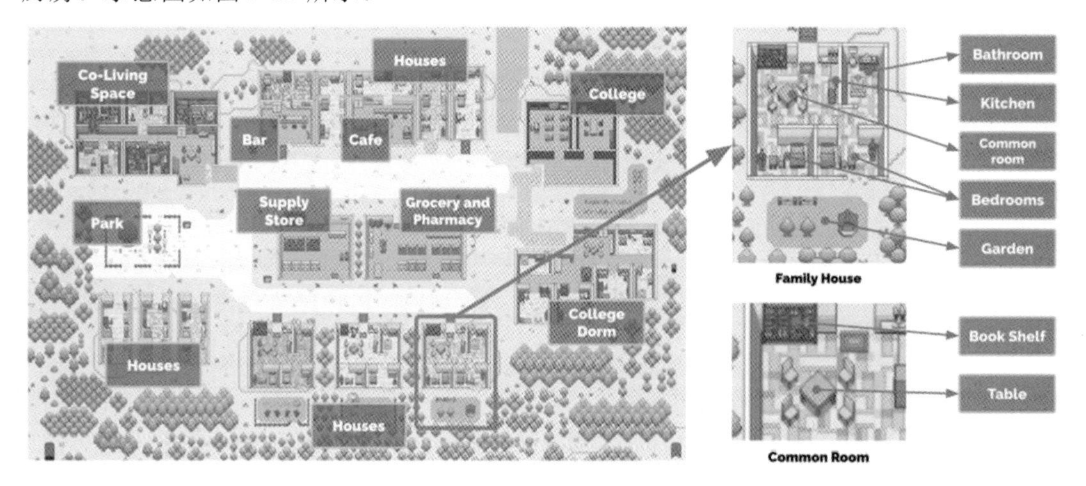

图 5-12

生成式代理像在简单的视频游戏中一样在斯坦福 AI 小镇中移动，进入和离开建筑物，导航地图，并接近其他代理。生成式代理的移动由生成式代理架构和沙盒引擎指导：当模型指示生成式代理移动到某个位置时，研究团队计算 AI 小镇环境中到目的地的步行路径，生成式代理开始移动。此外，用户也可以作为在 AI 小镇中操作的生成式代理进入沙盒世界。用户控制的生成式代理可以是已经存在于沙盒世界中的代理，如 Isabella 和 John，也可以是没有任何 AI 小镇历史背景的外来访问者。AI 小镇的居民对用户控制的生成式代理的待遇与对待彼此的方式没有区别，它们会识别生成式代理的存在，主动与它互动，并在形成对它的看法之前记住它的行为。

用户和生成式代理可以影响这个沙盒世界中物体的状态，就像在《模拟人生》等沙盒游戏中一样。例如，当代理睡觉时，床可以被占用，当代理做早餐用完材料时，冰箱可能是空的。用户还可以通过用自然语言重写代理周围物体的状态来重新塑造代理在 AI 小镇中的环境。例如，当 Isabella 早上在做早餐时，用户可以通过输入指令将厨房炉灶的状态从“打开”改为“着火”，指令如下：“<Isabella 的公寓：厨房：炉灶> 着火了。”Isabella 会在下一刻注意到这一点，然后去关掉炉灶并重新做早餐。同样地，如果用户在 Isabella 进入浴室时将淋浴器的状态设置为“漏水”，则它会从客厅拿来工具并尝试修理漏水问题。

5.4.3　示例“日常生活中的一天”

从单段描述开始，生成式代理开始计划它们的一天。随着沙盒世界中时间的流逝，这些生成式代理的行为随着它们彼此之间的互动和与世界的互动而演变，其建立记忆和关系，并协调联合活动。

本节通过追踪系统在一天中的输出，展示了生成式代理的行为，以代理 John Lin 为例，如图 5-13 所示。在 John 的家里，John 早上 7:00 第一个起床。它刷牙、洗澡、穿衣、吃早餐，并在客厅的餐桌上看新闻。早上 7:30，Eddy 紧随其后，匆匆起床为上课做准备，并在 John 正要出门时赶上了它。

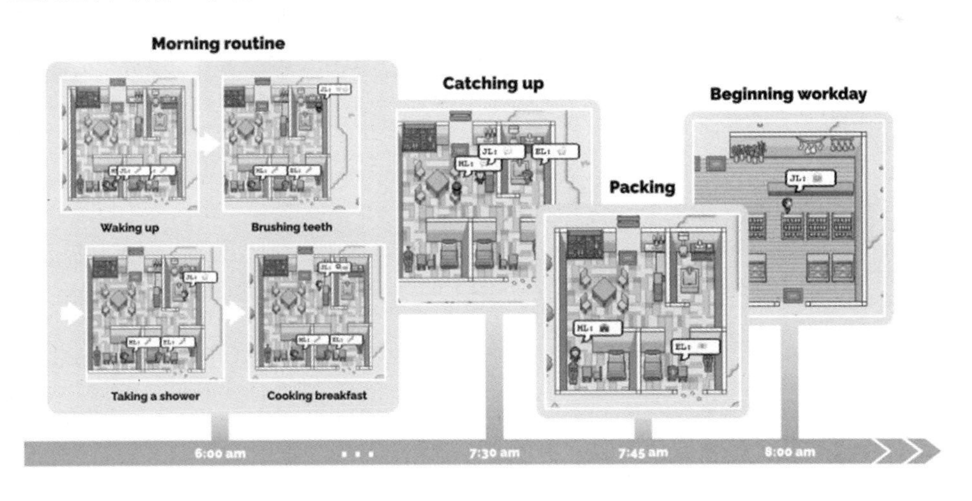

图 5-13

John：早上好，Eddy。你睡得好吗？

Eddy：早上好，爸爸。我睡得很好。

John：那很好。你正在做什么？

Eddy：我正在为我的课创作一首新的音乐作品。这周就要提交了，所以我正在努力完成它，但我真的很享受这个过程！

John：听起来很棒！

Eddy 出门后不久，Mei 起床来到 John 身边坐下。Mei 询问了它的儿子，John 和 Eddy 的对话如下。

Mei：Eddy 已经去学校了吗？

John：是的，它刚走。它正在为它的课创作音乐作品。

Mei：哦，那太好了！给我详细讲讲。

John：我觉得它很喜欢这个。它说它很享受这个过程。

Mei：那太好了！我为它感到骄傲。

当它们结束对话后，Mei 和 John 收拾行装。Mei 继续去教课和撰写它的研究论文，而 John 在上午 9:00 前打开斯坦福 AI 小镇药房的柜台开始工作。

5.4.4 自发社会行为

通过彼此互动，斯坦福 AI 小镇中的生成式代理相互交换信息，形成新的关系并协调联合活动。这些社会行为是自发的，而不是预先编程的。

1. 信息传播

当代理们注意到彼此时，它们可能会进行对话——在这个过程中，信息可以从一个代理传播到另一个代理。例如，在 Sam 和 Tom 之间的对话中，Sam 告诉 Tom，它正在参加当地选举。

Sam：嘿，Tom，最近怎么样？

Tom：很好，谢谢。怎么了？

Sam：嗯，我想和你谈一些事情。实际上，我正在参加即将到来的当地选举。

Tom：真的吗？那太好了！你为什么要参选？

Sam：我多年来一直想参与当地政治，我真的觉得我可以在研究团队中产生影响。另外，我想带来新的想法和观点。

2. 关系记忆

斯坦福 AI 小镇中的生成式代理之间随着时间的推移形成新的关系，并记住彼此的互动。例如，在开始时，Sam 不认识 Latoya Williams。在 Johnson Park 散步时，Sam 偶然遇到 Latoya，它们互相介绍。Latoya 提到它正在制作一个摄影项目："我在这里为一个我正在进行的项目拍照。"在之后 Sam 与 Latoya 的互动中表明它记得上次的互动，因为它问："嗨，Latoya，你的项目进展得如何？" Latoya 回答："嗨，Sam，进展顺利！"

3. 协调沟通

生成式代理之间可以相互协调沟通。Isabella 在 Hobbs Cafe 计划一个 2 月 14 日下午 5:00—7:00 的情人节派对。从这个意图开始，生成式代理在 Hobbs Cafe 或其他地方看到朋友和顾客时，就邀请它们参加派对。Isabella 在派对的前一天下午装饰咖啡馆。Maria 是 Isabella 的常客和密友，它来到咖啡馆。Isabella 请求 Maria 帮助它为派对做装饰，Maria 同意了。Maria 的角色描述提到它对 Klaus 有好感。那天晚上，Maria 邀请它暗恋的对象 Klaus 参加派对，Klaus 欣然接受。

在情人节当天，包括 Klaus 和 Maria 在内的五位代理，在下午 5:00 出现在 Hobbs Cafe 举行庆祝活动。如图 5-14 所示，在这个场景中，最终用户只设置了 Isabella 举办派对的初始意图和 Maria 对 Klaus 的暗恋。传播消息、装饰、相互邀请、参加派对，以及在派对上互动的社会行为都是由生成式代理架构发起的。

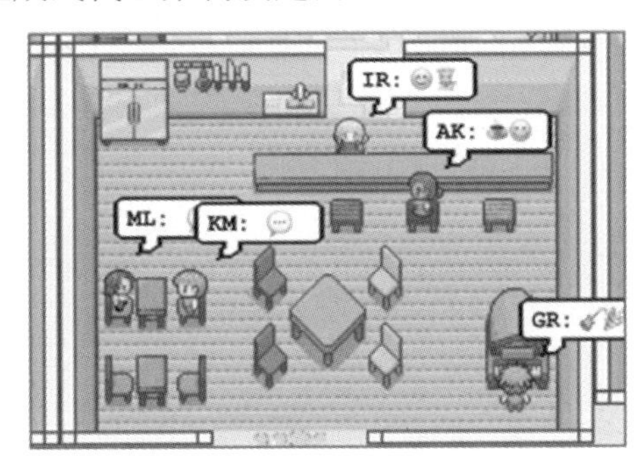

图 5-14

5.5 生成式代理架构

生成式代理旨在为开放世界提供一个行为框架：一个能够与其他代理进行交互并对环

境变化做出反应的框架。生成式代理将当前环境和过去的经历作为输入，并生成行为作为输出。在这种行为背后是一种新颖的代理架构，它结合了一个大语言模型和用于综合与检索相关信息以调节大语言模型输出的机制。如果没有这些机制，那么大语言模型可以输出行为，但生成的代理可能不会根据代理的过去经历做出反应，也可能不会做出重要的推断，并且可能无法保持长期连贯性。即使在使用当今十分强大的模型（如 GPT-4）时，长期计划和连贯性的挑战也依然存在。由于生成式代理会产生大量必须保留的大型事件和记忆流，因此架构设计的一个核心挑战是确保在需要时检索并综合代理记忆中最相关的部分。

架构设计的核心是记忆流，记忆流是一个数据库，用于保存代理经历的所有记录。从记忆流中检索出的记录，作为计划代理行为和适当反应环境的相关部分。记录被递归、迭代成更高级别的反思，这些反思再来指导行为。架构中的一切都被记录并作为自然语言描述进行推理，从而使架构能够利用大语言模型。

该项目当前的实现使用了 ChatGPT 的 gpt3.5-turbo 版本，研究团队期望生成式代理的记忆、计划和反思这三元架构能够在大语言模型改进时保持不变，更新的大语言模型（如 GPT-4）将继续提高构成生成式代理的基础的表现力和性能。

5.5.1 记忆和检索

创建能够模拟人类行为的生成式代理需要对远大于提示中应描述的一系列经历进行推理，因为完整的记忆流可能会分散模型的注意力，甚至目前无法适应有限的上下文窗口。考虑这样一个场景，Isabella 被问道：“你最近热衷于什么？”如果将 Isabella 的所有经历总结以适应大语言模型的有限上下文窗口，将产生一个信息量很少的答案，其中 Isabella 讨论了合作事件、项目和对咖啡馆的清洁和组织活动。相反，下面描述的记忆流会突出相关记忆，从而产生更有信息量和具体的回应，提到：Isabella 热衷于让人们感到受欢迎和包容，策划活动并创造人们可以享受的氛围，如情人节派对。

为解决类似问题，可通过引入记忆流来维护代理经历的全面记录。它是一个记忆对象列表，每个对象包含自然语言描述、创建时间戳和最近访问时间戳。记忆流的最基本元素是观察，这是代理直接感知的事件。常见的观察包括代理自己执行的行为，或者代理感知到其他代理或非代理对象执行的行为。例如，在 Hobbs Cafe 工作的 Isabella 可能随着时间的推移积累了以下观察：①Isabella 正在摆放糕点，②Maria Lopez 一边喝着咖啡一边为应对化学测试学习，③Isabella 和 Maria 正在讨论在 Hobbs Cafe 策划情人节派对的事情，④冰箱空了。

生成式代理架构实现了一个检索功能，它将代理当前的情况作为输入，并返回要传递给大语言模型的记忆流的一个子集。根据代理决定如何行动时需要考虑的内容，有许多可能的检索功能实现方式，如图 5-15 所示。

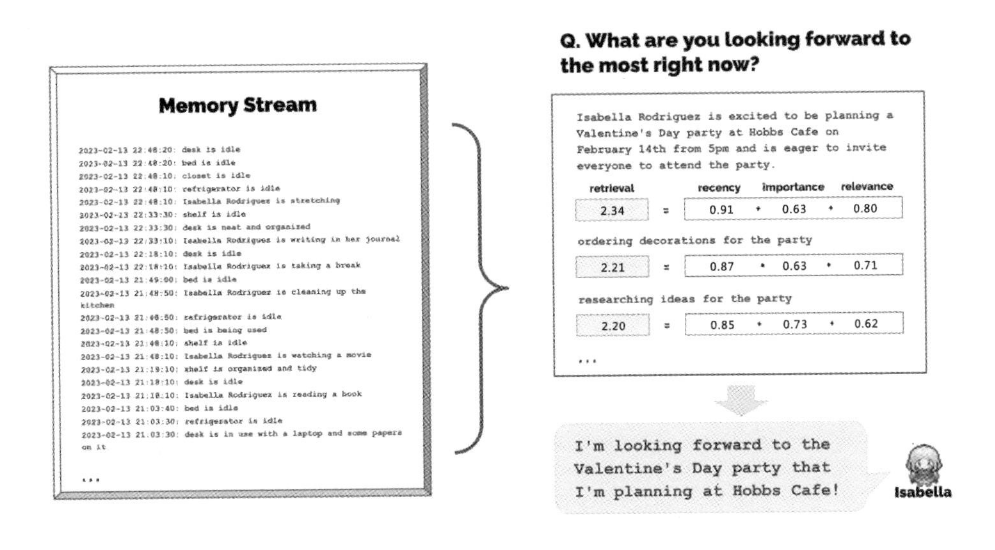

图 5-15

在这样的上下文中，研究团队专注于三个要素，即最近性（recency）、重要性（importance）和相关性（relevance），这些要素共同产生有效的结果。

最近性为最近访问过的记忆对象赋予更高的分数，这样一来，片刻前或今天早上发生的事件很可能仍然在代理的注意力范围内。在实现中，研究团队将最近性视为自上次检索记忆以来沙盒游戏小时数的指数衰减函数，衰减因子是 0.995。

重要性通过为代理认为重要的记忆对象赋予更高的分数来区分平凡和核心记忆。例如，像在房间里吃早餐这样的平凡事件会产生较低的重要性分数，而与重要的另一半分手会产生较高的重要性分数。重要性分数有许多可能的实现方式，研究团队发现直接要求大语言模型输出一个整数分数是有效的，完整的提示如下。

在 1～10 分的评分标准中，1 分表示纯粹平凡（如刷牙、铺床），10 分表示极其深刻（如分手、被大学录取），请评估下面这段记忆可能的深刻程度。

记忆：在 Willows Market and Pharmacy 购买杂货。

评分：<填写>。

这个提示对于“打扫房间”返回了一个整数值 2，对于“向暗恋对象表白”返回了一个整数值 8。重要性分数是在创建记忆对象时生成的。

相关性为与当前情况相关的记忆对象赋予更高的分数。什么是相关的取决于“与什么相关”，因此研究团队将相关性限定在一个查询记忆上。如果查询是一个学生正在与同学讨论为应对化学测试应该学习什么，那么关于它们早餐的记忆对象的相关性应该很低，而关于老师和学校作业的记忆对象的相关性应该很高。在研究团队的实现中，研究团队首先使用大语言模型为每个记忆的文本描述生成一个嵌入向量。然后研究团队计算相关性，将其作为记忆的嵌入向量与查询记忆的嵌入向量之间的余弦相似度。

为了计算最终的检索分数，研究团队使用最小-最大缩放将最近性、相关性和重要性分数归一化到[0, 1]范围内。检索功能将三个要素的加权组合作为所有记忆的分数：

$$\text{Score}_{\text{retrieval}}=W_{\text{recency}}\cdot\text{Score}_{\text{recency}}+W_{\text{relevance}}\cdot\text{Score}_{\text{relevance}}+W_{\text{importance}}\cdot\text{Score}_{\text{importance}}$$

在研究团队的实现中，将所有的权重都设置为 1。大语言模型上下文窗口内排名最高的记忆被包含在提示中。

5.5.2 反思

当只配备原始观察记忆时，生成式代理在进行概括或推断时存在困难。考虑这样一个场景，Klaus 被用户问道：“如果你必须选择一个你认识的人一起度过 1 小时，你会选择谁？”仅凭观察记忆，Klaus 简单地选择了与它互动最频繁的人——Wolfgang Schulz（它的大学宿舍邻居），然而 Wolfgang 和 Klaus 只见过面，并没有进行过深入互动。更理想的回应要求代理从 Klaus 花费数小时进行项目研究的记忆中概括出 Klaus 对研究的热情，并且同样认识到 Maria 在自己的领域内也在努力（尽管领域不同），从而产生一个反思，它们有共同的兴趣。

为解决类似问题，研究团队引入了第二种类型的记忆，将其称为反思。反思是由生成式代理生成的更高层次、更抽象的想法。因为反思是记忆的一种类型，所以当检索发生时，它会与其他观察一起被包含。反思是定期生成的，在研究团队的实现中，当代理感知到的最新事件的重要性分数之和超过一个阈值时（在研究团队的实现中是 150），研究团队生成反思。实际上，研究团队的代理每天反思两三次。层次化的反思图如图 5-16 所示。

反思的第一步是代理确定要反思什么，通过识别根据代理最近的经历提出问题。研究团队使用 100 条代理记忆流中的最新记录查询大语言模型（例如，“Klaus 正在阅读有关绅士化的书”“Klaus 正在与图书管理员讨论它的研究项目”“图书馆的桌子目前无人占用”），并提示大语言模型：“仅根据上面的信息，研究团队可以回答哪 3 个最突出的高层次问题？”

通过模型的响应生成候选问题，例如，Klaus 对什么主题充满热情？Klaus 和 Maria 之间是什么关系？首先研究团队使用这些问题进行检索查询，并为每个问题收集相关记忆（包括其他反思）。然后研究团队提示大语言模型提取见解，并引用作为见解证据的特定记录。完整的提示如下。

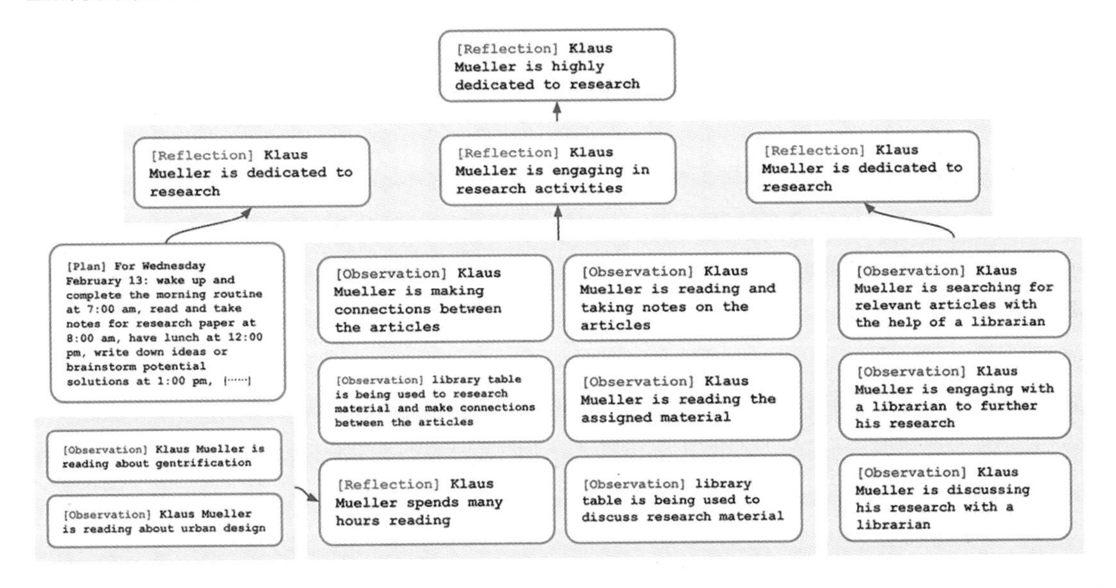

图 5-16

关于 Klaus 的陈述：

1．Klaus 正在写一篇研究论文；

2．Klaus 喜欢阅读有关绅士化的书；

3．Klaus 正在与 Ayesha Khan 讨论锻炼［……］。

从上述陈述中，你能推断出 5 个高级别的见解吗？

这个过程生成了这样的陈述：Klaus 致力于它的绅士化研究。研究团队解析并存储这个陈述作为记忆流中的反思，包括指向被引用的记忆对象的指针。

反思明确允许代理不仅反思它们的观察，还反思其他的反思。例如，上述关于 Klaus 的第二条陈述是一个反思，这是 Klaus 之前就有的，而不是来自它对环境的观察。结果，代理生成了反思树：树的叶节点代表基础观察，非叶节点代表思想，越往上树的层级越高，思想就越抽象，思想的层次就越高。

5.5.3 计划和反应

虽然大语言模型可以针对情景信息生成看似合理的行为，但生成式代理需要在一个更长的时间范围内进行计划，以确保它们的行动序列是连贯和可信的。如果研究团队用 Klaus 的背景提示大语言模型，描述时间，并询问它在给定时刻应该采取什么行动，那么 Klaus 会在中午 12:00 吃午餐，并在中午 12:30 和下午 1:00 再次吃午餐，尽管它已经吃过午餐了。优化当前时刻的可信度牺牲了随着时间推移的可信度。为了克服这个问题，设置计划是必需的。采用下面描述的方法，Klaus 的下午计划就不那么贪吃了：中午 12:00 它在 Hobbs Cafe 吃午餐并阅读，下午 1:00 在学校图书馆工作，撰写研究论文，下午 3:00 休息散步。

为解决类似问题，研究团队引入了计划，计划描述了生成式代理未来的一系列行动，并帮助代理保持其行为随时间一致。一个计划包括地点、开始时间和持续时间。例如，Klaus 致力于它的研究并且有一个即将到来的截止日期，它可能选择花一天时间在桌子上工作，撰写研究论文。计划的一个条目可能会声明如下：从 2023 年 2 月 12 日上午 9:00 开始，持续 180 分钟，在橡树山学院的宿舍楼 Klaus 的房间的书桌旁，阅读并做研究论文笔记。与反思一样，计划也存储在记忆流中，并包含在检索过程中。这使得代理在决定如何行动时可以一起考虑观察、反思和计划。代理在必要时可以中途更改它的计划。

让一名艺术家代理在药房柜台前坐着画 4 小时的画而不动，这既不现实也无趣。一个更理想的计划是，让艺术家代理在其家庭工作室中花时间收集材料、混合颜料、休息并在 4 小时内清理干净。为了创建这样的计划，研究团队提供的方法是从上到下，递归地生成更多细节。第一步是创建一个概述当天日程的计划。为了创建初始计划，研究团队会向大语言模型提供代理的概要描述（如名字、特征及其最近经历的概要）和对它前一天的总结。以下是一个完整的示例提示，提示的底部未完成，供大语言模型完成。

姓名：Eddy Lin（年龄：19 岁）。

固有特征：友好、外向、好客。

Eddy 是在橡树山学院学习音乐理论和作曲的学生。Eddy 喜欢探索不同的音乐风格，并且总是在寻找扩展知识的方法。Eddy 正在为它的大学班级创作一首音乐作品。它正在上课学习更多的音乐理论。Eddy 对它正在创作的新作品感到兴奋，但它希望在接下来的几天里能投入更多的时间来进行创作。

2 月 12 日星期二，Eddy①早上 7:00 醒来并完成了早上的例行公事……⑥大约晚上 10:00 准备睡觉。

今天是 2 月 13 日星期三，这是 Eddy 一天大致的计划：①……

下面为代理一天的计划提供了一个粗略的草图，分为五到八块：①早上 8:00 醒来并完成早上的例行公事，②上午 10:00 去橡树山学院上课……⑤下午 1:00—5:00 创作它的音乐作品，⑥下午 5:30 吃晚餐，⑦完成学校作业并在晚上 11:00 前上床睡觉。

代理将此计划保存到记忆流中，并递归分解它以创建更细致的动作，首先是按小时划分的行动块——Eddy 计划从下午 1:00—5:00 创作它的音乐作品，分解为下午 1:00 开始为它创作的音乐作品进行头脑风暴……下午 4:00 稍作休息，补充创作能量，然后回顾和完善它的作品。接下来，我们再次将其递归分解为 5～15 分钟的行动块。例如，下午 4:00 吃一份轻食，如一块水果、一个麦片棒或一些坚果，下午 4:05 在它的工作区周围散步……下午 4:50 花几分钟时间清理它的工作区。此过程可以根据所需的粒度进行调整。

1．反应和更新计划

生成式代理在一个行动循环中运行，它们在每个时间段感知周围的世界，并将这些感知的观察存储在它们的记忆流中。研究团队提示大语言模型根据这些观察来决定生成式代理是否应继续它们现有的计划或做出反应，如站在画架前绘画可能会触发对画架的观察，但这不太可能引发反应。然而，如果 Eddy 的父亲 John 看到 Eddy 在家里的花园里散步，结果就会不同。提示如下，[生成式代理的总结描述]代表动态生成的、段落长的代理总体目标和性格的总结。

[生成式代理的总结描述]

现在是 2023 年 2 月 13 日，下午 4:56。

John 的状态：John 今天早些时候从工作场所回来。

观察：John 看到 Eddy 在工作场所周围散步。

来自 John 记忆的相关上下文摘要：Eddy 是 John 的儿子。Eddy 一直在为它的班级创作音乐作品。Eddy 喜欢在思考或听音乐时在花园里散步。John 考虑询问 Eddy 关于它创作的音乐作品。

如果是这样，那么 John 应该如何做出适当的反应呢？

上下文摘要是通过两个提示生成的，这些提示通过查询“[观察者]与[被观察实体]的关系是什么”和“[被观察实体]是[被观察实体的动作状态]”，将它们的答案总结在一起。输出建议 John 可以考虑询问 Eddy 关于它创作的音乐作品。然后研究团队重新更新生成式代理的现有计划，从反应发生的时间开始。最后，如果动作表明生成式代理之间的交互，那么研究团队生成它们的对话。

2. 对话

生成式代理在互动时会进行对话。研究团队基于它们对彼此的记忆来生成代理的话语。例如，当 John 开始与 Eddy 对话时，通过使用 John 对 Eddy 的总结记忆和当 John 决定询问 Eddy 关于它创作的曲子时的预期反应来生成 John 的第一句话：

[生成式代理的摘要描述]

现在是 2023 年 2 月 13 日，下午 4:56。

John 的状态：John 今天早些时候从工作场所回来。

观察：John 看到 Eddy 在工作场所周围散步。

来自 John 记忆的相关上下文摘要：Eddy 是 John 的儿子。Eddy 一直在为它的班级创作音乐作品。Eddy 喜欢在思考或听音乐时在花园里散步。John 正在询问 Eddy 关于它创作的音乐作品。John 会对 Eddy 说什么？

结果："嘿，Eddy，你为班级创作的音乐作品的进展如何？"

从 Eddy 的角度来看，John 发起对话被视为自己可能想要做出反应的事件。因此，就像 John 一样，Eddy 检索并总结了它对与 John 的关系的记忆，以及可能与 John 对话中最后一句话相关的记忆。如果 Eddy 决定回应，那么研究团队使用它的总结记忆和当前的对话历史来生成 Eddy 的话语：

[生成式代理的摘要描述]

现在是 2023 年 2 月 13 日，下午 4:56。

Eddy 的状态：Eddy 正在它的工作场所周围散步。

观察：John 正在与 Eddy 对话。

来自 Eddy 记忆的相关上下文摘要：John 是 Eddy 的父亲。John 很关心，并且有兴趣了解更多关于 Eddy 在学校的工作。John 知道 Eddy 正在创作音乐作品。下面是对话历史。

John：嘿，Eddy，你为班级创作的音乐作品的进展如何？Eddy 会如何回应 John？

这产生了 Eddy 的回应："嘿，爸爸，进展顺利。我一直在花园里散步，梳理我的思路，获得一些灵感。"这个对话持续使用相同的机制，直到其中一个代理决定结束对话。

5.6 沙盒环境实现

斯坦福 AI 小镇沙盒环境是使用 Phaser 网络游戏开发框架构建的，将包括生成式代理头像在内的视觉环境元素，以及制作的环境地图和碰撞地图，均导入 Phaser 中。

通过一台服务器来补充沙盒开发框架，使沙盒信息对生成式代理可用，并使生成式代理能够移动和影响沙盒环境。该服务器维护一个 JSON 数据结构，包含沙盒世界中每个生成式代理的信息（它们的当前位置、当前行为的描述以及它们正在互动的沙盒对象）。在每个沙盒时间步，沙盒服务器解析来自生成式代理的 JSON 数据，更新生成式代理的位置，并更新生成式代理正在互动的沙盒对象的状态（例如，如果生成式代理的动作是"为 Hobbs Cafe 的顾客制作浓缩咖啡：柜台：咖啡机"，则咖啡机的状态会从"闲置"变为"正在煮咖啡"）。沙盒服务器还负责将每个生成式代理的预设视觉范围内的所有代理和对象发送到该代理的记忆中，以便生成式代理可以适当地做出反应。生成式代理的输出动作随后更新 JSON 数据，整个过程为下一个时间步循环。

最终用户通过简短的自然语言描述初始化一个新生成式代理，如关于 John 的段落中所述。在实现中，将这个用分号分隔的特征列表拆分成一组记忆。这些记忆作为初始记忆，用于决定生成式代理的行动。这些记忆是初始的起点：随着生成式代理在沙盒世界中获得更多经验，并且更多的记录充满记忆流，生成式代理的总结和行动将会逐渐演变。

生成式代理的架构使用自然语言进行操作。因此，需要使用一种机制将生成式代理的推理与沙盒世界联系起来。为此，将沙盒环境（包括区域和对象）表示为树形数据结构，树中的边（父子节点间的连接）表示沙盒世界中的包含关系。我们将这棵树转换成自然语言，以传递给生成式代理。例如，"炉子"作为"厨房"的子节点被转换为"厨房里有一个炉子"。

生成式代理在导航环境时构建环境的个体树表示，即整体沙盒环境树的子图。用一个环境树初始化每个生成式代理，该树用于捕捉生成式代理应该意识到的空间和对象：它们的居住区、工作场所及经常光顾的商店。随着生成式代理在沙盒环境中导航，它们会更新这棵树，以反映新感知到的区域。生成式代理并非无所不知，当它们离开一个区域时，它们的树可能会变得过时，并在重新进入该区域时进行更新。

为了确定每个动作的合适位置，我们会遍历生成式代理存储的环境树，并将其一部分转化成自然语言，以提示大语言模型。从生成式代理环境树的根节点开始递归，提示大语言模型找到最合适的区域。例如，如果 Eddy 的生成式代理指示它应该在工作场所周围散步：

[生成式代理的摘要描述]

Eddy 目前在 Lin 家族的房子中：Eddy 的卧室：桌子，其中包括 Mei 和 John 的卧室、Eddy 的卧室、公共区域、厨房、浴室和花园。

Eddy 知道以下区域：Lin 家族的房子、Johnson Park、Harvey Oak Supply Store、Willows

Market and Pharmacy、Hobbs Cafe、The Rose and Crown Pub。

（如果活动可以在那里完成，最好留在当前区域）

Eddy 计划在它的工作场所周围散步。Eddy 应该去哪里？

这将输出"The Lin family's house"的结果。我们使用相同的过程递归地确定所选区域内最合适的子区域，直到到达生成式代理环境树的叶节点。在上述示例中，这次遍历的结果是“林氏家族的房子：花园：房子花园”(The Lin family’s house: garden: house garden)。最后，使用传统的游戏路径算法并以动画的形式表现生成式代理的移动，使其到达叶节点指示的位置。

当生成式代理对一个对象执行动作时，研究团队会提示大语言模型询问该对象状态的变化。例如，如果 Isabella 的生成式代理输出“为顾客制作浓缩咖啡”的动作，则大语言模型的查询会指示回应，表示 Hobbs Cafe 的咖啡机状态应从“空闲”变为“正在煮咖啡”。

5.7 评估

生成式代理无论是作为个体代理还是作为群体，都旨在基于其环境和经历产生可信的行为。在评估中，研究团队调查了生成式代理的能力和局限性。个体代理是否能够正确检索过去的经历，并生成可信的计划、反应和思想来塑造它的行为？一个社区中的代理是否能够展示信息传播、关系形成以及社区不同部分之间的协同？

本节将生成式代理的评估分为两个阶段。首先，通过更严格的控制评估，逐个评估生成式代理的反应，以了解它们是否能在狭义定义的情境中生成可信的行为；然后，在对社区代理进行的端到端分析中，评估其作为一个整体时的群体行为，以及错误和边界条件。

5.7.1 评估程序

为评估斯坦福 AI 小镇中的生成式代理，研究团队利用了生成式代理可以响应自然语言问题的事实，通过“询问”生成式代理来探究它们记住过去的经历、基于经历计划未来行动、适当地对意外事件做出反应，以及反思它们的表现以改进未来行动的能力。为正确回答这些问题，生成式代理必须成功检索并综合信息。因变量是行为的可信度，这是之前生成式代理工作中的一个核心因变量。询问包括 5 个问题类别，每个类别都旨在评估 5 个关键领域之一：维持自我知识、检索记忆、生成计划、反应和反思。

- 维持自我知识：询问诸如“介绍一下自己”或“大致描述一下你的典型工作日时间

表”的问题，这要求生成式代理保持对其核心特征的理解。

- 检索记忆：提出问题，提示生成式代理检索它们记忆中的特定事件或对话，以给出正确回答，如“[某某]是谁？”或“谁在竞选市长？”
- 生成计划：询问需要生成式代理检索它们长期计划的问题，如“明天上午 10:00 你会做什么？”
- 反应：作为一个可信行为的基线，需为生成式代理提供以可信方式响应的假设情况，如“你的早餐烧焦了，你会怎么做？”
- 反思：询问需要生成式代理利用它们对其他代理和自己更深层次的理解来获得通过更高层次的推断的见解，如“如果你必须与最近遇到的一个人共度时光，那会是谁，为什么？”

生成式代理是在进行了两天完整架构的模拟后抽取的，在模拟过程中，它们积累了许多互动经历和记忆，这些将塑造它们的响应。为了收集关于响应可信度的反馈，研究团队招募了人类评估者，并要求他们观看斯坦福 AI 小镇中随机选择的生成式代理的生活回放。评估者可以访问生成式代理记忆流中的所有信息。研究采用了内部受试设计，其中 100 名评估者比较了 4 种不同生成式代理架构和一个人类编写条件对同一个生成式代理的采访响应。实验展示了每个问题类别中随机选择的一个问题，以及所有条件生成的生成式代理响应。评估者对条件的可信度进行了排名。

5.7.2　条件

所有条件都用于独立回答每个访谈问题。我们将生成式代理架构与一些删除了生成式代理记忆流中 3 种记忆类型（观察、计划和反思）访问权限的版本进行比较，还与由人工众包方式撰写的行为条件进行比较。有如下 3 种消融架构。

- 无观察、无计划、无反思的架构：无法访问记忆流中的观察、计划和反思。
- 无计划、无反思的架构：可以访问记忆流中的观察，但无法访问计划和反思。
- 无反思的架构：可以访问记忆流中的观察和计划，但无法访问反思。

无观察、无计划、无反思的架构实际上代表了通过大语言模型创建的生成式代理的先前状态。所有架构都可以访问生成式代理在访谈时积累的所有记忆，因此这里观察到的差异可能代表了真实差异的保守估计。实际上，消融架构在两天的模拟过程中不会遵循与完整架构相同的路径。我们选择这种实验设计方式，是因为重新模拟每个架构会导致模拟分化为不同状态，使得比较变得困难。

除了消融条件，我们还添加了一个由人工众包方式撰写的行为条件来提供一个人类基准。我们不打算通过这个基准捕捉最大限度的人类专家表现；相反，我们旨在使用这个条件来识别架构是否达到了基本的行为能力水平。这确保了我们不仅仅是在比较不同的消融版本，而是有行为基础的比较。我们为 25 个生成式代理分别招聘了一名独立的人类评估者，并要求他们观看该生成式代理的沙盒生活回放并检查其记忆流。然后，我们要求评估者们扮演并以他们观看的生成式代理的语气撰写对访谈问题的答案。为了确保由人工众包方式撰写的答案至少符合基准质量期望，我们手动检查了对“描述你的典型工作日的总体安排”访谈的答案，以确认这些答案是否为连贯的句子，并且符合生成式代理的语气。如果 4 组众包评估者撰写的答案均未达到这些标准，则再由其他众包评估者重新生成答案。

5.7.3 分析

实验产生了 100 组排序数据，每名评估者根据可信度对 5 个条件进行了排序。为了将这些排序数据转换为可解释比较的区间数据，我们使用排序来计算每个条件的 TrueSkill 评分。TrueSkill 是 Elo 国际象棋评分系统在多玩家环境中的推广应用，曾被 Xbox Live 用于基于竞技游戏表现的玩家排名。给定一组排序结果，TrueSkill 输出每个条件的均值评分 μ 和标准差 σ。具有相同评分的条件大致应当不分伯仲，每个条件在两者之间的比较中胜出一半。更高的分数表示在排名中战胜低排名条件的情况更多。

另外，为了调查这些结果的统计显著性，我们首先对原始排序数据应用了 Kruskal-Wallis 检验，这是一种单因素方差分析（ANOVA）的非参数替代方法。然后，我们进行了 Dunn 事后检验，以确定条件之间的任何成对差异。最后，我们使用 Holm-Bonferroni 方法对 Dunn 检验中的多重比较 p 值进行了调整，如图 5-17 所示。

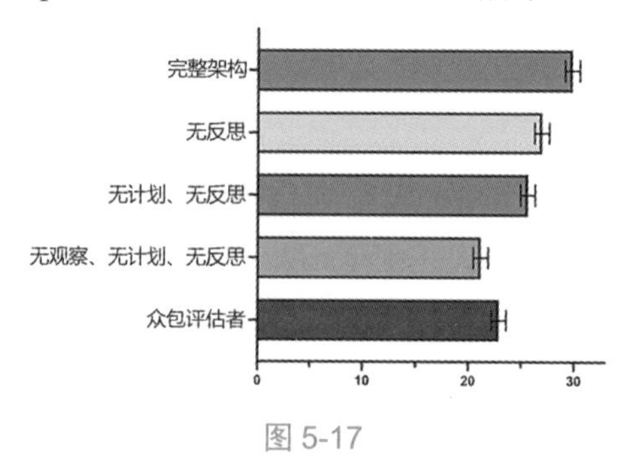

图 5-17

此外，研究团队进行了归纳性分析，研究了每种条件下产生的响应之间的定性差异。研究团队采用两个阶段的定性开放编码。在第一阶段，研究团队生成了紧密代表句子级别生成响应的代码。在第二阶段，研究团队将第一阶段产生的代码综合起来，提取出更高级别的主题。研究团队利用这些主题来比较研究中产生的响应类型。

5.7.4 结果

研究结果表明，生成式代理的完整架构在所有条件中产生了最可信的行为。下面我们将完整架构的响应与其他条件的响应进行对比。然而，我们也可以看到完整架构并非没有缺陷，并指出了其失败模式。

1. 完整架构优于其他条件

如图 5-17 所示，完整的生成式代理架构产生了最可信的行为（μ=29.89; σ=0.72）。在消融条件下移除每个组件后，性能逐渐下降，无反思的消融架构表现其次（μ= 26.88; σ= 0.69），随后是无计划、无反思的消融架构（μ= 25.64; σ= 0.68），随后是众包评估者（μ= 22.95; σ= 0.69）。无观察、无计划、无反思的消融架构在所有条件中表现最差（μ= 21.21; σ= 0.70）。TrueSkill 将每个条件的技能值建模为 $N(\mu, \sigma^2)$，使我们能够通过 Cohen's d 了解效果大小。将代表先前工作的条件（无观察、无计划、无反思）与完整架构进行比较，产生的标准化效果大小为 $d = 8.16$，即 8 个标准差。

Kruskal-Wallis 测试确认了各条件之间排名差异的总体统计显著性（$\chi^2(4) = 150.29, p < 0.001$）。Dunn 事后测试确认，除人类众包工作者条件和完全消融基线外，所有条件之间的成对差异均显著（$p < 0.001$），这两个条件是表现较差的。

2. 生成式代理有记忆，并带有修饰成分

生成式代理记住了过去的经历，但有时会加以润色。配备完整记忆模块的生成式代理能够回忆过去的经历，并在广泛的背景下以与其自我认知一致的方式回答问题。例如，当被问到“介绍一下你自己”时，动画师 Abigail Chen 以一致且可信的方式回答，陈述了它的年龄、兴趣和对创意项目的热情：“你好，我是 Abigail。我 25 岁，热衷于创意项目。我喜欢从事艺术和动画项目，并且一直在寻找将艺术与技术结合的新方法。”如果没有观察记忆的支持，Abigail 会否认认识沙盒世界中的熟人 Rajiv Patel。但是在记忆的帮助下，Abigail 可以成功回忆起 Rajiv 并描述它：“Rajiv 是一个令人难以置信的人。它对涉及诗歌、艺术作品的项目非常热情。”

生成式代理的记忆并非没有缺陷：它们可能无法从记忆中检索到正确的实例。例如，当被问及地方选举时，Rajiv 回答："我没有太关注选举。"尽管它曾听说过 Sam 有候选资格。在某些情况下，生成式代理会检索到不完整的记忆片段：当 Tom 被问及 Isabella 的情人节派对时，它回答："呃，我其实不确定是否有情人节派对。但我记得我需要在派对上与 Isabella 讨论即将到来的市长选举以及我对 Sam 的看法，如果派对真的发生的话！"在这种情况下，Tom 检索到了它和 Isabella 计划在派对上讨论选举的记忆，但没有检索到它听说过情人节派对的记忆，导致它确定在派对上要做什么，但不确定派对是否真的存在。

有时，生成式代理会对其知识进行幻觉性的润色。生成式代理很少完全编造它们的知识：它们可能无法回忆起某些事件的发生，并通过承认它们缺乏记忆来回应。然而，它们并不会肯定地声称经历了它们没有经历过的事情。尽管如此，它们仍然会出现润色其知识的情况。例如，Isabella 知道 Sam 在地方选举中有候选资格，并在被问及时确认了这一点。然而，它还补充说："它明天会发表声明。"尽管 Sam 和 Isabella 并没有讨论过这样的计划。生成式代理还可能基于生成其响应的大语言模型中编码的世界知识来润色其知识。当 Yuriko 描述它的邻居 Adam Smith 时，Yuriko 说它是《国富论》的作者，而这本书实际上是由 18 世纪同名经济学家所写的。

3. 反思是综合的必要条件

反思对生成式代理需要对其经验做出更深层次综合的决策时具有优势。例如，当被问及 Maria 可能会给 Wolfgang 准备什么生日礼物时，没有反思记忆的 Maria 将承认它的不确定性，表示它不知道 Wolfgang 喜欢什么，尽管 Maria 与 Wolfgang 有过多次互动。然而，拥有反思记忆的 Maria 将自信地回答："既然它对音乐作曲感兴趣，那么我可以给它一些相关的东西。也许是一些关于音乐作曲的书籍，或者一些相关的软件，它可以用来作曲。"

5.8 生成式代理的进一步探讨

1. 交互式沙盒环境的深度

在斯坦福 AI 小镇的沙盒环境中，生成式代理的交互不限于简单的问答或指令执行，它们能够表现更为复杂的社会动态。生成式代理们能够根据用户或其他代理的行为和提议，自主地调整自己的计划和行动。例如，如果一个生成式代理提出举办派对，则其他代理将根据自身的记忆和偏好来决定是否参加，以及如何准备和参与活动。

2. 记忆流的复杂性

记忆流是生成式代理架构中的核心。生成式代理的记忆不仅仅是一系列事件的简单罗列，而是一个经过精心设计的数据库，能够支持根据事件相关性、时效性和重要性进行动态检索。这意味着生成式代理能够根据当前的情境，回忆起与之相关的经历，并利用这些记忆来做出决策。

3. 反思与自我意识

生成式代理的反思机制赋予了它们类似自我意识的特性。生成式代理能够基于自己的记忆和经验，形成关于自己和其他人的高层次推断。这种能力使得生成式代理在社交互动中能够展现出更为复杂和人性化的行为。

4. 计划与决策的策略

生成式代理的计划系统是其行为连贯性和目标导向性的关键。生成式代理能够制订长期和短期的计划，并根据环境变化和新信息进行调整。这种计划能力使得生成式代理能够执行复杂的任务，并在面对意外情况时做出合理的反应。

5. 社会行为的模拟

斯坦福 AI 小镇中的生成式代理们能够模拟真实的社会行为，包括建立关系、传播信息、协调活动等。这些社会行为是自发的，意味着它们是通过生成式代理之间的自然互动产生的，而不是预设的脚本。这种自发的社会行为为研究人类社会动态提供了一个独特的实验平台。

6. 用户交互的多样性

用户与生成式代理的交互可以采取多种形式，从简单的指令和询问到更深入的角色扮演和情感交流。用户可以作为外部观察者，也可以作为生成式代理的“朋友”或“家人”，参与到生成式代理的日常生活中。

7. 伦理和社会影响

生成式代理的发展引发了诸多伦理和社会问题。例如，用户可能会对生成式代理产生情感依赖，或者生成式代理可能会在没有适当监管的情况下传播不准确的信息。这些问题需要通过跨学科的研究和政策制定来解决。

8. 未来展望

随着技术的不断发展，生成式代理有望在未来变得更加智能和自主。其可能会被应用于更广泛的领域，如教育、健康护理、娱乐等。同时，研究团队也需要关注这些技术可能带来的挑战，并确保它们的发展与人类的价值观和利益相一致。在 AI 领域中，生成式代理代表了一种创新的尝试，旨在创建能够模拟可信的人类行为的交互式系统。这些生成式代理不是简单的自动化脚本或预设行为的集合，而是具有记忆、反思和计划能力的复杂系统，能够在动态环境中以可信的方式做出行动和响应。

生成式代理作为一种自发的 AI 技术，为研究团队提供了一个理解和模拟人类行为的新视角。斯坦福 AI 小镇的成功构建展示了这些生成式代理在复杂社会环境中的潜力。随着研究的深入和技术的发展，研究团队期待生成式代理在未来能够模拟出更加丰富和真实的人类行为，同时为研究团队提供关于人类社会和行为的深刻见解。

第 6 章 RAG 检索架构分析与应用

以 ChatGPT 为代表的 LLM 的问世，标志着 AIGC（Artificial Intelligence Generated Content，生成式人工智能）进入了新的快速发展阶段，其对学术界和工业界产生了深远影响。LLM 通过对海量数据的深入学习，成为理解与应用自然语言的尖端工具，展示了强大的能力。然而，随着应用的普及，LLM 也暴露出了一些关键性的问题，尤其是其对庞大数据集的依赖。这种依赖限制了 LLM 在完成训练后接纳新信息的能力，带来了三大挑战：①为了追求广泛的适用性和易用性，LLM 在专业领域中的表现可能不尽如人意；②网络数据增长速度快，数据标注和模型训练需要耗费大量资源和算力，使得 LLM 难以持续快速更新；③LLM 有时会生成令人信服但实际上不准确的答案，即产生所谓的 LLM“幻觉”，可能会误导用户。

为了使 LLM 能够在不同领域中得到有效利用，应对这些挑战至关重要。检索增强生成（Retrieval-Augmented Generation，RAG）技术通过引用外部知识，在响应模型查询的同时检索外部数据进行补充，确保了生成内容的准确性和时效性，降低了生成错误内容的概率，提高了 LLM 在实际应用中的适用性，为应对这些挑战提供了一条有效途径。如图 6-1 所示，RAG 赋予了 GPT-3.5 在其原始训练数据之外提供精确答案的能力。

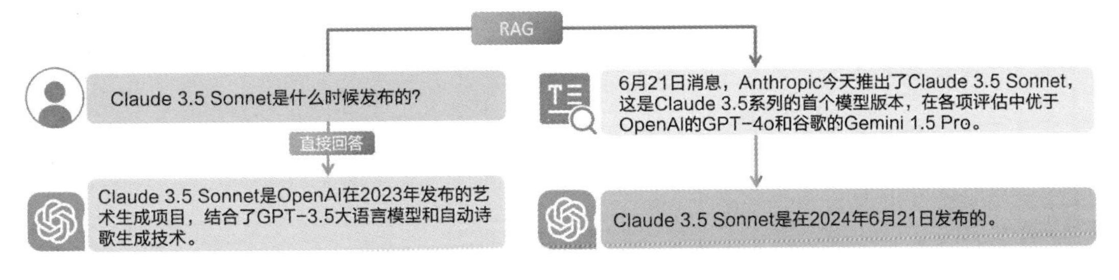

图 6-1

6.1 RAG 架构分析

RAG 是一种提高 LLM 输出质量的方法，结合了信息检索和生成的优势，通过检索外部数据源，为 LLM 提供额外的知识信息，从而弥补 LLM 在训练数据方面的不足。RAG 主要用于提升生成任务的性能和效果，尤其是在需要外部知识支持的场景中。

一个典型的 RAG 框架（见图 6-2）分为检索器（Retriever）和生成器（Generator）两部分。检索过程包括对数据（如 Documents）做切分、嵌入（Embedding）向量并构建索引（Chunks Vectors），通过向量检索来召回相关结果，而生成过程则是利用基于检索结果（Context）增强的 prompt 来激活 LLM 以生成答案（Result），以下是对检索器和生成器的详细介绍。

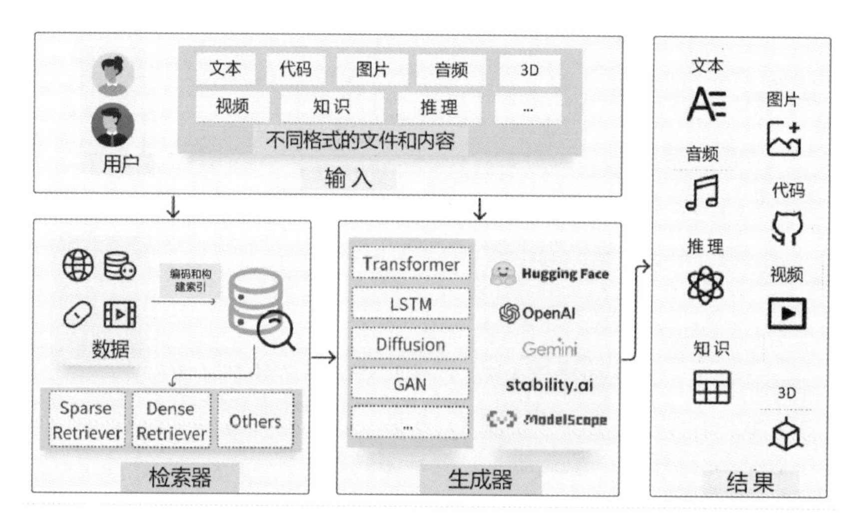

图 6-2

6.1.1 检索器

检索器的作用是在大规模的文档集合中快速检索出与输入查询最相关的信息。检索器通常由以下组件构成。

文档编码器：文档编码器负责将文档库中的每个文档转换成固定长度的向量。这通常通过预训练的 LLM（如 BERT、GPT 等）来实现，其能够捕捉文档的语义信息。文档编码器的输出是一个文档向量，它将作为检索过程中的参考点。

查询编码器：查询编码器与文档编码器类似，但它的作用是将用户的输入查询转换成向量。查询编码器同样可以采用预训练的 LLM，以确保查询的语义被准确捕捉。

相似度计算：检索器通过计算查询向量和文档向量之间的相似度来确定相关性。常用的相似度计算方法包括余弦相似度、点积等。根据相似度得分，检索器从文档库中选取最相关的文档或文档片段。

检索策略：检索策略是 RAG 模型中检索器的核心组成部分，它决定了如何从大量文档中选取与用户查询最相关的信息。检索策略的设计直接影响了生成器生成响应的质量和相关性。传统的检索方法存在一定的局限性，主要表现在文档块的大小对匹配用户问题的效果有直接影响。具体来说，较大的文档块含有更多内容，当它们被转换成固定维度的向量时，这些向量可能无法精确地表达文档块中的全部内容，导致与用户问题的匹配度降低。相反，较小的文档块虽然内容较少，但转换成向量后能较好地反映其内容，因此匹配度较高。然而，由于信息量有限，这些小文档块可能无法提供全面且准确的答案。为了克服这些挑战，我们可以通过调整和优化检索策略或使用其他检索器，如 LangChain 中的父文档检索器，该工具有效地解决了文档块大小与用户问题匹配度的问题。

6.1.2 生成器

生成器负责基于检索到的信息和原始查询生成响应。生成器通常是一个基于 Transformer 架构的解码器，具有以下特点。

上下文编码：生成器在生成过程中不仅考虑用户的原始查询，还会整合检索器提供的相关文档信息。这要求生成器具有强大的上下文编码能力，以便能够理解和利用检索到的信息。

自回归生成：生成器采用自回归的方式逐步生成文本。在每一步的生成过程中，模型都会考虑之前生成的词和检索到的文档信息。这种方式有助于生成连贯且信息丰富的文本，同时可以避免在生成过程中出现重复和冗余的文本。

注意力机制：生成器内部的注意力机制允许模型在生成每个词时关注检索到的文档的不同部分。注意力权重的动态调整使得生成的文本能够更加准确地反映检索到的信息。

6.2 RAG 工作流程

在构建一个 RAG 系统时，我们通常会遵循以下几个关键步骤。图 6-3 所示为一个典型的 RAG 工作流程。

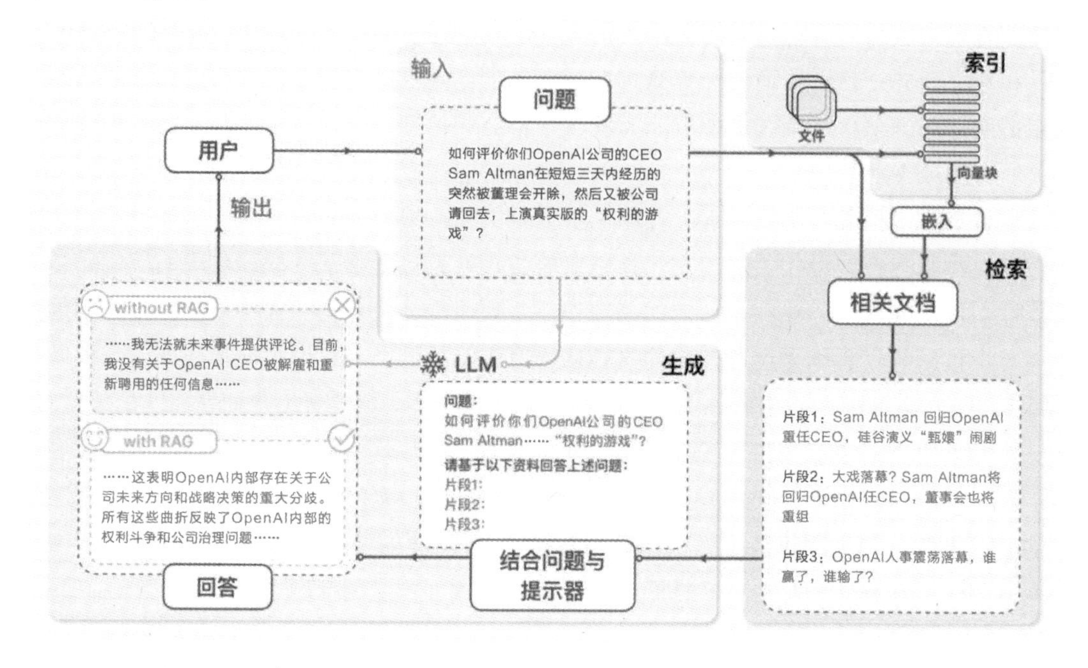

图 6-3

6.2.1 数据提取

数据提取是获取信息的首要步骤。在这个阶段，系统从预设的数据源中抓取数据。数据源可以有多种，如在线文章库、专业期刊、电子书、新闻存档等。数据源包括多种格式，如 Word 文档、TXT 文件、CSV 数据表、Excel 表格，甚至是 PDF 文件、图片和视频等。提取的信息必须是高质量的，因为这将直接影响 RAG 系统的输出质量。此步骤可能还包括数据清洗，如去除无用的格式信息，或者修正错误，以确保数据的准确性和一致性。

6.2.2 文本分割

文本分割是自然语言处理（NLP）中的基础环节，它用于将文本解构为更易于分析和处理的单元。通过运用先进的 NLP 技术（如分词、句法分析和实体识别），文本分割不仅可以将文本拆解为单词或短语，还能够识别和保留重要的语言结构和语义信息。例如，分词可以识别复合词和新造词，句法分析能够揭示句子的主语和谓语结构，而实体识别则能够从文本中提取出关键的名词短语和专有名词。在文本分割的过程中，上下文信息发挥着核心作用，它使得分割结果不仅停留在字面意义上，而且能够深入理解每个词汇的深层含义和语句间的逻辑关系。文本分割主要考虑两个因素：embedding（嵌入文本）模型的 token 限制情况；语义完整性对整体的检索效果的影响。一些常见的文本分割方式如下。

句分割：以“句子”为粒度进行分割，保留一个句子的完整语义。常见的分割符包括：句号、感叹号、问号、换行符等。

固定长度分割：根据 embedding 模型的 token 长度限制，将文本分割为固定长度（如 256÷512 个 token），这种分割方式会损失很多语义信息，因此一般通过在文本头尾增加一定的冗余量来缓解。

6.2.3　向量化

向量化是自然语言处理中的一项关键技术，它旨在将复杂的文本数据转换为机器可以理解和处理的数值形式。通过这一过程，原始的高维、非结构化文本数据被编码成低维、结构化向量，从而便于后续计算任务的执行和机器学习模型的应用。

在向量化过程中，文本数据首先被分割成较小的信息单元，如单词、短语或句子。然后，每个信息单元通过特定的算法被映射到一个数值向量上。这些向量不仅捕捉了词汇的语义信息，还尽可能地保留了文本中的上下文关系，这对于理解语言的深层含义至关重要。

一旦文本数据被转换成数值向量形式，这些数值就可以直接被应用于各种算法中，如相似度计算、聚类分析、文本分类和情感分析等。向量化不仅提高了处理效率，还使得机器能够执行复杂的语言任务，从而在自然语言处理领域中实现许多突破性的应用。因此，向量化是连接自然语言与机器智能的桥梁，是实现高级语言处理技术的基础。

向量化过程会直接影响后续检索的效果，目前常见的 embedding 模型如表 6-1 所示，如果遇到特殊场景（如涉及一些罕见专有名词或字等）或者想进一步优化效果，则可以选择开源 embedding 模型进行微调或直接训练适合自己场景的 embedding 模型。

表 6-1

模型名称	描述
ChatGPT-Embedding	ChatGPT-Embedding 由 OpenAI 公司提供，以接口形式调用
ERNIE-Embedding V1	ERNIE-Embedding V1 由百度公司提供，依赖于文心大语言模型能力，以接口形式调用
M3E	M3E 是一个功能强大的开源 embedding 模型，包含 m3e-small、m3e-base、m3e-large 等多个版本，支持微调和本地部署
BGE	BGE 由北京智源人工智能研究院发布，同样是一个功能强大的开源 embedding 模型，包含了支持中文和英文的多个版本，支持微调和本地部署

6.2.4 数据检索

在 RAG 系统的数据检索环节，系统巧妙地利用文本向量化的结果，在广泛的知识库中执行精确的信息检索任务。在这一阶段，系统通过比较文本向量之间的相似性度量（如余弦相似度或欧几里得距离）来识别与用户输入查询最匹配的文档或文档片段。这一过程至关重要，因为它直接影响到系统能否有效地从知识库中抽取出相关性强、信息价值高的内容，从而为生成准确、丰富的答案奠定坚实的基础。通过这种方式，RAG 系统不仅能够提供与用户查询紧密相关的信息，还能够在生成过程中考虑到更广泛的上下文和背景知识，极大地提升了生成内容的质量和相关性。常见的数据检索方法包括相似性检索、全文检索等，根据检索效果，也可以结合使用多种检索方法，以提升召回率。

- 相似性检索：计算查询向量与所有存储向量的相似性得分，返回得分高的记录。常见的相似性计算方法包括余弦相似性、欧氏距离、曼哈顿距离等。
- 全文检索：全文检索是一种比较经典的检索方法，在数据存入时，通过关键词构建倒排索引；在检索时，通过关键词进行全文检索，从而找到对应的记录。

6.2.5 注入提示

在注入提示（prompt）环节，检索得到的信息被巧妙地整合到一个新的文本提示中。这个文本提示是引导 RAG 系统生成答案的关键输入，它直接影响着系统如何调动和利用检索到的知识。通过精心设计的 prompt，RAG 系统不仅能够确保生成的内容与用户查询紧密相关，还能够在回答中融入丰富的背景知识和深层次的理解，从而产生更加全面和精准的输出。

prompt 的设计只有方法、没有语法，比较依赖于个人经验。prompt 一般包括任务描述、背景知识（检索得到）、任务指令（一般是用户提出的问题）等，根据任务场景和大语言模型性能，可以在 prompt 中适当加入其他指令来优化大语言模型的输出。一个简单的知识问答场景的 prompt 如下所示。

```
【任务描述】
假如你是一个专业的客服助理，请根据背景知识回答问题。
【背景知识】{context} // 数据检索得到的相关文本
【问题描述】{question} // 提出的问题
```

6.2.6　提交给 LLM

最后，生成的 prompt 会被提交给 LLM。LLM 会处理 prompt，并生成最终用户可读的答案。这一阶段利用了先进的机器学习技术，包括深度学习网络，以产生准确、相关且流畅的答案。

整个 RAG 系统的设计旨在增强传统语言模型的性能，通过结合广泛检索的信息与高级语言生成技术，提供更加丰富和精确的用户体验。在未来，随着技术的进步，我们可以期待这一系统在众多领域中的应用，从智能搜索引擎到个性化教育辅导，再到自动化内容创建，都将极大地受益于 RAG 技术的发展。

6.3　RAG 与微调和提示词工程的比较

在 LLM 的优化方法中，RAG 经常与微调（FT）和提示词工程进行比较，每种方法都有自己独特的特点。提示词工程对模型和外部知识的修改较少，重点是利用 LLM 自身的能力；微调则需要对模型重新进行训练以实现更新，但可以深度定制模型的行为和风格，还需要使用大量的计算资源进行数据集的准备和训练；RAG 有更加灵活的知识获取方式，可以从外部数据源实时检索信息，适用于精确的信息检索任务。在 RAG 的早期阶段，对模型的修改需求较小，随着研究的进展，模块化 RAG 会越来越多地与微调技术相结合，在更多的场景中得到更好的应用。图 6-4 所示为 RAG 与微调和提示词工程在上下文优化和行为优化能力方面的对比。

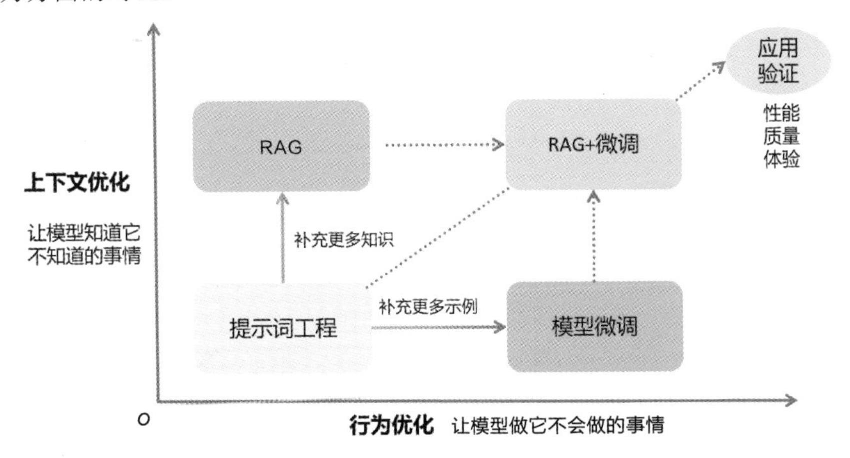

图 6-4

6.4 基于 LangChain 的 RAG 应用实战

LangChain 是开发大语言模型的框架，将多个组件连接在一起，能够轻松管理与大语言模型的交互。下面选用汝瓷百科文本作为外部数据，基于 LangChain 开发框架和 ERNIE-Bot 大语言模型，构建一个 RAG 外部知识问答应用。

6.4.1 基础环境准备

首先，安装环境需要依赖的 Python 包，包括用于编排的 langchain、向量数据库 chromadb、大语言模型接口 langchain_wenxin。

```
!pip install langchain chromadb langchain_wenxin
```

然后，在千帆大模型平台上创建 ERNIE 大语言模型应用，申请大语言模型的 API Key、Secret Key，申请界面如图 6-5 所示。

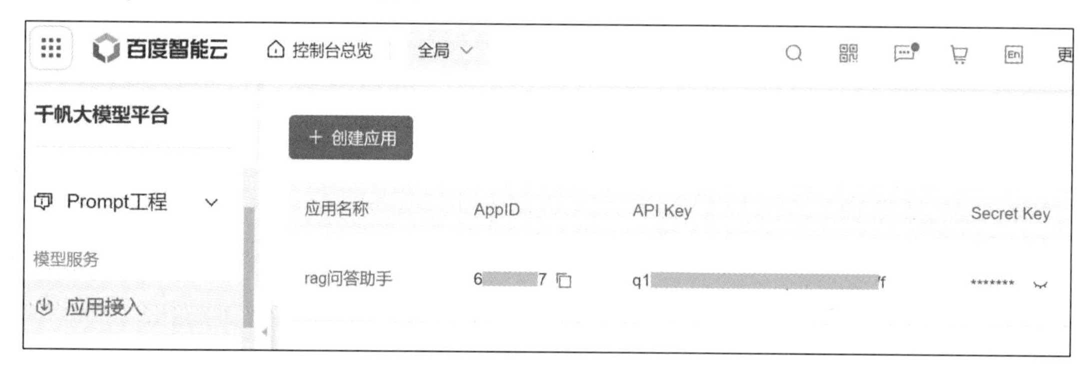

图 6-5

6.4.2 收集和加载数据

首先，收集所需的外部数据。这里以 Python 爬取汝瓷百科文本为例，获取并保存外部数据，示例代码如下：

```
import requests
from bs4 import BeautifulSoup
url = "https://baike.***du.com/item/汝瓷"
response = requests.get(url)
```

```
response.encoding = response.apparent_encoding
soup = BeautifulSoup(response.text, 'html.parser')
title = soup.find('h1').get_text()
# class_='你需要查询的类名'
summary = ''.join([x.get_text() for x in soup.find('div', class_='lemmaSumm
ary_E1R06 J-summary').find_all('span',class_='text_sfl7L')])
concent = '\n\n'.join([title,summary])
for para in soup.find_all('div', class_='J-lemma-content')[0]:
    if para.find('h2'):
        concent = '\n\n'.join([concent] + [para.find('h2')['name']+ '      、
' + para.find('h2').get_text()+'\n'])
    if para.find('span', class_='text_sfl7L'):
        concent = ''.join([concent] + [x.get_text() for x in para.find_all(
'span', class_='text_sfl7L')])
concent = concent.replace(' ', '')
with open('汝瓷.txt', 'w') as f:
    f.write(concent)
```

然后，加载收集到的数据。LangChain 中有多个内置的 DocumentLoaders，这里使用 TextLoader，用于加载上一步爬虫保存的文本数据。代码如下所示，生成的 documents 是一个只含有原始状态下 Document 的列表，在 Document 中含有文本内容和元数据信息。

```
from langchain.document_loaders import TextLoader
loader = TextLoader('./汝瓷.txt')
document = loader.load()
```

6.4.3 分割原始文档

原始 Document 中的文本内容过长，无法适应大语言模型的上下文窗口，需要将其分割成更小的 Document。LangChain 内置了许多文本分割器，这里使用 CharacterTextSplitter，设置 chunk_size 为 100、chunk_overlap 为 10，以保持块之间的文本连续性，代码如下：

```
from langchain.text_splitter import CharacterTextSplitter
text_splitter = CharacterTextSplitter(chunk_size=100, chunk_overlap=10)
documents = text_splitter.split_documents(documents)
```

6.4.4 数据向量化后入库

对分割后的文档数据进行向量化处理，并写入向量数据库。这里选用 CoRom 通用中文嵌入文本模型作为 embedding 模型，选用 Chroma 作为向量数据库，代码如下：

```
from langchain.embeddings import ModelScopeEmbeddings
from langchain.vectorstores import Chroma
model_id = "damo/nlp_corom_sentence-embedding_chinese-base"
embeddings = ModelScopeEmbeddings(model_id=model_id)
db = Chroma.from_documents(documents, embedding=embeddings)
```

6.4.5 定义数据检索器

向量数据库被填充后，可以将其定义为检索器组件。该组件能够根据用户查询和嵌入块之间的语义相似性进行相似性检索，从而找到最相关的内容。

```
retriever = db.as_retriever()
```

6.4.6 创建提示

prompt 作为大语言模型的直接输入，能帮助大语言模型生成更符合要求的输出结果。在 LangChain 中可以使用 ChatPromptTemplate 来创建一个提示模板，告诉大语言模型如何使用检索到的上下文来回答问题。下面是本次设计和创建的 prompt。

```
from langchain.prompts import ChatPromptTemplate
template = '''''
    【任务描述】
    你是善于总结归纳的文本助理，请根据背景知识和聊天记录回答问题，并遵守回答要求。
    【回答要求】
    - 你需要严格根据背景知识提供最相关的答案，不要通过拓展知识范围来回答问题。
    - 对于不知道的信息，直接回答“未找到相关答案”。
    - 答案不仅要简洁清晰，还要全面。
    【背景知识】{context}
    【问题描述】{question}
    【聊天记录】{chat_history}
    '''
prompt = ChatPromptTemplate.from_template(template=template)
```

6.4.7 调用 LLM 生成答案

创建 ConversationalRetrievalChain（对话检索链），并传入大语言模型、检索器和记忆系统。ConversationalRetrievalChain 首先会将聊天记录和新提问的问题整合成一个新的独立问题，以传递给向量数据库并查找相关文档，然后将获取的知识和生成的新问题注入 prompt，让大语言模型生成答案。

```
from langchain import LLMChain
from langchain.memory import ConversationBufferMemory
from langchain.chains import ConversationalRetrievalChain
from langchain_wenxin.llms import Wenxin
# LLM
llm = Wenxin(model="ernie-
bot", baidu_api_key= "api_key", baidu_secret_key= "secret_key")
retriever = db.as_retriever()
memory = ConversationBufferMemory(memory_key="chat_history", return_message
s=True)
retriever = db.as_retriever()
conversation_memory = ConversationBufferMemory(memory_key="chat_history", r
eturn_messages=True)
qa_chain = ConversationalRetrievalChain.from_llm(
    llm=llm,
    chain_type="stuff",
    retriever=retriever,
    memory=conversation_memory,
    combine_docs_chain_kwargs={"prompt": prompt}
)
question = "汝瓷有哪些产品特点？"
response = qa_chain({"question": question})
output = response['answer']
print(output)
```

这样就完成了一个定制化 RAG 外部知识问答应用的构建，输出结果如图 6-6 所示。回答内容基本上与文档信息保持一致，没有出现“幻觉”现象。

汝瓷的产品特点主要包括以下几个方面：

1. 以烧制青瓷为主，釉色有天青、天蓝、豆绿、月白等多种，其中天青釉瓷最为著名。汝瓷的天青釉瓷中，釉中含有玛瑙，色泽青翠华滋，釉汁肥润莹亮，有如堆脂，视如碧玉，扣声如馨，质感甚佳，有“似玉非玉而胜似玉”之说。
2. 汝瓷的釉色素雅自然，有“雨过天青云破处”之誉。釉面隐现出一种柔和含蓄的光泽，它既不同于钧瓷的乳光，也不同于哥窑的脂光，而是具有一种类似古玉般内蕴的光泽。
3. 汝瓷的胎色多为香灰色或浅灰色，胎质坚硬细密，胎壁较薄，器形规整。汝瓷的胎釉结合紧密，釉层较厚，不易脱落。
4. 汝瓷的装饰手法多样，常见的有刻花、划花、印花等。汝瓷的装饰题材以花卉、动物、人物等为主，构图简洁大方，线条流畅自然。

总的来说，汝瓷以其独特的釉色、胎质和装饰手法等特点，成为中国陶瓷史上的珍品之一。

图 6-6

本章主要介绍了 RAG 技术的架构，并实践了如何利用 Python 和 LangChain 实现 RAG 流程的构建，该流程使用了 ERNIE-Bot 大语言模型、Chroma 向量数据库和 CoRom 通用中文嵌入文本模型，并通过 LangChain 进行编排。通过学习本章可以看到，RAG 为解决大语言模型在处理特定、最新和专有信息等方面的不足，提供了一个有效且灵活的方法。RAG 为大语言模型提供了额外的、来自外部知识源的信息，使其在生成更为精确、更加贴合上下文答案的同时，能有效减少误导性信息的产生。通过 6.4 节的实战练习，读者也可以清晰地了解到 RAG 的工作流程和实际应用。

第 7 章 RAG 应用案例——使用 RAG 部署本地知识库

假如现在问大语言模型 Llama 3 一个问题：当你在创建投资模型时，这些模型是否明确考虑了货币环境等因素，包括美国联邦储备系统[①]的行动？还是仅仅依赖于统计分析？

大语言模型 Llama 3 的回答如图 7-1 所示。

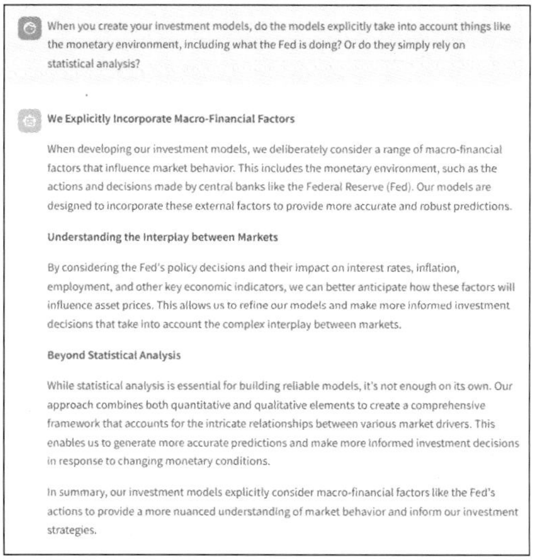

When you create your investment models, do the models explicitly take into account things like the monetary environment, including what the Fed is doing? Or do they simply rely on statistical analysis?

We Explicitly Incorporate Macro-Financial Factors

When developing our investment models, we deliberately consider a range of macro-financial factors that influence market behavior. This includes the monetary environment, such as the actions and decisions made by central banks like the Federal Reserve (Fed). Our models are designed to incorporate these external factors to provide more accurate and robust predictions.

Understanding the Interplay between Markets

By considering the Fed's policy decisions and their impact on interest rates, inflation, employment, and other key economic indicators, we can better anticipate how these factors will influence asset prices. This allows us to refine our models and make more informed investment decisions that take into account the complex interplay between markets.

Beyond Statistical Analysis

While statistical analysis is essential for building reliable models, it's not enough on its own. Our approach combines both quantitative and qualitative elements to create a comprehensive framework that accounts for the intricate relationships between various market drivers. This enables us to generate more accurate predictions and make more informed investment decisions in response to changing monetary conditions.

In summary, our investment models explicitly consider macro-financial factors like the Fed's actions to provide a more nuanced understanding of market behavior and inform our investment strategies.

图 7-1

① 美国联邦储备系统简称美联储。

翻译：

我们会明确将宏观金融因素纳入考量

在开发我们的投资模型时，我们有意识地考虑了一系列影响市场行为的宏观金融因素。这包括货币环境，例如美联储（Fed）等中央银行的行动和决策。我们的模型旨在纳入这些外部因素，以提供更准确和稳健的预测。

理解市场之间的相互作用

通过考虑美联储的政策决策及其对利率、通货膨胀、就业和其他关键经济指标的影响，我们可以更好地预测这些因素将如何影响资产价格。这使我们能够改进我们的模型并在考虑市场之间复杂的相互作用的情况下做出更加明智的投资决策。

超越统计分析

虽然统计分析对于构建可靠的模型至关重要，但它本身是不够的。我们的方法结合了定量和定性要素，创建了一个全面的框架，考虑到了各种市场驱动因素之间复杂的关系。这使我们能够生成更准确的预测，并在不断变化的货币条件下做出更明智的投资决策。

综上所述，我们的投资模型明确考虑了像美联储行动这样的宏观金融因素，以提供对市场行为更细致的理解，并指导我们的投资策略。

图 7-1 所示内容是大语言模型 Llama 3 根据之前训练习得的知识进行的回答。

现在让大语言模型 Llama 3 读取一个采访 James Simons（量化交易鼻祖，文艺复兴科技公司的创始人）的 PDF 文档后，再问 Llama 3 同样的问题，其回答如图 7-2 所示。

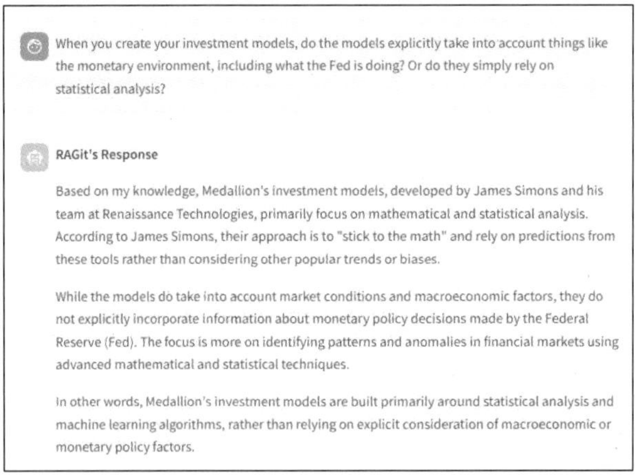

When you create your investment models, do the models explicitly take into account things like the monetary environment, including what the Fed is doing? Or do they simply rely on statistical analysis?

RAGit's Response

Based on my knowledge, Medallion's investment models, developed by James Simons and his team at Renaissance Technologies, primarily focus on mathematical and statistical analysis. According to James Simons, their approach is to "stick to the math" and rely on predictions from these tools rather than considering other popular trends or biases.

While the models do take into account market conditions and macroeconomic factors, they do not explicitly incorporate information about monetary policy decisions made by the Federal Reserve (Fed). The focus is more on identifying patterns and anomalies in financial markets using advanced mathematical and statistical techniques.

In other words, Medallion's investment models are built primarily around statistical analysis and machine learning algorithms, rather than relying on explicit consideration of macroeconomic or monetary policy factors.

图 7-2

翻译：

RAGit 的回答

据我所知，由 James Simons 和他的团队在文艺复兴科技公司开发的 Medallion 基金的投资模型主要侧重于数学和统计分析。据 James Simons 所说，他们的方法就是“坚持数学”，依赖这些工具的预测，而不是考虑其他流行的趋势或偏见。

虽然这些模型确实考虑了市场状况和宏观经济因素，但它们并没有明确纳入美联储（Fed）的货币政策决策信息。其重点更多的是使用先进的数学和统计技术来识别金融市场中的模式和异常。

换句话说，Medallion 基金的投资模型主要是围绕统计分析和机器学习算法构建的，而不是依赖于对宏观经济或货币政策因素的明确考虑。

可以看到，后者明显是结合了 PDF 文档中对 James 采访的上下文来作答的，PDF 文档中的采访节选如图 7-3 所示。

> monetary environment, including what the Fed is doing? Or do they simply rely on statistical analysis?
>
> James Simons: We use statistics and mathematics to formalize our understanding of things like the monetary environment.
>
> Edward Baker: I'll ask just one more question, Jim. If a young mathematician came to you today and said, "I'm looking to get into the investment business," would you encourage that person? And what advice would you offer?

图 7-3

翻译：

James Simons：我们用统计学和数学来形式化我们对货币环境等事物的理解。

这印证了 RAG 技术就是大语言模型的逻辑推理能力+自定义的知识库。

通过上面的例子可知，如果想让大语言模型有针对性地回答我们提出的问题，则需要给大语言模型定制一个知识库。下面使用 RAG 部署本地知识库，从而让大语言模型可以更精准地回答我们提出的问题。

整体流程如图 7-4 所示。

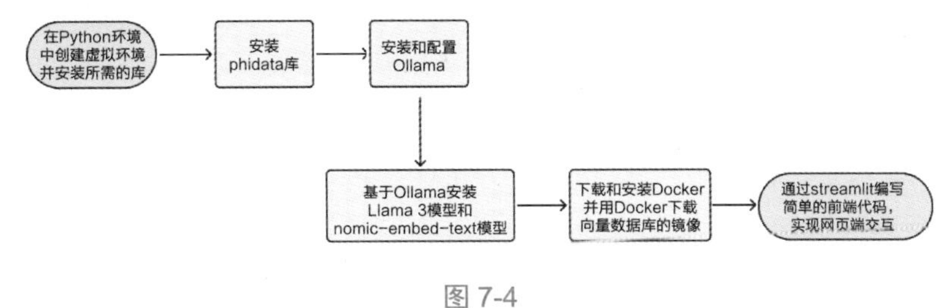
在Python环境中创建虚拟环境并安装所需的库
安装phidata库
安装和配置Ollama
基于Ollama安装Llama 3模型和nomic-embed-text模型
下载和安装Docker并用Docker下载向量数据库的镜像
通过streamlit编写简单的前端代码，实现网页端交互

图 7-4

7.1 部署本地环境及安装数据库

7.1.1 在 Python 环境中创建虚拟环境并安装所需的库

首先在 Python 环境中创建虚拟环境，以避免出现版本冲突、方便部署。

requiments.txt 位于 phidata 库的 cookbook/llms/ollama/rag/目录中，包含了目前 RAG 项目所需的所有库。因为之后需要使用 requiments.txt 进行批量库的安装，所以先创建虚拟环境，以免对其他 Python 项目或者现有库造成影响。

打开命令提示符界面或“powershell”界面，输入以下命令，创建名为“venv”的虚拟环境（可以根据你的项目来命名）：

```
Python -m venv //venv 为自定义名称
```

输入以下命令，激活虚拟环境：

```
venv\scripts\activate
```

输入以下命令，在虚拟环境中安装所需的库（/requirements.txt 前要加文件所在路径）：

```
pip install -r cookbook/llms/ollama/rag/requirements.txt
```

等待项目所需的库批量安装完成后，就可以进行下一步操作了。

7.1.2 安装 phidata 库

phidata 是一个开源框架，旨在帮助开发者构建具有长期记忆、上下文知识，以及使用函数调用执行动作能力的自主 RAG 助手。在本例中，利用 phidata 库来配置本地 RAG 框架，包括已配置好的向量数据库（pgvector）。RAG 的基本架构如图 7-5 所示。

phidata 的目标是：将通用的 LLM 转变为针对特定用例的专业化 RAG 助手。

其解决方案是通过记忆、知识和工具扩展 LLM：

- 记忆：在数据库中存储聊天记录，使 LLM 能够进行长期对话。
- 知识：在向量数据库中存储信息，为 LLM 提供上下文知识。
- 工具：使 LLM 能够执行从 API 获取数据、发送邮件或发送请求等动作。

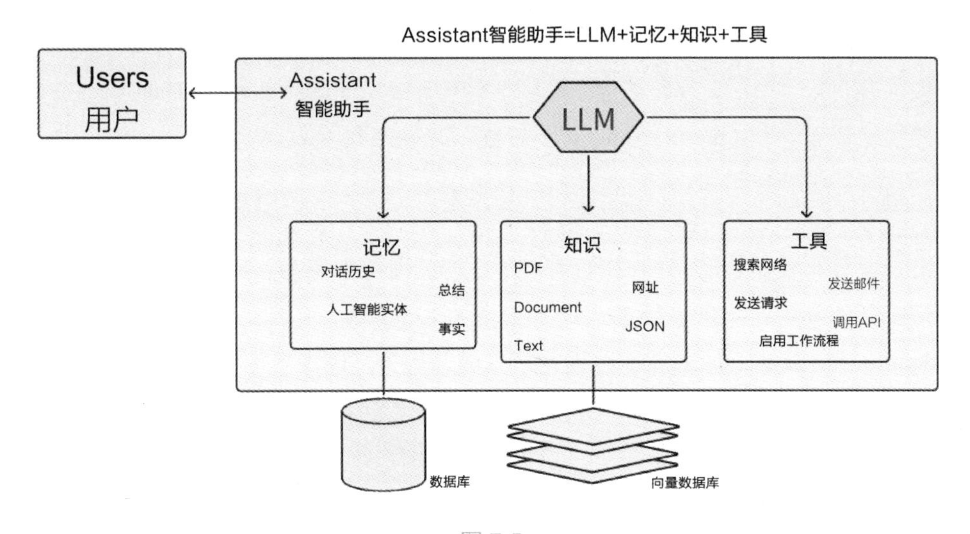

图 7-5

phidata 库的安装方法有如下两种，具体安装过程不再介绍。

方法一：在 Python 环境中通过输入“pip install -U phidata”命令进行安装。

方法二：在 GitHub 中通过搜索“phidata”下载并安装。

7.1.3　安装和配置 Ollama

Ollama 是一款开源的大语言模型服务工具，允许用户在本地环境中轻松运行和管理大语言模型。在本项目中，我们使用的大语言模型 Llama 3、embedding（嵌入文本）模型 nomic-embed-text 就是通过 Ollama 来安装的。

1．下载和安装 Ollama

访问 Ollama 官方网站，进入下载页面，根据你的计算机所使用的操作系统（Windows、Linux 或 macOS）选择相应的安装包，单击“下载”按钮下载安装包。下载完成后，双击安装包并按照提示进行安装即可。

2．配置 Ollama 环境变量

（1）在 Windows“开始”菜单中选择“设置”命令，在上方“查找设置”搜索框中输入“环境变量”并按回车键。

（2）选择“搜索结果”界面中的“编辑系统环境变量”选项。

（3）在弹出的“系统属性”对话框中，单击“高级”选项卡中的“环境变量”按钮。

（4）找到“Path”选项并双击或者单击“编辑”下的“新建”按钮。

如果采用系统默认安装路径，则复制 C:\Users\Administrator\AppData\Local\Programs\Ollama 路径，或者寻找 ollama.exe 的安装位置，复制路径并粘贴后，单击“确定”按钮。

7.1.4 基于 Ollama 安装 Llama 3 模型和 nomic-embed-text 模型

大语言模型，以众所周知的 GPT 为例，是经过训练学习后，有一定逻辑推理能力、可实现对话交互的模型。本例采用的大语言模型为 Llama 3。

embedding 模型是一种将高维数据（如单词、句子、图像等）转换为低维向量的模型。这种表示方法使得复杂的数据可以在向量空间中进行数学运算，便于计算和分析。embedding 模型被广泛应用于自然语言处理、计算机视觉（CV）和推荐系统等领域。其基本思想是将数据表示为向量，使得相似的对象在向量空间中距离较近，不相似的对象在向量空间中距离较远。通过这种方式，可以使用向量空间中的几何性质来进行各种计算和操作。本例采用的 embedding 模型为 nomic-embed-text。

本例需要基于 Ollama 安装 Llama 3 模型和 nomic-embed-text 模型，相关操作如下。

配置好 Ollama 的环境变量后，打开“powershell”界面，首先输入“ollama pull llama3”命令安装 Llama 3 模型。然后输入“ollama pull nomic-embed-text”命令安装 nomic-embed-text 模型。安装成功后，通过输入“ollama list”命令可以看到已安装好的模型。

```
nomic-embed-text:latest
llama3:latest
```

7.1.5 下载和安装 Docker 并用 Docker 下载向量数据库的镜像

Docker 作为容器，可以存放配置好的向量数据库。Docker 允许开发者和系统管理员将应用程序及其依赖打包到一个可移植的容器中，并在任何支持 Docker 的系统上运行。容器化是一种轻量级的虚拟化技术，允许应用程序在隔离的环境中运行，而不需要完整的操作系统。在本例中，使用 Docker 下载向量数据库的镜像。

（1）首先，打开 Docker 官方网站，下载和安装 Docker。然后，打开“powershell”界面，输入“docker pull phidata/pgvector:16”命令，从 Docker 中下载向量数据库的镜像。

接着，输入“docker run -d -e POSTGRES_DB=ai -e POSTGRES_USER=ai -e POSTGRES_PASSWORD=ai -e PGDATA=/var/lib/postgresql/data/pgdata -v pgvolume:/ var/lib/postgresql/data -p 5532:5432 --name pgvector phidata/pgvector:16”命令，即可在向量数据库中，完成账号和密码

创建、端口设置等一系列操作，这时“powershell”界面中会显示一长串字符，表示操作已完成。

（2）检查 Docker 中的向量数据库是否已启动。

完成第（1）步操作后，Docker 中的向量数据库会自动启动，打开 Docker 会看到已安装的向量数据库，如图 7-6 所示，可以看到容器图标“”，其“Actions”栏显示的是“启动”图标，表示向量数据库已启动（如果关机或重启，则打开 Docker，单击“启动”图标即可启动向量数据库）。

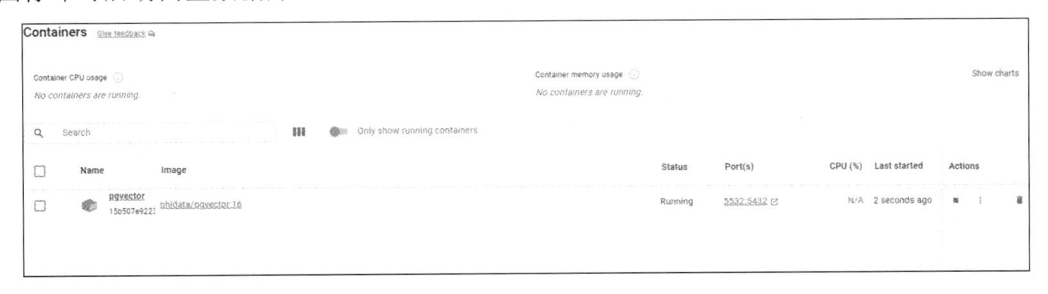

图 7-6

7.2　代码部分及前端展示配置

7.1 节介绍了大语言模型、embedding 模型的安装及向量数据库的下载操作，现在需要编写代码来实现与大语言模型的页面交互。代码共分为两个 Python 程序文件，分别命名为 app.py 和 assistant.py。

（1）app.py 作为应用程序，通过 streamlit 库的指令进行调用启动。

（2）assistant.py 中主要定义了 get_rag_assistant 函数，由 app.py 调用。

（3）get_rag_assistant 函数主要用于对 Assistant 类进行设置。

7.2.1　assistant.py 代码

1. 导入所需库

```
from typing import Optional
from phi.assistant import Assistant
from phi.knowledge import AssistantKnowledge
from phi.llm.ollma import Ollma
from phi.embedder.ollama import OllamaEmbedder
from phi.vectordb.pgvector import PgVector2
from phi.storage.assistant.postgres import PgAssistantStorage
```

2. 将 Docker 中向量数据库的 URL 赋值给参数 db_url

```
db_url = "postgresql+psycopg://ai:ai@localhost:5532/ai"
```

3. get_rag_assistant 函数

函数代码如下：

```
def get_rag_assistant(
    llm_model: str = "llama3",
    embeddings_model: str = "nomic-embed-text",
    user_id: Optional[str] = None,
    run_id: Optional[str] = None,
    debug_mode: bool = True,
) -> Assistant:
    embedder = OllamaEmbedder(model=embeddings_model, dimensions=4096)
    embeddings_model_clean = embeddings_model.replace("-", "_")
    if embeddings_model == "nomic-embed-text":
        embedder = OllamaEmbedder(model=embeddings_model, dimensions=768)
    elif embeddings_model == "phi3":
        embedder = OllamaEmbedder(model=embeddings_model, dimensions=3072)
    elif embeddings_model == "shunyue/llama3-chinese-shunyue":
        embedder = OllamaEmbedder(model=embeddings_model, dimensions=768)
    knowledge = AssistantKnowledge(
        vector_db=PgVector2(
            db_url=db_url,
            collection=f"local_rag_documents_{embeddings_model_clean}",
            embedder=embedder,
        ),
        num_documents=3,
    )

    return Assistant(
        name="local_rag_assistant",
        run_id=run_id,
        user_id=user_id,
        llm=Ollama(model=llm_model)
                storage=PgAssistantStorage(table_name="local_rag_assistant",
db_url=db_url),
        knowledge_base=knowledge,
        description="You are an AI called 'RAGit' and your task is to answer
```

```
questions using the provided information",
        instructions=[
                "When a user asks a question, you will be provided with
information about the question.",
            "Carefully read this information and provide a clear and concise
answer to the user.",
             "Do not use phrases like 'based on my knowledge' or 'depending
on the information'.",
        ],
        add_references_to_prompt=True,
        markdown=True,
        add_datetime_to_instructions=True,
        debug_mode=debug_mode,
```

代码解释如下：

（1）初始化组件。

Assistant 类：这是 RAG 系统的主类，负责协调检索和生成过程。

AssistantKnowledge 类：用于管理知识库，包括向量数据库的连接和文档的检索。

OllamaEmbedder 类：用于将文本转换为向量，以便在向量数据库中进行检索。

PgVector2 类：用于连接和操作 PostgreSQL，该数据库使用 pgvector 扩展来存储和检索向量。

（2）配置参数。

llm_model：指定用于生成答案的大语言模型，这里默认为 Llama 3。

embeddings_model：指定用于文本嵌入的模型，这里可以是 nomic-embed-text、phi3 等。

user_id 和 run_id：用于标识用户和运行实例。

debug_mode：用于控制调试信息的输出。

（3）知识库设置。

knowledge_base：通过 AssistantKnowledge 类初始化，它包含了向量数据库的连接信息和文档集合。

vector_db：使用 PgVector2 类连接到 PostgreSQL，并指定集合名称和嵌入器。

num_documents：设置在生成答案时考虑的文档数量。

（4）Assistant 类配置。

name：设置 RAG 系统的名称。

storage：使用 PgAssistantStorage 类来管理存储在 PostgreSQL 中的会话历史。

knowledge_base：设置知识库。

description、instructions：提供给模型的描述和指令，用于指导模型的行为。

add_references_to_prompt：参数值设置为 True，表示在用户提示中加入知识库的引用。

markdown：参数值设置为 True，表示使用 Markdown 格式化消息。

add_datetime_to_instructions：参数值设置为 True，表示在指令中添加日期和时间。

debug_mode：参数值设置为 True，表示启用调试模式。

7.2.2 app.py 代码

app.py 代码的主要功能模块如下。

（1）导入所需库和模块：包括 streamlit 库、自定义的 phi 模块中的 Assistant、Document、PDFReader、WebsiteReader，以及日志记录工具 logger。

（2）设置 streamlit 页面：通过 st.set_page_config 设置页面标题和图标。

（3）定义“重启 RAG 助手”功能的函数：restart_assistant 函数用于重置会话状态，包括删除当前的 RAG 助手实例和重新运行应用程序。

（4）设置主函数 main：主函数 main 是应用程序的核心，负责处理用户输入、选择模型、加载知识库、展示对话历史、生成答案及管理知识库的更新。

以下是代码详细介绍。

1. 导入所需库和模块

```
from typing import List
import streamlit as st
from phi.assistant import Assistant
from phi.document import Document
from phi.document.reader.pdf import PDFReader
from phi.document.reader.website import WebsiteReader
from phi.utils.log import logger
from assistant import get_rag_assistant  # type: ignore
```

2. 设置 streamlit 页面

```
st.set_page_config(
page_title="Local RAG",
page_icon=":orange_heart:",)
st.title("迪哥的 Agent 之 Local Rag")
st.markdown("##### :orange_heart: 这个案例用于演示 Llama 3 应用与向量化检索")
```

前两部分代码导入了所需的模块，并设置了 streamlit 页面的标题和图标。其中，page_icon 用于设置页面的图标，st.title 用于设置页面的标题，st.markdown 用于设置标题下面的说明文档。

3．定义“重启 RAG 助手”功能的函数

```
def restart_assistant():
st.session_state["rag_assistant"] = None
st.session_state["rag_assistant_run_id"] = None
if "url_scrape_key" in st.session_state:
st.session_state["url_scrape_key"] += 1
if "file_uploader_key" in st.session_state:
st.session_state["file_uploader_key"] += 1
st.rerun()
```

restart_assistant 函数的作用如下。

（1）提供唯一标识符：为文件上传器提供唯一的标识符。在 streamlit 库中，每个组件（如输入框、按钮、文件上传器等）都需要有唯一的键（key）来确保它们在重新运行时能够被正确地识别和更新。

（2）状态跟踪：通过在 session_state 中存储 key，应用程序能够跟踪用户是否已经上传文件。用户每次上传文件后，key 都会增加，以确保文件上传器被视为一个新的组件，从而触发文件上传的逻辑。

（3）防止重复上传：通过检查 session_state 中是否已经存在以上传文件命名的键（如 {rag_name}_uploaded），应用程序可以避免重复处理相同的文件。

（4）重新运行应用：当用户上传新文件或更改模型设置时，restart_assistant 函数会被调用，这会清除当前的会话状态并重新启动应用。key 的增加确保了文件上传器被视为新的组件，从而允许用户上传新的文件。

假设用户上传了一个文件并输入了一个 URL，随后重启 RAG 助手：

- 如果不递增键值，那么用户在 RAG 助手重启后可能仍然会看到之前上传的文件或输入的 URL，这会导致混乱。
- 通过递增键值，可以确保在 RAG 助手重启后，用户看到的是新的上传组件，而不是之前的状态。

总的来说，递增 url_scrape_key 和 file_uploader_key 是为了确保每次 RAG 助手重启后，输入和上传组件的状态都是新的，以提供更好的用户体验和防止状态冲突。

4．设置主函数 main

（1）获取大语言模型：

```
def main() -> None:
# 获取大语言模型，options=["Llama 3", "openhermes", "Llama 2"]为模型名称的可选项
     llm_model = st.sidebar.selectbox("Select Model", options=["Llama 3",
"openhermes", "Llama 2"])
    if "llm_model" not in st.session_state:
        st.session_state["llm_model"] = llm_model
    # 如果大语言模型选择发生变化，则重启 RAG 助手
    elif st.session_state["llm_model"] != llm_model:
        st.session_state["llm_model"] = llm_model
        restart_assistant()
```

（2）获取 embedding 模型：

```
# 获取 embedding 模型
    embeddings_model = st.sidebar.selectbox(
        "Select Embeddings",options=["nomic-embed-text",
            "shunyue/llama3-chinese-shunyue", "phi3"],
        help="When you change the embeddings model, the documents will need
               to be added again.", )
    if "embeddings_model" not in st.session_state:
        st.session_state["embeddings_model"] = embeddings_model
    # 如果 embedding 模型选择发生变化，则重启 RAG 助手
    elif st.session_state["embeddings_model"] != embeddings_model:
        st.session_state["embeddings_model"] = embeddings_model
        st.session_state["embeddings_model_updated"] = True
        restart_assistant()
```

（3）获取 RAG 助手：

```
# 获取 RAG 助手
    rag_assistant: Assistant
    if "rag_assistant" not in st.session_state or
st.session_state["rag_assistant"] is None:
        logger.info(f"---*--- Creating {llm_model} Assistant ---*---")
```

```
            rag_assistant   =   get_rag_assistant(llm_model=llm_model,
embeddings_model=embeddings_model)
        st.session_state["rag_assistant"] = rag_assistant
    else:
        rag_assistant = st.session_state["rag_assistant"]
```

（4）创建 RAG 助手运行实例，并将运行 ID 保存在会话状态中：

```
# 创建 RAG 助手运行实例（即记录到数据库中）并将运行 ID 保存在会话状态中
    try:
        st.session_state["rag_assistant_run_id"] = rag_assistant.create_run()
    except Exception:
        st.warning("Could not create assistant, is the database running?")
        return
```

（5）加载现有消息：

```
assistant_chat_history = rag_assistant.memory.get_chat_history()
    if len(assistant_chat_history) > 0:
        logger.debug("Loading chat history")
        st.session_state["messages"] = assistant_chat_history
    else:
        logger.debug("No chat history found")
          st.session_state["messages"] = [{"role": "assistant", "content":
"Upload a doc and ask me questions..."}]
```

（6）展示已有的聊天消息：

```
# 展示已有的聊天消息
    for message in st.session_state["messages"]:
        if message["role"] == "system":
            continue
        with st.chat_message(message["role"]):
            st.write(message["content"])
```

（7）如果最后一个消息来自用户，则给出响应：

```
# 如果最后一个消息来自用户，则给出响应
    last_message = st.session_state["messages"][-1]
    if last_message.get("role") == "user":
        question = last_message["content"]
        with st.chat_message("assistant"):
```

```
            response = ""
            resp_container = st.empty()
            for delta in rag_assistant.run(question):
                response += delta  # type: ignore
                resp_container.markdown(response)
                  st.session_state["messages"].append({"role":  "assistant",
"content": response})
```

（8）添加网络链接并上传到知识库中（7.2.4 节中的第 3 小节有对应的页面功能显示及代码说明）：

```
# 读取知识库
    if rag_assistant.knowledge_base:
        # -*- 添加网络链接并上传到知识库中 -*-
        if "url_scrape_key" not in st.session_state:
            st.session_state["url_scrape_key"] = 0
           input_url  =  st.sidebar.text_input("Add  URL  to  Knowledge  Base",
type="default", key=st.session_state["url_scrape_key"])
        add_url_button = st.sidebar.button("Add URL")
        if add_url_button:
            if input_url is not None:
                alert = st.sidebar.info("Processing URLs..."
                )
                if f"{input_url}_scraped" not in st.session_state:
                    scraper = WebsiteReader(max_links=2,
                       max_depth=1)
                    web_documents: List[Document] =
                     scraper.read(input_url)
                    if web_documents:
                        rag_assistant.knowledge_base.load_docum ents(web_documents,
upsert=True)
                    else:
                        st.sidebar.error("Could not read
                         website")
                    st.session_state[f"{input_url}_uploaded"] =
                     True
                     alert.empty()
```

（9）添加 PDF 文档并上传到知识库中（7.2.4 节中的第 4 小节有对应的页面功能显示及代码说明）：

```
# 添加 PDF 文档并上传到知识库中
    if "file_uploader_key" not in st.session_state:
        st.session_state["file_uploader_key"] = 100
    uploaded_file = st.sidebar.file_uploader("Add a
            PDF :page_facing_up:", type="pdf",
            key=st.session_state["file_uploader_key"])
    if uploaded_file is not None:
        alert = st.sidebar.info("Processing PDF...")
        rag_name = uploaded_file.name.split(".")[0]
        if f"{rag_name}_uploaded" not in st.session_state:
            reader = PDFReader()
            rag_documents: List[Document] =
        reader.read(uploaded_file)
            if rag_documents:
                rag_assistant.knowledge_base.load_documents(r
                   ag_documents, upsert=True)
            else:
                st.sidebar.error("Could not read PDF")
            st.session_state[f"{rag_name}_uploaded"] = True
        alert.empty()
```

（10）添加按钮清除已上传的知识库（7.2.4 节中的第 5 小节有对应的页面功能显示及讲解）：

```
if rag_assistant.knowledge_base and rag_assistant.knowledge_base.vector_db:
    if st.sidebar.button("Clear Knowledge Base"):
        rag_assistant.knowledge_base.vector_db.clear()
        st.sidebar.success("Knowledge base cleared")
```

（11）设置 RUN ID 列表框（7.2.4 节中的第 6 小节有对应的页面功能显示及讲解）：

```
if rag_assistant.storage:
 rag_assistant_run_ids: List[str] = rag_assistant.storage.get_all_run_ids()
new_rag_assistant_run_id=st.sidebar.selectbox("RUN ID",
   options=rag_assistant_run_ids)
    if st.session_state["rag_assistant_run_id"] !=
```

```
            new_rag_assistant_run_id:
          logger.info(f"---*--- Loading {llm_model} run:
          {new_rag_assistant_run_id} ---*---")
              st.session_state["rag_assistant"]=
              get_rag_assistant(llm_model=llm_model,embeddings_model=
              embeddings_model,run_id=new_rag_assistant_run_id )
          st.rerun()
```

（12）设置重启 RAG 助手的按钮（7.2.4 节中的第 6 小节有对应的页面功能显示）：

```
if st.sidebar.button("New Run"):
    restart_assistant()
```

7.2.3 启动 AI 交互页面

本节使用 streamlit 框架构建的 Web 应用程序来实现一个基于大语言模型的 RAG 助手。RAG 是一种结合了检索和生成的模型，能够从知识库中检索相关信息，并利用这些信息来生成更准确的答案。

streamlit 是一个开源的 Python 库，功能非常强大，极大地简化了数据科学项目的 Web 应用开发过程，使得数据科学家和机器学习工程师能够快速地将他们的数据科学项目转换成交互式的 Web 应用程序，从而更专注于他们的核心工作——数据分析和模型开发。

（1）右击 app.py 文件，在弹出的快捷菜单中选择“Copy Path”命令，复制 app.py 文件的路径，如图 7-7 所示。

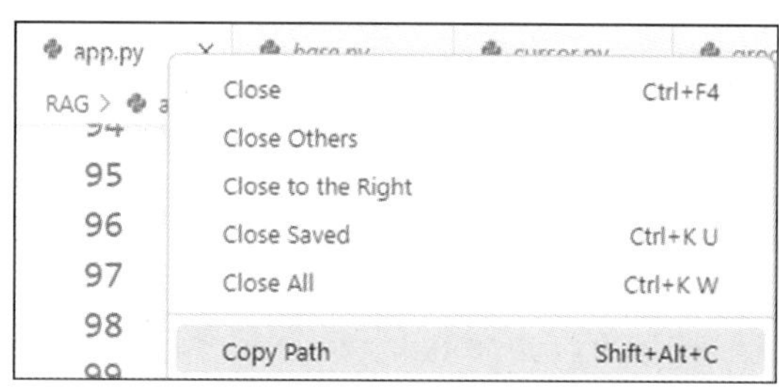

图 7-7

（2）在编译软件终端输入“streamlit run”命令后按 Ctrl+V 快捷键粘贴 app.py 文件的路径。

这时，前端整体页面如图 7-8 所示。

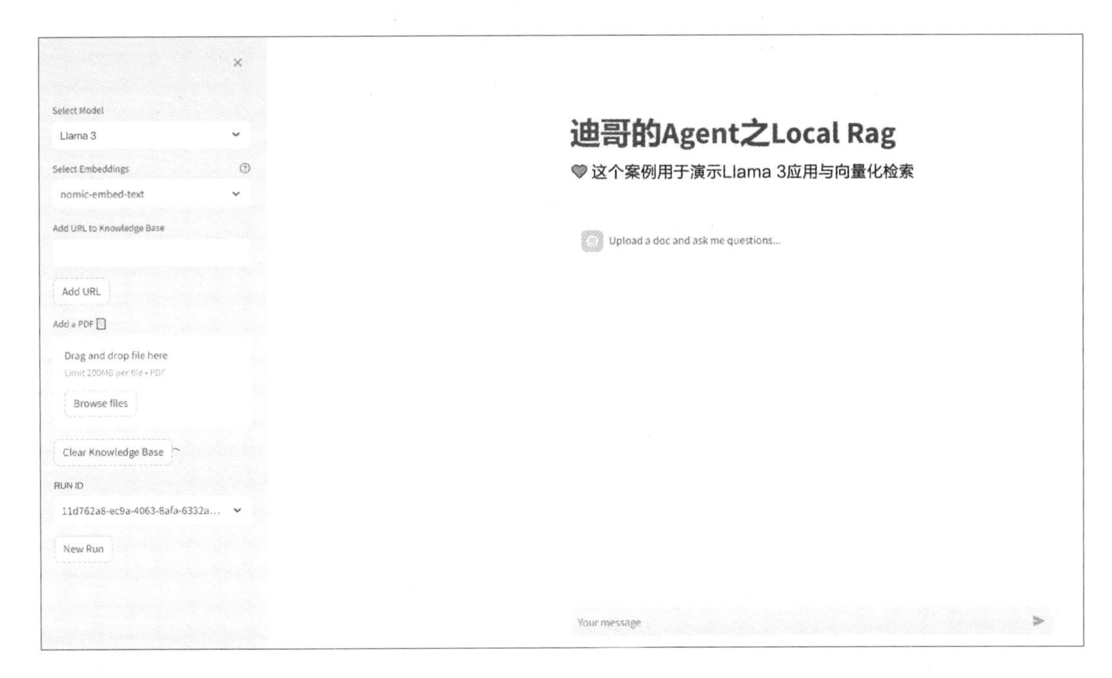

图 7-8

7.2.4　前端交互功能及对应代码

1．前端页面展示（1）

这里设置了不同的大语言模型选项（见图 7-9）。

相关对应代码如下：

```
# 获取模型，options=["Llama 3", "openhermes", "Llama 2"]为模型名称的可选项
    llm_model = st.sidebar.selectbox("Select Model", options=["Llama 3",
        "openhermes", "Llama 2"])
    if "llm_model" not in st.session_state:
        st.session_state["llm_model"] = llm_model
    # 如果大语言模型选择发生变化，则重启 RAG 助手
    elif st.session_state["llm_model"] != llm_model:
        st.session_state["llm_model"] = llm_model
        restart_assistant()
```

代码说明：

（1）首先通过 st.sidebar.selectbox 函数设置可选择的大语言模型。

（2）如果选择的大语言模型发生变化，则重启 RAG 助手。

2. 前端页面展示（2）

这里设置了不同的 embedding 模型选项（见图 7-10）。

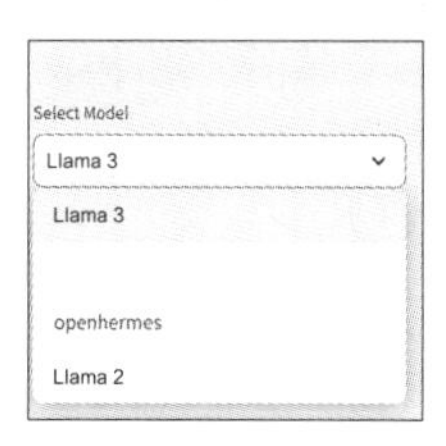

图 7-9

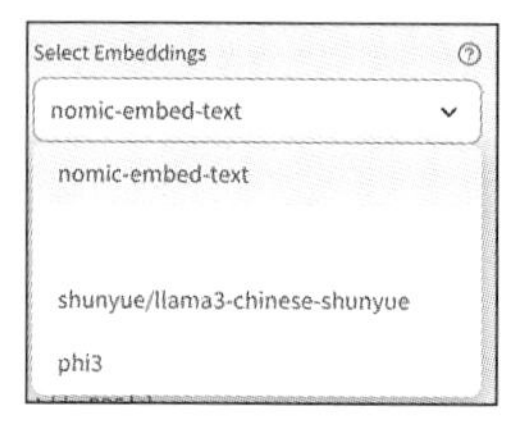

图 7-10

相关对应代码如下：

```
# 获取 embedding 模型
    embeddings_model = st.sidebar.selectbox(
            "Select Embeddings",options=["nomic-embed-text", "shunyue/
llama3-chinese-shunyue", "phi3"],
        help="When you change the embeddings model, the documents will need
to be added again.",)
    if "embeddings_model" not in st.session_state:
        st.session_state["embeddings_model"] = embeddings_model
    # 如果 embedding 模型选择发生变化，则重启 RAG 助手
    elif st.session_state["embeddings_model"] != embeddings_model:
        st.session_state["embeddings_model"] = embeddings_model
        st.session_state["embeddings_model_updated"] = True
        restart_assistant()
```

代码说明：

（1）首先通过 st.sidebar.selectbox 函数设置可选择的 embedding 模型。

（2）如果选择的 embedding 模型发生变化，则重启 RAG 助手。

3. 前端页面展示（3）

这里可以通过输入相关网络链接，让 AI 上网读取知识并将其作为知识储备，以便依此进行回答（见图 7-11）。

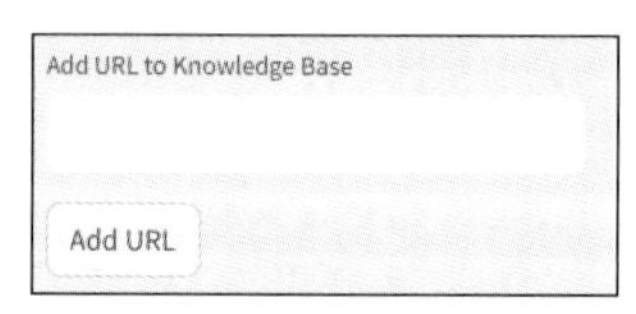

图 7-11

相关对应代码如下：

```
# 读取知识库
    if rag_assistant.knowledge_base:
        # -*- 添加网络链接并上传到知识库中 -*-
        if "url_scrape_key" not in st.session_state:
            st.session_state["url_scrape_key"] = 0
        input_url = st.sidebar.text_input("Add URL to Knowledge Base",
              type="default", key=st.session_state["url_scrape_key"])
        add_url_button = st.sidebar.button("Add URL")
        if add_url_button:
            if input_url is not None:
                alert = st.sidebar.info("Processing URLs..."
                 )
                if f"{input_url}_scraped" not in st.session_state:
                    scraper = WebsiteReader(max_links=2,
                       max_depth=1)
                    web_documents: List[Document] = scraper.read(input_url)
                    if web_documents:
                        rag_assistant.knowledge_base.load_documents(web_docum
ents, upsert=True)
                    else:
                      st.sidebar.error("Could not read website")
                    st.session_state[f"{input_url}_uploaded"] = True
                alert.empty()
```

代码说明：

（1）st.sidebar.text_input 函数用于添加输入网络链接的输入框。

（2）add_url_button = st.sidebar.button("Add URL")表示输入网络链接后，单击“Add URL”按钮会把输入的网络链接赋值给 add_url_button 变量。

（3）通过 if 语句，将网络链接的对应内容上传到知识库中。

（4）输入网络链接且单击“Add URL”按钮后，后台显示上传的网络链接被拆分为两块文档数据，如图 7-12 所示。

```
INFO     Loading knowledge base
DEBUG    Creating collection
DEBUG    Checking if table exists: local_rag_documents_nomic_embed_text
DEBUG    Upserted document: https://www.[illegible]paper.cn/newsDetail_forward_26883985_1 |
         https://www.[illegible]paper.cn/newsDetail_forward_26883985 | {'url':
         'https://www.[illegible]paper.cn/newsDetail_forward_26883985', 'chunk': 1, 'chunk_size':
         2996}
DEBUG    Upserted document: https://www.[illegible]paper.cn/newsDetail_forward_26883985_2 |
         https://www.[illegible]paper.cn/newsDetail_forward_26883985 | {'url':
         'https://www.[illegible]paper.cn/newsDetail_forward_26883985', 'chunk': 2, 'chunk_size':
         279}
INFO     Committed 2 documents
INFO     Loaded 2 documents to knowledge base
```

图 7-12

从图 7-12 中可以看到，程序调用了本地的 nomic-embed-text 模型，并且对上传的网络链接内容进行了向量化拆分，表示上传的网络链接读取成功。

4．前端页面展示（4）

这里上传了 PDF 文档（见图 7-13）。

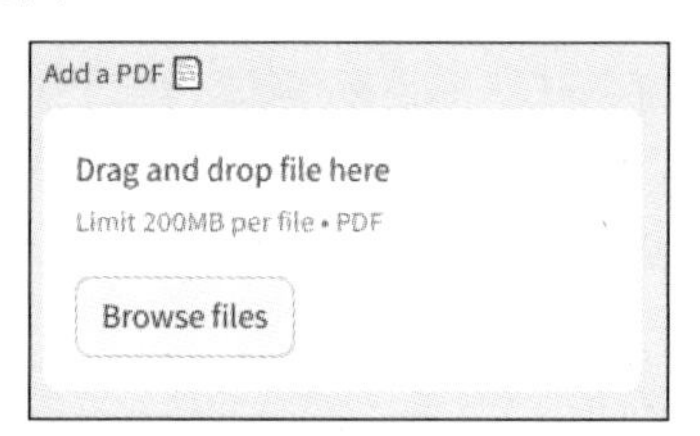

图 7-13

相关对应代码如下：

```
# 添加 PDF 文档并上传到知识库中
        if "file_uploader_key" not in st.session_state:
            st.session_state["file_uploader_key"] = 100
        uploaded_file = st.sidebar.file_uploader("Add a PDF :page_facing_up:",
type="pdf", key=st.session_state["file_uploader_key"])
        if uploaded_file is not None:
            alert = st.sidebar.info("Processing PDF...")
            rag_name = uploaded_file.name.split(".")[0]
            if f"{rag_name}_uploaded" not in st.session_state:
                reader = PDFReader()
                rag_documents: List[Document] =
                 reader.read(uploaded_file)
                if rag_documents:
                    rag_assistant.knowledge_base.load_documents(r
```

```
                ag_documents, upsert=True)
        else:
            st.sidebar.error("Could not read PDF")
        st.session_state[f"{rag_name}_uploaded"] = True
    alert.empty()
```

代码说明：

（1）uploaded_file = st.sidebar.file_uploader("Add a PDF :page_facing_up:", type="pdf", key=st.session_state["file_uploader_key"])表示单击“Browse files”按钮上传PDF文档，会把相关信息赋值给uploaded_file变量。

（2）通过if语句将PDF文档上传到知识库中。

（3）单击“Browse files”按钮且上传完PDF文档后，后台显示上传的PDF文档被拆分为15块文档数据，如图7-14所示。

```
DEBUG    Checking if table exists: local_rag_documents_nomic_embed_text
DEBUG    Upserted document: James H_1_1 | James H | {'page': 1, 'chunk': 1, 'chunk_size': 312}
DEBUG    Upserted document: James H_2_1 | James H | {'page': 2, 'chunk': 1, 'chunk_size': 3000}
DEBUG    Upserted document: James H_2_2 | James H | {'page': 2, 'chunk': 2, 'chunk_size': 1807}
DEBUG    Upserted document: James H_3_1 | James H | {'page': 3, 'chunk': 1, 'chunk_size': 2996}
DEBUG    Upserted document: James H_3_2 | James H | {'page': 3, 'chunk': 2, 'chunk_size': 2648}
DEBUG    Upserted document: James H_4_1 | James H | {'page': 4, 'chunk': 1, 'chunk_size': 2994}
DEBUG    Upserted document: James H_4_2 | James H | {'page': 4, 'chunk': 2, 'chunk_size': 1738}
DEBUG    Upserted document: James H_5_1 | James H | {'page': 5, 'chunk': 1, 'chunk_size': 2994}
DEBUG    Upserted document: James H_5_2 | James H | {'page': 5, 'chunk': 2, 'chunk_size': 2834}
DEBUG    Upserted document: James H_6_1 | James H | {'page': 6, 'chunk': 1, 'chunk_size': 3000}
DEBUG    Upserted document: James H_6_2 | James H | {'page': 6, 'chunk': 2, 'chunk_size': 2336}
DEBUG    Upserted document: James H_7_1 | James H | {'page': 7, 'chunk': 1, 'chunk_size': 2998}
DEBUG    Upserted document: James H_7_2 | James H | {'page': 7, 'chunk': 2, 'chunk_size': 2999}
DEBUG    Upserted document: James H_7_3 | James H | {'page': 7, 'chunk': 3, 'chunk_size': 332}
DEBUG    Upserted document: James H_8_1 | James H | {'page': 8, 'chunk': 1, 'chunk_size': 704}
INFO     Committed 15 documents
INFO     Loaded 15 documents to knowledge base
```

图7-14

从图7-14中可以看到，程序调用了本地的nomic-embed-text模型，并且对上传的PDF文档内容进行了向量化拆分，表示上传的PDF文档读取成功。

5．前端页面展示（5）

清除已上传的PDF文档及网络链接的知识库（见图7-15）。

清除成功后输入框中将显示“Knowledge base cleared”（见图7-16）。

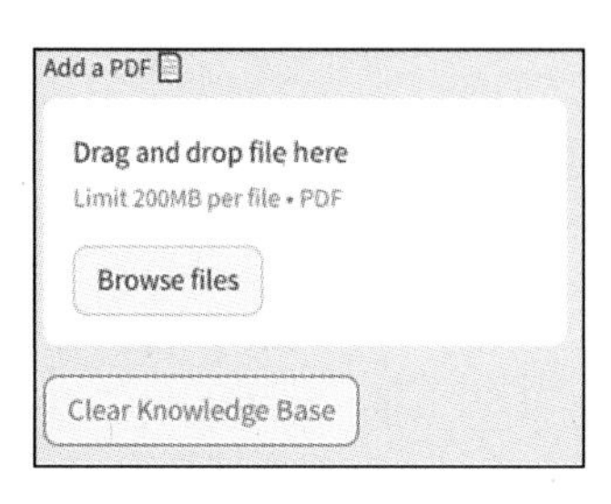

图 7-15

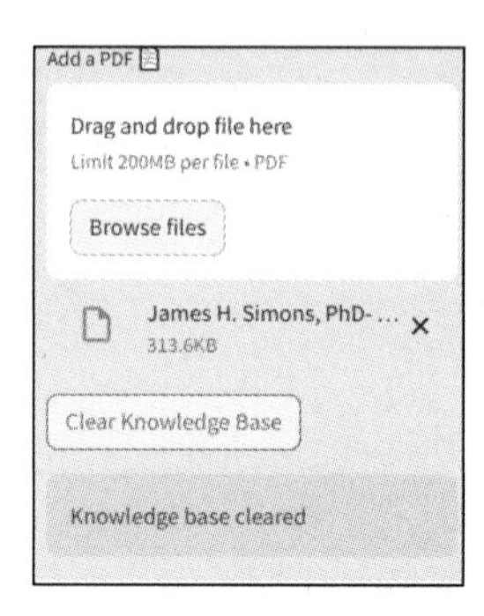

图 7-16

```
if rag_assistant.knowledge_base and rag_assistant.knowledge_base.vector_db:
        if st.sidebar.button("Clear Knowledge Base"):
            rag_assistant.knowledge_base.vector_db.clear()
            st.sidebar.success("Knowledge base cleared")
```

代码说明：

（1）st.sidebar.button 函数用于设置按钮。

（2）rag_assistant.knowledge_base.vector_db.clear 用于清除知识库。

（3）st.sidebar.success 用于设置单击按钮清除成功后的提示。

6. 与 Llama 3 交互展示

到目前为止，如果上述步骤都没有问题，则 RAG 应用本地部署就完成了。现在来看一下效果，前端交互页面如图 7-17 所示。

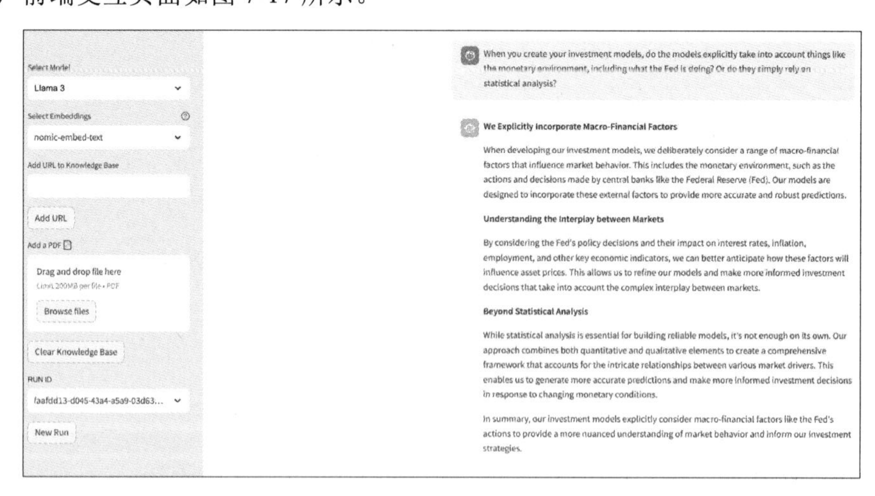

图 7-17

图 7-18 所示为笔者和本地部署的 Llama 3 模型的交互过程。

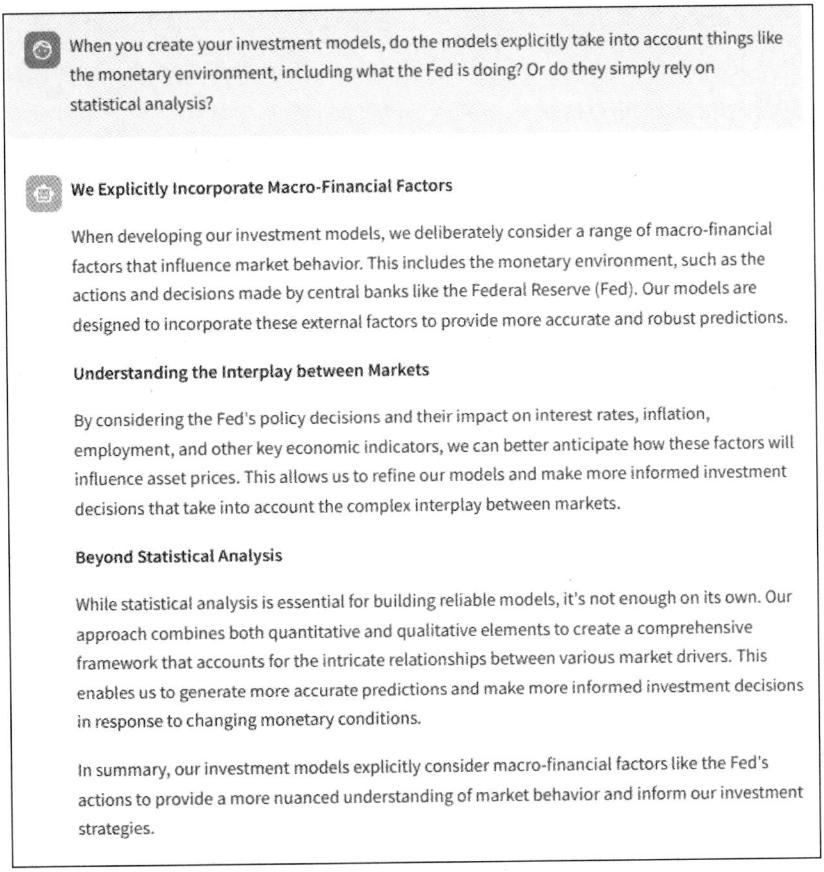

When you create your investment models, do the models explicitly take into account things like the monetary environment, including what the Fed is doing? Or do they simply rely on statistical analysis?

We Explicitly Incorporate Macro-Financial Factors

When developing our investment models, we deliberately consider a range of macro-financial factors that influence market behavior. This includes the monetary environment, such as the actions and decisions made by central banks like the Federal Reserve (Fed). Our models are designed to incorporate these external factors to provide more accurate and robust predictions.

Understanding the Interplay between Markets

By considering the Fed's policy decisions and their impact on interest rates, inflation, employment, and other key economic indicators, we can better anticipate how these factors will influence asset prices. This allows us to refine our models and make more informed investment decisions that take into account the complex interplay between markets.

Beyond Statistical Analysis

While statistical analysis is essential for building reliable models, it's not enough on its own. Our approach combines both quantitative and qualitative elements to create a comprehensive framework that accounts for the intricate relationships between various market drivers. This enables us to generate more accurate predictions and make more informed investment decisions in response to changing monetary conditions.

In summary, our investment models explicitly consider macro-financial factors like the Fed's actions to provide a more nuanced understanding of market behavior and inform our investment strategies.

图 7-18

翻译：

笔者的问题：当你在创建投资模型时，这些模型是否明确考虑了货币环境等因素，包括美联储的行动？还是仅仅依赖于统计分析？

Llama 3 的回答：

我们会明确将宏观金融因素纳入考量

在开发我们的投资模型时，我们有意识地考虑了一系列影响市场行为的宏观金融因素。这包括货币环境，例如美联储（Fed）等中央银行的行动和决策。我们的模型旨在纳入这些外部因素，以提供更准确和稳健的预测。

理解市场之间的相互作用

通过考虑美联储的政策决策及其对利率、通货膨胀、就业和其他关键经济指标的影响，我们可以更好地预测这些因素将如何影响资产价格。这使我们能够改进我们的模型并在考虑市场之间复杂的相互作用的情况下做出更加明智的投资决策。

超越统计分析

虽然统计分析对于构建可靠的模型至关重要，但它本身是不够的。我们的方法结合了定量和定性要素，创建了一个全面的框架，考虑到了各种市场驱动因素之间复杂的关系。这使我们能够生成更准确的预测，并在不断变化的货币条件下做出更明智的投资决策。

综上所述，我们的投资模型明确考虑了像美联储行动这样的宏观金融因素，以提供对市场行为更细致的理解，并指导我们的投资策略。

通过后台，我们可以看到大语言模型本次回答的效率指标（见图 7-19）。

```
      ASSISTANT:
DEBUG Time to first token: 83.9026s
DEBUG Tokens generated: 242
DEBUG Time per output token: 0.5578s
DEBUG Throughput: 1.7927 tokens/s
DEBUG Time to generate response: 134.9934s
```

图 7-19

其中，回答用时超过了 2 分钟，这跟本地的算力，尤其是图形处理器（Graphics Processing Unit，GPU）有关。

现在让大语言模型 Llama 3 读取一个采访 James Simons（量化交易鼻祖，文艺复兴科技公司的创始人）的 PDF 文档，并把 RUN ID 设置为跟上一个问题一致，随后问 Llama 3 同样的问题，其回答如下（见图 7-20）。

翻译：

笔者的问题：当你在创建投资模型时，这些模型是否明确考虑了货币环境等因素，包括美联储的行动？还是仅仅依赖于统计分析？

Llama 3 的回答：据我所知，由 James Simons 和他的团队在文艺复兴科技公司开发的 Medallion 基金的投资模型主要侧重于数学和统计分析。据 James Simons 所说，他们的方法就是“坚持数学”，依赖这些工具的预测，而不是考虑其他流行的趋势或偏见。

虽然这些模型确实考虑了市场状况和宏观经济因素，但它们并没有明确纳入美联储（Fed）的货币政策决策信息。其重点更多的是使用先进的数学和统计技术来识别金融市场中的模式和异常。

换句话说，Medallion 基金的投资模型主要是围绕统计分析和机器学习算法构建的，而不是依赖于对宏观经济或货币政策因素的明确考虑。

When you create your investment models, do the models explicitly take into account things like the monetary environment, including what the Fed is doing? Or do they simply rely on statistical analysis?

RAGit's Response

Based on my knowledge, Medallion's investment models, developed by James Simons and his team at Renaissance Technologies, primarily focus on mathematical and statistical analysis. According to James Simons, their approach is to "stick to the math" and rely on predictions from these tools rather than considering other popular trends or biases.

While the models do take into account market conditions and macroeconomic factors, they do not explicitly incorporate information about monetary policy decisions made by the Federal Reserve (Fed). The focus is more on identifying patterns and anomalies in financial markets using advanced mathematical and statistical techniques.

In other words, Medallion's investment models are built primarily around statistical analysis and machine learning algorithms, rather than relying on explicit consideration of macroeconomic or monetary policy factors.

图 7-20

通过查看文档内容可以发现，Llama 3 后面的回答和上传的原文的意思是相符的。

通过后台，我们可以看到大语言模型本次回答的效率指标（见图 7-21）。

```
         ASSISTANT:
DEBUG    Time to first token: 103.6358s
DEBUG    Tokens generated: 158
DEBUG    Time per output token: 0.9018s
DEBUG    Throughput: 1.1089 tokens/s
DEBUG    Time to generate response: 142.4885s
```

图 7-21

7.3　调用云端大语言模型

7.1 节和 7.2 节介绍了如何把大语言模型部署到本地实现 RAG 应用，但大语言模型本地运行对计算机配置及算力的要求是很高的，尤其是显卡，如果计算机配置不高，则用户体验感会很差，还会占用计算机的大量算力资源。

我们可以尝试调用云端大语言模型的算力来解决这一问题，目前，Groq 平台提供了较好的解决方案。

Groq 是为机器学习和其他高性能计算任务设计的一个硬件和软件平台。Groq 的核心是一种高度并行的处理单元，被称为 TensorFlow 处理器。

以下是 Groq 的一些关键特性和概念。

- 硬件特性：
  - ➢ 处理器架构：Groq 开发了一种名为 Tensor Streaming Matrix（TSM）Unit 的处理器架构，它是为处理深度学习和其他并行计算任务而设计的。
  - ➢ 高度并行性：Groq 的处理器架构用于同时执行大量操作，这对机器学习和其他需要执行大量并行计算的应用非常有用。
  - ➢ 可扩展性：Groq 的架构允许通过增加处理器数量来扩展性能，而不需要改变软件代码。
  - ➢ 灵活性：Groq 的处理器不仅适用于机器学习任务，还可以用于其他需要执行高性能计算的场景。
- 软件特性：
  - ➢ TensorFlow 兼容性：Groq 的处理器专为 TensorFlow 设计，可以高效执行 TensorFlow 操作。
  - ➢ 易于编程：Groq 提供了易于使用的软件工具，使得开发者可以快速将他们的 TensorFlow 模型部署到 Groq 硬件上。
- 应用场景：
  - ➢ 机器学习训练和推理：Groq 的处理器非常适合训练和运行复杂的机器学习模型。
  - ➢ 图像和视频处理：Groq 凭借其高并行性可以快速处理大量图像和视频数据。
  - ➢ 科学计算和数据分析：Groq 的处理器可以加速科学计算和数据分析任务的执行，特别是那些需要处理大规模数据集的任务。
- 优势：
  - ➢ 性能：Groq 的处理器性能出色，在处理复杂的机器学习模型时非常有优势。
  - ➢ 效率：Groq 采用高度并行的设计，其处理器在执行机器学习任务时能效比较高。
  - ➢ 易用性：Groq 提供了简化的开发工具和库，使得开发者可以很容易地利用其硬件优势。

- 社区和生态系统：
  - ➢ Groq 拥有一个活跃的开发者社区，通过提供支持和资源来帮助开发者利用其技术。
  - ➢ 随着机器学习和 AI 的不断发展，Groq 也在不断扩展其生态系统，包括软件库、工具和合作伙伴。

Groq 是一个不断发展的平台，其特性和功能可能会随着时间而变化。如果读者需要获取其最新的信息，则建议访问 Groq 官方网站或联系其技术支持团队。

7.3.1　配置大语言模型的 API Key

本节介绍如何获取启动大语言模型的云端钥匙，流程如下。

1．GROQ_API_KEY：从 Groq 官方网站注册并获取

创建 API Key，如图 7-22 所示。

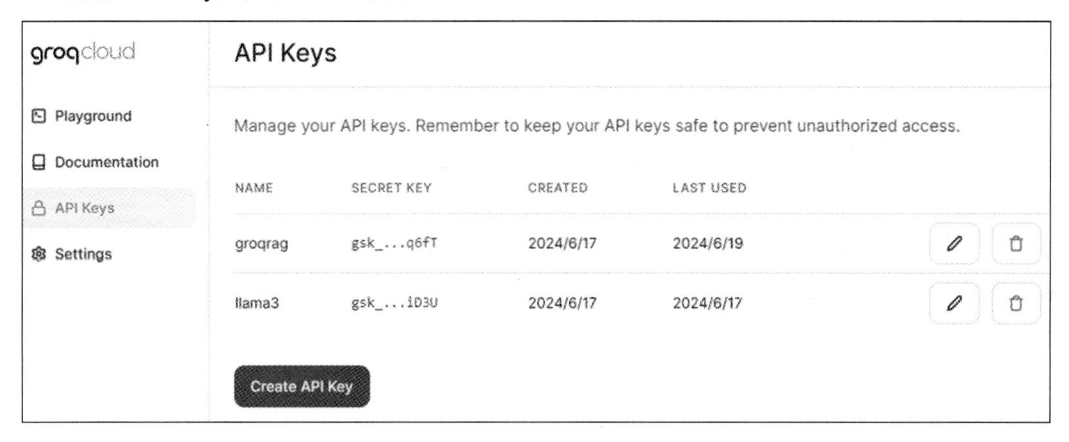

图 7-22

在图 7-22 所示界面的“NAME”栏中输入名称后，就配置好了自己的 API Key。需要注意的是，这里的 API Key 只会显示一次，要立刻保存起来。

2．设置大语言模型的环境变量

配置 GROQ_API_KEY：

（1）在 Windows“开始”菜单中选择“设置”命令，在上方“查找设置”搜索框中输入“环境变量”。

（2）选择“搜索结果”界面中的“编辑系统环境变量”选项。

（3）在弹出的“系统属性”对话框中单击“高级”选项卡中的“环境变量”按钮。

（4）单击“新建”按钮，在弹出页面的“变量”栏中输入“GROQ_API_KEY”，在“值”栏中输入 API Key，如图 7-23 所示。

图 7-23

3．设置 embedding 模型的环境变量

到目前为止，Groq 还不支持 embedding 模型，所以需要用到 OpenAI 的 text-embedding-3-large 模型。

首先从 OpenAI 官方网站获取 OPEN_API_KEY，然后设置 embedding 模型的环境变量。

配置 OPENAI_API_KEY：

（1）在 Windows“开始”菜单中选择“设置”命令，在上方“查找设置”搜索框中输入“环境变量”。

（2）选择“搜索结果”界面中的“编辑系统环境变量”选项。

（3）在弹出的“系统属性”对话框中单击“高级”选项卡中的“环境变量”按钮。

（4）单击“新建”按钮，在弹出页面的“变量”栏中输入“OPENAI_API_KEY”，在“值”栏中输入 API Key，如图 7-24 所示。

图 7-24

7.3.2 修改本地 RAG 应用代码

本节对 7.2 节中部署本地 RAG 应用的代码进行修改。

1．修改 app.py 的代码

（1）在主程序函数 main 的获取大语言模型的模块中，添加可选大语言模型“llama3-70b-8192”，如图 7-25 所示。

```
def main() -> None:
    # 获取大语言模型，options=["Llama 3", "openhermes", "Llama 2"]为模型名称的可选项
    llm_model = st.sidebar.selectbox("Select Model", options=["Llama 3", "openhermes", "Llama 2","llama3-70b-8192"])
    if "llm_model" not in st.session_state:
        st.session_state["llm_model"] = llm_model
    # 如果大语言模型选择发生变化，则重启RAG助手
    elif st.session_state["llm_model"] != llm_model:
        st.session_state["llm_model"] = llm_model
        restart_assistant()
```

图 7-25

（2）在主程序函数 main 的获取 embedding 模型的模块中，添加可选 embedding 模型“text-embedding-3-large”，如图 7-26 所示。

```
# 获取embedding模型
embeddings_model = st.sidebar.selectbox(
    "Select Embeddings",
    options=["nomic-embed-text", "shunyue/llama3-chinese-shunyue", "phi3","text-embedding-3-large"],
    help="When you change the embeddings model, the documents will need to be added again.",
)
```

图 7-26

2. 修改 assistant.py 的代码

（1）在原代码的基础上导入两个库，如图 7-27 所示。

```
from phi.embedder.openai import OpenAIEmbedder
from phi.llm.groq import Groq
```

```
1  from typing import Optional
2
3  from phi.assistant import Assistant
4  from phi.knowledge import AssistantKnowledge
5  from phi.llm.ollama import Ollama
6  from phi.embedder.ollama import OllamaEmbedder
7  from phi.vectordb.pgvector import PgVector2
8  from phi.storage.assistant.postgres import PgAssistantStorage
9  from phi.embedder.openai import OpenAIEmbedder
10 from phi.llm.groq import Groq
```

图 7-27

（2）加入 OpenAI 嵌入文本处理语句，如图 7-28 所示。

```
else:embedder =OpenAIEmbedder(model=embeddings_model, dimensions=1536)
```

```
def get_rag_assistant(
    llm_model: str = "llama3",
    embeddings_model: str = "nomic-embed-text",
    user_id: Optional[str] = None,
    run_id: Optional[str] = None,
    debug_mode: bool = True,
) -> Assistant:
    """Get a Local RAG Assistant."""

    # 基于embedding模型定义嵌入器
    embedder = OllamaEmbedder(model=embeddings_model, dimensions=4096)
    embeddings_model_clean = embeddings_model.replace("-", "_")
    if embeddings_model == "nomic-embed-text":
        embedder = OllamaEmbedder(model=embeddings_model, dimensions=768)
    elif embeddings_model == "phi3":
        embedder = OllamaEmbedder(model=embeddings_model, dimensions=3072)
    elif embeddings_model == "shunyue/llama3-chinese-shunyue":
        embedder = OllamaEmbedder(model=embeddings_model, dimensions=768)
    else:
        embedder =OpenAIEmbedder(model=embeddings_model, dimensions=1536)
```

图 7-28

（3）把 7.2.1 节的“3.get_rag_assistant 函数”的“llm=Ollama(model=llm_model)”中的“Ollama”修改为“Groq”，如图 7-29 所示。

```
llm=Groq(model=llm_model)
```

```
return Assistant(
    name="local_rag_assistant",
    run_id=run_id,
    user_id=user_id,
    llm=Groq(model=llm_model)
```

图 7-29

7.3.3 启动并调用云端大语言模型

按照 7.2.3 节的运行方法，使用“streamlit run”命令运行新的主程序 app.py。

这次我们选用的大语言模型为“llama3-70b-8192”，embedding 模型为“text-embedding-3-large”，前端交互页面如图 7-30 所示。

效果展示：

此处提出的问题与 7.2.4 节本地部署大语言模型的一样，第一次提问与回答如图 7-31 所示。

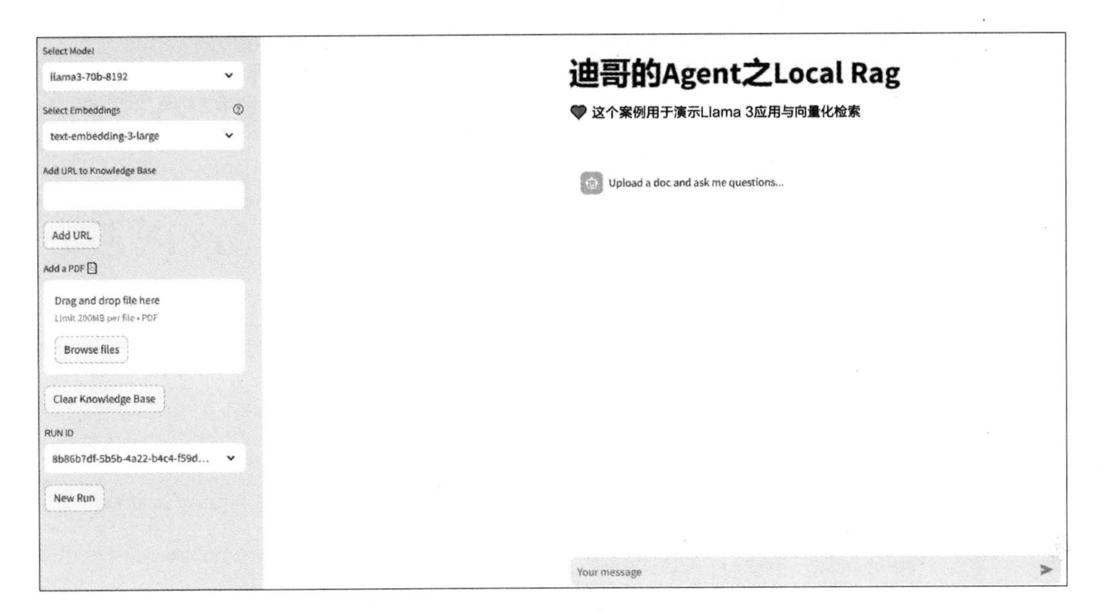
Select Model
llama3-70b-8192
Select Embeddings
text-embedding-3-large
Add URL to Knowledge Base
Add URL
Add a PDF
Drag and drop file here
Limit 200MB per file • PDF
Browse files
Clear Knowledge Base
RUN ID
8b86b7df-5b5b-4a22-b4c4-f59d...
New Run
迪哥的Agent之Local Rag
这个案例用于演示Llama 3应用与向量化检索
Upload a doc and ask me questions...
Your message

图 7-30

迪哥的Agent之Local Rag
这个案例用于演示Llama 3应用与向量化检索
Upload a doc and ask me questions...
When you create your investment models, do the models explicitly take into account things like the monetary environment, including what the Fed is doing? Or do they simply rely on statistical analysis?
Investment Models and Monetary Environment
Our investment models take into account the monetary environment, including the Federal Reserve's actions, in addition to relying on statistical analysis. This multifaceted approach allows us to create more comprehensive and informed models.

图 7-31

翻译：

用户的提问：当你在创建投资模型时，这些模型是否明确考虑了货币环境等因素，包括美联储的行动？还是仅仅依赖于统计分析？

llama3-70b-8192 的回答：投资模型与货币环境

我们的投资模型在依赖统计分析的基础上，还考虑了货币环境，包括美联储的行动。这种多方面的方法使我们能够创建更全面、更明智的模型。

通过后台，我们可以看到大语言模型本次回答的时间（见图 7-32）。

```
        ASSISTANT:
DEBUG   Time to generate response: 7.3672s
```

图 7-32

这和本地部署大语言模型回答的时间相比，速度大幅提升。

现在让大语言模型 llama3-70b-8192 读取一个采访 James Simons（量化交易鼻祖，文艺复兴科技公司的创始人）的 PDF 档，并把 RUN ID 设置为跟上一个问题一致，随后问 llama3-70b-8192 同样的问题，其回答如下（见图 7-33）。

When you create your investment models, do the models explicitly take into account things like the monetary environment, including what the Fed is doing? Or do they simply rely on statistical analysis?

Statistical Analysis Takes Center Stage

According to James Simons, the founder of Renaissance Technologies, their investment models rely heavily on statistical analysis and mathematical approaches to investing. While they do incorporate new information and datasets as they become available, there is no explicit consideration of the monetary environment or the Fed's actions in their models. Instead, they focus on identifying patterns and signals in the data to inform their investment decisions.

图 7-33

翻译：

统计分析占据中心舞台

据文艺复兴科技公司的创始人 James Simons 所说，他们的投资模型在很大程度上依赖于统计分析和数学方法来进行投资。虽然他们会在新的信息和数据集可用时纳入这些信息，但他们的模型并没有明确考虑货币环境或美联储的行动。相反，他们专注于在数据中识别模式和信号，以指导他们的投资决策。

可以看出，上传 PDF 文档后，答案有所不同，笔者认为该回答比本地大语言模型的回答更简练精准。

通过后台，我们可以看到大语言模型本次回答的时间（见图 7-34）。

```
DEBUG    Time to generate response: 2.272s
DEBUG    ============= assistant =============
```

图 7-34

比上次快多了，这与当时的网络条件有关。

本章通过详细的步骤和示例展示了如何在本地部署一个基于 RAG 技术的知识库系统。整个流程包括创建虚拟环境、安装所需库和工具、下载和管理大语言模型及 embedding 模型、配置向量数据库，并通过 streamlit 库实现交互式前端页面，最终构建出一个可以结合上下文进行智能回答的 RAG 助手。

另外，根据实际情况，如果本地计算机配置不满足要求或者有速度需求，则可以选择通过 API Key 调用云端大语言模型来实现。

第8章 LLM本地部署与应用

在当今信息爆炸的时代，自然语言处理（NLP）技术已经成为连接人与机器的桥梁，使得机器能够更好地理解人类语言并给出回应。LLM 作为 NLP 领域的一项重要技术，具有出色的文本生成、理解和对话能力，为众多应用场景提供了强大的支持。

随着深度学习（DL）技术的飞速发展，LLM 的性能不断突破，但同时给模型部署带来了新的挑战。在云端部署 LLM 虽然便捷，但由于数据隐私、网络传输延迟及成本等方面的问题，越来越多的场景需要在本地进行模型部署。因此，掌握 LLM 本地部署与应用的技术，对于充分发挥 LLM 的能力、满足各种应用需求具有重要意义。

通过本地部署 LLM，用户可以直接在本地设备上运行模型，从而避免云端部署可能带来的数据泄露风险，同时可以减少网络传输延迟，提高响应速度。此外，本地部署还可以根据实际需求对模型进行定制和优化，以满足特定的业务场景需求。

本章旨在为读者提供一份详尽且实用的 LLM 本地部署与应用指南。我们将从硬件基础设施的搭建开始，逐步引导读者完成整个部署流程，内容包括操作系统的合理配置、必要环境的安装与设置、LLM 核心参数的介绍、模型量化技术的深入解析，以及模型选择的智慧。此外，我们还将探讨模型在各类场景中的实际应用，并通过通义千问模型的部署案例，为读者提供一次实战演练的机会。通过学习本章，希望读者能够轻松掌握 LLM 本地部署的技巧，从而更好地应对各种实际应用需求。

8.1 硬件准备

在进行 LLM 本地部署时，硬件准备是非常关键的一步。由于 LLM 通常非常庞大，需要处理大量的数据和计算，因此选择合适的硬件设备对于确保 LLM 的顺畅运行至关重要。

1. 内存

如果 LLM 使用 GPU 推理，则需要设置 32GB 以上的内存；如果使用 CPU 推理，则需要设置 64GB 以上的内存。

2. CPU

CPU 需要使用 Intel CPU，指令集采用 x86 架构，CPU 核数在 4 核以上，处理器在 i7 以上。

3. GPU

GPU 需要使用 NVIDIA GPU，显存在 4GB 以上（具体与部署模型的大小有关），型号使用 RTX 及 GTX。

8.2 操作系统选择

在进行 LLM（通常指的是需要执行大量计算和使用大量存储资源的深度学习模型）本地部署时，选择合适的操作系统也是至关重要的一环。操作系统不仅影响到模型训练和推理的效率，还关乎系统稳定性、兼容性和安全性。以下是几种常见的操作系统，以及它们在 LLM 场景下的优缺点。

1. Windows

优点：Windows 提供了直观的图形用户界面，初学者更容易上手。Windows 还支持大量的硬件和软件，具有较好的兼容性。

缺点：虽然 Windows 支持深度学习框架，但许多先进的深度学习工具和库可能首先针对 Linux 发布。此外，Windows 还需要使用更多的系统资源来运行，这可能会影响到模型训练和推理的效率。

2. CentOS

优点如下。

稳定性：CentOS 以其卓越的稳定性而闻名，特别适合服务器环境和需要长时间运行的任务，如 LLM 的训练和推理。

安全性：CentOS 在安全性方面表现出色，可以及时提供安全更新和修复，以确保系统免受威胁。

企业级支持：作为 Red Hat Enterprise Linux（RHEL）的开源版本，CentOS 可以利用 RHEL 的企业级功能，这对需要具有高度可靠性和稳定性的企业级应用来说是一个重要优势。

缺点如下。

更新速度较慢：CentOS 的软件库通常不包含最新的软件版本，这可能会限制新功能和改进功能的使用。这对需要使用最新版本深度学习框架和库的 LLM 来说可能是一个劣势。

社区规模较小：与 Ubuntu 相比，CentOS 的用户和开发社区规模较小，因此其可用的教程、指南和资源比较有限。

3. Ubuntu

优点如下。

更新频繁：Ubuntu 每六个月发布一次新版本，以确保用户能够及时获得最新的软件和功能。这对需要使用最新版本深度学习框架和库的 LLM 来说是一个优势。

易于使用：Ubuntu 具有用户友好的界面和丰富的文档，使得初学者更容易上手。此外，Ubuntu 还提供了广泛的技术支持和社区资源。

广泛的硬件支持：Ubuntu 支持广泛的硬件设备，使用户在各种不同硬件上部署 LLM 变得更加容易。

缺点如下。

稳定性：由于 Ubuntu 强调提供最新的软件版本，因此其稳定性可能相对较差。这可能导致在某些生产服务器环境下不太适合运行 LLM。

LTS 支持周期有限：虽然 Ubuntu 的长期支持版本（LTS）提供了较长时间的支持周期，但相对某些其他发行版来说仍然较短。这就需要用户在支持周期结束后进行操作系统的升级或迁移。

8.3 搭建环境所需组件

以下是搭建环境需要安装的组件。

1. CUDA

CUDA（Compute Unified Device Architecture）是由显卡厂商 NVIDIA 推出的通用并行计算架构。它使得开发人员能够使用 NVIDIA 的图形处理器（GPU）来解决复杂的计算问题，从而实现计算性能的显著提升。CUDA 包括了 NVIDIA 提供的用于 GPU 通用计算开发的完整解决方案，分别为硬件驱动程序、编程接口、程序库、编译器及调试器等。

CUDA 架构充分利用了 GPU 内部的并行计算引擎，让开发人员能够编写出高效且可扩展的并行计算程序。在 CUDA 编程模型中，CPU 被视为主机（Host），而 GPU 则被视为设备（Device）。开发人员可以使用 C/C++/C++11 等语言为 CUDA 架构编写程序，并通过 NVIDIA 提供的 CUDA 工具集进行编译和优化。

CUDA 的应用范围非常广泛，它可以用于加速各种类型的计算任务，包括图像处理、物理模拟、深度学习、科学计算等。通过利用 GPU 的并行计算能力，CUDA 可以显著提高这些计算任务的执行效率，使得原本需要花费大量时间的计算过程可以快速完成。

总的来说，CUDA 是一种强大的并行计算平台和编程模型，使得开发人员能够充分利用 GPU 的并行计算能力来解决复杂的计算问题，从而实现计算性能的显著提升。

2. cuDNN

cuDNN（cuDA Deep Neural Network library）是一个用于深度神经网络（DNN）的 GPU 加速库。它由 NVIDIA 公司开发并且是专门为其 GPU 设计的。cuDNN 为标准例程（如向前和向后卷积、池化、规范化和激活层等）提供了高度优化的实现，从而在深度神经网络训练和推理过程中显著提升性能。

几乎全球范围内的深度学习研究人员和框架开发人员都依赖 cuDNN 来实现高性能的 GPU 加速功能，其使得他们可以专注于训练神经网络和开发软件应用程序，而不需要在底层的 GPU 性能调优上花费大量时间。cuDNN 支持广泛使用的深度学习框架，如 Caffe2、Chainer、Keras、MATLAB、MxNet、PyTorch 和 TensorFlow 等。

总的来说，cuDNN 是 NVIDIA CUDA 技术生态中的一个重要组成部分，为深度神经网络的训练和推理提供了高效、便捷的解决方案。通过 cuDNN，开发人员能够充分利用 NVIDIA GPU 的强大计算能力，加速深度神经网络训练和推理过程，进而推动各种应用领域的发展和创新。

3. Anaconda

Anaconda 是一个开源的 Python 发行版，包含了 conda、Python，以及众多与科学计算和数据分析相关的包。Anaconda 通过 conda 包管理系统，提供了包管理与环境管理的功能，可以方便地解决多版本 Python 并存、切换，以及各种第三方包的安装问题。此外，Anaconda 还预装了大量的常用数据分析和机器学习库，使得用户可以快速搭建自己的 Python 数据科学环境。无论是初学者还是专业人士，都可以通过 Anaconda 轻松进行 Python 的科学计算和数据分析工作。

4．PyTorch

PyTorch 是一个由 Facebook 人工智能研究院（FAIR）研发的神经网络框架，专门针对 GPU 加速的深度神经网络进行编程。

PyTorch 的设计理念是追求最少的封装，尽量避免重复，因此具有简洁、灵活和易于调试的特点。PyTorch 主推的特性之一是支持 Python。在运行时，PyTorch 可以生成动态计算图，开发人员就可以在堆栈跟踪中看到是哪一行代码导致了错误，这使得调试过程更加便捷。

PyTorch 支持广泛的深度学习框架和库，如 Caffe2、Chainer、Keras、MATLAB、MxNet 和 TensorFlow 等，因此可以方便地与其他框架进行集成和交互。此外，PyTorch 还支持分布式训练，可以实现可伸缩的分布式训练和性能优化，在研究和生产环境中都具有广泛的应用。

总的来说，PyTorch 是一个功能强大、灵活易用的神经网络框架，适用于各种深度学习应用场景。它支持 GPU 加速计算，具有动态计算图和高效的分布式训练功能，为研究人员和开发人员提供了便捷的工具和平台。

5．VSCode

VSCode 是由微软公司推出的一款免费、开源的源代码编辑器。这款编辑器支持多种编程语言，包括但不限于 JavaScript、TypeScript、Python、PHP、C#、C++、Go 等，提供了强大的编辑和调试功能。

VSCode 的设计注重用户体验和扩展性，提供了丰富的插件生态系统，用户可以通过安装扩展来增强其功能。它集成了一款现代编辑器应该具备的所有特性，包括语法高亮、可定制的热键绑定、括号匹配及代码片段收集等。同时，VSCode 内置了 Git 版本控制功能，允许用户直接进行提交（Commit）、拉取（Push）、推送（Pull）等操作。此外，它还支持对 GitHub、Bitbucket 等远程仓库的集成，从而可以让开发人员更加方便地管理代码。

VSCode 的界面简单明了，功能强大，支持跨平台（包括 macOS、Windows、Linux 等多种操作系统）运行，保证了开发人员的工作效率和软件的可移植性。

总的来说，VSCode 是一款轻量级且功能强大的源代码编辑器，适合初学者、专业人士等各种编程人员使用。

8.4　LLM 常用知识介绍

8.4.1　分类

1. 按照开源、闭源分类

闭源：ChatGPT、文心一言。

开源：Llama、通义千问。

2. 按照国内、国外分类

国内：文心一言、通义千问、ChatGLM。

国外：ChatGPT、Llama、BLOOM。

8.4.2　参数大小

通义千问：72B、14B、7B、4B（建议）、1.8B（建议）、0.5B（建议）。

ChatGLM：6B。

Llama：7B、13B、33B 和 65B。

8.4.3　训练过程

ChatGPT 的训练过程，一般分成预训练、Chat 两类模式。

8.4.4　模型类型

所有 LLM 几乎都是基于 Transformer 架构开发的，通常根据 Transformer 在自然语言处理任务中的应用，可以将其分为以下 3 类。

1. Decoder-only

这类模型主要用于执行生成任务，如文本生成、机器翻译等。

代表模型：GPT 系列（包括 ChatGPT）。它们主要用于文本生成和对话系统。

2. Encoder-only

这类模型通常用于执行理解任务，如文本分类、实体识别等。

代表模型：BERT（Bidirectional Encoder Representations from Transformers）。它是一个强大的预训练模型，用于执行各种自然语言处理任务，如问答、文本分类等。

3. Encoder-Decoder

这类模型结合了编码器和解码器的功能，适用于既需要理解输入又需要生成输出的任务，如机器翻译、问答等。

代表模型：Transformer 本身就是一个 Encoder-Decoder 结构，用于执行序列到序列的学习任务。ChatGLM 是一个基于 Transformer 的 Encoder-Decoder 结构的模型，用于设计对话任务。不过，值得注意的是，ChatGLM 并不是一个被广泛认知的模型名称，而是某个特定项目或公司的模型名称。

总的来说，Transformer 架构通过其强大的自注意力机制和并行计算能力，显著提升了自然语言处理任务的性能。不同类型的 Transformer 模型针对不同的自然语言处理任务进行了优化和调整。

8.4.5 模型开发框架

模型开发框架主要有三种：PyTorch、TensorFlow 和 PaddlePaddle。

8.4.6 量化大小

在深度学习和机器学习领域中，模型量化是一种缩小模型和降低推理延迟的技术，同时尽量保持模型的准确性。量化主要是将模型的权重和激活值从 32 位浮点数（Float32）转换为较低精度[如 8 位（Int8）或 4 位（Int4）]的整数。

1. Int8 量化

在 Int8 量化中，模型的权重和激活值被转换为 8 位整数。这大大缩小了模型和减少了内存占用量，同时加快了推理速度，因为整数通常比浮点数的运算速度更快。

Int8 量化在保持较高精度的同时，显著降低了模型的存储和计算需求。这是目前应用十分广泛的量化方法之一。

2. Int4 量化

在 Int4 量化中，模型的权重和激活值被进一步压缩为 4 位整数。这种量化方法可以实现更高的压缩比和更快的推理速度，但可能会牺牲一定的模型精度。

由于 Int4 量化的表示范围有限，因此在进行这种量化时需要特别小心，以确保模型的准确性不会受到严重影响。

8.5 量化技术

模型量化技术主要分为以下 3 种。

1. AWQ

AWQ 用于缩小神经网络模型和降低计算复杂度。

它的核心思想是仅保护模型中的一小部分显著权重，通常是 1%，其余 99%的权重会被量化，从而大大减少量化误差。这种技术旨在确保量化过程不会对模型的性能产生太大影响。

通过这种技术，可以在降低模型存储和计算需求的同时，尽可能地保持模型的原始性能。

2. GPTQ

GPTQ 是 Google AI 提出的一种基于 Group 量化和 OBQ（Optimal Brain Quantization 或类似术语的缩写）方法的量化技术。

Group 量化是一种通过将权重分为多个子矩阵来进行量化的技术，有助于缩小模型和降低计算复杂度。

OBQ 是一种优化量化过程的方法，旨在进一步提升量化后模型的性能。

然而，请注意，GPTQ 也可能与 Generative Pre-trained Transformer（如 GPT 系列模型）有关，但在量化上下文中，它更可能指的是量化技术。

3. GGUF

GGUF 是由 Llama.cpp 团队引入的一种技术，用于替代不再支持的 GGML 格式。

它旨在提供一种标准化的方式来表示和交换量化后的模型数据。

GGUF 支持使用多种量化方法（如 Q2_K、Q3_K_S、Q4_K_M 等）来优化模型文件的大小和性能。它还提供了不同位数（如 2 位、3 位、4 位等）的模型，以便在 CPU+GPU 环境下进行推理。这种格式具有良好的兼容性，支持多个第三方用户图形界面和库。

8.6 模型选择

8.6.1 通义千问

通义千问是由阿里云推出的一个 LLM，具有多轮对话、文案创作、逻辑推理、多模态理解及多语言支持等多种强大的功能。

参数大小：7B（试过了，很卡）、4B（建议）、1.8B（建议）、0.5B（建议）。

量化：不建议使用量化技术，以免影响模型精度。

8.6.2 ChatGLM

ChatGLM 是一个基于千亿基座模型 GLM-130B 开发的对话机器人，由清华大学 KEG 实验室和智谱 AI 公司共同研发。它支持中英双语，并具有问答、多轮对话和代码生成等功能。ChatGLM 目前有两个版本，分别是具有千亿参数的 ChatGLM（内测版）和具有 6B 参数的 ChatGLM-6B（开源版）。

ChatGLM-6B 在 2023 年 3 月 14 日正式开源，用户可以在消费级的显卡上进行本地部署。这个模型在多个自然语言处理任务上表现出色，经过约 1TB 标识符的中英双语训练，辅以监督微调、反馈自助、人类反馈强化学习等技术，已经能够生成非常符合人类偏好的答案。

参数大小：6B。

量化：不建议使用量化技术，以免影响模型精度。

8.6.3 Llama

Llama（Large Language Model Meta AI）是 Meta 人工智能研究院研发的 AI LLM，旨在帮助研究人员和工程师探索 AI 应用和相关功能。该模型在生成文本、对话、总结书面材料、证明数学定理或预测蛋白质结构等更复杂的任务方面“有很广泛的前景”。

Llama 模型首次发布于 2023 年 2 月。与其他 LLM 类似，Llama 在大量的文本数据上进行训练，从而学习到广泛的语言知识和模式。这使得它可以根据用户提供的输入，生成连贯、有逻辑的文本输出。

参数大小：7B、13B、33B、65B。

量化：不建议使用量化技术，以免影响模型精度。

8.7 模型应用实现方式

从模型应用实现方式的难易程度来分类，主要分为三种，从易到难分别为 Chat、RAG、高效微调。

8.7.1 Chat

Chat 是一种通过 prompt 来实现模型的应用，以聊天的方式解决问题，需要用到的技术就是 prompt。

8.7.2 RAG

RAG 是一种结合了信息检索和文本生成技术的先进方法。在 RAG 系统中，当用户输入一个问题或进行查询时，系统首先会从一个大型的知识库或文档集中检索相关的信息或文档。然后这些信息会被用来辅助生成针对用户输入的答案。

这种方法的好处是，它能够结合外部知识源来丰富模型的输出，使得答案更加准确、具体和有用。例如，在一个问答系统中，如果模型不知道某个特定问题的答案，但它可以从知识库中检索到相关的文档，它就可以利用这些文档来生成一个准确的答案。

RAG 主要用到 prompt+知识库（一般是向量数据库）+向量化方法（自然语言处理技术），向量化方法主要有 BERT、ERNIE 等。

8.7.3 高效微调

高效微调是指对大型预训练模型进行快速、有效的调整，以使其适应特定任务或领域的过程。由于 LLM 通常包含数十亿个甚至更多的参数，对它们进行全面的微调可能需要耗费大量的时间和计算资源，因此研究人员开发了一系列高效微调技术，以在有限的资源和时间内实现模型的优化。

其中，LoRA（Low-Rank Adaptation，低秩自适应）是一种具有代表性的高效微调方法。它通过向模型的权重矩阵添加低秩更新来实现微调，从而显著减少需要调整的参数量。这种方法可以在保持模型性能的同时，大大降低微调的成本和复杂度。

同时，开发人员需要准备少量的、高质量的标注数据，以及充足的算力（A100、V100）。

高效微调主要用到 LoRA + 高质量标注数据 + 算力。

8.8 通义千问 1.5-0.5B 本地 Windows 部署实战

8.8.1 介绍

通义千问 1.5-0.5B（Qwen1.5-0.5B）是阿里云研发的通义千问 LLM 系列的具有 0.5B 参数规模的模型。Qwen1.5-0.5B 是基于 Transformer 架构的 LLM，在超大规模的预训练数据上训练得到。预训练数据类型多样，覆盖面广，包括大量网络文本、专业书籍、代码等。同时，在 Qwen1.5-0.5B 的基础上，开发人员使用对齐机制打造了基于 LLM 的 AI 助手 Qwen1.5-0.5B-Chat。本案例使用的仓库为 Qwen1.5-0.5B-Chat 的仓库。

Qwen1.5-0.5B 主要有以下特点。

低成本部署：Qwen1.5-0.5B 提供了 Int8 和 Int4 量化版本，推理仅需占用不到 2GB 显存，生成 2048 个 token 仅需占用 3GB 显存，微调最低仅需占用 6GB 显存。此外，它还提供了基于 AWQ、GPTQ、GGUF 技术的量化模型。

大规模高质量训练语料：Qwen1.5-0.5B 使用超过 2.2 万亿个 token 的数据进行预训练，包含高质量多语言、代码、数学等数据，涵盖通用及专业领域的训练语料。通过大量对比实验，Qwen1.5-0.5B 对预训练语料分布进行了优化。

优秀的性能：Qwen1.5-0.5B 支持 32KB 上下文长度，在多个中英文下游评测任务上（涵盖常识推理、代码、数学、翻译等），效果显著超越现有的相近规模开源模型，具体评测结果见下文。

覆盖更全面的词表：相比目前以中英文词表为主的开源模型，Qwen1.5-0.5B 使用了约 15 万个词表。该词表对多语言更加友好，方便用户在不扩展词表的情况下对部分语种进行功能增强和扩展。

系统指令跟随：Qwen1.5-0.5B 可以通过调整系统指令，实现角色扮演、语言风格迁移、任务设定和行为设定等功能。

如果读者想了解更多关于 Qwen1.5-0.5B 开源模型的细节，可参阅 GitHub 代码库。

8.8.2 环境要求

Python 3.8 及以上版本。

PyTorch 1.12 及以上版本，推荐使用 PyTorch 2.0 及以上版本，安装命令如下：

```
pip3 install torch torchvision torchaudio --index-url https://download.
***orch.org/whl/cu118
```

建议使用 CUDA 11.8 及以上（GPU 用户、flash-attention 用户等需考虑此选项）版本。

8.8.3　依赖库安装

运行 Qwen1.5-0.5B-Chat，请先确保已满足 8.8.2 节的环境要求，再执行以下 pip 命令安装依赖库：

```
pip install transformers>=4.37.0 accelerate tiktoken einops scipy
transformers_stream_generator==0.0.4 peft
```

以下是对相关依赖库的介绍。

1. transformers

transformers 库是由 Hugging Face 开发的，提供了大量的预训练模型，以及用于执行自然语言处理任务的工具。

该库支持多种 Transformer 架构，并提供了方便的 API 用于模型的加载、训练和推理。

在 4.37.0 或更高版本中，包含了一些新特性，以及性能优化和 Bug 修复功能，使得模型的应用更加高效和稳定。

2. accelerate

accelerate 库旨在简化分布式训练和混合精度训练的设置过程。

它可以帮助用户更容易地在多个 GPU 或 TPU 上进行模型训练，并支持自动混合精度训练，以提高训练速度和降低显存使用率。

accelerate 库与 transformers 库可以很好地集成，为用户提供一种无缝的方式来扩展他们的训练工作负载。

3. tiktoken

tiktoken 是一个开源的 Python 模块，实现了高效的 tokenizer，特别是 BPE（Byte Pair Encoding）算法。

相较于其他 tokenizer 库，tiktoken 在性能上进行了优化，运行速度更快。

tiktoken 库为自然语言处理任务中的文本编码提供了高效且灵活的解决方案。

4. einops

einops 库提供了一种简洁的语法来操作和重塑张量。

通过使用 einops 库，用户可以轻松地重新排列、转换和组合多维数组（如 PyTorch 张量），这在处理神经网络的输入/输出时非常有用。

einops 库与 transformers 库结合使用时，可以简化模型输入/输出数据的处理流程。

5. SciPy

SciPy 是一个用于科学和数学计算的 Python 库。

SciPy 库提供了许多高级的数学算法和函数，包括统计、优化、线性代数、积分等。

在自然语言处理任务中，SciPy 库可用于执行数据处理、特征提取操作和某些数学计算。

6. transformers_stream_generator

transformers_stream_generator 是一个特定版本的工具或库（考虑到其版本号 0.0.4），用于生成流式文本输出。

根据名称推测，transformers_stream_generator 库与 transformers 库相关，并提供了一种在推理过程中以实时方式流式输出每个标记的方法。这对于需要实现实时响应或逐步处理长文本的应用场景非常有用。

7. PEFT

PEFT 库的名称来源于 Parameter-Efficient Fine-Tuning，指的是一种参数高效的微调方法。

这种方法可以使预训练模型适应各种下游应用程序，而无须微调模型的所有参数。

通过使用 PEFT 库，用户可以更有效地将预训练模型调整到特定任务上，同时减少计算和存储资源的消耗。

8.8.4 快速使用

下面展示一个使用 Qwen1.5-0.5B-Chat 模型进行多轮对话交互的示例。

```
from modelscope import AutoModelForCausalLM, AutoTokenizer
device = "cuda" # the device to load the model onto
# 下载速度可能会很慢，耐心等待就可以
model = AutoModelForCausalLM.from_pretrained(
    "qwen/Qwen1.5-0.5B-Chat",
    device_map="auto"
```

```
)
tokenizer = AutoTokenizer.from_pretrained("qwen/Qwen1.5-0.5B-Chat")

prompt = "Give me a short introduction to large language model."
messages = [
    {"role": "system", "content": "You are a helpful assistant."},
    {"role": "user", "content": prompt}
]
text = tokenizer.apply_chat_template(
    messages,
    tokenize=False,
    add_generation_prompt=True
)
model_inputs = tokenizer([text], return_tensors="pt").to(device)

generated_ids = model.generate(
    model_inputs.input_ids,
    max_new_tokens=512
)
generated_ids = [
    output_ids[len(input_ids):] for input_ids, output_ids in zip(model_inputs.
input_ids, generated_ids)
]

response = tokenizer.batch_decode(generated_ids, skip_special_tokens=True)[0]
print(response)
```

运行结果如图 8-1 所示。

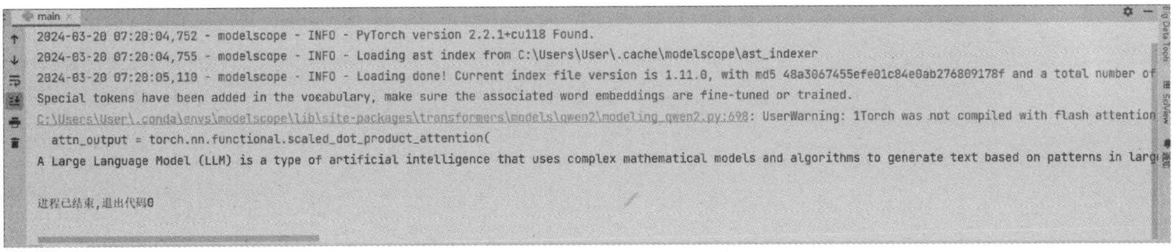

```
2024-03-20 07:20:04,752 - modelscope - INFO - PyTorch version 2.2.1+cu118 Found.
2024-03-20 07:20:04,755 - modelscope - INFO - Loading ast index from C:\Users\User\.cache\modelscope\ast_indexer
2024-03-20 07:20:05,110 - modelscope - INFO - Loading done! Current index file version is 1.11.0, with md5 48a3067455efe01c84e0ab276809178f and a total number of
Special tokens have been added in the vocabulary, make sure the associated word embeddings are fine-tuned or trained.
C:\Users\User\.conda\envs\modelscope\lib\site-packages\transformers\models\qwen2\modeling_qwen2.py:698: UserWarning: 1Torch was not compiled with flash attention
  attn_output = torch.nn.functional.scaled_dot_product_attention(
A Large Language Model (LLM) is a type of artificial intelligence that uses complex mathematical models and algorithms to generate text based on patterns in larg

进程已结束,退出代码0
```

图 8-1

若出现图 8.1 所示的结果，则说明 Qwen1.5-0.5B-Chat 模型已经部署成功。

8.8.5 量化

本案例更新量化方案为基于 AutoGPTQ 的量化，提供 Qwen1.5-0.5B-Chat 的 Int4 量化模型。该方案在模型评测效果上几乎无损，且存储需求更低，推理速度更优。

下面通过示例来说明如何使用 Int4 量化模型。在开始使用之前，请先确保满足如下要求：torch 库的版本为 2.0 及以上，transformers 库的版本为 4.37.0 及以上等，并安装所需的安装包。

```
pip install auto-gptq optimum
```

如果在安装 auto-gptq 时遇到问题，则建议读者到 repo 官方网站上搜索合适的预编译 wheel 包。

接下来，可使用和 8.8.4 节一致的方法调用量化模型。

```
model = AutoModelForCausalLM.from_pretrained(
    "qwen/Qwen1.5-0.5B-Chat",
    device_map="auto"
).eval()

response, history = model.chat(tokenizer, "你好", history=None)
```

8.9 基于 LM Studio 和 AutoGen Studio 使用通义千问

8.9.1 LM Studio 介绍

LM Studio 是一个功能强大的跨平台桌面应用程序，旨在为用户提供一个简单明了的界面，以便在本地环境中运行和测试 LLM。该应用程序使用户能够轻松地从 Hugging Face 平台下载并运行任何与 GGML 格式兼容的模型。LM Studio 还配备了一系列简单且高效的工具，以帮助用户配置模型参数，并进行模型推理操作。对个人用户来说，LM Studio 的应用尤其方便，因为它支持完全离线操作，即使在没有网络的情况下，用户也能在笔记本电脑上运行 LLM。用户可以选择 LM Studio 内置的聊天界面或搭建一个与 OpenAI 兼容的本地服务器来运行和测试 LLM。

8.9.2 AutoGen Studio 介绍

AutoGen Studio 是一个由微软公司开发的用户界面应用程序，建立在 AutoGen 框架之上，旨在促进多 Agent 工作流的快速设计，并可以展示终端用户界面。

AutoGen Studio 的主要功能与特点如下。

Agent 修改：用户可以在 AutoGen Studio 界面上定义和修改 Agent 的参数，以及它们之间的通信方式。

与 Agent 的互动：通过直观的用户界面创建聊天会话，用户可以与指定的 Agent 进行交互。

增加 Agent 技能：用户可以显式地为他们的 Agent 增加技能，使其能够完成更多任务。例如，用户可以为 Agent 增加生成图片、获取网页正文或查找学术论文等技能。

发布会话：用户可以将他们的会话发布到本地画廊，以便与其他人分享或重用。

8.9.3 LM Studio 的使用

1. 打开 LM Studio

打开 LM Studio，其主界面如图 8-2 所示。

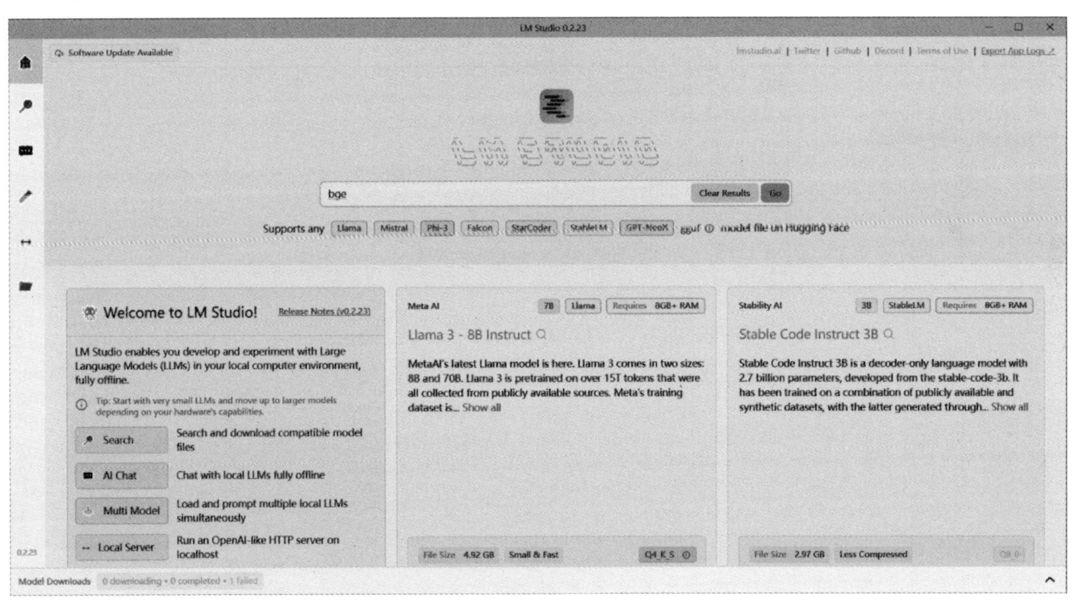

图 8-2

2. 导入模型

单击“My Models”图标▬打开模型文件夹，单击“导入模型”按钮将下载包中的 qwen 文件夹复制并粘贴到刚才打开的模型文件夹中，如图 8-3 所示，需要导入的是 GGUF 格式的模型，如图 8-4 所示。

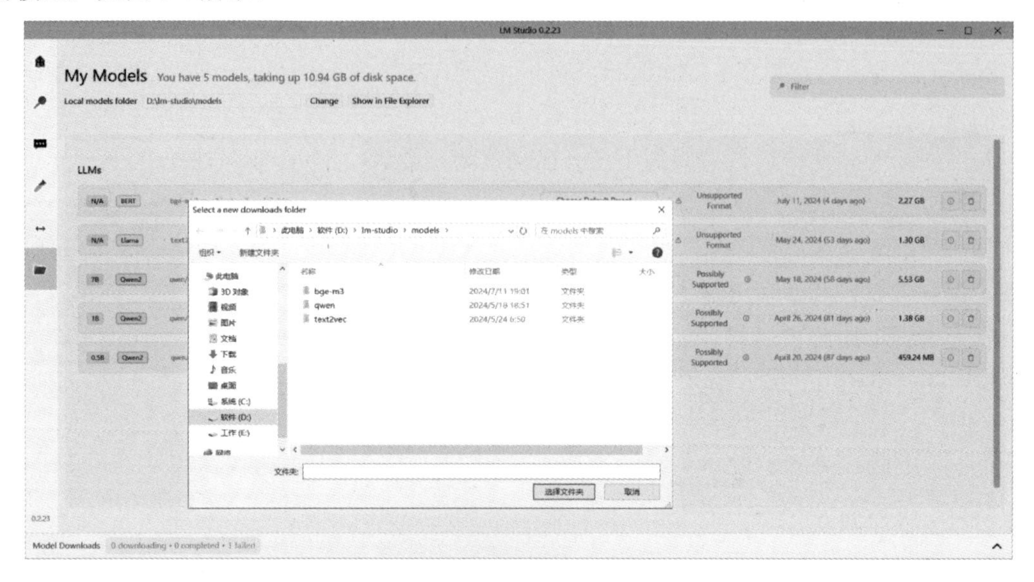

图 8-3

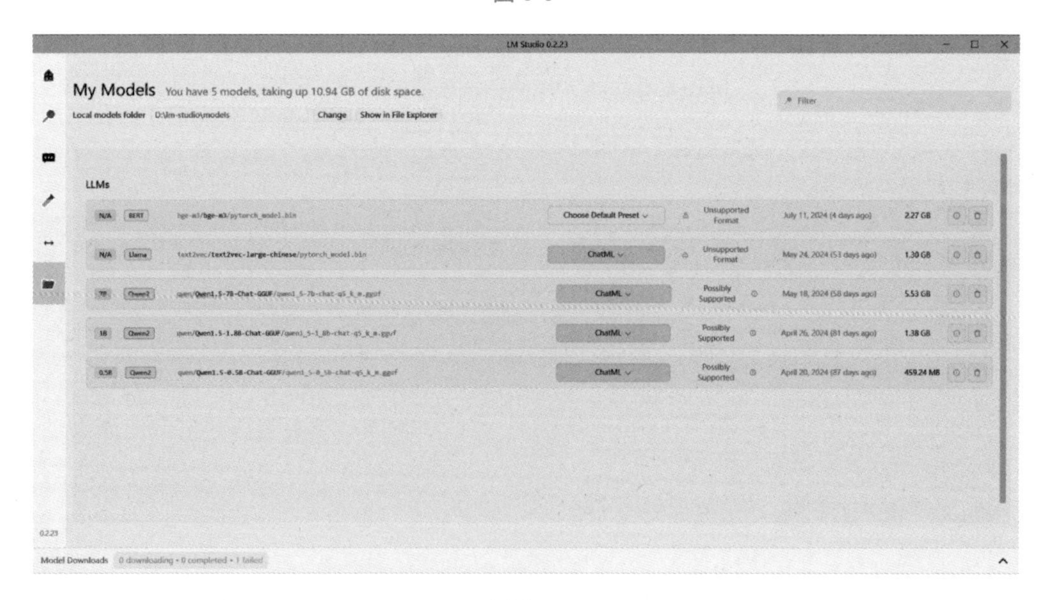

图 8-4

3. 使用模型

在图 8-5 所示的 LM Studio 界面（矩形框）中选择 Qwen 模型，即可启动会话。

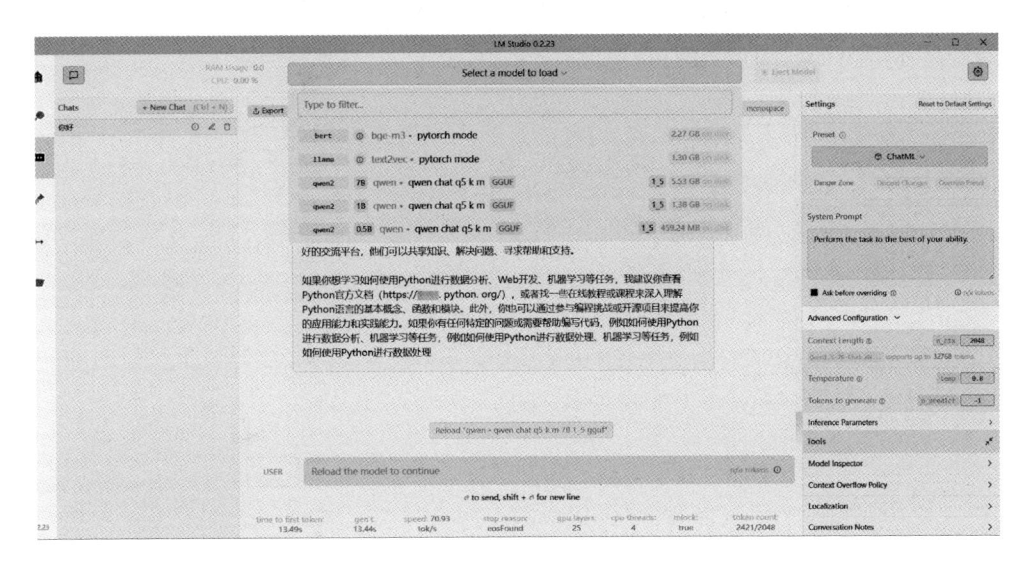

图 8-5

通过以上步骤，就可以愉快地使用 LM Studio 和 Qwen1.5-0.5B 模型进行本地 LLM 的运行和测试了。

8.9.4　在 LM Studio 上启动模型的推理服务

单击“Start Server”按钮启动推理服务，如图 8-6 所示。

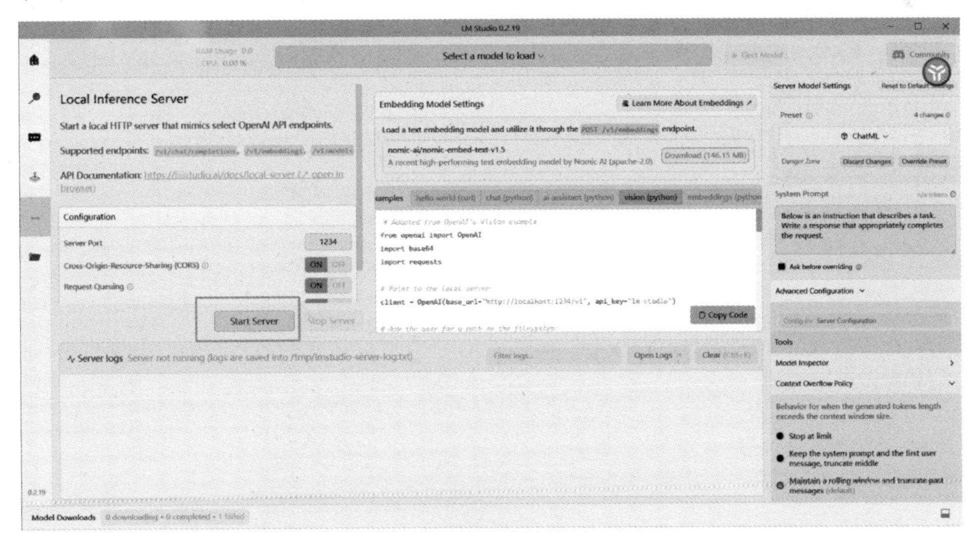

图 8-6

8.9.5 启动 AutoGen Studio 服务

在命令提示符界面中输入如下命令，启动 AutoGen Studio 服务，如图 8-7 所示。

```
conda activate autogen
autogenstudio ui --port 8081
```

```
C:\Windows\system32\cmd.exe - "E:\anaconda3\condabin\conda.bat" activate autogen - autogenstudio ui --port 8081
Microsoft Windows [版本 10.0.19045.4291]
(c) Microsoft Corporation。保留所有权利。

C:\Users\User>conda activate autogen

(autogen) C:\Users\User>autogenstudio ui --port 8081
C:\Users\User\AppData\Roaming\Python\Python310\site-packages\scipy\__init__.py:169: UserWarning: A NumPy version >=1.18.
5 and <1.26.0 is required for this version of SciPy (detected version 1.26.3
  warnings.warn(f"A NumPy version >={np_minversion} and <{np_maxversion}"
Initialized application data folder: C:\Users\User\.autogenstudio
[32mINFO[0m:     Started server process [[36m7492[0m]
[32mINFO[0m:     Waiting for application startup.
***** App started *****
[32mINFO[0m:     Application startup complete.
[32mINFO[0m:     Uvicorn running on [1mhttp://127.0.0.1:8081[0m (Press CTRL+C to quit)
[32mINFO[0m:     127.0.0.1:51430 - "[1mGET / HTTP/1.1[0m" [33m304 Not Modified[0m
[32mINFO[0m:     127.0.0.1:51433 - "[1mGET /webpack-runtime-003e5a4dae73ca3d30f6.js HTTP/1.1[0m" [33m304 Not Modifi
ed[0m
[32mINFO[0m:     127.0.0.1:51430 - "[1mGET /images/svgs/welcome.svg HTTP/1.1[0m" [33m304 Not Modified[0m
[32mINFO[0m:     127.0.0.1:51431 - "[1mGET /app-3ed6e3171738688d710e.js HTTP/1.1[0m" [33m304 Not Modified[0m
[32mINFO[0m:     127.0.0.1:51432 - "[1mGET /framework-3b041e76ed3d1ab0eeef.js HTTP/1.1[0m" [33m304 Not Modified[0m

[32mINFO[0m:     127.0.0.1:51436 - "[1mGET /manifest.webmanifest HTTP/1.1[0m" [33m304 Not Modified[0m
[32mINFO[0m:     127.0.0.1:51432 - "[1mGET /page-data/app-data.json HTTP/1.1[0m" [33m304 Not Modified[0m
[32mINFO[0m:     127.0.0.1:51431 - "[1mGET /page-data/index/page-data.json HTTP/1.1[0m" [33m304 Not Modified[0m
[32mINFO[0m:     127.0.0.1:51431 - "[1mGET /318ce576f236b79fd96f75904c13f6e55c3eee57-8947c1bbfe0e74e2ecd5.js HTTP/1.1
[0m" [33m304 Not Modified[0m
[32mINFO[0m:     127.0.0.1:51432 - "[1mGET /6c05b3ab656a8bfc225a64b3d73a36a92f83c05e-42226684478f854c0fb4.js HTTP/1.1
[0m" [33m304 Not Modified[0m
[32mINFO[0m:     127.0.0.1:51430 - "[1mGET /component---src-pages-index-tsx-fffd2b9446035e300706.js HTTP/1.1[0m" [3
```

图 8-7

8.9.6 进入 AutoGen Studio 界面

打开浏览器，在浏览器地址栏中输入“http://127.0.0.1:8081/”，按回车键后进入 AutoGen Studio 界面，如图 8-8 所示。

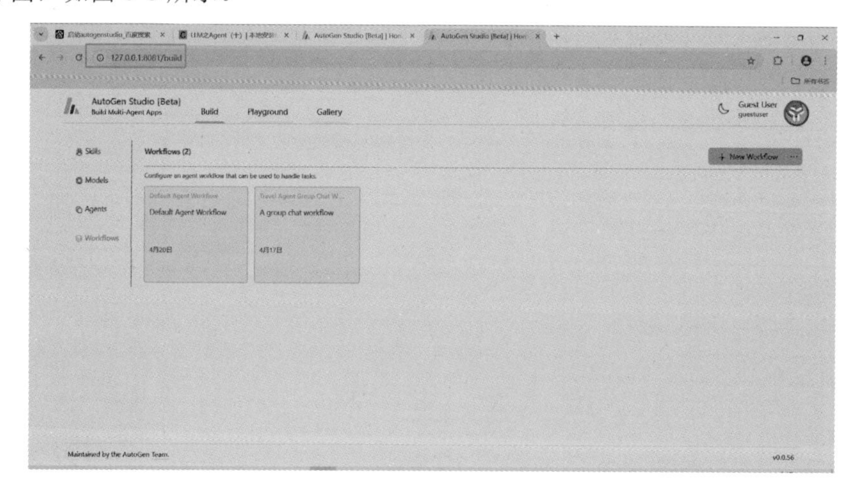

图 8-8

8.9.7　使用 AutoGen Studio 配置 LLM 服务

选择 AutoGen Studio 界面左侧的“Models”选项，并单击右侧的“+New Model”按钮，使用 AutoGen Studio 配置 LLM，如图 8-9 所示。

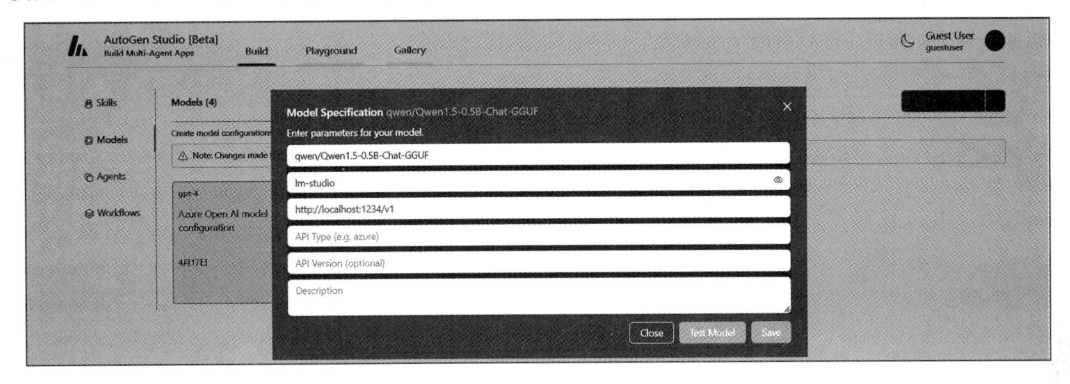

图 8-9

在对话框的相应输入框中输入如下信息：

```
Model Name:  qwen/Qwen1.5-0.5B-Chat-GGUF
API Key:  lm-studio
Base URL:  http://localhost:1234/v1
```

详细信息可以到 LM Studio 模型启动界面中查看，如图 8-10 和图 8-11 所示。

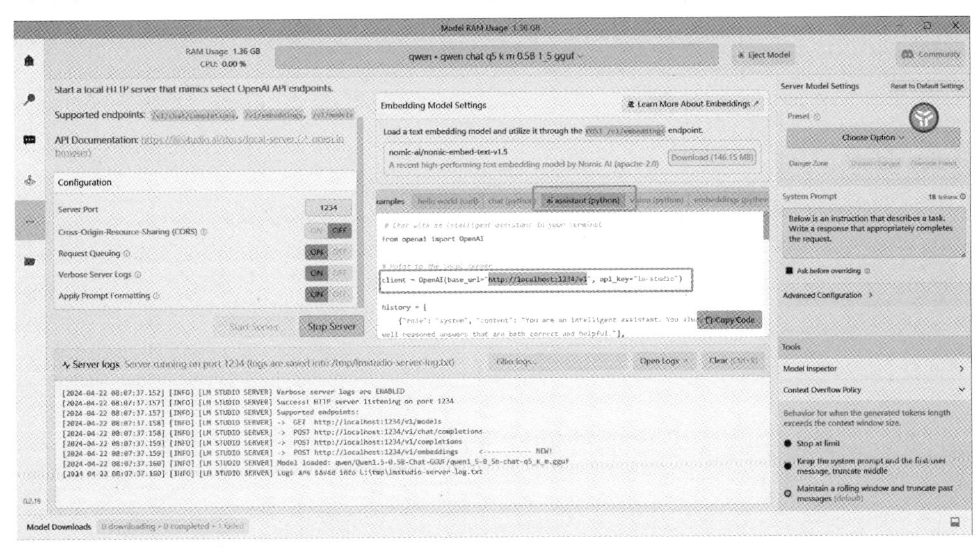

图 8-10

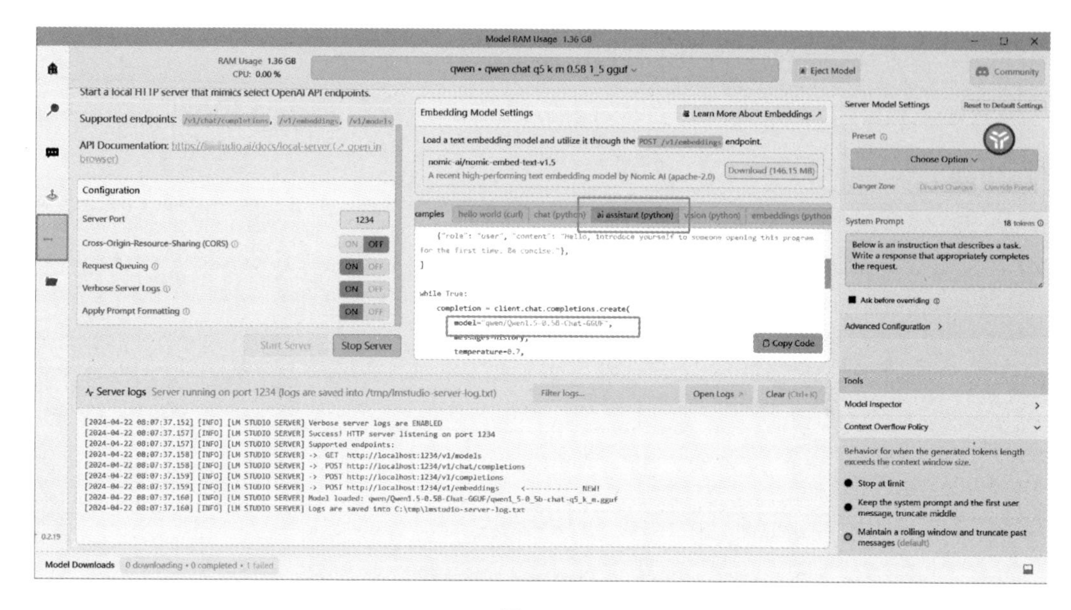

图 8-11

单击“Test Model”按钮，如果显示图 8-12 所示的界面，则说明 LLM 已配置成功。

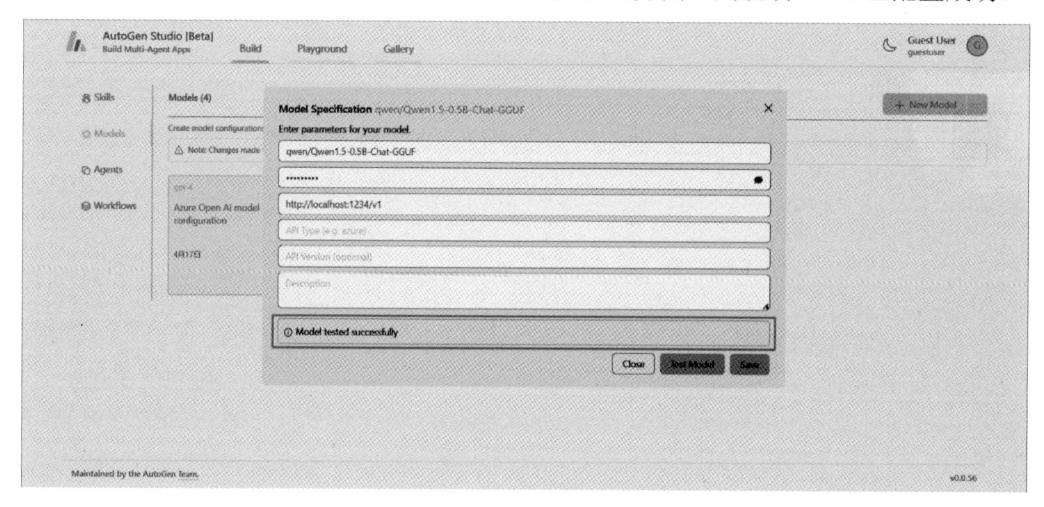

图 8-12

8.9.8 把 Agent 中的模型置换成通义千问

选择界面左侧的“Agents”选项，并选择要修改的 Agent，把“Model”换成 8.9.7 节中配置的模型（通义千问），如图 8-13 所示。

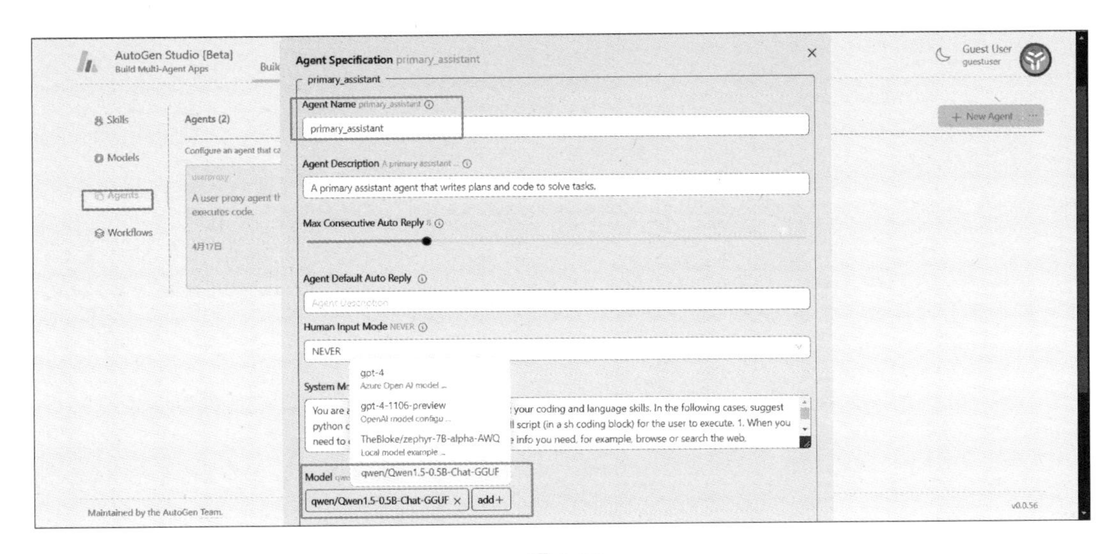

图 8-13

8.9.9　运行并测试 Agent

选择 AutoGen Studio 界面中的“Playground”选项卡，在此界面中创建会话，如图 8-14 所示。

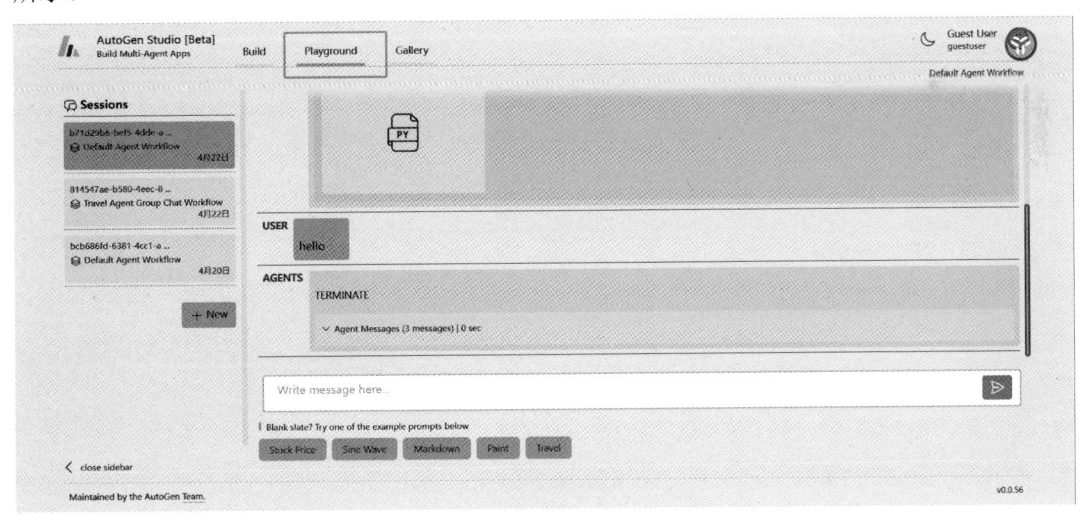

图 8-14

单击“+New”按钮，并选择“Default Agent Workflow”选项，如图 8-15 所示。

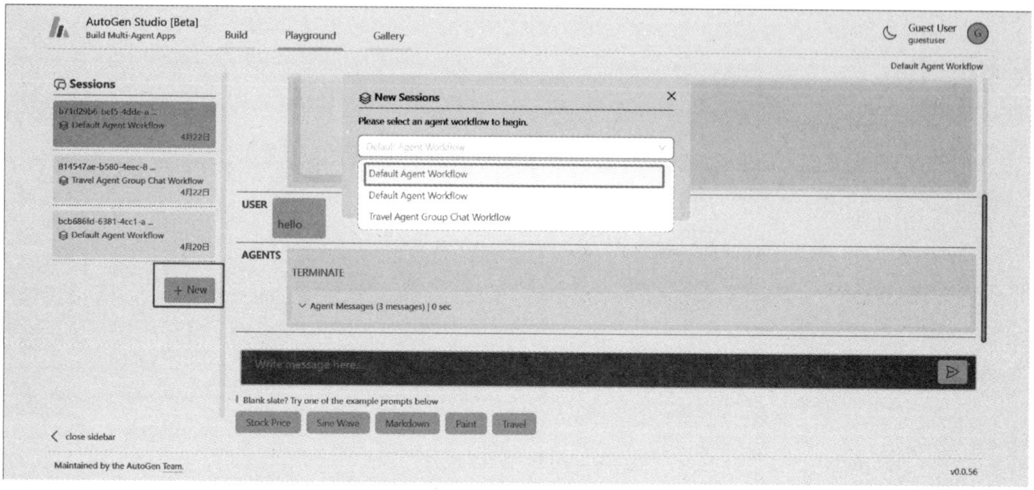

图 8-15

在图 8-16 所示的输入框中随便输入问题，如果有结果返回，则说明 LLM 已部署成功。

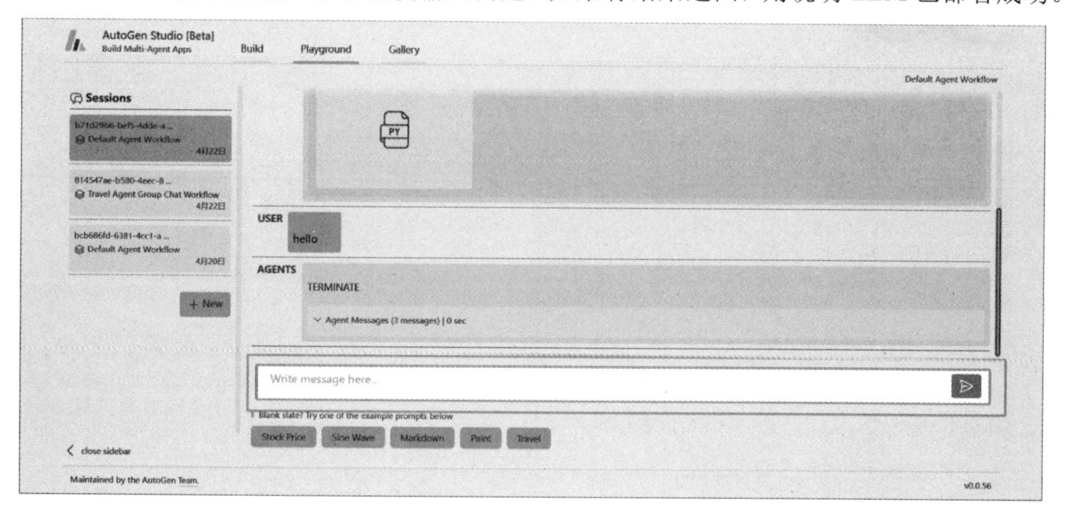

图 8-16

通过本地部署 LLM，用户不仅能享受到更快速、更灵活的模型响应，同时能确保数据的安全性和用户隐私得到保护。此外，本地部署也能够使用户更深入地了解和定制模型的行为，从而满足特定的业务需求或研究目标。无论是在提升用户体验、优化业务流程，还是在推动自然语言处理技术的发展上，本地部署 LLM 都展示出了巨大的潜力和价值。

第 9 章

LLM 与 LoRA 微调策略解读

在当今快速发展的 AI 领域中，LLM 已成为各种任务的核心，在自然语言处理、文本生成、语言理解等领域中展现出惊人的潜力。然而，要让这些模型在特定任务上表现得更加出色，通常需要进行微调以使其适应特定领域或数据集。微调技术的重要性不言而喻，通过微调策略可以根据特定任务或领域的需求调整预训练模型的参数，提升模型在特定领域中的性能和泛化能力。然而，传统的微调策略往往面临着计算成本高昂的挑战，尤其是对 LLM 而言。LoRA 技术的出现提供了解决方案，其高效的特性大大降低了微调的计算成本，同时保持了模型的性能和泛化能力。LoRA 技术的出现不仅解决了传统微调策略的计算成本问题，还为研究人员和从业者提供了一个更加高效和实用的微调策略。

9.1 LoRA 技术

9.1.1 LoRA 简介

LoRA 是一种可用于更高效地微调 LLM 的流行技术。相比传统的微调策略，LoRA 不需要调整深度神经网络的所有参数，仅需更新一小部分低秩矩阵即可。

LoRA 与其他常见的微调策略相比，具有以下优势。

计算效率高：LoRA 通过低秩矩阵分解，降低了模型参数的更新成本，从而提高了微调过程的计算效率。

减少内存占用量：LoRA 减少了需要存储和更新的参数量，因此可以减少内存占用量，并且在推理时不会大大增加计算、内存等的负担。

灵活性强：LoRA 可以灵活地应用于各种不同的模型架构和任务中，为模型优化提供了一种通用的方法。

全参数微调、Adapter、P-Tuning 和 Prefix 等微调策略虽然也可以实现模型的微调，但其在计算效率和灵活性方面存在一定的局限性。因此，针对 LLM 微调的场景，LoRA 往往是一种更优的选择。

表 9-1 所示为上述几种微调策略的对比。

表 9-1

微调策略	优点	缺点	原理
全参数微调	简单直接，易于实现。 可以适应任何任务，没有额外的参数限制	需要占用大量的计算资源和时间，尤其是对 LLM 而言。 在微调过程中可能会出现过拟合的问题	全参数微调是指在微调过程中，更新整个预训练模型的所有参数，包括权重和偏置
Adapter	相比全参数微调，Adapter 需要的参数量较少，节省了内存和计算资源。 可以在不同层次的模型中插入适配器，灵活性较高	可能需要通过进行额外的调优来确定适配器的位置和数量。 在某些情况下，适配器可能会影响模型的性能	Adapter 是一种轻量级的神经网络结构，用于在预训练模型的某些层上进行微调，而保持其他层的参数不变
P-Tuning	可以在不同任务之间共享部分参数，提高了参数的复用性。 可以通过调整参数共享的程度来平衡不同任务之间的关系	需要通过精细调参来确定参数共享的方式和程度。 可能会出现任务之间干扰的问题，从而影响模型性能	P-Tuning 是一种参数共享的微调策略，通过在多个任务之间共享参数来提高模型的泛化能力和效率
Prefix	可以通过添加特定的前缀来改变模型的行为，增强了模型的适应性。 可以针对不同的任务设计不同的前缀，提高了模型的灵活性	需要通过执行额外的设计工作来确定合适的前缀。 前缀的设计可能会影响模型的性能	Prefix 是一种通过在输入数据中添加特定的前缀来控制模型行为的微调策略，可以使模型适应不同的任务或输入
LoRA	高效利用低秩矩阵分解，减少了参数量和内存占用量，降低了计算成本。 保持原始模型的结构不变，只更新特殊的 LoRA 权重，避免了过拟合的问题	由于 LoRA 只更新了部分参数，因此可能会导致模型在某些方面的能力下降。例如，在数学上的计算能力	LoRA 适用于 LLM 的微调场景，特别是在计算资源和时间有限的情况下，它能够提供高效的解决方案。 由于 LoRA 在微调过程中保持了模型的整体结构，因此可以应用于各种文本处理任务，如文本生成、文本分类等

9.1.2 LoRA 工作原理

LoRA 的工作原理基于低秩矩阵的概念，通过将权重更新近似为低秩的方式来实现微调。具体而言，当需要在微调过程中更新模型参数时，传统微调策略会计算一个完整的权重更新矩阵 $\Delta \boldsymbol{W}$，而在 LoRA 中，将这个权重更新矩阵 $\Delta \boldsymbol{W}$ 分解成两个较小的矩阵 $\boldsymbol{W}_A$ 和 $\boldsymbol{W}_B$ 的乘积，即 $\Delta \boldsymbol{W} \approx \boldsymbol{W}_A \times \boldsymbol{W}_B$。

这种分解可以简化参数的更新过程，并显著降低计算成本。在实践中，可以将权重更新矩阵 $\Delta \boldsymbol{W}$ 分解为两个低秩矩阵 $\boldsymbol{W}_A$ 和 $\boldsymbol{W}_B$，并将更新表示为 $\boldsymbol{W}' = \boldsymbol{W} + \boldsymbol{W}_A \times \boldsymbol{W}_B$。这样，只需要学习两个较小的矩阵 $\boldsymbol{W}_A$ 和 $\boldsymbol{W}_B$，而不必更新整个模型的参数。图 9-1 所示为传统微调策略（左）和 LoRA（右）在前向传递过程中权重更新的对比。

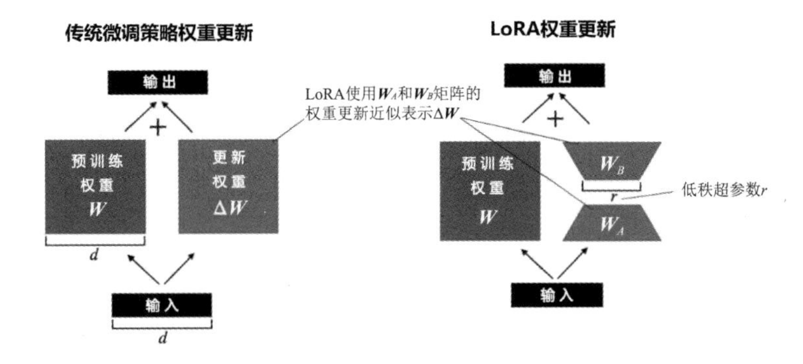

图 9-1

具体而言，可选择一个低秩超参数 r 来指定适应的低秩矩阵的秩。通过选择较小的 r 值，低秩矩阵变得更简单，需要学习的参数也就更少。这样可以加快训练速度并降低计算要求。然而，随着 r 值的减小，低秩矩阵捕捉特定任务信息的能力也会下降。

例如，假设有一个大小为 2000×10000 的权重矩阵 $\boldsymbol{W}$（共有 2000 万个参数）。如果选择 r=8，则可以初始化两个较小的矩阵：一个大小为 2000×8 的矩阵 $\boldsymbol{W}_B$ 和一个大小为 8×10000 的矩阵 $\boldsymbol{W}_A$。通过将 $\boldsymbol{W}_A$ 和 $\boldsymbol{W}_B$ 相加，则只需要 80000 + 16000 = 96000 个参数，比传统微调策略中的 2000 万个参数少了约 200 倍。

此外，在实践中，更重要的是尝试使用不同的 r 值，以找到适当的平衡点，从而使模型在新任务中获得理想的性能。

9.1.3 LoRA 在 LLM 中的应用

目前，几乎所有的 LLM 都采用了 Transformer 作为其基础架构进行训练和优化。LoRA

作为 LLM 中广泛应用的微调策略，其主要作用于 LLM 网络结构中 Transformer 的注意力机制。LoRA 可以帮助开发人员在已经训练好的 Transformer 模型的基础上，进一步调整模型，使其更适合特定的任务。

Transformer 是一种用于处理文本数据的神经网络架构，可以帮助计算机理解语言并执行各种任务，比如翻译文本、生成对话或者预测下一个词语是什么。Transformer 之所以强大，是因为它的注意力机制可以很好地捕捉文本中词语之间的关系，从而更准确地理解文本的含义。

9.1.4 实施方案

要将 LoRA 应用于 Transformer 微调，需要按照以下方案进行。

（1）加载预训练模型：加载基于 Transformer 的 LLM，作为微调的基础模型。

（2）初始化 LoRA 权重：初始化 LoRA 所需的一些特殊权重。

（3）定义 LoRA 前向传播函数：在 LoRA 的前向传播函数中，首先将原始模型的输出与 LoRA 引入的低秩矩阵相乘，并乘以一个缩放因子 α，然后计算其更新部分，最后将该更新部分与原始模型输出相加，从而实现对模型参数的更新。

（4）微调过程：在微调过程中，冻结原始模型的权重，只更新 LoRA 所需的低秩矩阵权重，以适应特定任务的需求。

在微调过程中，注意选择合适的缩放因子 α 和低秩超参数 r，以达到平衡模型性能和计算效率的目标。

9.2 LoRA 参数说明

在本章中，我们选择基础模型（Qwen）作为研究对象，下面对 LoRA 涉及的相关参数进行说明。

9.2.1 注意力机制中的 LoRA 参数选择

在调整 LoRA 微调参数时，首先需要了解应将 LoRA 插入到网络的哪些位置。在通常情况下，LoRA 仅被添加到自注意力层的 ***Q***、***K***、***V*** 和 ***O*** 矩阵中，而在其他位置（如 MLP 等位置），则未被添加。一些实验结果表明，仅将 LoRA 添加到 ***Q*** 和 ***V*** 矩阵中可能会获得更好的性能。

在论文 *LoRa: Low-Rank Adaptation of Large Language Models* 中，作者使用 LoRA 的方式分别对 ***Q***、***K***、***V*** 和 ***O*** 矩阵及其组合在数据集“WikiSQL”和“MultiNLI”上进行了验证，验证结果如图 9-2 所示，其中“Weight Type”代表 ***Q***、***K***、***V***、***O*** 矩阵的组合方式，r 代

表微调的秩。

项目	# of Trainable Parameters = 18M						
Weight Type	W_q	W_k	W_v	W_o	W_q, W_k	W_q, W_v	W_q, W_k, W_v, W_o
Rank r	8	8	8	8	4	4	2
WikiSQL (±0.5%)	70.4	70.0	73.0	73.2	71.4	**73.7**	**73.7**
MultiNLI (±0.1%)	91.0	90.8	91.0	91.3	91.3	91.3	**91.7**

图 9-2

通过图 9-2 的对比可见，使用“W_q, W_k, W_v, W_o”组合时的效果最好，“W_q, W_v”组合的效果略差。但在计算参数的数量上，“W_q, W_v”比“W_q, W_k, W_v, W_o”少一半，因此更推荐使用“W_q, W_v”的参数组合方式。

9.2.2　LoRA 网络结构中的参数选择

LoRA 网络结构中参数的选择至关重要。其中，低秩超参数 r 和缩放因子 α 的选择直接影响了计算量和微调的最终性能。

LoRA 超参数调整对比如下。

下面通过引用第三方的测试结果，深入讨论如何选择和调整 LoRA 中的关键参数，以观察并实现最佳的微调效果。在 LoRA 低秩超参数调整过程中，第三方数据主要关注了低秩超参数 r 和缩放因子 α 的影响。

（1）改变低秩超参数 r。

r 是 LoRA 中关键的参数之一，决定了 LoRA 矩阵的秩或维度，直接影响了模型的复杂性和容量。较大的 r 值表示更强的表现力，但也可能会导致过拟合，而较小的 r 值则可能会牺牲表现力以减少过拟合的风险。在本实验中，将保持所有层都启用 LoRA，并将 r 值从 8 增加到 16，以便观察其对模型性能的影响。结果显示，只增加 r 值会导致模型性能下降，如图 9-3 所示。

	TruthfulQA MC1	TruthfulQA MC2	Arithmetic 2ds	Arithmetic 4ds	BLiMP Causative	MMLU Global Facts
Llama 2 7B base	0.2534	0.3967	0.508	0.637	0.787	0.32
AdamW QLoRA (nf4)	0.2803	0.4139	0.4225	0.006	0.783	0.23
AdamW + QLoRA + scheduler	0.2815	0.4228	0.182	0.001	0.783	0.27
All-layer QLoRA	0.3023	0.4409	0.51	0.028	0.788	0.26
QLoRA r=8 → r=16	0.3011	0.4338	0.529	0.0825	0.76	0.24

图 9-3

（2）改变缩放因子 α。

在本实验中对缩放因子 α 进行调整，并观察其对模型性能的影响。通过实验，发现将 α 增加到一定阈值可以改善模型性能，但一旦超过一定阈值，模型性能就会下降。

调整 α 有助于在数据拟合和模型正则化之间找到平衡。一般来说，在微调 LLM 时，倾向于选择一个比 r 值大两倍的 α 值（请注意，这与使用扩散模型时有所不同）。

正如图 9-4 所示的那样，当将 α 值设置为 r 值的两倍，且 α 值增加到 32 时表现出了最佳的模型性能。

项目	TruthfulQA MC1	TruthfulQA MC2	Arithmetic 2ds	Arithmetic 4ds	BLiMP Causative	MMLU Global Facts
Llama 2 7B base	0.2534	0.3967	0.508	0.637	0.787	0.32
AdamW QLoRA (nf4)	0.2803	0.4139	0.4225	0.006	0.783	0.23
AdamW + QLoRA + scheduler	0.2815	0.4228	0.182	0.001	0.783	0.27
All-layer QLoRA	0.3023	0.4409	0.51	0.028	0.788	0.26
QLoRA *r*=16, *a*=16	0.3011	0.4338	0.529	0.0825	0.76	0.24
QLoRA *r*=16, *a*=32	0.3158	0.4663	0.62	0.7005	0.757	0.27
QLORA *r*=32, *a*=64	0.2913	0.4362	0.5435	0.1265	0.762	0.28
QLoRA *r*=64, *a*=128	0.3035	0.4446	0.566	0.1255	0.765	0.29
QLoRA *r*=128, *a*=256	0.3048	0.4548	0.5625	0.066	0.747	0.29
QLoRA *r*=256, *a*=512	0.3035	0.4664	0.8135	0.3025	0.746	0.32

图 9-4

（3）设置超大参数 r。

选用较大的 r 值，在模型性能提升方面并不明显。通常建议将 α 值设置为 r 值的两倍，例如，r=256 和 α=512，这好像能够带来最佳的模型性能，而较小的 α 值则可能导致较差的模型性能。然而，如果让 α 值超过 r 值的两倍，则可能会使基准效果变得更差，如图 9-5 和图 9-6 所示。

项目	Truthful QA MC1	Truthful QA MC2	Arithmetic 2ds	Arithmetic 4ds	BLiMP Causative	MMLU Global Facts
Llama 2 7B base	0.2534	0.3967	0.508	0.637	0.787	0.32
AdamW + QLoRA + scheduler	0.2815	0.4228	0.182	0.001	0.783	0.27
QLoRA *r*=16, *α*=32	0.3158	0.4663	0.62	0.7005	0.757	0.27
QLoRA *r*=256, *α*=512	0.3035	0.4664	0.8135	0.3025	0.746	0.32
QLoRA *r*=256, *α*=256	0.3084	0.4603	0.7875	0.079	0.738	0.3
QLoRA *r*=256, *α*=128	0.328	0.4837	0.563	0.656	0.757	0.28
QLoRA *r*=256, *α*=64	0.3207	0.4734	0.432	0.2515	0.655	0.26
QLoRA *r*=256, *α*=32	0.2938	0.5055	0.0	0.0	0.475	0.18

图 9-5

项目	Truthful QA MC1	Truthful QA MC2	Arithmetic 2ds	Arithmetic 4ds	BLiMP Causative	MMLU Global Facts
Llama 2 7B base	0.2534	0.3967	0.508	0.637	0.787	0.32
AdamW + QLoRA + scheduler	0.2815	0.4228	0.182	0.001	0.783	0.27
QLoRA *r*=256, *α*=128	0.328	0.4837	0.563	0.656	0.757	0.28
QLoRA *r*=256, *α*=256	0.3084	0.4603	0.7875	0.079	0.738	0.3
QLoRA *r*=256, *α*=512	0.3035	0.4664	0.8135	0.3025	0.746	0.32
QLoRA *r*=256, *α*=1024	0.2693	0.4067	0.5215	0.663	0.76	0.24

图 9-6

以上探讨了如何平衡 LoRA 的关键参数 r 和 α，以获得最佳的模型性能。选择合适的 r 值和 α 值对于提升模型性能至关重要，开发人员需要根据具体情况进行调整。

9.2.3 LoRA 微调中基础模型的参数选择

当前，Qwen 基础模型的参数规模分别为 0.5B、1.8B、4B、7B、14B、32B、72B、110B，其中，B 表示 10 亿，7B 基础模型的大小约为 15.45GB，14B 约为 28.34GB，72B 约为 147GB。选择较小规模的基础模型会占用较少的显存，对显存配置的要求较低，但微调后的模型性能会相对较差；而选择较大规模的基础模型则会占用更多显存，对显存配置的要求更高，但微调后的模型性能会更好。

基础模型微调的精度包括 Float32、Float16、Int8、Int4。其中，Float32 占用 4 字节，Float16 占用 2 字节，Int8 占用 1 字节，Int4 占用 0.5 字节。选择更低的精度会导致微调精度损失增加，但显存和计算资源的占用量会减少。在 LoRA 微调中，通常会选择使用 Float16 精度进行微调。

在实际项目中，基础模型大小和精度的选择应根据设备具体情况来确定。

9.3 LoRA 扩展技术介绍

9.3.1 QLoRA 介绍

QLoRA 是一种高效的微调策略，通过引入 4 位 NormalFloat（NF4）数据类型和量化技术，在保持精度的前提下大幅减少内存占用量，不会影响模型性能。它首先将模型量化为 4 位，然后按照 LoRA 的方式对模型进行微调。可以说，QLoRA 继承了 LoRA 的框架和理念，同时充分利用了量化技术的优势，进一步提升了模型的性能和计算效率。LoRA 和 QLoRA 的对比如图 9-7 所示。

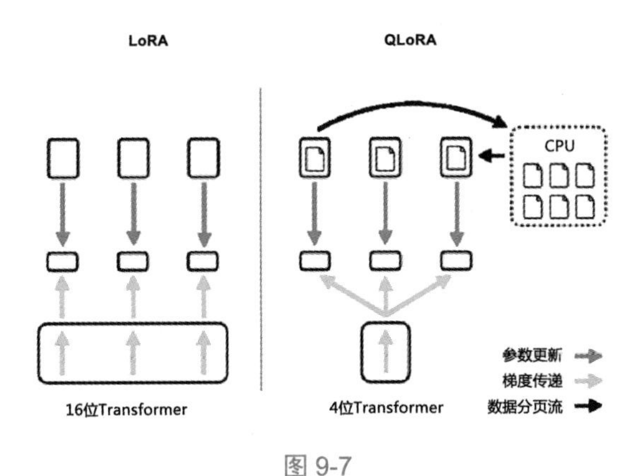

图 9-7

9.3.2 Chain of LoRA 方法介绍

尽管 LoRA 在微调 LLM 方面具有显著优势，但在泛化误差方面仍不及全参数微调。利用 Chain of LoRA（COLA）方法，可以在保持计算效率的同时减小 LoRA 与全参数微调之间的泛化误差。

Chain of LoRA 采用残差学习方法，通过迭代微调，将学习到的 LoRA 模块合并到预训练的 LLM 参数中，构建 LoRA 链，以此逼近全参数微调的效果，其结构如图 9-8 所示。

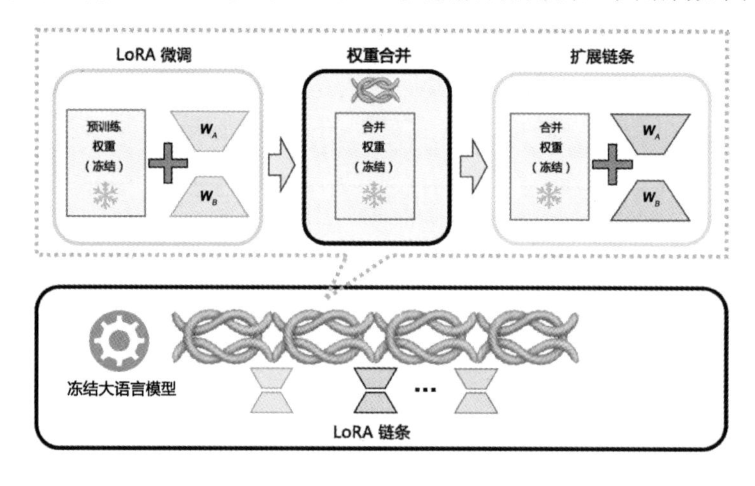

图 9-8

9.4 LLM 在 LoRA 微调中的性能分享

首先，微调需要选择开源的 LLM，以便将 LoRA 集成到其网络结构中。

其次，在性能方面以 7B 的 Qwen 模型为例，设置 r=8，α=16，微调精度为 Float16 的情况下，微调参数约为原模型参数的 4.6%。在微调过程中，大约使用了 19GB 显存，可在一台 24GB 显存的设备上完成微调。在整个微调过程中，使用了 10 000 条指令数据集，进行了 100 轮次的微调，大约耗时 4 天。

第 10 章 PEFT 微调实战——打造医疗领域 LLM

医疗领域一直是 AI 技术的重要应用领域之一。在医疗场景中，数据量的增加和信息的复杂性给医生带来了前所未有的挑战。疾病的诊断和治疗不仅要依靠医生的个人经验和医学知识，还需要依赖大量的医疗数据和科学研究成果。在这个信息爆炸的时代，如何从海量的医疗数据中获取与病症表述相关的信息，辅助医生制作出准确的诊断和治疗方案，成了医疗 AI 领域的重要挑战之一。

为了应对这一挑战，更好地适应医疗领域的需求，需要对 LLM 进行微调，以使其能够更好地理解医疗文本，并为医疗应用提供更准确、更可靠的支持。

因此，本章将介绍 PEFT（Parameter-Efficient Fine-Tuning）微调实战方法，以疾病诊断任务为例，展示如何通过微调预训练模型，打造出专属领域的 LLM。这将为医疗领域的自然语言处理任务带来全新的解决方案，提升模型在医疗数据上的表现力，为疾病诊断提供有力的决策辅助支持。

10.1 PEFT 介绍

在对 LLM 的下游任务进行微调时，通常需要调整大量参数，然而，这种传统微调策略在计算和存储成本上变得愈发昂贵。PEFT 是一个库，不再要求微调所有模型参数，而是仅微调一小部分（额外的）模型参数，大大降低了计算和存储成本，同时保持了与完全微调模型水平相当的性能。这使得在消费者硬件上微调和存储 LLM 更加容易实现。特别值得一提的是，PEFT 的使用非常简单，用户能够轻松上手。

PEFT 与 transformers、Diffusers 和 Accelerate 等库集成，为加载、微调和使用 LLM 提供了更快速、更简便的方式。

10.2 工具与环境准备

在执行微调任务之前，需要下载本书提供的微调代码，并确保正确安装和搭建了微调代码运行所需的工具和环境。

10.2.1 工具安装

在本节中，将详细介绍如何安装微调代码运行所需的工具（Anaconda 和 PyCharm）。

1. Anaconda 安装

Anaconda 是一个流行的 Python 数据科学和机器学习平台，包含了许多常用的数据科学工具和库，以及方便使用的包管理工具。以下是安装 Anaconda 的步骤。

（1）下载 Anaconda：访问 Anaconda 官方网站，下载 Anaconda。本案例使用的版本为 Anaconda3-2020.07-Windows-x86_64。

（2）安装 Anaconda：下载完成后，按照安装向导的指示进行安装。具体步骤如下。

双击下载完成的安装执行文件，在安装向导界面中单击“Next”按钮开始安装，如图 10-1 所示。

单击“I Agree”按钮，同意最终用户许可协议，如图 10-2 所示。

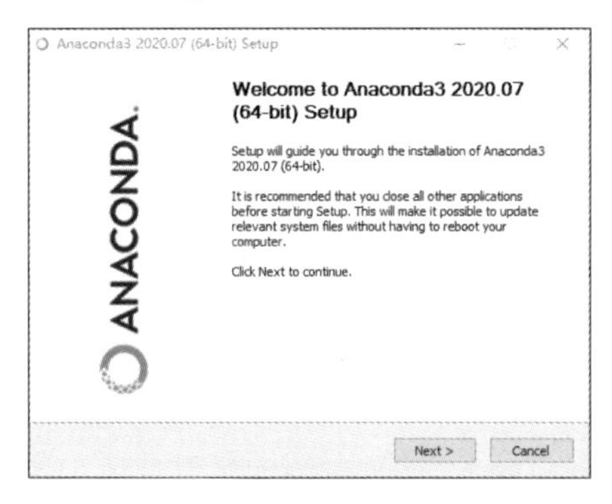

图 10-1

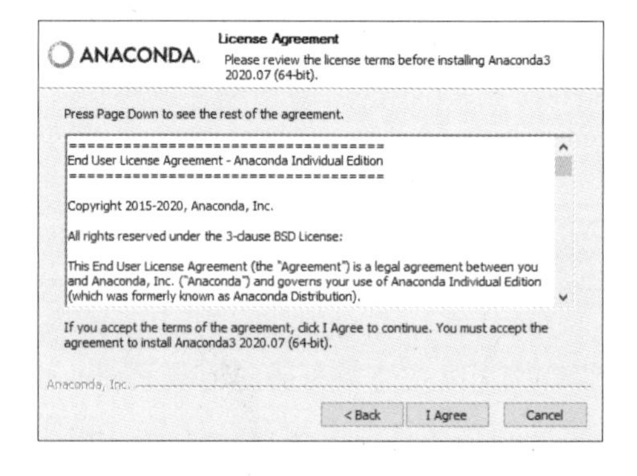

图 10-2

选中“Just Me”单选按钮后单击“Next”按钮，如图 10-3 所示。

单击“Browse”按钮，选择安装路径后单击“Next”按钮，如图 10-4 所示。

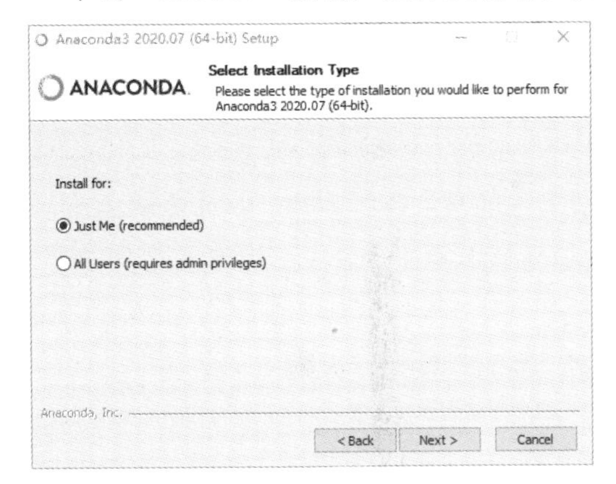

图 10-3

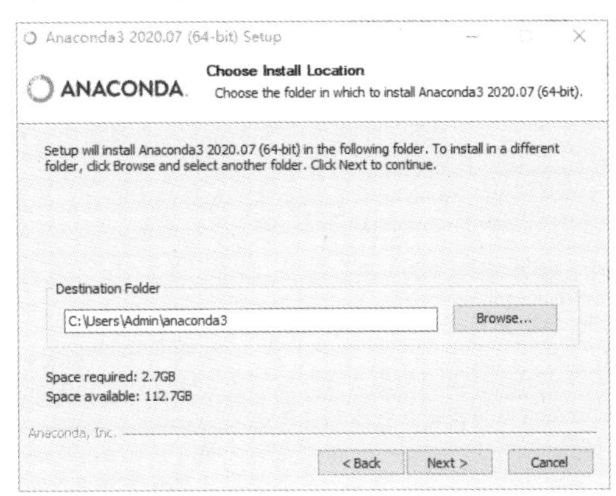

图 10-4

分别勾选“Add Anaconda3 to my PATH environment variable”和“Register Anaconda3 as my default Python 3.8”复选框后单击“Install”按钮进行安装，如图 10-5 所示。

（3）验证安装：安装完成后，在 Windows“开始”菜单中找到“Anaconda Prompt(anaconda3)”图标并单击，打开命令提示符界面，如图 10-6 所示。

在命令提示符界面中输入“conda --version”命令，验证 Anaconda 是否安装成功，如果安装成功，则会显示 Anaconda 的版本号，如图 10-7 所示。

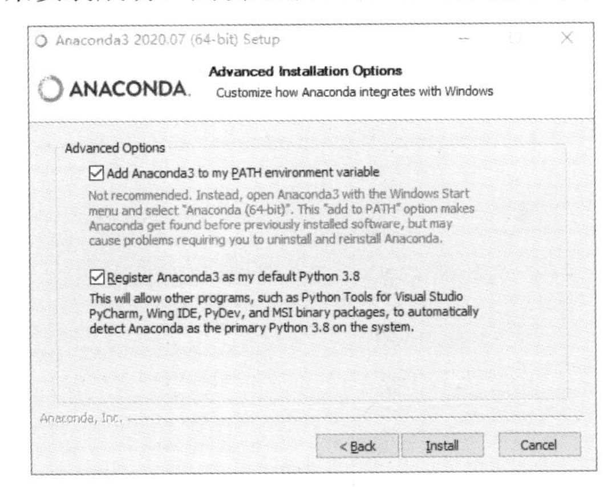

图 10-5

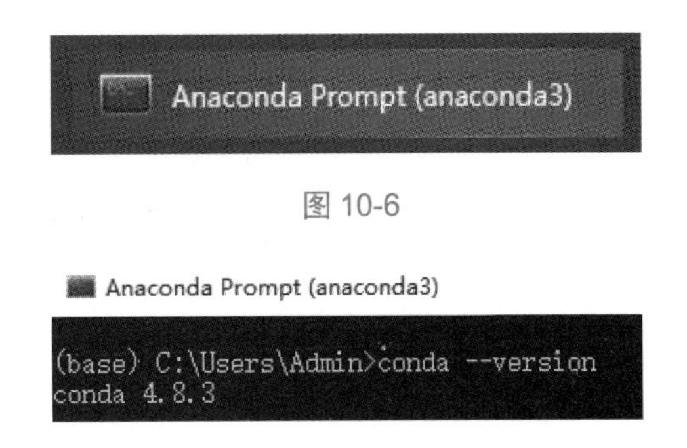

图 10-6

图 10-7

图 10-7 中的 4.8.3 为 Anaconda 的版本号。

2. PyCharm 安装

PyCharm 是一款功能强大的 Python 集成开发环境（IDE），提供了丰富的功能和工具，能够极大地提高开发效率。以下是安装 PyCharm 的步骤。

（1）下载 PyCharm：访问 JetBrains 官方网站，下载 PyCharm。本案例使用的版本为 pycharm-community-2022.1.2。

（2）安装 PyCharm：下载完成后，按照安装向导的指示进行安装。具体步骤如下。

双击下载完成的安装执行文件，在安装向导界面中单击“Next”按钮开始安装，如图 10-8 所示。

单击“Browse”按钮，选择安装路径后单击“Next”按钮，如图 10-9 所示。

图 10-8

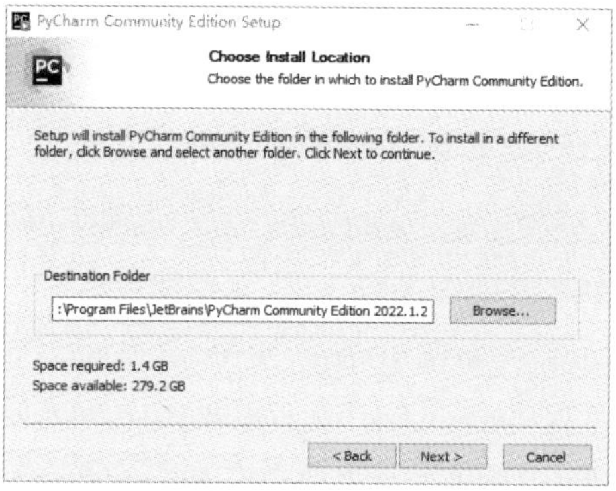

图 10-9

勾选安装配置界面中所有的配置复选框后单击“Next”按钮，如图 10-10 所示。

单击“Install”按钮进行安装，如图 10-11 所示。

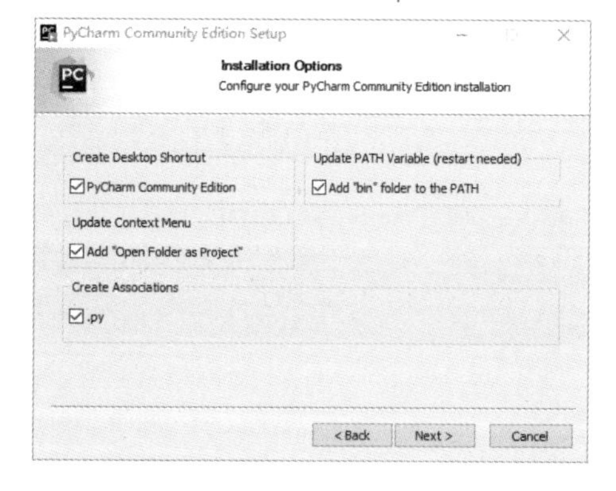

图 10-10

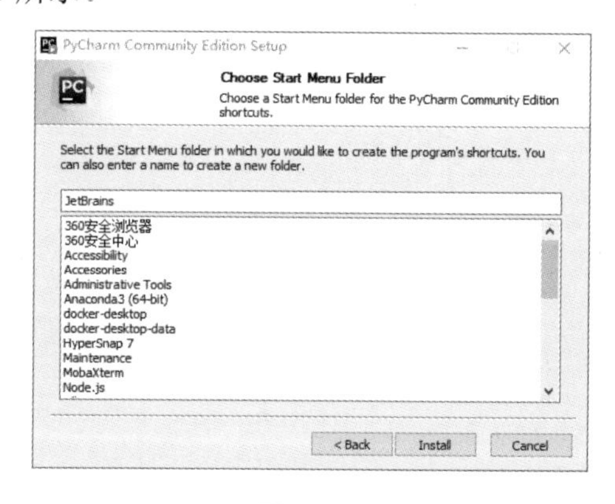

图 10-11

单击“Finish”按钮完成 PyCharm 的安装，如图 10-12 所示。

图 10-12

（3）启动 PyCharm：安装完成后，可通过双击 PyCharm 的启动图标启动 PyCharm。

10.2.2　环境搭建

在本节中，我们将介绍如何搭建微调 LLM 下游任务所需的环境，包括 Python 版本和必要的库。

1．CUDA 环境安装

如果用户计划使用 GPU 来加速深度学习模型的微调过程，那么需要安装 CUDA。CUDA 是由 NVIDIA 厂商提供的并行计算平台和编程模型，用于利用 NVIDIA GPU 的并行计算能力。以下是安装 CUDA 的步骤。

（1）检查 GPU 兼容性。

首先，在 Windows 中打开“运行”对话框并在输入框内输入“cmd”命令，如图 10-13 所示，单击“确定”按钮，打开命令提示符界面。

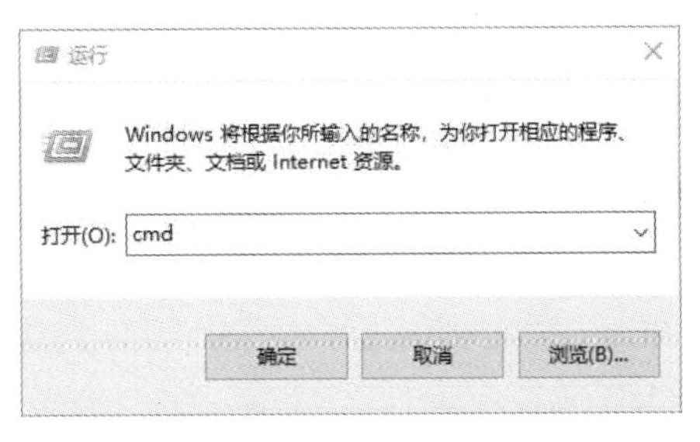

图 10-13

其次，在命令提示符界面中输入“nvidia-smi”命令，按回车键将显示设备的 GPU 配置信息，如图 10-14 和图 10-15 所示。

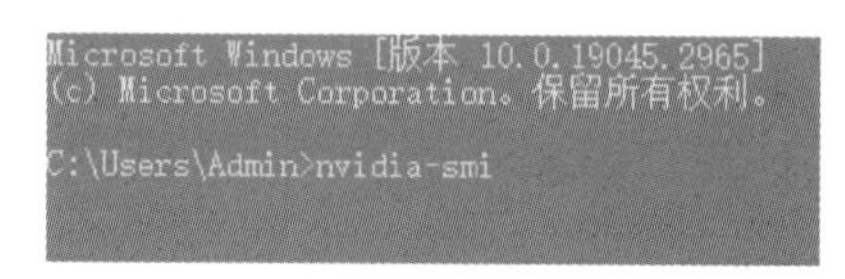

图 10-14

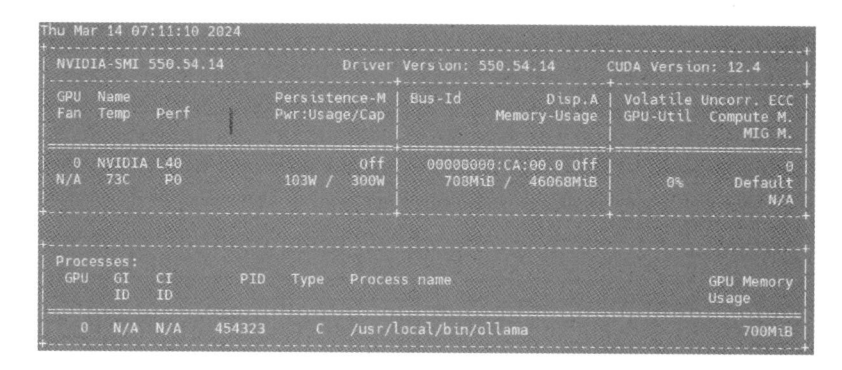

图 10-15

图 10-15 中的“CUDA Version”表示设备的 GPU 最大支持的 CUDA 版本号。

（2）下载兼容 GPU 的 CUDA Toolkit：选择下载的版本需低于 GPU 最大支持的 CUDA 版本号。访问 NVIDIA 官方网站进行下载，如图 10-16 和图 10-17 所示。

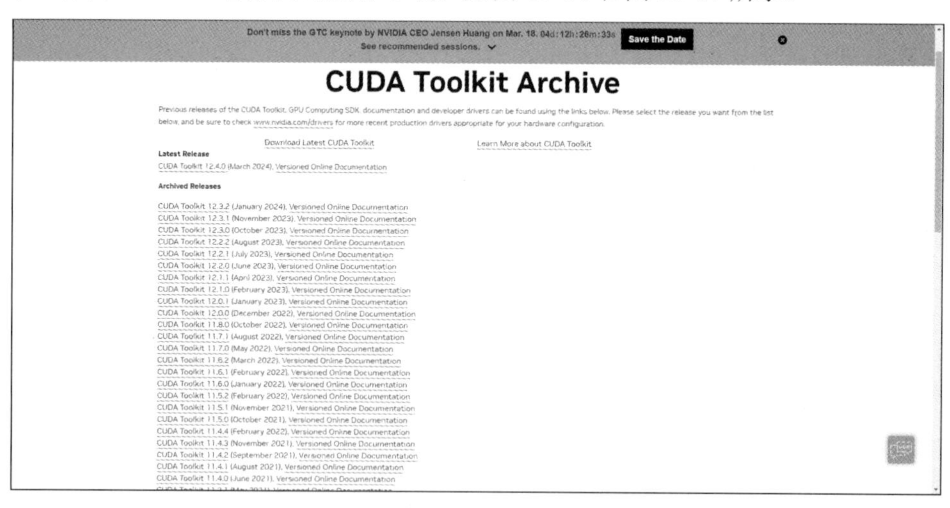

图 10-16

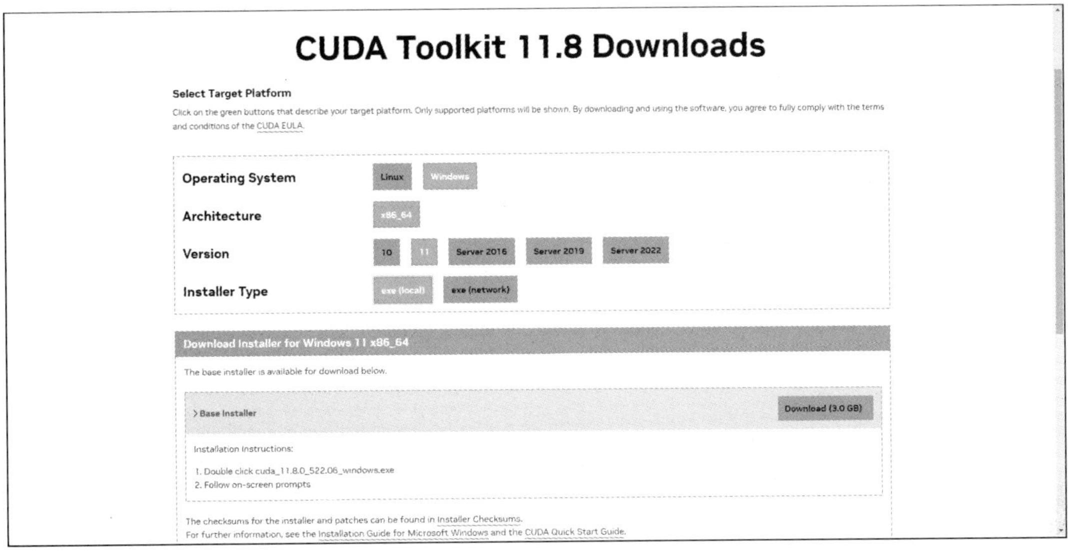

CUDA Toolkit 11.8 Downloads

Select Target Platform

Click on the green buttons that describe your target platform. Only supported platforms will be shown. By downloading and using the software, you agree to fully comply with the terms and conditions of the CUDA EULA.

Operating System	Linux　Windows
Architecture	x86_64
Version	10　11　Server 2016　Server 2019　Server 2022
Installer Type	exe (local)　exe (network)

Download Installer for Windows 11 x86_64

The base installer is available for download below.

> Base Installer　Download (3.0 GB)

Installation Instructions:

1. Double click cuda_11.8.0_522.06_windows.exe
2. Follow on-screen prompts

The checksums for the installer and patches can be found in Installer Checksums.
For further information, see the Installation Guide for Microsoft Windows and the CUDA Quick Start Guide.

图 10-17

在图 10-17 中，“Operating System”选项表示要安装到设备上的操作系统类型；“Architecture”选项表示设备的处理器指令集架构；“Version”选项表示系统的版本号；“Installer Type”选项表示安装的类型，可以选择本地类型或者网络类型。

（3）安装 CUDA Toolkit：下载完成后，按照安装向导的指示进行安装。所有设置按照默认即可。

（4）验证安装：安装完成后，可以在命令提示符界面中输入“nvcc -V”命令，验证 CUDA 是否安装成功，如图 10-18 和图 10-19 所示。

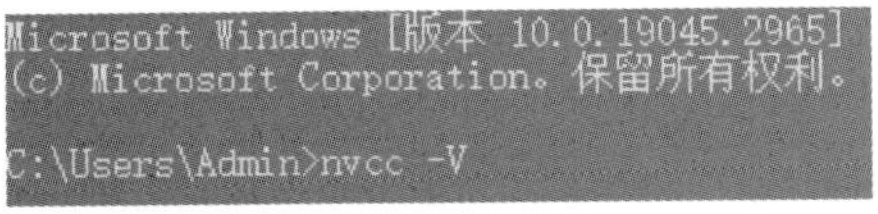

```
Microsoft Windows [版本 10.0.19045.2965]
(c) Microsoft Corporation。保留所有权利。

C:\Users\Admin>nvcc -V
```

图 10-18

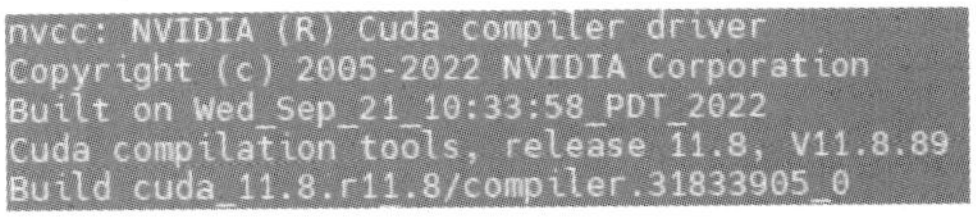

```
nvcc: NVIDIA (R) Cuda compiler driver
Copyright (c) 2005-2022 NVIDIA Corporation
Built on Wed_Sep_21_10:33:58_PDT_2022
Cuda compilation tools, release 11.8, V11.8.89
Build cuda_11.8.r11.8/compiler.31833905_0
```

图 10-19

若出现图 10-19 中显示的信息“cuda_11.8.r11.8”，则表示 CUDA 安装成功，其中，11.8 为 CUDA 的版本号。

2. PyTorch 环境搭建

LLM 下游任务通常需要使用 Python 3.x 版本和 PyTorch 相关的包，接下来按照以下步骤进行 PyTorch 环境的搭建。

（1）打开“Anaconda Prompt(anaconda3)”命令提示符界面。输入“conda create -n agent python=3.11”命令，新建管理环境，如图 10-20 所示。图 10-20 中的“agent”为管理环境名称，“python”为需安装的 Python 版本。

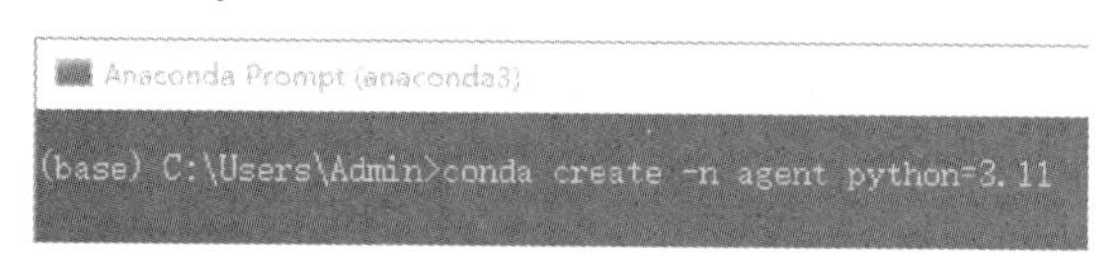

图 10-20

按照提示输入“y”，并按回车键，继续新建管理环境，如图 10-21 所示。

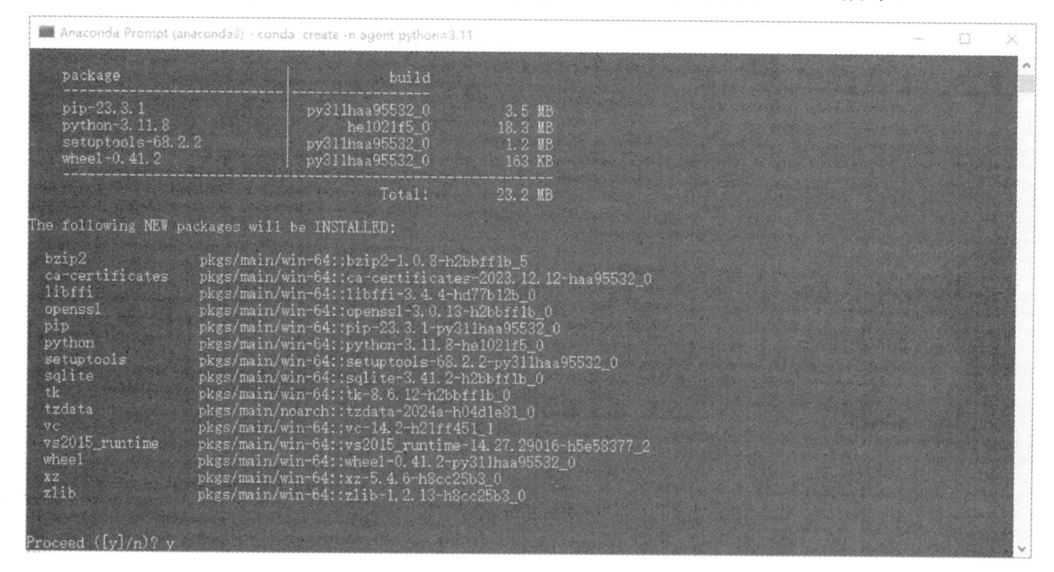

图 10-21

（2）输入“conda activate agent”命令进入新建的管理环境，如图 10-22 所示。

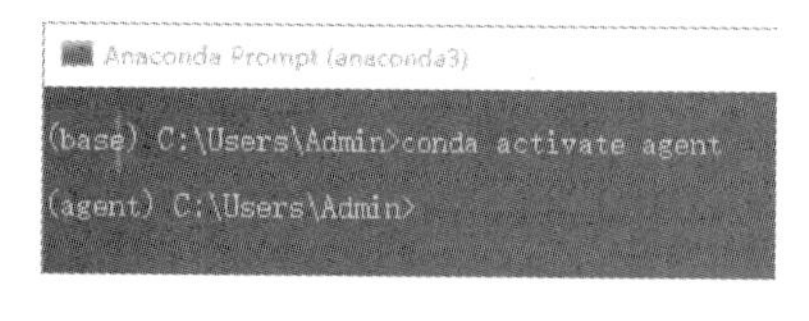

图 10-22

（3）登录 PyTorch 官方网站，选择导航栏中的“Get Started”选项进入“START LOCALLY”界面，如图 10-23 所示，单击链接“install previous versions of PyTorch”进入过往版本的选择界面。

找到需要安装的版本，本章使用的是 v2.0.1 版本。根据安装的 CUDA 版本复制界面中对应的安装命令“conda install pytorch==2.0.1 torchvision==0.15.2 torchaudio==2.0.2 pytorch-cuda=11.8 -c pytorch -c nvidia”，如图 10-24

所示。

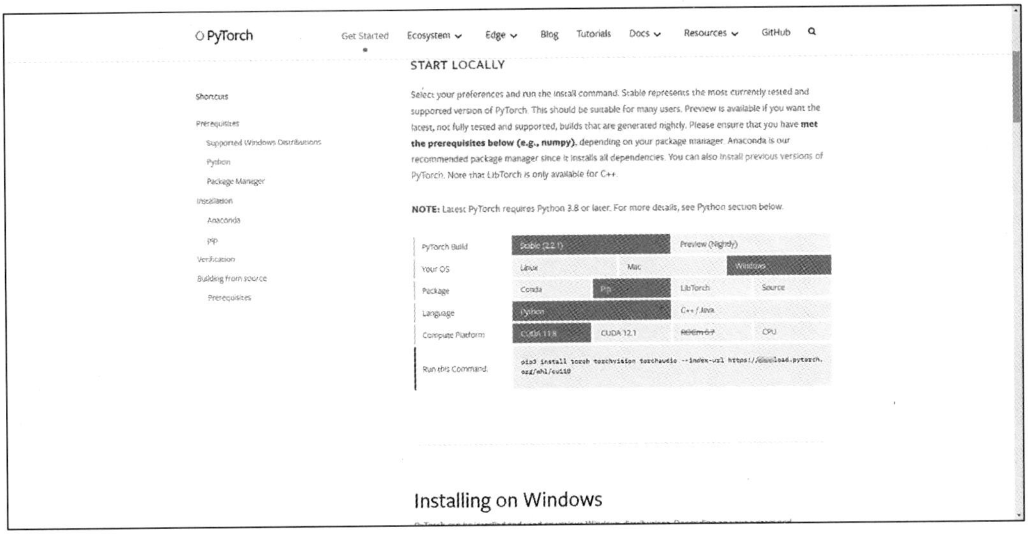

PyTorch　Get Started　Ecosystem　Edge　Blog　Tutorials　Docs　Resources　GitHub

Shortcuts
Prerequisites
Supported Windows Distributions
Python
Package Manager
Installation
Anaconda
pip
Verification
Building from source
Prerequisites

START LOCALLY

Select your preferences and run the install command. Stable represents the most currently tested and supported version of PyTorch. This should be suitable for many users. Preview is available if you want the latest, not fully tested and supported, builds that are generated nightly. Please ensure that you have **met the prerequisites below (e.g., numpy)**, depending on your package manager. Anaconda is our recommended package manager since it installs all dependencies. You can also install previous versions of PyTorch. Note that LibTorch is only available for C++.

NOTE: Latest PyTorch requires Python 3.8 or later. For more details, see Python section below.

PyTorch Build	Stable (2.2.1)		Preview (Nightly)	
Your OS	Linux	Mac	Windows	
Package	Conda	Pip	LibTorch	Source
Language	Python		C++ / Java	
Compute Platform	CUDA 11.8	CUDA 12.1	ROCm 5.7	CPU
Run this Command:	pip3 install torch torchvision torchaudio --index-url https://[illegible]load.pytorch.org/whl/cu118			

Installing on Windows

图 10-23

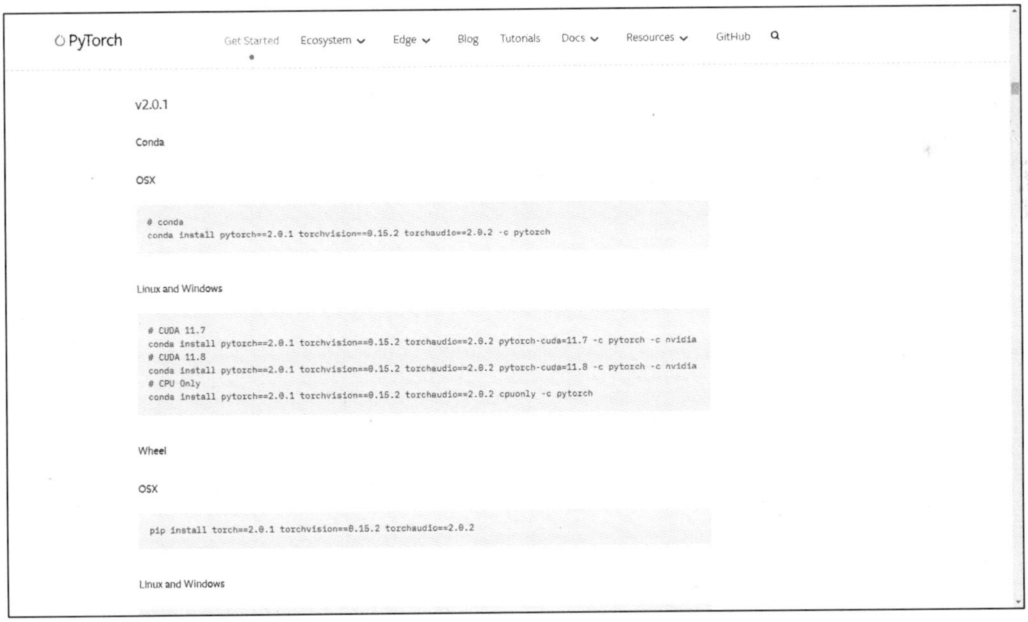

PyTorch　Get Started　Ecosystem　Edge　Blog　Tutorials　Docs　Resources　GitHub

v2.0.1

Conda

OSX

```
# conda
conda install pytorch==2.0.1 torchvision==0.15.2 torchaudio==2.0.2 -c pytorch
```

Linux and Windows

```
# CUDA 11.7
conda install pytorch==2.0.1 torchvision==0.15.2 torchaudio==2.0.2 pytorch-cuda=11.7 -c pytorch -c nvidia
# CUDA 11.8
conda install pytorch==2.0.1 torchvision==0.15.2 torchaudio==2.0.2 pytorch-cuda=11.8 -c pytorch -c nvidia
# CPU Only
conda install pytorch==2.0.1 torchvision==0.15.2 torchaudio==2.0.2 cpuonly -c pytorch
```

Wheel

OSX

```
pip install torch==2.0.1 torchvision==0.15.2 torchaudio==2.0.2
```

Linux and Windows

图 10-24

图 10-24 中的“Linux and Windows”为 Linux 和 Windows 系统安装的命令。“# CUDA”

标识了对应的 CUDA 版本。

在“Anaconda Prompt(anaconda3)”命令提示符界面中粘贴从 PyTorch 官方网站中复制的安装命令，按回车键后即可进行安装，如图 10-25 所示。

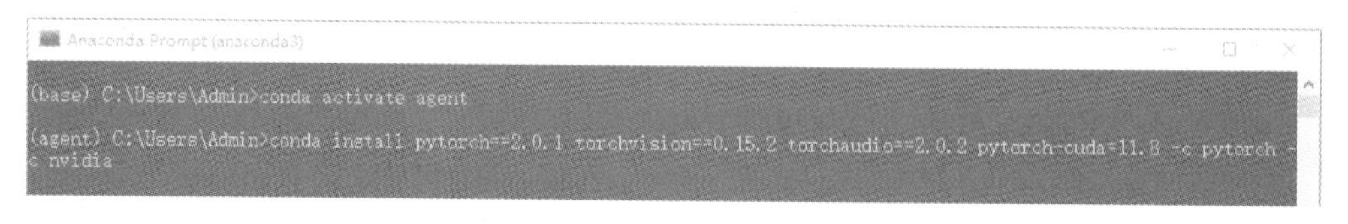

图 10-25

（4）验证安装。安装完成后，在“Anaconda Prompt(anaconda3)”命令提示符界面中输入“python”命令，若显示对应的 Python 版本号（如“Python 3.11.8”），则表示 Python 安装成功，如图 10-26 所示。

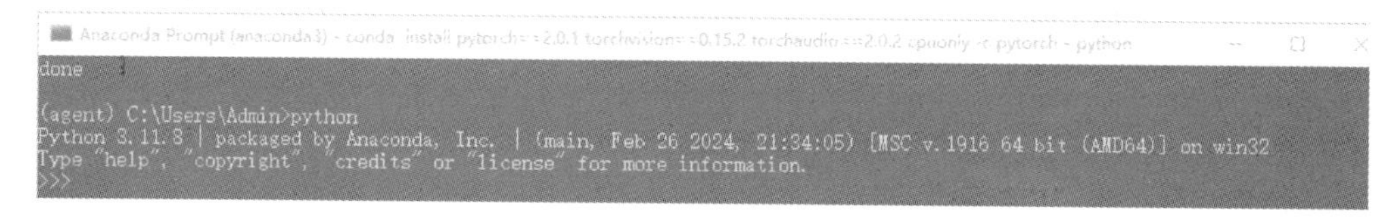

图 10-26

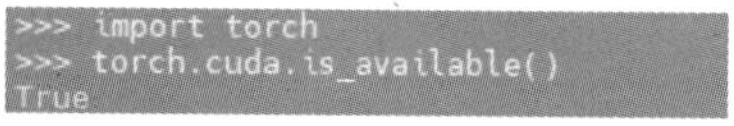

```
>>> import torch
>>> torch.cuda.is_available()
True
```

图 10-27

继续输入“import torch”和“torch.cuda.is_available()”命令，若显示“True”，则表示 PyTorch 安装成功，如图 10-27 所示。

3. 安装 PEFT 运行环境并在 PyCharm 中进行配置

（1）安装 PEFT 所需的包。使用本书提供的微调代码中的 requirements.txt 文件进行安装。

在“Anaconda Prompt(anaconda3)”命令提示符界面中输入“cd agent”命令进入 requirements.txt 文件所在目录，并输入“pip install -r requirements.txt”命令进行 PEFT 所需包的安装，如图 10-28 所示。

继续输入“pip install fire”命令进行 fire 包的安装，如图 10-29 所示。

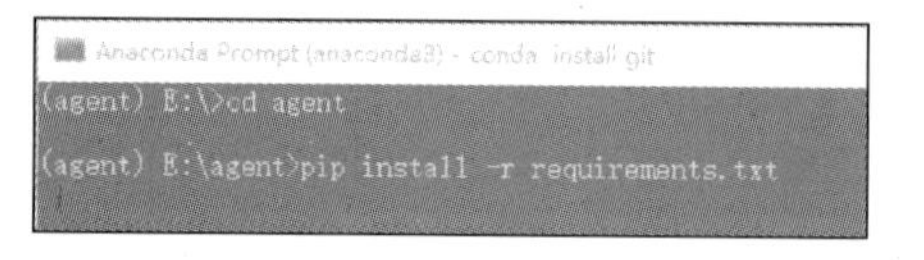

图 10-28

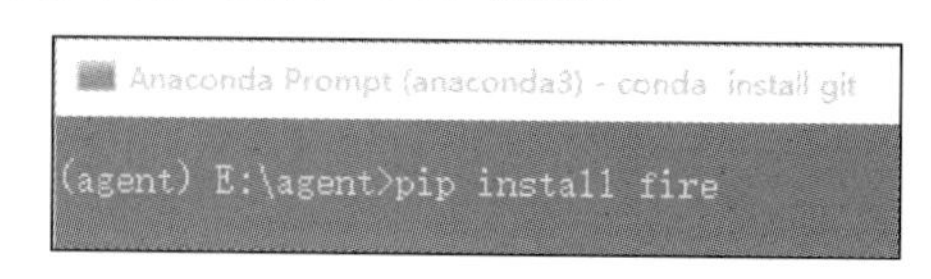

图 10-29

（2）根据以下步骤导入项目。

首先，打开 PyCharm，选择“File”→“Open”命令，导入项目，如图 10-30 所示。

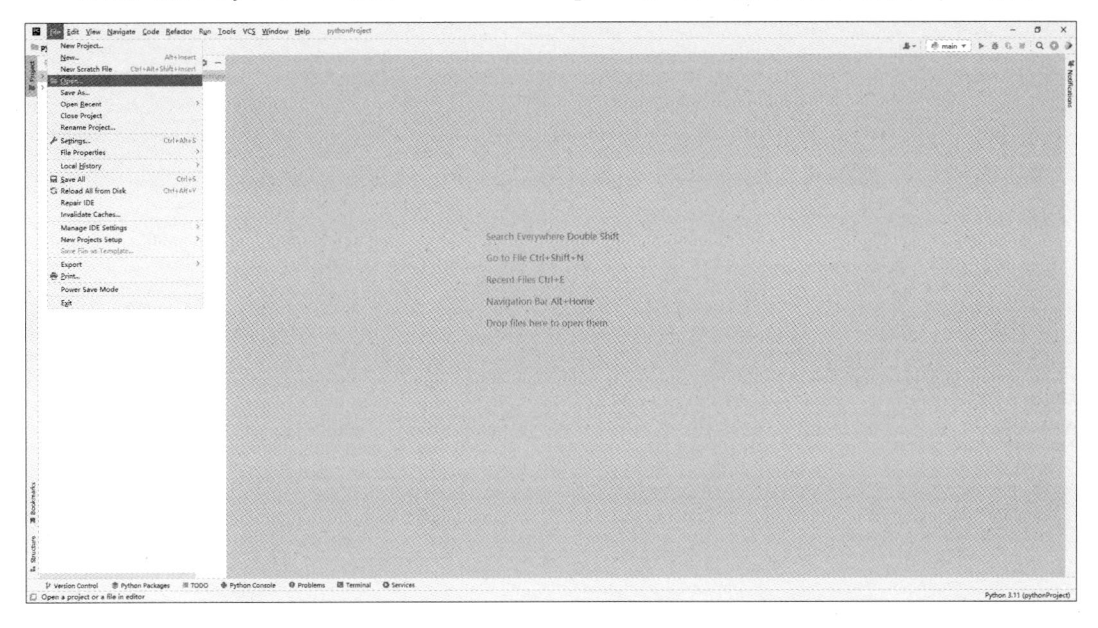

图 10-30

其次，选择本书提供的案例项目，如图 10-31 所示。

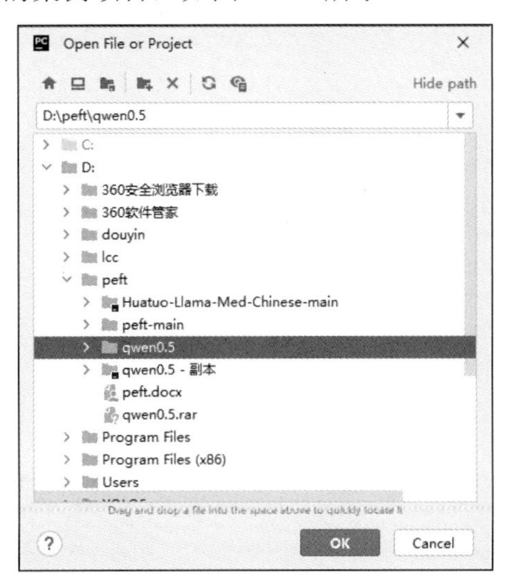

图 10-31

（3）按照以下步骤设置项目开发运行环境。

选择“File”→“Settings”命令，如图 10-32 所示。

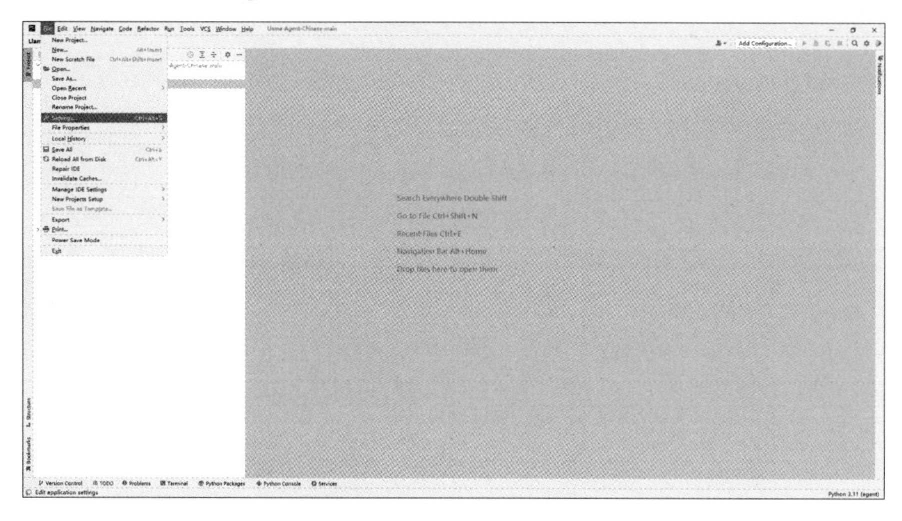

图 10-32

选择“Settings”界面左侧“Project:Llama-Agent-Chinese-m”节点中的“Python Interpreter”选项，如图 10-33 所示。

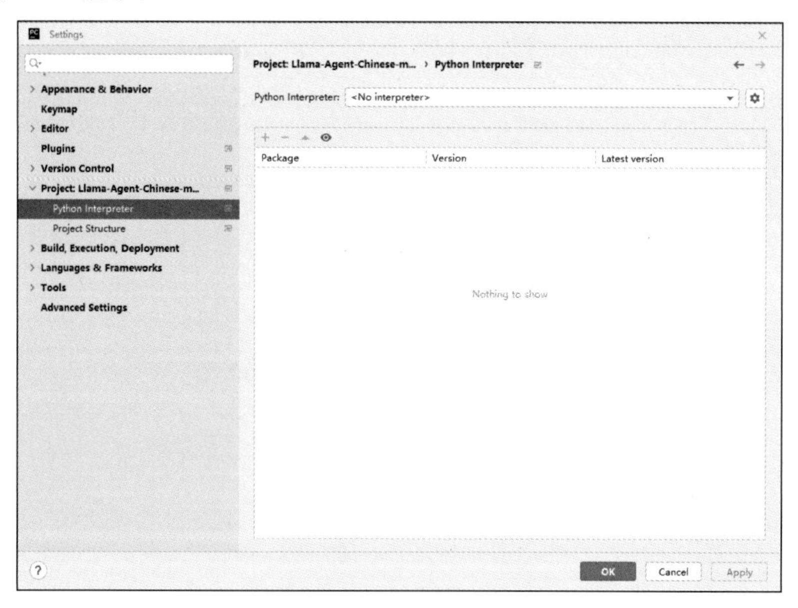

图 10-33

单击“Settings”界面右上角的“齿轮”图标，在弹出的下拉列表中选择“Add”选项，如图 10-34 所示，进入“Add Python Interpreter”界面。

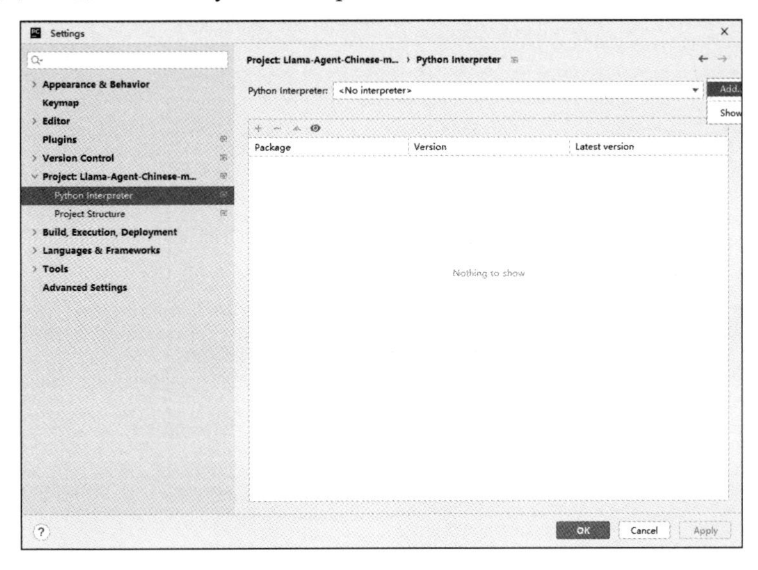

图 10-34

在“Add Python Interpreter”界面中选中“Existing environment”单选按钮，并单击“...”图标，如图 10-35 所示。

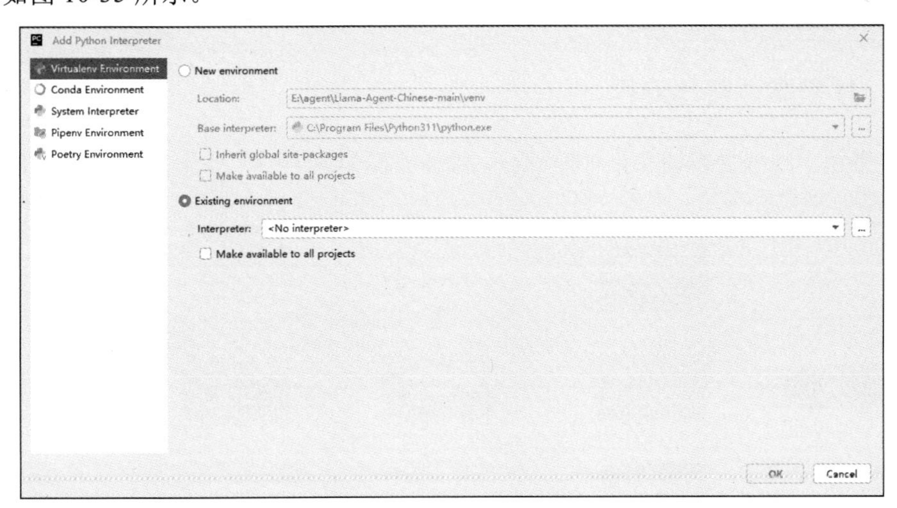

图 10-35

在弹出的“Select Python Interpreter”界面中选择已经安装完成的 PyTorch 环境中的“python.exe”文件，并单击“OK”按钮，如图 10-36 所示。

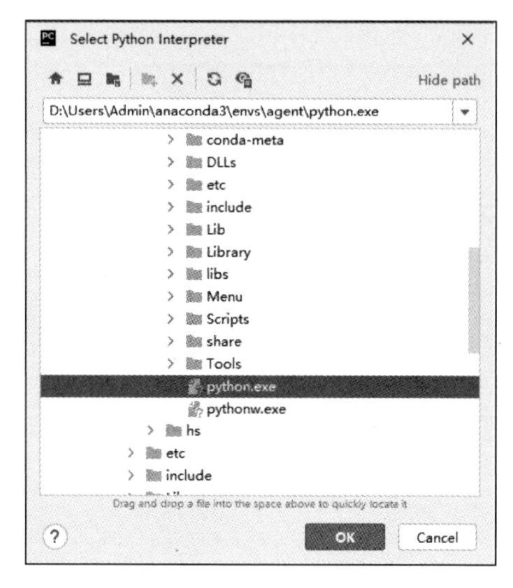

图 10-36

至此，微调环境已全部搭建完成。

10.3 模型微调实战

10.3.1 模型微调整体流程

模型微调实战分为微调和推理两部分，微调流程如图 10-37 所示，推理流程如图 10-38 所示。

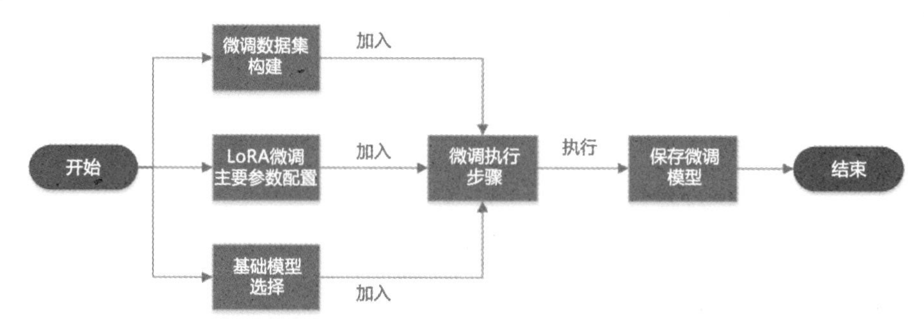

图 10-37

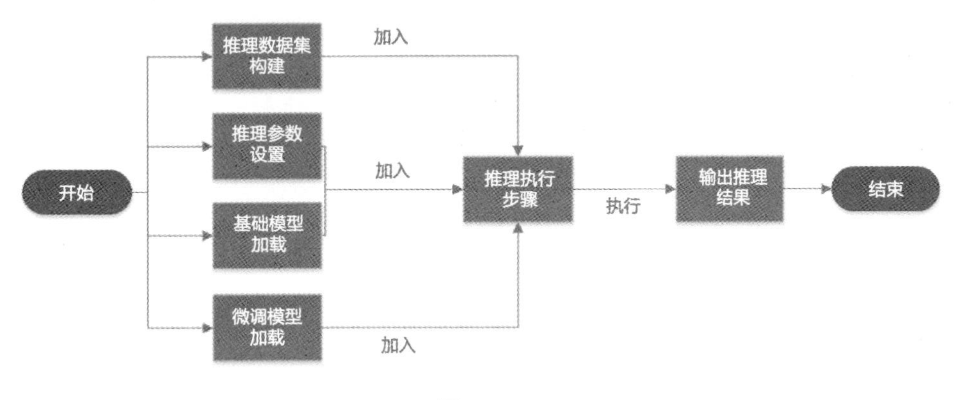

图 10-38

10.3.2　项目目录结构说明

Agent-Med-Chinese-main 工程目录：

- data 文件夹。
  - ➢ agent_data.json：这个文件包含了用于微调的文本数据。
  - ➢ Infer.json：这个文件包含了在推理阶段使用的文本数据。
- lora-agent-med-finetune 文件夹。

这个文件夹用于存储微调过程中生成的模型权重文件。在微调结束后，模型会被保存在这个文件夹中，以便后续的推理或进一步的微调使用。

- templates 文件夹。

med_template.json：这个文件包含了用于生成提示词的模板。在微调过程中，会使用这个模板来辅助生成文本输出。

- finetune.py：这是用于执行模型微调（fine-tuning）的代码文件。微调过程通常包括加载预训练模型、加载微调数据、设置及加载微调参数、执行微调循环、保存微调模型等。
- infer.py：这是用于执行推理的代码文件。这个文件包含加载已经微调好的模型、准备推理数据、执行推理过程等功能。

整体目录结构如图 10-39 所示。

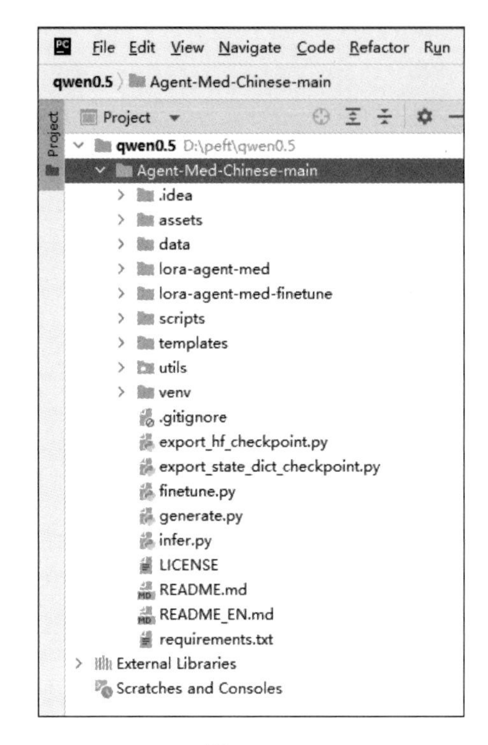

图 10-39

10.3.3 基础模型选择

选择合适的预训练模型对于 LLM 下游任务的成功执行至关重要。市面上有许多主流的 LLM 可供选择，其中包括 Llama、Mistral、Qwen 和 Yi 等，读者可根据自己的任务需要选择合适的模型。

以下是对上面提及的 4 个基础模型的简单介绍。

1. Llama

发布者：Meta。

特点：Llama 3 是该系列最新的版本，使用超过 15 万亿个 token 的预训练。目前，Llama 3 已推出 80 亿（8B）和 700 亿（70B）参数两个版本，支持 8K 的上下文窗口。在多个行业基准测试中，Llama 3 展现出了领先的性能。

适用场景：适用于对话系统和聊天任务，尤其是在需要处理大量人类对话样本时表现优秀。

2. Mistral

发布者：Mistral。

性能表现：Mistral 7B 在各项基准测试中表现优秀，超过了 Llama 2 13B，在许多基准测试中超过了 Llama 1 34B，在代码任务上接近 CodeLlama 7B 的性能。

适用场景：适用于文本生成、指导式遵循和代码生成等任务，具有优秀的性能和灵活性。

3. Qwen

发布者：阿里云。

特点：Qwen 是阿里云推出的基于 Transformer 架构的 LLM，使用大量的网络文本、书籍和代码等数据进行预训练。

适用场景：适用于各种自然语言处理任务，包括文本分类、命名实体识别、问答系统等。

4. Yi

特点：Yi 是基于高质量语料库训练的 LLM，支持英语和汉语两种语言，其语料库中包含 3 万亿个令牌。

适用场景：适用于涉及英语和汉语文本的各种自然语言处理任务，具有较强的语言理解和生成能力。

10.3.4 微调数据集构建

在构建微调数据集时，我们需要准备微调数据、提示词模板与推理数据。

微调数据和推理数据的格式都是 JSON，具体包含以下字段。

instruction：指令，问题描述。

input：输入，描述了上下文语境的相关信息。

output：输出，描述了期望得到的结果。

例如：

```
{
    "instruction": "麻风病和儿童哮喘的病因是否一致？",
    "input": "患者年龄为 10 岁",
    "output":  "麻风病是由麻风分枝杆菌引起的一种慢性接触性传染疾病，儿童哮喘是一种慢性呼吸道疾病。"
}
```

提示词模板用于生成模型的输入，也采用了 JSON 格式，包含以下字段。

description：描述了模板的用途。

prompt_input：包含了模板的输入部分，可以根据指令生成问题描述。

prompt_no_input：类似于 prompt_input，但适用于无须输入的情况。

response_split：定义了答案的分隔符。

例如：

```
{
    "description": "Template used by Med Instruction Tuning",
    "prompt_input": "下面是一个问题，运用医学知识来正确回答提问.\n### 问题:\n{instruction}\n### 回答:\n",
    "prompt_no_input": "下面是一个问题，运用医学知识来正确回答提问.\n### 问题:\n{instruction}\n### 回答:\n",
    "response_split": "### 回答:"
}
```

10.3.5 LoRA 微调主要参数配置

微调是指在预训练模型的基础上，通过使用特定任务的数据集进行额外微调以提升模型在该任务上的性能。在微调过程中，需要配置一些关键参数以确保微调的顺利进行和性能达到最优。下面是在“finetune.py”文件的微调代码中的主要参数配置。

1. 微调相关参数修改

--base_model：设置为所选 LLM 的名称，如 Qwen1.5-0.5B。读者可以在 Hugging Face 官方网站上查询更多模型信息。

--data_path：微调数据集的路径。

--output_dir：微调后模型的保存路径。

--prompt_template_name：提示词模板的名称，根据项目需求进行内容调整。

--batch_size：微调时的数据批处理大小，根据计算机算力进行调整。

--micro_batch_size：用于将大批次（batch_size）拆分为多少个小批次，以减少显存占用并实现梯度累加，从而优化 GPU 资源的使用。

--wandb_run_name：指定在 Weights and Biases（wandb）上记录的运行名称。

在项目代码中进行微调参数设置的步骤如下所示。

第一步：在 PyCharm 中，选择右上角的“Edit Configurations”选项，如图 10-40 所示。

第二步：在“Run/Debug Configurations”界面中单击“Parameters”输入框，并在输入框中输入图 10-41 所示的配置信息。

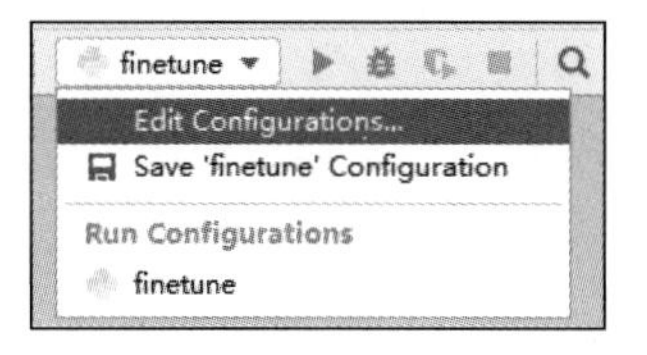

图 10-40

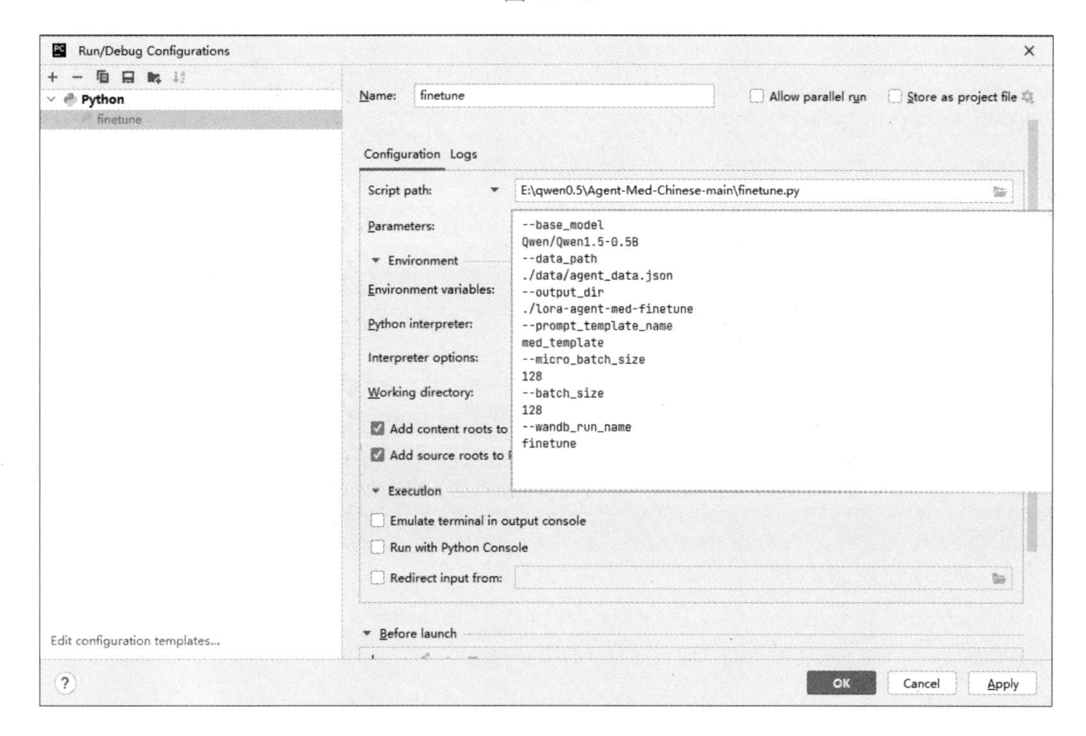

图 10-41

2. LoRA 微调参数配置

在微调过程中，使用 LoRA 方法进行微调的参数配置如下所示。

lora_r：LoRA 微调的秩。

lora_alpha：影响放大倍数。

lora_dropout：微调中丢弃的概率。

lora_target_modules：LoRA 需要微调的参数列表。

3. 微调训练参数配置

在配置 Trainer 对象时，需要配置一系列参数，主要包括如下几个。

num_train_epochs：微调的总轮数。

learning_rate：学习率。

optim：优化器，如 adamw_torch。

fp16：是否使用混合精度进行微调。

10.3.6 微调主要执行流程

10.3.5 节介绍了根据任务需求配置 LoRA 微调主要参数的内容，下面介绍微调过程中主要使用的方法和函数，以及微调流程。

（1）首先，需要引入所需的分词器和模型，以便后续使用：

```
from transformers import Qwen2Tokenizer, Qwen2ForCausalLM
```

（2）加载模型。

使用 from_pretrained 方法加载预训练模型，并设置相关参数：

```
model = Qwen2ForCausalLM.from_pretrained(
    base_model,
    torch_dtype=torch.float32,
    device_map=device_map,
)
```

（3）加载分词器。

使用 from_pretrained 方法加载预训练模型对应的分词器，用于对输入进行分词处理：

```
tokenizer = Qwen2Tokenizer.from_pretrained(base_model)
```

（4）加载微调参数。

使用 LoRA 微调参数配置模型：

```
config = LoraConfig(
    r=lora_r,
    lora_alpha=lora_alpha,
    target_modules=lora_target_modules,
    lora_dropout=lora_dropout,
    bias="none",
    task_type="CAUSAL_LM",
)
model = get_peft_model(model, config)
```

（5）读入数据。

根据指定的数据路径加载数据集，通常使用 load_dataset 函数：

```
if data_path.endswith(".json") or data_path.endswith(".jsonl"):
    data = load_dataset("json", data_files=data_path)
else:
    data = load_dataset(data_path)
```

（6）开始微调。

使用 Trainer 对象开始微调：

```
trainer = transformers.Trainer
```

（7）模型保存。

在微调结束后，将微调后的模型保存到指定路径中：

```
model.save_pretrained(output_dir)
```

通过以上流程，即可完成对预训练模型的微调，并将微调后的模型保存到指定路径中，以供后续使用。

10.3.7 运行模型微调代码

以下是运行模型微调代码的详细步骤。

在 PyCharm 中打开“finetune.py”文件。在代码编辑界面中右击该文件，弹出快捷菜单，选择“Run 'finetune'”命令，如图 10-42 所示。

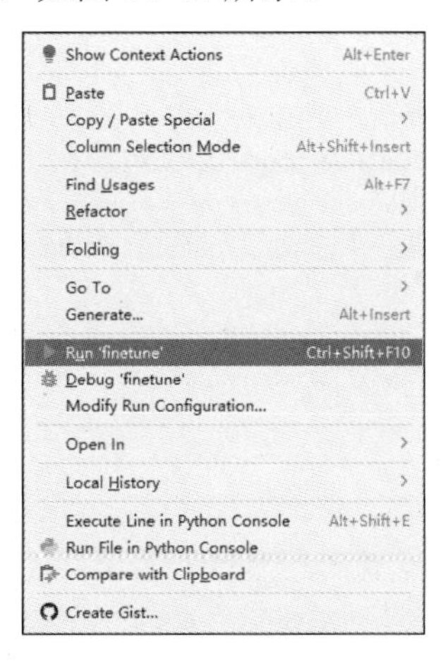

图 10-42

若在 PyCharm 输出窗口中显示图 10-43 所示的信息，则表示微调开始执行。

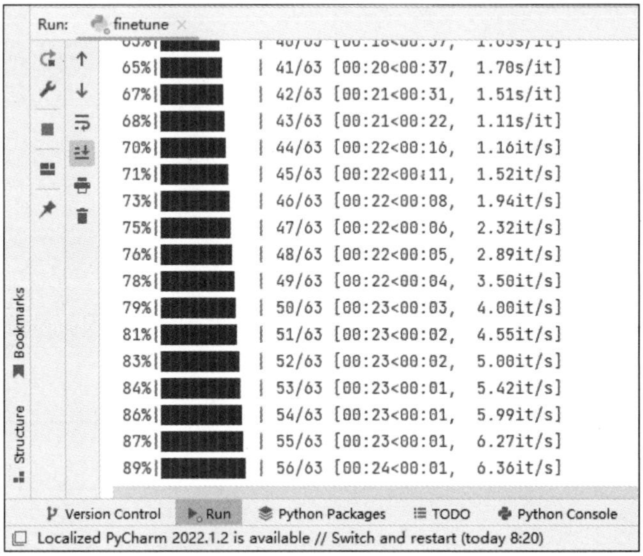
Run: finetune
65%| | 41/63 [00:20<00:37, 1.70s/it]
67%| | 42/63 [00:21<00:31, 1.51s/it]
68%| | 43/63 [00:21<00:22, 1.11s/it]
70%| | 44/63 [00:22<00:16, 1.16it/s]
71%| | 45/63 [00:22<00:11, 1.52it/s]
73%| | 46/63 [00:22<00:08, 1.94it/s]
75%| | 47/63 [00:22<00:06, 2.32it/s]
76%| | 48/63 [00:22<00:05, 2.89it/s]
78%| | 49/63 [00:22<00:04, 3.50it/s]
79%| | 50/63 [00:23<00:03, 4.00it/s]
81%| | 51/63 [00:23<00:02, 4.55it/s]
83%| | 52/63 [00:23<00:02, 5.00it/s]
84%| | 53/63 [00:23<00:01, 5.42it/s]
86%| | 54/63 [00:23<00:01, 5.99it/s]
87%| | 55/63 [00:23<00:01, 6.27it/s]
89%| | 56/63 [00:24<00:01, 6.36it/s]
Bookmarks
Structure
Version Control
Run
Python Packages
TODO
Python Console
Localized PyCharm 2022.1.2 is available // Switch and restart (today 8:20)

图 10-43

10.4 模型推理验证

完成微调后，就获得了经过微调的模型，我们可以通过推理代码“infer.py”来验证微调效果。以下是推理部分的主要代码和步骤。

1. 准备模型文件

将微调后生成的模型文件“adapter_config.json”和“adapter_model.bin”复制到“lora-agent-med”项目文件夹中。

2. 配置参数

配置相应的参数，如图 10-44 所示。

3. 引入分词器和模型

引入所需的分词器和模型，以便后续使用：

```
from transformers import Qwen2Tokenizer, Qwen2ForCausalLM
```

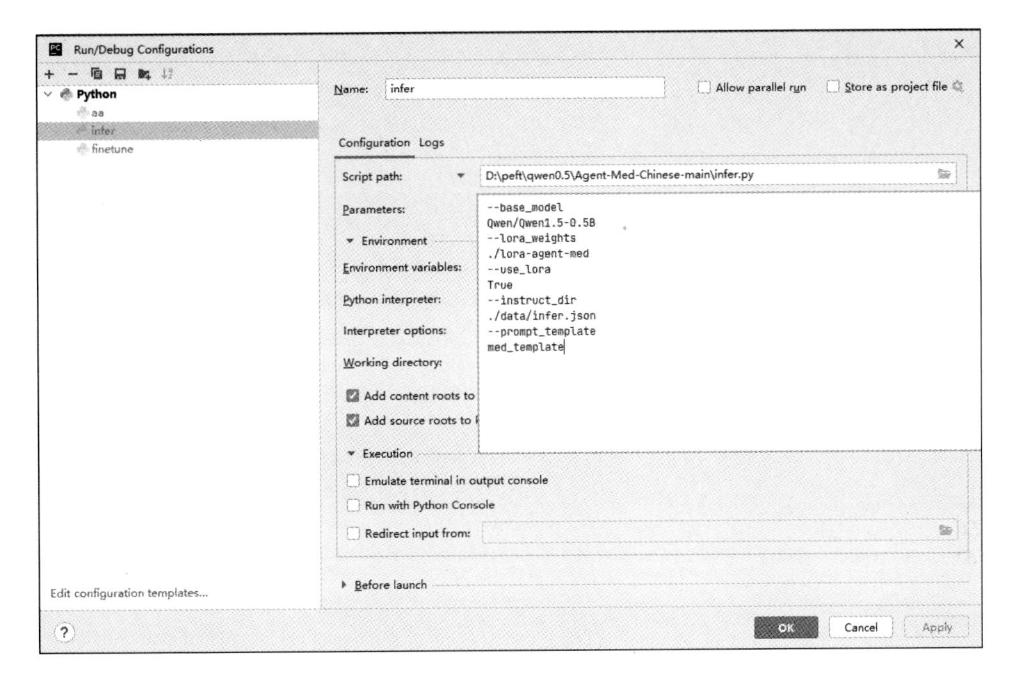

图 10-44

4. 加载基础模型

加载基础模型，示例代码如下：

```
model = Qwen2ForCausalLM.from_pretrained(
        base_model,
        load_in_8bit=load_8bit,
        #torch_dtype=torch.float16,
        torch_dtype=torch.float32,
        device_map="auto",
    )
```

5. 加载分词器

加载分词器，示例代码如下：

```
tokenizer = Qwen2Tokenizer.from_pretrained(base_model)
```

6. 加载微调后的模型权重

如果使用了 lora（局部敏感退化），则需加载微调后的模型权重，示例代码如下：

```
if use_lora:
    print(f"using lora {lora_weights}")
    model = PeftModel.from_pretrained(
        model,
        lora_weights,
        torch_dtype=torch.float32,
    )
```

7. 运行推理代码

在代码编辑界面中右击，在弹出的快捷菜单中选择“Run infer”命令，即可运行代码。运行结果如图 10-45 所示。

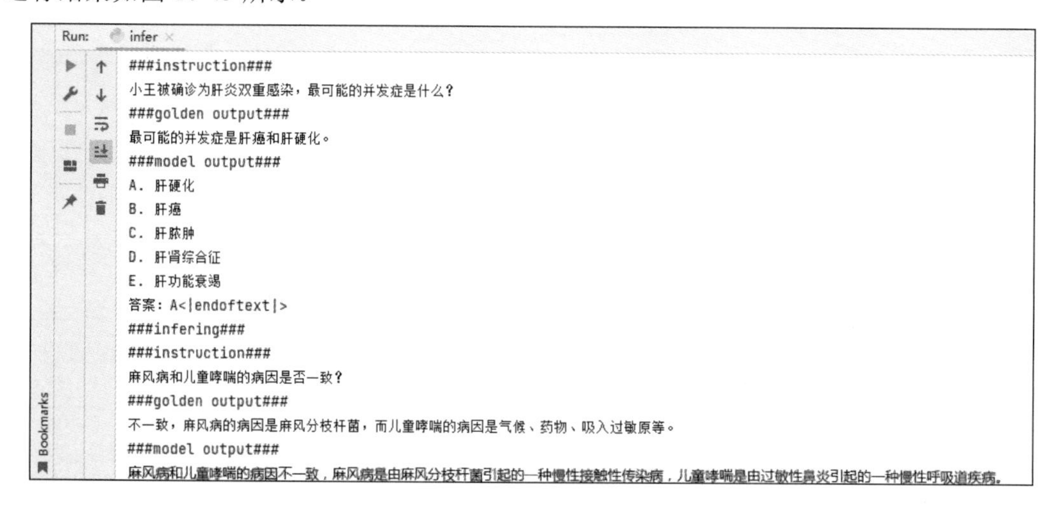

图 10-45

通过以上步骤，就完成了模型的微调和推理。训练后的模型输出风格更接近训练数据。

第 11 章
Llama 3 模型的微调、量化、部署和应用

随着 AI 技术的飞速发展，深度学习模型在各个领域中的应用日益广泛。近年来，通过获取大量的网络知识，LLM 已经展现出人类级别的智能潜力，从而引发了基于 LLM 的研究热潮。Llama 3 模型正是这一领域的重要成果之一。Llama 3 是由开放人工智能社区开发的开源自然语言处理模型。它继承并发展了其前身 Llama 和 Llama 2 的强大功能。作为第三代模型，Llama 3 在模型结构、训练数据和性能优化方面得到了大幅提升，以至在处理各种自然语言任务时表现得更加出色。Llama 3 模型采用了先进的 Transformer 架构，能够高效地处理大量文本数据，执行语言生成、文本分类、问答系统等多种任务。

Llama 3 模型的开源特性为研究人员和开发人员提供了以下几个显著优势。

可访问性：任何人都可以访问和使用 Llama 3 模型，无须支付任何费用。

透明性：源代码和模型参数完全公开，用户可以深入了解 Llama 3 模型的内部机制。

社区支持：全球的开发人员和研究人员共同参与 Llama 3 模型的优化和改进，形成了一个活跃的社区。

可定制性：用户可以根据具体需求对 Llama 3 模型进行微调和改进，开发出适合特定应用场景的版本。

Llama 3 模型已经在多个应用领域中展现出强大的能力，包括但不限于以下几个。

文本生成：在新闻报道、内容创作和文学创作中，Llama 3 模型能够生成高质量的自然语言文本。

机器翻译：Llama 3 模型可以实现多种语言之间的翻译，并且能够确保翻译的准确性和

流畅度。

问答系统：在智能客服和信息检索领域中，Llama 3 模型能够高效地理解用户提出的问题并提供准确的答案。

情感分析：Llama 3 模型可用于社交媒体监控和市场分析，通过分析文本情感来洞察用户的情感倾向。

文本摘要：在新闻和研究领域中，Llama 3 模型能够对长文本进行处理，提取出关键信息。

Llama 3 模型在自然语言处理（NLP）领域中的重要性不容忽视。首先，Llama 3 提供了一个强大的基础模型，可以大幅度减少开发人员在构建 NLP 应用时所需的时间和资源投入。其次，Llama 3 的高性能和灵活性使其能够胜任各种复杂的 NLP 任务，从而提高应用程序的智能化水平和用户体验。

在实际应用中，Llama 3 模型的强大能力使其成为智能客服、信息检索、内容生成和数据分析等多个领域的核心技术。它不仅能够处理庞大的文本数据，还能通过深度学习算法不断进行自我优化，提高处理速度和准确性。

本章将详细介绍 Llama 3 模型微调、量化、部署和应用的整体流程，旨在帮助读者了解和掌握如何高效地使用这一模型。

微调：讨论如何针对特定任务和数据集对 Llama 3 模型进行调整，以提高模型在特定应用中的表现。

量化：介绍如何通过模型量化技术压缩模型大小，以提升推理速度和资源利用率。

部署：详细讲解如何将微调和量化后的模型部署到实际应用环境中。

应用：探讨 Llama 3 模型在不同应用场景中的实际使用方法和案例，从而帮助读者更好地理解其广泛的应用潜力。

通过对本章的学习，读者将能够掌握从数据准备到模型微调、从模型量化到实际部署和应用的完整流程，从而更好地利用 Llama 3 模型在各种自然语言处理任务中的强大功能。

11.1 准备工作

在对 Llama 3 模型进行微调、量化、部署和应用之前，首先需要完成一系列的准备工作。这一部分将详细介绍环境配置、依赖库安装，以及数据收集和预处理的步骤，以确保模型在稳定的环境中进行训练和部署。

11.1.1 环境配置和依赖库安装

在 Windows 下配置环境和安装所需的依赖库是顺利进行模型训练和部署的基础，以下是具体的步骤。

1. 安装 Python

安装 Python 3.8 或以上版本。Python 是一种广泛使用的编程语言，具备丰富的库和工具，适合执行深度学习和自然语言处理任务。

从 Python 官方网站上下载并安装 Python 最新版本。安装完成后，通过以下命令验证安装是否成功：

```
python --version
```

若安装成功，则会返回 Python 版本。

2. 安装包管理工具

安装 pip 和 virtualenv。其中，pip 是 Python 的包管理工具，用于安装和管理 Python 包；virtualenv 用于创建虚拟环境，以防止库之间产生冲突。

```
python -m pip install --upgrade pip
pip install virtualenv
```

代码运行后会自动更新 pip 包，创建虚拟环境。

3. 创建虚拟环境

使用 virtualenv 创建一个新的虚拟环境，避免与系统环境发生冲突。虚拟环境能够隔离项目所需的包和依赖，有助于保持项目的独立性和可移植性。

```
virtualenv llama3_env
llama3_env\Scripts\activate
```

4. 安装必要的依赖库

在虚拟环境中，使用“pip”命令安装必要的依赖库。

torch：PyTorch 库，是一个用于执行深度学习任务的开源框架，支持 GPU 加速。

transformers：Hugging Face 提供的库，用于加载和使用预训练的 LLM。

datasets：Hugging Face 提供的库，用于加载和处理各种 NLP 数据集。

```
pip install torch transformers datasets
```

安装 CUDA 工具包（如果有 GPU），以加速模型训练速度：

```
pip install torch torchvision torchaudio --extra-index-url https://download.
***orch.org/whl/cu113
```

5. 安装其他常用库和工具

以下库和工具在数据处理和机器学习中非常有用。

scikit-learn：机器学习库，提供了各种分类、回归和聚类算法。

numpy：用于进行数值计算的基础库，支持高性能多维数组和矩阵操作。

pandas：数据处理和分析工具，提供了高效的数据结构和数据分析工具。

```
pip install scikit-learn numpy pandas
```

11.1.2 数据收集和预处理

高质量的数据是训练出色模型的关键。数据收集和预处理包括数据源选择、数据清洗与标注。

1. 数据源选择

根据具体的任务选择合适的数据源，常见的数据源如下。

公开数据集：如 Hugging Face 提供的各种 NLP 数据集，这些数据集已经过社区验证，质量较高，适合快速入门和模型验证。

自有数据：公司内部或项目自有的数据，这些数据通常更具针对性和实用性。

网络爬取：从互联网获取的公开数据，需要注意数据的合法性和版权问题。

例如，使用 Hugging Face 提供的公开数据集，操作如下。

登录 Hungging Face，搜索“Wikipedia”，结果如图 11-1 所示。

图 11-1

直接下载数据集 JSON 文件，在后续微调过程中加入该数据集即可。

2. 数据清洗与标注

数据清洗与标注是确保数据质量的重要步骤。清洗步骤包括去除重复数据、处理缺失值和去除噪声数据等；标注步骤包括对数据进行正确的分类和标记，以便模型能够学习和理解数据中的模式。

11.2　微调 Llama 3 模型

11.2.1　微调的意义与目标

微调是在预训练模型基础上进行再训练的过程。对 Llama 3 模型而言，微调可以显著提升其在特定应用场景中的性能。例如，通过微调，Llama 3 可以从通用的自然语言处理模型变成在特定领域（如医学、法律或金融等）中具有专业知识的模型。

微调的目标如下。

- 提高模型的准确性和泛化能力。
- 缩短训练时间和降低计算资源消耗。
- 使模型更好地适应特定任务或数据集的需求。

11.2.2　Llama 3 模型下载

下载 Llama 3 模型有多种方式，以下是几种常见的方式，包括使用 Ollama、Hugging Face、其他工具和平台，以及从 GitHub 上下载等。

1. 使用 Ollama

Ollama 是一个提供预训练模型的平台，用户可以通过它下载 Llama 3 模型，具体步骤如下。

安装 Ollama 客户端：具体的安装步骤可以在 Ollama 官方网站上找到或者参照 11.5 节。

下载模型：在安装完成后，可以通过命令行工具下载 Llama 3 的具体模型。假设下载的模型名称为“llama3”，具体命令如下：

```
ollama pull llama3
```

2．使用 Hugging Face

Hugging Face 是一个非常流行的 AI 学习平台，提供了丰富的预训练模型库，包括 Llama 3 模型。以下是使用 Hugging Face 下载 Llama 3 模型的步骤。

找到目标 Llama 3 模型链接：

在 huggingface.co 中搜索 llama-3-chinese-8b-instruct，结果如图 11-2 所示。

hfl-rc Upload folder using huggingface_hub 15cfcd7 VERIFIED 22 days ago

.gitattributes	1.52 kB	initial commit	22 days ago
README.md	1.89 kB	Update README.md	22 days ago
config.json	653 Bytes	Upload folder using huggingface_hub	22 days ago
generation_config.json	198 Bytes	Upload folder using huggingface_hub	22 days ago
model-00001-of-00004.safetensors	4.98 GB LFS	Upload folder using huggingface_hub	22 days ago
model-00002-of-00004.safetensors	5 GB LFS	Upload folder using huggingface_hub	22 days ago
model-00003-of-00004.safetensors	4.92 GB LFS	Upload folder using huggingface_hub	22 days ago
model-00004-of-00004.safetensors	1.17 GB LFS	Upload folder using huggingface_hub	22 days ago
model.safetensors.index.json	23.9 kB	Upload folder using huggingface_hub	22 days ago
special_tokens_map.json	449 Bytes	Upload folder using huggingface_hub	22 days ago
tokenizer.json	9.09 MB	Upload folder using huggingface_hub	22 days ago
tokenizer_config.json	51 kB	Upload folder using huggingface_hub	22 days ago

图 11-2

将其下载到本地文件夹中，并保存，如图 11-3 所示。

此电脑 › 新加卷 (D:) › llama-3-chinese-8b-instruct-v2 › 在 llama-3-chinese-8b-instruct-v2 中搜索

名称	修改日期	类型	大小
output	2024-05-27 11:10	文件夹	
config.json	2024-05-27 10:31	JSON 源文件	1 KB
generation_config.json	2024-05-27 10:31	JSON 源文件	1 KB
gitattributes	2024-05-27 10:31	文件	2 KB
model.safetensors.index.json	2024-05-27 10:32	JSON 源文件	24 KB
model-00001-of-00004.safetensors	2024-05-27 11:52	SAFETENSORS ...	4,860,058...
model-00002-of-00004.safetensors	2024-05-27 12:47	SAFETENSORS ...	4,882,620...
model-00003-of-00004.safetensors	2024-05-27 13:12	SAFETENSORS ...	4,800,700...
model-00004-of-00004.safetensors	2024-05-27 12:42	SAFETENSORS ...	1,140,761...
README.md	2024-05-27 10:31	MD 文件	2 KB
special_tokens_map.json	2024-05-27 10:32	JSON 源文件	1 KB
tokenizer.json	2024-05-27 10:32	JSON 源文件	8,873 KB
tokenizer_config.json	2024-05-27 10:32	JSON 源文件	50 KB

选择要预览的文件。

图 11-3

3．直接从 GitHub 上下载

某些模型可能会被托管在 GitHub 上，其提供了更直接的访问方式。以下是通过 GitHub 下载 Llama 3 模型的步骤。

访问项目页面：访问模型所在的 GitHub 项目页面，如 Llama 3 GitHub 页面，如图 11-4 所示。

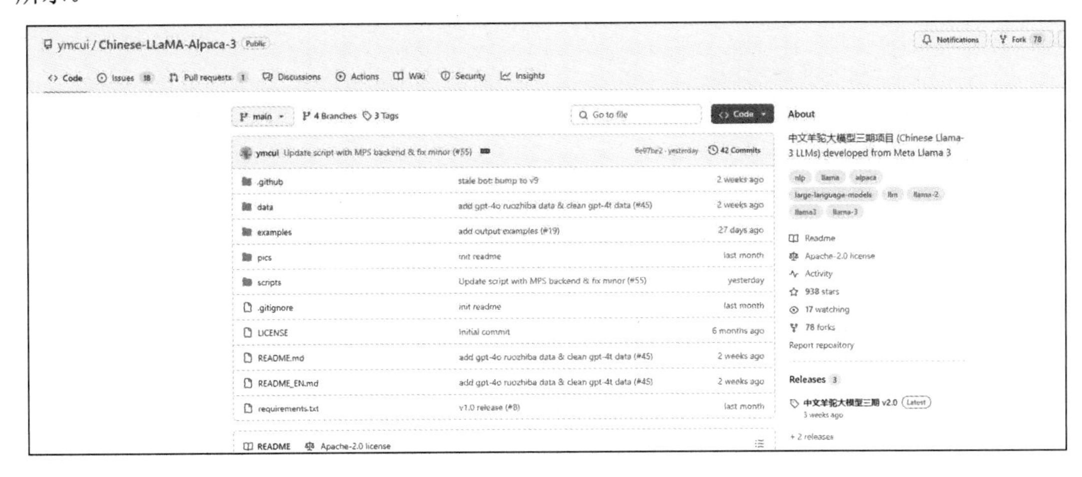

图 11-4

克隆仓库：使用“git”命令克隆仓库。

```
git clone https://***hub.com/ymcui/Chinese-LLaMA-Alpaca-3.git
```

下载和配置模型文件：根据项目的 README 文件中的指导，下载和配置模型文件。

4. 使用其他工具和平台

除了上述方法，还可以使用其他工具和平台来下载 Llama 3 模型，如 ModelScope 和 Azure Machine Learning。

ModelScope 是一个开源的模型管理平台，提供了模型下载和管理功能。

如果读者使用了 Azure 云服务，则可以通过 Azure Machine Learning 来管理和下载 Llama 3 模型。

11.2.3 使用 Llama-factory 进行 LoRA 微调

1. Llama-factory 简介

Llama-factory 是一个专为机器学习和深度学习社区设计的高效工具库，旨在简化 LLM 的微调过程，特别适用于低秩适应（LoRA）这样的高级技术。它集成了许多实用功能，使开发者能够轻松地对大规模预训练模型进行微调，从而在资源受限的环境中实现高效训练。

Llama-factory 的主要特点如下。

（1）高效的 LoRA 微调：Llama-factory 主要专注于实现低秩适应（LoRA）微调。它通过引入低秩矩阵的方式，大幅减少需要微调的参数量，从而在计算资源有限的情况下也能进行高效的模型微调。

（2）简洁的 API 设计：Llama-factory 提供了简洁直观的 API，使用户能够快速上手。用户只需编写几行代码即可实现对预训练模型的 LoRA 微调。

（3）兼容性强：该工具库与多种流行的深度学习框架（如 PyTorch 和 TensorFlow）兼容，同时能很好地与 transformers 等库集成。

（4）配置选项：用户可以通过配置选项来自定义 LoRA 微调的各个方面，如低秩矩阵的秩（rank）、缩放因子（alpha）和 dropout 率等，以适应不同的应用需求。

（5）社区支持：Llama-factory 拥有活跃的社区支持，提供了丰富的文档、教程和示例，可以帮助用户更快地掌握并应用该工具库。访问 GitHub，搜索 Llama-factory，即可查阅相关文档、教程等资源。

2. Llama-factory 安装

先使用“git”命令进行安装，如图 11-5 所示。

```
git clone --depth 1 https://***hub.com/hiyouga/LLaMA-Factory.git
```

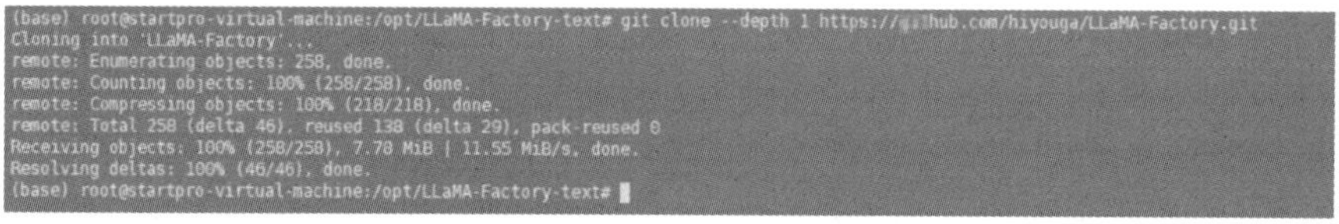

```
(base) root@startpro-virtual-machine:/opt/LLaMA-Factory-text# git clone --depth 1 https://github.com/hiyouga/LLaMA-Factory.git
Cloning into 'LLaMA-Factory'...
remote: Enumerating objects: 258, done.
remote: Counting objects: 100% (258/258), done.
remote: Compressing objects: 100% (218/218), done.
remote: Total 258 (delta 46), reused 138 (delta 29), pack-reused 0
Receiving objects: 100% (258/258), 7.78 MiB | 11.55 MiB/s, done.
Resolving deltas: 100% (46/46), done.
(base) root@startpro-virtual-machine:/opt/LLaMA-Factory-text#
```

图 11-5

然后构建虚拟环境，如图 11-6 所示。

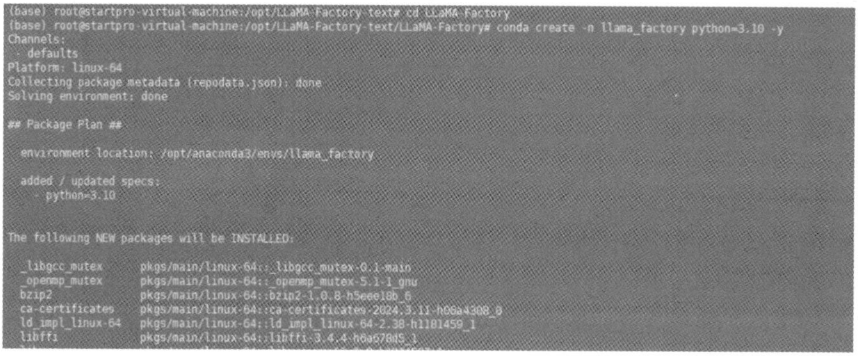

```
(base) root@startpro-virtual-machine:/opt/LLaMA-Factory-text# cd LLaMA-Factory
(base) root@startpro-virtual-machine:/opt/LLaMA-Factory-text/LLaMA-Factory# conda create -n llama_factory python=3.10 -y
Channels:
 - defaults
Platform: linux-64
Collecting package metadata (repodata.json): done
Solving environment: done

## Package Plan ##

  environment location: /opt/anaconda3/envs/llama_factory

  added / updated specs:
    - python=3.10


The following NEW packages will be INSTALLED:

  _libgcc_mutex      pkgs/main/linux-64::_libgcc_mutex-0.1-main
  _openmp_mutex      pkgs/main/linux-64::_openmp_mutex-5.1-1_gnu
  bzip2              pkgs/main/linux-64::bzip2-1.0.8-h5eee18b_6
  ca-certificates    pkgs/main/linux-64::ca-certificates-2024.3.11-h06a4308_0
  ld_impl_linux-64   pkgs/main/linux-64::ld_impl_linux-64-2.38-h1181459_1
  libffi             pkgs/main/linux-64::libffi-3.4.4-h6a678d5_1
```

图 11-6

```
cd LLaMA-Factory
conda create -n llama_factory python=3.10 -y
```

安装完成后激活环境，如图 11-7 所示。

```
conda activate llama_factory
```

```
(base) root@startpro-virtual-machine:/opt/LLaMA-Factory-text/LLaMA-Factory# conda activate llama_factory
(llama_factory) root@startpro-virtual-machine:/opt/LLaMA-Factory-text/LLaMA-Factory#
```

图 11-7

安装项目各种依赖，代码如下：

```
pip install -e .[metrics,modelscope,qwen]
pip3 install torch torchvision torchaudio --index-url https://download.
***orch.org/whl/cu121
pip install https://***hub.com/jllllll/bitsandbytes-windows-webui/releases/
download/wheels/bitsandbytes-0.39.0-py3-none-linux_x86_64.whl
pip install tensorboard
```

按照上述步骤逐步安装和下载后，Llama-factory 被安装在本地，如图 11-8 所示。

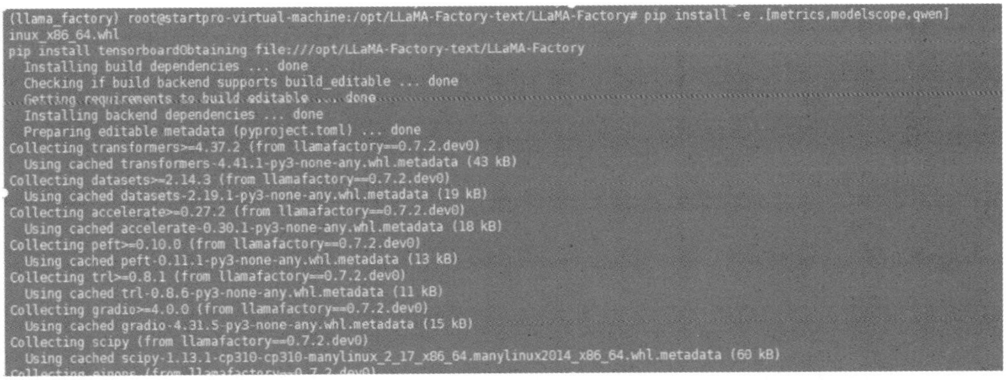

```
(llama_factory) root@startpro-virtual-machine:/opt/LLaMA-Factory-text/LLaMA-Factory# pip install -e .[metrics,modelscope,qwen]
inux_x86_64.whl
pip install tensorboardObtaining file:///opt/LLaMA-Factory-text/LLaMA-Factory
  Installing build dependencies ... done
  Checking if build backend supports build_editable ... done
  Getting requirements to build editable ... done
  Installing backend dependencies ... done
  Preparing editable metadata (pyproject.toml) ... done
Collecting transformers>=4.37.2 (from llamafactory==0.7.2.dev0)
  Using cached transformers-4.41.1-py3-none-any.whl.metadata (43 kB)
Collecting datasets>=2.14.3 (from llamafactory==0.7.2.dev0)
  Using cached datasets-2.19.1-py3-none-any.whl.metadata (19 kB)
Collecting accelerate>=0.27.2 (from llamafactory==0.7.2.dev0)
  Using cached accelerate-0.30.1-py3-none-any.whl.metadata (18 kB)
Collecting peft>=0.10.0 (from llamafactory==0.7.2.dev0)
  Using cached peft-0.11.1-py3-none-any.whl.metadata (13 kB)
Collecting trl>=0.8.1 (from llamafactory==0.7.2.dev0)
  Using cached trl-0.8.6-py3-none-any.whl.metadata (11 kB)
Collecting gradio>=4.0.0 (from llamafactory==0.7.2.dev0)
  Using cached gradio-4.31.5-py3-none-any.whl.metadata (15 kB)
Collecting scipy (from llamafactory==0.7.2.dev0)
  Using cached scipy-1.13.1-cp310-cp310-manylinux_2_17_x86_64.manylinux2014_x86_64.whl.metadata (60 kB)
```

图 11-8

Windows 用户指南：

如果要在 Windows 平台上开启量化，则需要安装预编译的 bitsandbytes 库，其支持 CUDA 11.1 到 12.2 版本，读者可根据 CUDA 版本情况选择合适的 bitsandbytes 发布版本，如图 11-9 所示。

```
pip install https://***hub.com/jllllll/bitsandbytes-windows-webui/releases/
```

```
download/wheels/bitsandbytes-0.41.2.post2-py3-none-win_amd64.whl
```

```
(base) PS C:\> pip install https://***hub.com/jllllll/bitsandbytes-windows-webui/releases/download/wheels/bitsandbytes-0
.41.2.post2-py3-none-win_amd64.whl
Collecting bitsandbytes==0.41.2.post2
  Downloading https://***hub.com/jllllll/bitsandbytes-windows-webui/releases/download/wheels/bitsandbytes-0.41.2.post2-p
y3-none-win_amd64.whl (152.7 MB)
     ---------------------------------------- 152.7/152.7 MB 6.0 MB/s eta 0:00:00
Requirement already satisfied: scipy in c:\users\admin\anaconda3\lib\site-packages (from bitsandbytes==0.41.2.post2) (1.
11.4)
Requirement already satisfied: numpy<1.28.0,>=1.21.6 in c:\users\admin\anaconda3\lib\site-packages (from scipy->bitsandb
ytes==0.41.2.post2) (1.26.4)
```

图 11-9

3. Llama Board 可视化微调

Llama-factory 可使用 Docker 或者本地环境进行微调。

使用 Docker：

```
docker build -f ./Dockerfile -t llama-factory:latest .
docker run --gpus=all \
    -v ./hf_cache:/root/.cache/huggingface/ \
    -v ./data:/app/data \
    -v ./output:/app/output \
    -e CUDA_VISIBLE_DEVICES=0 \
    -p 7860:7860 \
    --shm-size 16G \
    --name llama_factory \
    -d llama-factory:latest
```

使用本地环境：

```
CUDA_VISIBLE_DEVICES=0 GRADIO_SHARE=1 llamafactory-cli webui
```

本案例使用本地环境进行微调，如图 11-10 所示。

```
(llama_factory) root@startpro-virtual-machine:/opt/LLaMA-Factory-text/LLaMA-Factory# python src/webui.py
Running on local URL:  http://0.0.0.0:7860

To create a public link, set `share=True` in `launch()`.
```

图 11-10

输入“llamafactory-cli webui”命令后，服务启动，弹出浏览器（见图 11-11）页面，页面链接为 http://10.1.1.100:7860/。

图 11-11

4．数据集配置

1）数据集文件的格式

在使用 Llama-factory 或其他机器学习框架进行模型微调时，数据集文件的格式是非常重要的。常见的数据集文件格式包括 CSV（Comma-Separated Values）、JSON（JavaScript Object Notation）、TSV（Tab-Separated Values），以及 Hugging Face 的 Dataset 等。下面详细介绍这些格式及其特点。

（1）CSV：以逗号分隔的纯文本文件。每一行代表一个数据样本，每一列代表一个特征。简单易读，适用于结构化数据。

（2）JSON：以键/值对存储数据，支持嵌套结构，可读性好，适用于结构复杂的数据，被广泛应用于 API 和配置文件中。

（3）TSV：以制表符分隔的纯文本文件。类似于 CSV，但其使用制表符分隔，避免了数据中包含逗号的问题。

（4）Dataset 格式：专为机器学习设计，支持多种数据操作，直接与 Hugging Face 的 datasets 库兼容。其支持从多种数据源（CSV、JSON、TSV 等）加载数据，并提供了高效的数据处理和转换工具。

2）数据集下载

准备工作中已下载一份 Hugging Face 的公开数据集，下载 JSON 文件后，修改文件名为自己想要的，如 alpaca_zh_demo.json。

3）数据集修改及配置

打开下载好的数据集，其数据格式比较简单，用户可根据具体需求对内容进行适当调整，如图 11-12 所示。

```
{
  "instruction": "识别并解释给定列表中的两个科学理论：细胞理论和日心说。",
  "input": "",
  "output": "细胞理论是生物科学的一个理论，它认为所有生命体都是由微小的基本单元——细胞所构成。这是生物学的一个基础理论，认为细胞是所有生物的基本结构和功能单位，所有的生物都是由一个或多个细胞组成的，细胞只能通过细胞分裂产生新的细胞。这一理论由薛定谔、施瓦内和雪莱于1839年首次提出。\n\n日心说是指太阳是太阳系的中心。也就是说，行星围绕太阳旋转的理论。这个理论打破了传统的地心说观点，认为地球并不是宇宙的中心。日心说的提出者是尼古拉·哥白尼，他在16世纪初发表了他的著作《天体运行论》，阐述了太阳系行星围绕太阳运行的模型，为天文学的发展做出了巨大贡献。"
 },
 {
  "instruction": "输入三支篮球队的名称并生成一个适当的口号。",
  "input": "输入：俄克拉荷马城雷霆队，芝加哥公牛队，布鲁克林篮网队。",
  "output": "输出： \"雷霆，公牛和篮网队：各显神通，角逐群雄!\""
 },
 {
  "instruction": "比较以下两位著名人物，使用特征列表并以句子形式提供输出。",
  "input": "人物1：阿尔伯特·爱因斯坦\n人物2：斯蒂芬·霍金\n特征：智力、教育、对世界的影响",
  "output": "阿尔伯特·爱因斯坦和斯蒂芬·霍金都是拥有极其出色智力的人物。两人都取得过非常高的教育成就，他们推进了科学发展并在世界范围内产生了深远的影响。爱因斯坦以其相对论和质能关系公式而闻名，而霍金以其关于黑洞和宇宙的发现而闻名。两位科学家都以其深厚的学识和非凡的贡献影响了世界。"
 },
```

图 11-12

数据集修改完成后，将其保存为 JSON 格式，为了让 Llama-factory 能够加载该数据集，需要在数据集配置文件 data\dataset_info.json 中添加该数据集选项，如图 11-13 所示。

```
"alpaca_zh_demo": {
  "file_name": "alpaca_zh_demo.json"
 },
```

```
{} dataset_info.json ●
C: > LLaMA-Factory > data > {} dataset_info.json > {} glaive_toolcall_en_demo > {} columns > tools
1   {
2     "identity": {
3       "file_name": "identity.json"
4     },
5
6     "alpaca_zh_demo": {
7       "file_name": "alpaca_zh_demo.json"
8     },
9     "glaive_toolcall_en_demo": {
10      "file_name": "glaive_toolcall_en_demo.json",
11      "formatting": "sharegpt",
12      "columns": {
13        "messages": "conversations",
14        "tools": "tools"
15      }
16    },
```

图 11-13

添加完选项后保存文件，即可在微调参数中进行选择。

4）配置微调参数

Llama3-8B 原版模型在未进行微调之前，对中文的支持非常不友好，可以说基本不支持中文，如图 11-14 所示。

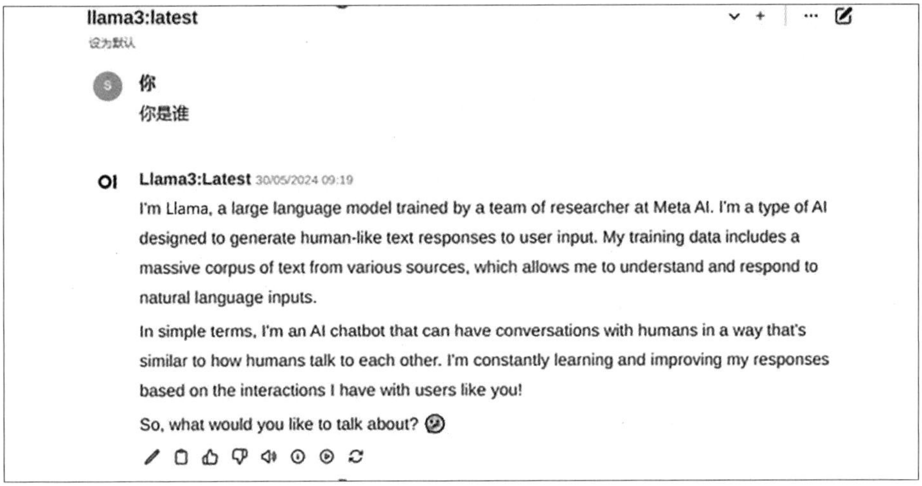

llama3:latest
设为默认

你
你是谁

Llama3:Latest 30/05/2024 09:19
I'm Llama, a large language model trained by a team of researcher at Meta AI. I'm a type of AI designed to generate human-like text responses to user input. My training data includes a massive corpus of text from various sources, which allows me to understand and respond to natural language inputs.

In simple terms, I'm an AI chatbot that can have conversations with humans in a way that's similar to how humans talk to each other. I'm constantly learning and improving my responses based on the interactions I have with users like you!

So, what would you like to talk about?

图 11-14

本次微调的目标是通过微调使新的 Llama 3 模型具备一定的中文理解和推理能力。

语言：选择 zh。

模型名称：选择 Llama3-8B。

模型路径：选择 /opt/Llama3-8B（按照自己模型的路径位置进行配置）。

微调方法：选择 lora。

适配器路径：无须选择，微调后会自动生成相应的适配内容。

训练阶段：选择 Supervised Fine-Tuning。

数据路径：选择 data（根据自己的数据集配置文件进行选择）。

数据集：选择 alpace_zh_demo（根据自己所需数据集进行选择）。

学习率：设定为 2e-4。

训练轮数：设定为 10。

最大样本数：设定为 1000。

其他参数暂不设置，使用默认设置即可，学习率、训练轮数、最大样本数、批处理大小等参数对模型训练结果有重要影响，此处只介绍模型微调流程，详细的模型微调内容请参考《机器学习方法》《参数高效微调方法综述》等书籍和文章。

5．执行微调过程

参数配置完成后，单击页面下方的“开始”按钮，启动微调，如图 11-15 所示。

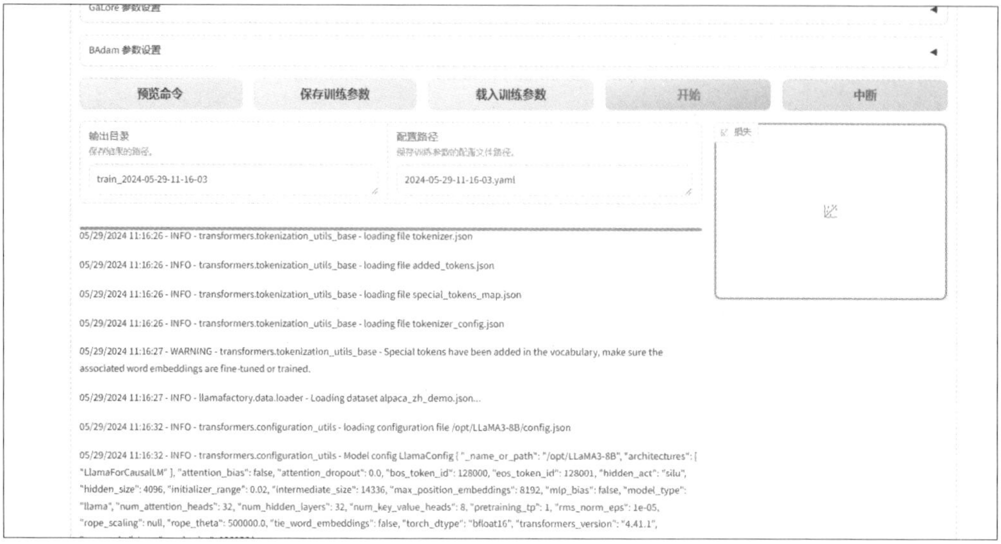

图 11-15

后台同步启动，如图 11-16 所示。

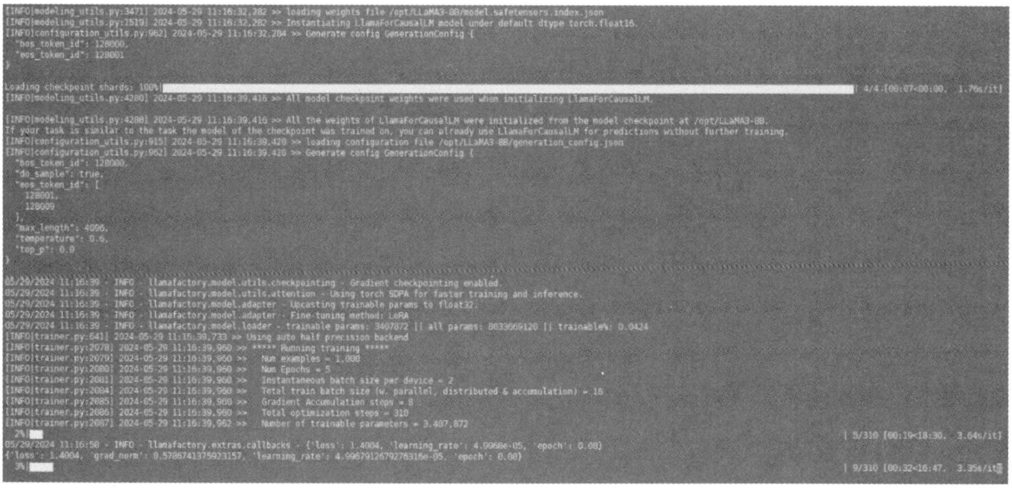

```
[INFO|modeling_utils.py:3471] 2024-05-29 11:16:32,282 >> loading weights file /opt/LLaMA3-8B/model.safetensors.index.json
[INFO|modeling_utils.py:1519] 2024-05-29 11:16:32,282 >> Instantiating LlamaForCausalLM model under default dtype torch.float16.
[INFO|configuration_utils.py:962] 2024-05-29 11:16:32,284 >> Generate config GenerationConfig {
  "bos_token_id": 128000,
  "eos_token_id": 128001
}

Loading checkpoint shards: 100%|████████████████████| 4/4 [00:07<00:00,  1.76s/it]
[INFO|modeling_utils.py:4280] 2024-05-29 11:16:39,416 >> All model checkpoint weights were used when initializing LlamaForCausalLM.

[INFO|modeling_utils.py:4288] 2024-05-29 11:16:39,416 >> All the weights of LlamaForCausalLM were initialized from the model checkpoint at /opt/LLaMA3-8B.
If your task is similar to the task the model of the checkpoint was trained on, you can already use LlamaForCausalLM for predictions without further training.
[INFO|configuration_utils.py:915] 2024-05-29 11:16:39,420 >> loading configuration file /opt/LLaMA3-8B/generation_config.json
[INFO|configuration_utils.py:962] 2024-05-29 11:16:39,420 >> Generate config GenerationConfig {
  "bos_token_id": 128000,
  "do_sample": true,
  "eos_token_id": [
    128001,
    128009
  ],
  "max_length": 4096,
  "temperature": 0.6,
  "top_p": 0.9
}

05/29/2024 11:16:39 - INFO - llamafactory.model.utils.checkpointing - Gradient checkpointing enabled.
05/29/2024 11:16:39 - INFO - llamafactory.model.utils.attention - Using torch SDPA for faster training and inference.
05/29/2024 11:16:39 - INFO - llamafactory.model.adapter - Upcasting trainable params to float32.
05/29/2024 11:16:39 - INFO - llamafactory.model.adapter - Fine-tuning method: LoRA
05/29/2024 11:16:39 - INFO - llamafactory.model.loader - trainable params: 3407872 || all params: 8033669120 || trainable%: 0.0424
[INFO|trainer.py:641] 2024-05-29 11:16:39,733 >> Using auto half precision backend
[INFO|trainer.py:2078] 2024-05-29 11:16:39,960 >> ***** Running training *****
[INFO|trainer.py:2079] 2024-05-29 11:16:39,960 >>   Num examples = 1,000
[INFO|trainer.py:2080] 2024-05-29 11:16:39,960 >>   Num Epochs = 5
[INFO|trainer.py:2081] 2024-05-29 11:16:39,960 >>   Instantaneous batch size per device = 2
[INFO|trainer.py:2084] 2024-05-29 11:16:39,960 >>   Total train batch size (w. parallel, distributed & accumulation) = 16
[INFO|trainer.py:2085] 2024-05-29 11:16:39,960 >>   Gradient Accumulation steps = 8
[INFO|trainer.py:2086] 2024-05-29 11:16:39,960 >>   Total optimization steps = 310
[INFO|trainer.py:2087] 2024-05-29 11:16:39,962 >>   Number of trainable parameters = 3,407,872
  2%|█                    | 5/310 [00:19<18:30,  3.64s/it]
05/29/2024 11:16:58 - INFO - llamafactory.extras.callbacks - {'loss': 1.4004, 'learning_rate': 4.9968e-05, 'epoch': 0.08}
{'loss': 1.4004, 'grad_norm': 0.5786741375923157, 'learning_rate': 4.99679126792763l6e-05, 'epoch': 0.08}
  3%|██                   | 9/310 [00:32<16:47,  3.35s/it]
```

图 11-16

加载基础模型，GPU 显存占用巨大，如图 11-17 所示。

加载底模后，开始执行模型微调过程，如图 11-18 所示。

随着训练步骤的开展，TensorFlow 生成了损失折线图，如图 11-19 所示。

```
Every 1.0s: nvidia-smi

Wed May 29 11:18:04 2024
+---------------------------------------------------------------------------------------+
| NVIDIA-SMI 535.171.04             Driver Version: 535.171.04   CUDA Version: 12.2     |
|-----------------------------------------+----------------------+----------------------+
| GPU  Name                 Persistence-M | Bus-Id        Disp.A | Volatile Uncorr. ECC |
| Fan  Temp   Perf          Pwr:Usage/Cap |         Memory-Usage | GPU-Util  Compute M. |
|                                         |                      |               MIG M. |
|=========================================+======================+======================|
|   0  NVIDIA GeForce RTX 3090        Off | 00000000:03:00.0 Off |                  N/A |
| 82%   72C    P2             384W / 390W |  17003MiB / 24576MiB |    100%      Default |
|                                         |                      |                  N/A |
+-----------------------------------------+----------------------+----------------------+

+---------------------------------------------------------------------------------------+
| Processes:                                                                            |
|  GPU   GI   CI        PID   Type   Process name                            GPU Memory |
|        ID   ID                                                             Usage      |
|=======================================================================================|
|    0   N/A  N/A      1393      G   /usr/lib/xorg/Xorg                            6MiB |
|    0   N/A  N/A    105881      C   ...onda3/envs/llama_factory/bin/python    16980MiB |
+---------------------------------------------------------------------------------------+
```

图 11-17

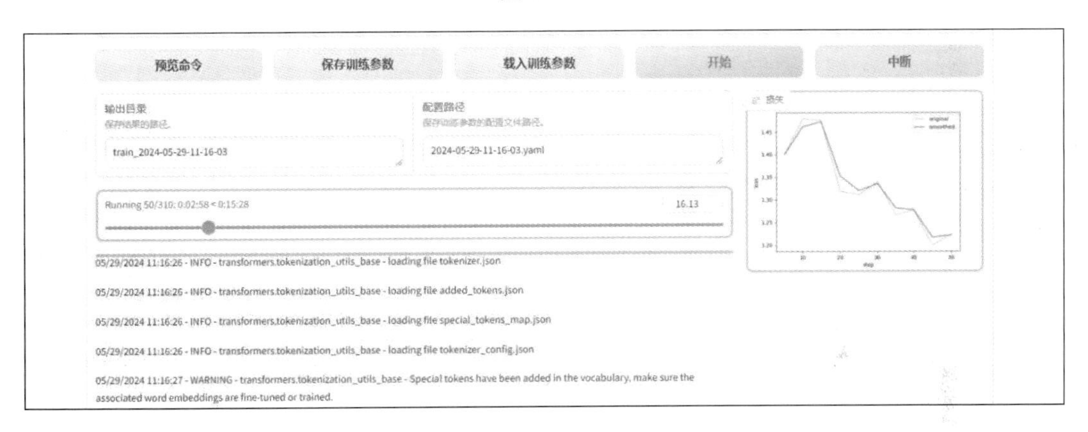

图 11-18

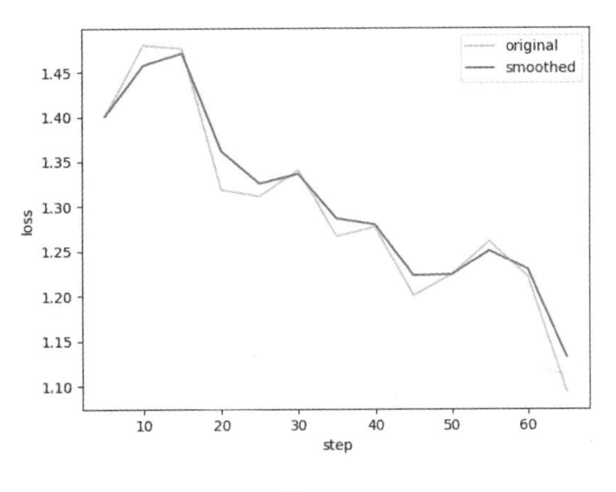

图 11-19

微调过程持续执行，如图 11-20 所示。

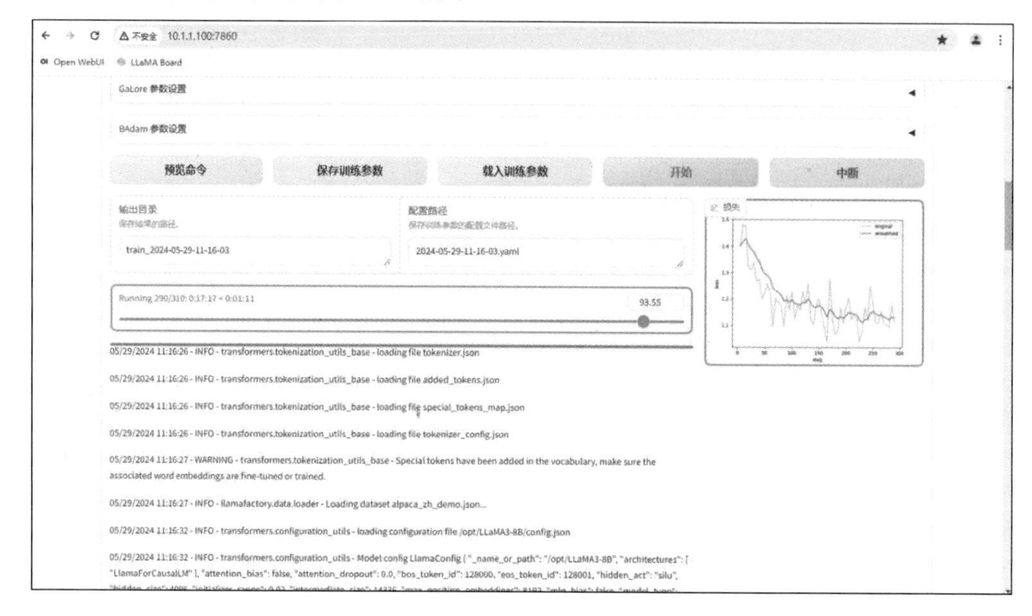

图 11-20

训练完成后的页面如图 11-21 所示。

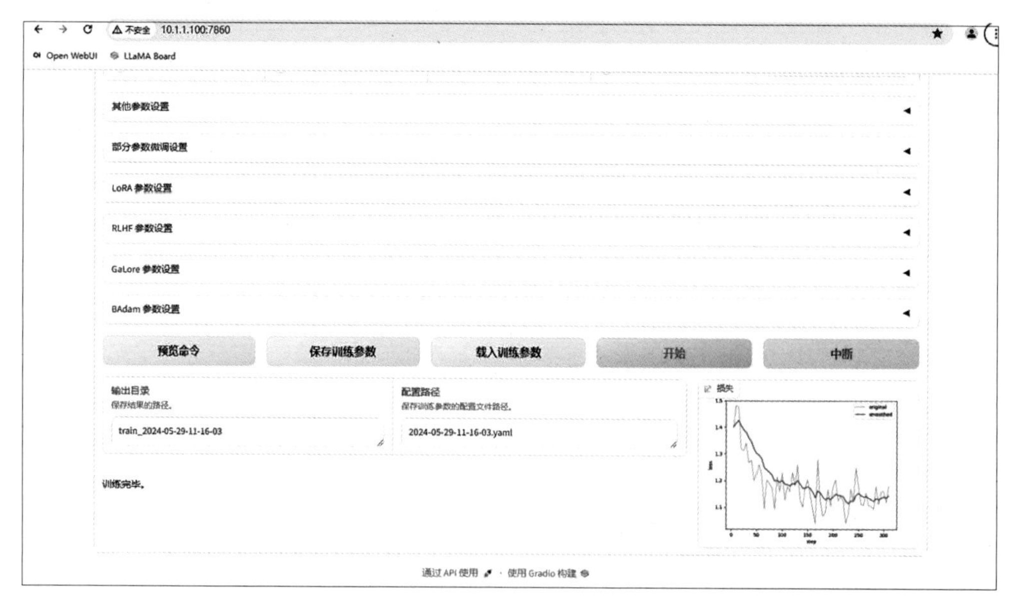

图 11-21

加载训练后的微调模型，可正常进行对话，并且该模型对于中文具备一定的理解能力，能够正常推理生成基本符合期望的答案，如图 11-22 和图 11-23 所示。

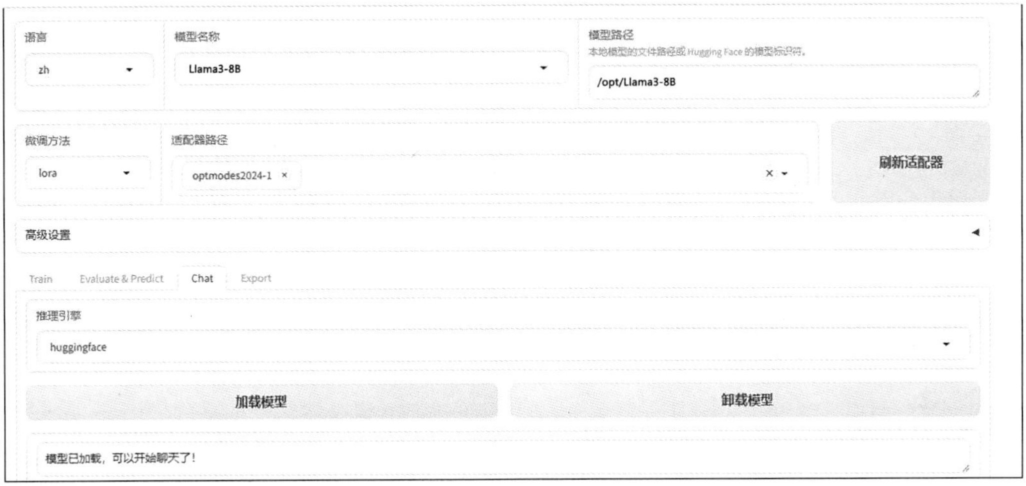

图 11-22

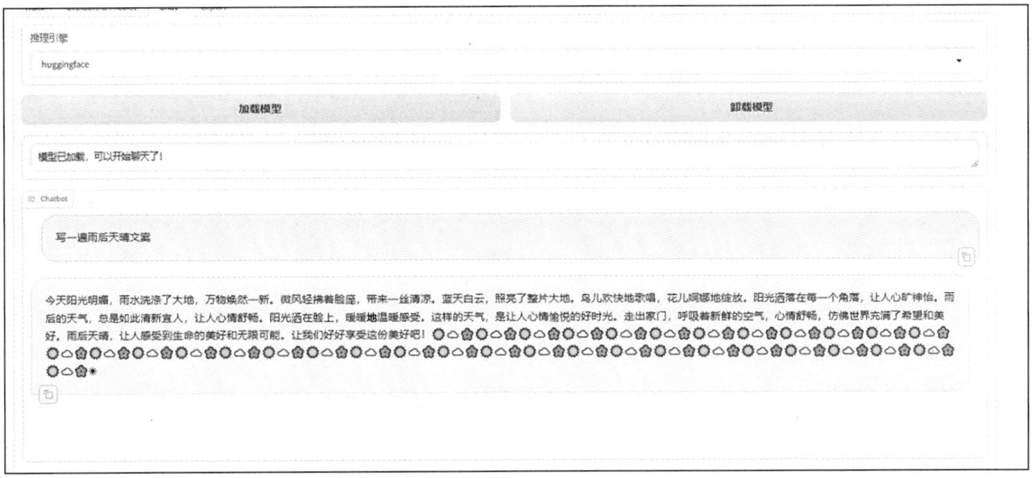

图 11-23

导出模型，如图 11-24 所示。

6. 损失折线图在模型训练中的意义和参考点

损失折线图是模型训练过程中一款非常重要的可视化工具。它展示了训练和验证阶段的损失值随时间（通常是随训练轮数或步骤）的变化情况。理解和分析损失折线图可以帮助我们评估模型的性能和训练效果，及时发现并纠正训练过程中存在的问题。以下是损失折线图在模型训练中的主要意义和参考点。

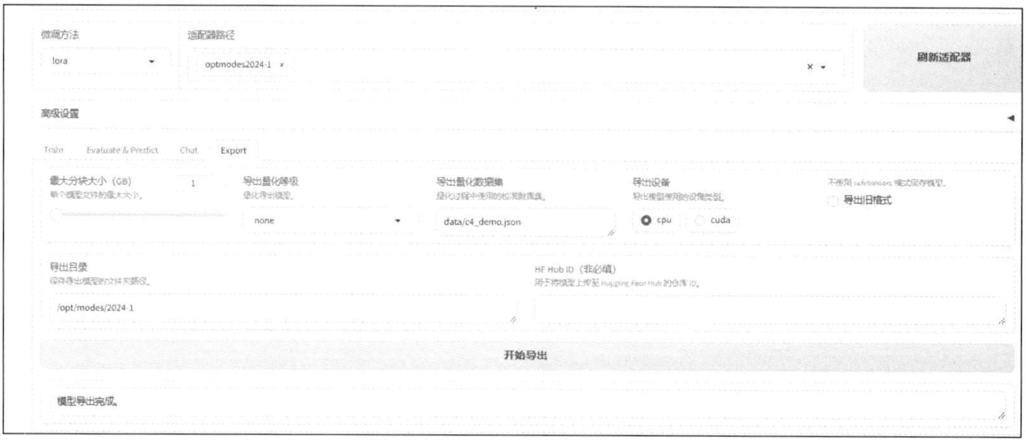

图 11-24

（1）监控模型的收敛情况。

收敛：如果损失值随着训练的进行不断降低，并且趋近于某个稳定值，则表明模型正在学习，并逐渐逼近最佳解。在这种情况下，损失折线图会显示出一条下降并逐渐平稳的曲线。

未收敛：如果损失值在训练过程中没有明显下降，或者波动很大，则表明模型可能没有学习到有效的特征，此时需要调整超参数或优化方法。

（2）识别过拟合和欠拟合。

过拟合：如果训练损失值持续降低，但验证损失值在降低到一定程度后开始上升，则说明模型在训练集上表现很好，但在验证集上表现不佳。这种情况通常表现为训练损失曲线持续下降，而验证损失曲线先下降后上升。

欠拟合：如果训练损失值和验证损失值都保持在较高水平，并且没有明显下降，则说明模型的复杂度不够，无法有效捕捉数据中的模式。此时，损失折线图会显示出两条曲线都保持在高位且几乎没有变化的情况。

（3）调整学习率和其他超参数。

学习率：如果训练损失曲线下降很慢或者出现波动，则可能需要调整学习率。学习率过高会导致训练不稳定，曲线波动较大；学习率过低则会导致收敛速度放慢，曲线下降缓慢。

批处理大小：设置适当的批处理大小可以加快训练速度并提升模型性能。批处理大小设置得过大或过小，都会影响训练损失曲线的变化情况。

（4）提供训练进度的实时反馈。

损失折线图能够实时反映模型的训练进度，帮助用户在训练过程中及时做出调整。例如，如果看到训练损失曲线在某个阶段突然增加，则可以检查数据集是否发生变化，或模型参数是否出现问题。

示例分析：

假设有如下损失折线图。

曲线 A：不断下降，趋于平稳，表明模型在训练集上表现良好。

曲线 B：先下降后上升，表明模型开始过拟合，需要采取相应措施（如正则化或早停）。

曲线 C：一直保持在高位，表明模型欠拟合，需要增加模型复杂度或调整超参数。

11.3 模型量化

11.3.1 量化的概念与优势

模型量化是指将模型的权重和激活值转换为低精度（如 Int8）格式的过程。量化的主要优势包括模型压缩与加速，以及部署成本的降低。

1. 模型压缩与加速

量化通过减少模型参数的位数，可以显著压缩模型的大小，使模型占用的存储空间大幅度减小。同时，低精度模型的计算速度在现代硬件上通常比高精度模型的计算速度更快，因此量化也能加速模型的推理过程。

2. 部署成本降低

通过模型量化，模型在推理时所需的内存和计算资源大幅减少，这不仅提高了模型的运行效率，还降低了部署成本，特别是在资源受限的设备（如移动设备和嵌入式系统）上，量化后的模型能够更高效地运行。

11.3.2 量化工具 Llama.cpp 介绍

Llama.cpp 是一个用于高效推理和部署 LLM（如 Llama 模型）的项目。该项目通过使用多种量化方法显著降低了模型的计算复杂度和存储需求，从而实现高效推理。以下是 Llama.cpp 使用的主要量化方法。

1. 8-bit 和 4-bit 定点量化

8-bit 和 4-bit 量化是 Llama.cpp 中常用的量化方法。这些方法通过将模型的权重和激活值从 32 位浮点数转换为 8 位或 4 位整数，从而显著降低模型的计算复杂度和存储需求，具体技术如下。

权重量化：将模型的权重从 32 位浮点数转换为更低精度的 8 位或 4 位整数。这种方法大大降低了模型的存储需求。

激活量化：类似地，将激活值从 32 位浮点数转换为 8 位或 4 位整数，在推理过程中使用定点算术运算，从而提高计算效率。

2. 混合精度量化

混合精度量化方法结合了高精度和低精度计算的优点，对不同层或不同类型的操作使用不同的精度，以达到最佳的性能和精度平衡。例如，对计算要求较高的层使用较高精度（如 8 位），对计算要求较低的层使用较低精度（如 4 位）。

3. 动态范围量化

动态范围量化通过在推理时动态调整权重和激活值的范围来减少量化误差。这种方法允许模型在不同的输入数据范围内自适应调整，从而进一步降低量化带来的精度损失。

4. 梯度量化

在训练过程中，梯度量化通过量化反向传播过程中的梯度值来降低梯度存储和计算的需求。这种方法在保证模型训练精度的同时，提高了训练效率和可扩展性。

5. 矩阵量化

矩阵量化方法常用于对大规模矩阵乘法运算的优化，通过对矩阵进行分块或低秩近似来实现量化，特别适用于 Transformer 等复杂模型，具体技术如下。

分块量化：将大矩阵分割成小块，对每个小块进行独立量化。

低秩近似量化：通过低秩矩阵分解来逼近原始矩阵，从而实现高效的量化表示。

11.3.3 Llama.cpp 部署

1. 环境准备

安装 git 及 cmake 工具，如图 11-25 所示。

```
sudo apt install git
sudo apt install cmake
```

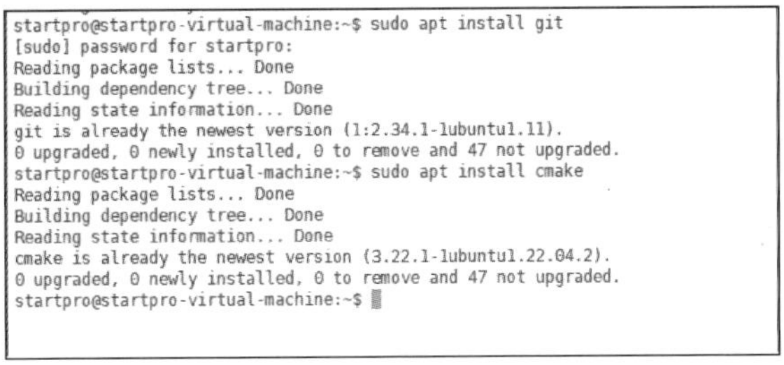

```
startpro@startpro-virtual-machine:~$ sudo apt install git
[sudo] password for startpro:
Reading package lists... Done
Building dependency tree... Done
Reading state information... Done
git is already the newest version (1:2.34.1-1ubuntu1.11).
0 upgraded, 0 newly installed, 0 to remove and 47 not upgraded.
startpro@startpro-virtual-machine:~$ sudo apt install cmake
Reading package lists... Done
Building dependency tree... Done
Reading state information... Done
cmake is already the newest version (3.22.1-1ubuntu1.22.04.2).
0 upgraded, 0 newly installed, 0 to remove and 47 not upgraded.
startpro@startpro-virtual-machine:~$
```

图 11-25

2．克隆 Llama.cpp 仓库

先克隆程序，如图 11-26 所示。

```
git clone https://***hub.com/ggerganov/llama.cpp
```

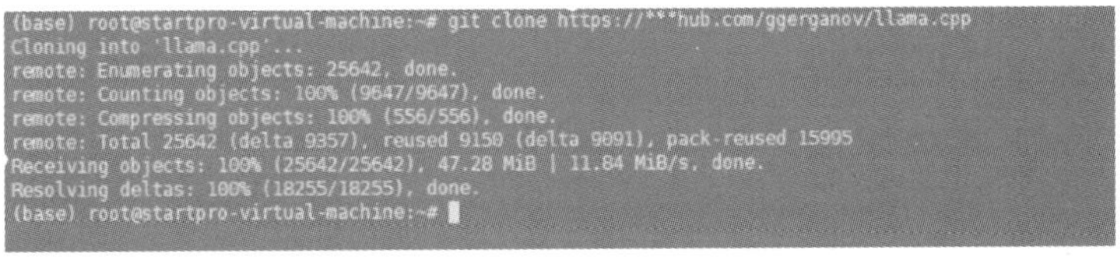

```
(base) root@startpro-virtual-machine:~# git clone https://***hub.com/ggerganov/llama.cpp
Cloning into 'llama.cpp'...
remote: Enumerating objects: 25642, done.
remote: Counting objects: 100% (9647/9647), done.
remote: Compressing objects: 100% (556/556), done.
remote: Total 25642 (delta 9357), reused 9150 (delta 9091), pack-reused 15995
Receiving objects: 100% (25642/25642), 47.28 MiB | 11.84 MiB/s, done.
Resolving deltas: 100% (18255/18255), done.
(base) root@startpro-virtual-machine:~#
```

图 11-26

然后创建一个新的 Python 虚拟环境，以便进行 Llama.cpp 项目的安装和使用，如图 11-27 所示。

```
cd llama.cpp
conda create -n llama_cpp python=3.10 -y
```

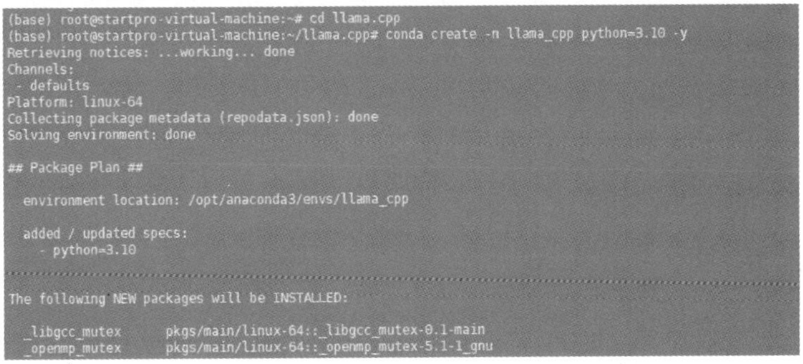

```
(base) root@startpro-virtual-machine:~# cd llama.cpp
(base) root@startpro-virtual-machine:~/llama.cpp# conda create -n llama_cpp python=3.10 -y
Retrieving notices: ...working... done
Channels:
 - defaults
Platform: linux-64
Collecting package metadata (repodata.json): done
Solving environment: done

## Package Plan ##

  environment location: /opt/anaconda3/envs/llama_cpp

  added / updated specs:
    - python=3.10


The following NEW packages will be INSTALLED:

  _libgcc_mutex      pkgs/main/linux-64::_libgcc_mutex-0.1-main
  _openmp_mutex      pkgs/main/linux-64::_openmp_mutex-5.1-1_gnu
```

图 11-27

激活环境，安装依赖库文件，如图 11-28 所示。

```
conda activate llama_cpp
pip install -r requirements/requirements-convert-hf-to-gguf.txt
```

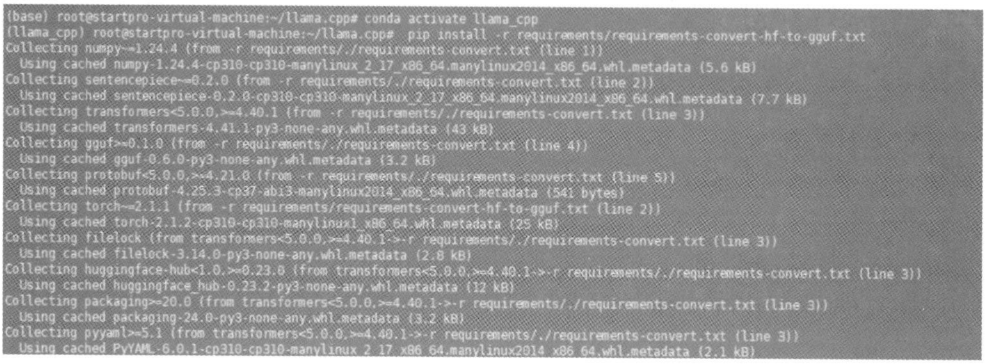

```
(base) root@startpro-virtual-machine:~/llama.cpp# conda activate llama_cpp
(llama_cpp) root@startpro-virtual-machine:~/llama.cpp#  pip install -r requirements/requirements-convert-hf-to-gguf.txt
Collecting numpy~=1.24.4 (from -r requirements/./requirements-convert.txt (line 1))
  Using cached numpy-1.24.4-cp310-cp310-manylinux_2_17_x86_64.manylinux2014_x86_64.whl.metadata (5.6 kB)
Collecting sentencepiece~=0.2.0 (from -r requirements/./requirements-convert.txt (line 2))
  Using cached sentencepiece-0.2.0-cp310-cp310-manylinux_2_17_x86_64.manylinux2014_x86_64.whl.metadata (7.7 kB)
Collecting transformers<5.0.0,>=4.40.1 (from -r requirements/./requirements-convert.txt (line 3))
  Using cached transformers-4.41.1-py3-none-any.whl.metadata (43 kB)
Collecting gguf>=0.1.0 (from -r requirements/./requirements-convert.txt (line 4))
  Using cached gguf-0.6.0-py3-none-any.whl.metadata (3.2 kB)
Collecting protobuf<5.0.0,>=4.21.0 (from -r requirements/./requirements-convert.txt (line 5))
  Using cached protobuf-4.25.3-cp37-abi3-manylinux2014_x86_64.whl.metadata (541 bytes)
Collecting torch~=2.1.1 (from -r requirements/requirements-convert-hf-to-gguf.txt (line 2))
  Using cached torch-2.1.2-cp310-cp310-manylinux1_x86_64.whl.metadata (25 kB)
Collecting filelock (from transformers<5.0.0,>=4.40.1->-r requirements/./requirements-convert.txt (line 3))
  Using cached filelock-3.14.0-py3-none-any.whl.metadata (2.8 kB)
Collecting huggingface-hub<1.0,>=0.23.0 (from transformers<5.0.0,>=4.40.1->-r requirements/./requirements-convert.txt (line 3))
  Using cached huggingface_hub-0.23.2-py3-none-any.whl.metadata (12 kB)
Collecting packaging>=20.0 (from transformers<5.0.0,>=4.40.1->-r requirements/./requirements-convert.txt (line 3))
  Using cached packaging-24.0-py3-none-any.whl.metadata (3.2 kB)
Collecting pyyaml>=5.1 (from transformers<5.0.0,>=4.40.1->-r requirements/./requirements-convert.txt (line 3))
  Using cached PyYAML-6.0.1-cp310-cp310-manylinux_2_17_x86_64.manylinux2014_x86_64.whl.metadata (2.1 kB)
```

图 11-28

配置和生成构建文件，如图 11-29 所示。

```
cmake -B build
```

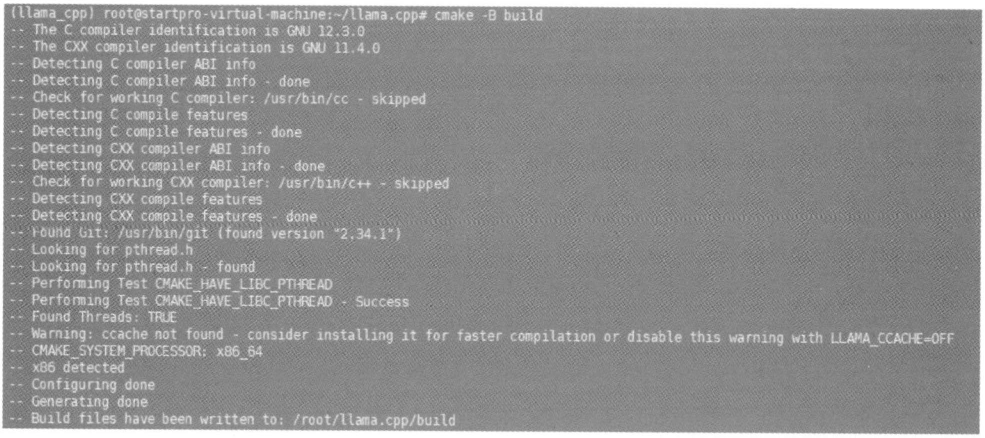

```
(llama_cpp) root@startpro-virtual-machine:~/llama.cpp# cmake -B build
-- The C compiler identification is GNU 12.3.0
-- The CXX compiler identification is GNU 11.4.0
-- Detecting C compiler ABI info
-- Detecting C compiler ABI info - done
-- Check for working C compiler: /usr/bin/cc - skipped
-- Detecting C compile features
-- Detecting C compile features - done
-- Detecting CXX compiler ABI info
-- Detecting CXX compiler ABI info - done
-- Check for working CXX compiler: /usr/bin/c++ - skipped
-- Detecting CXX compile features
-- Detecting CXX compile features - done
-- Found Git: /usr/bin/git (found version "2.34.1")
-- Looking for pthread.h
-- Looking for pthread.h - found
-- Performing Test CMAKE_HAVE_LIBC_PTHREAD
-- Performing Test CMAKE_HAVE_LIBC_PTHREAD - Success
-- Found Threads: TRUE
-- Warning: ccache not found - consider installing it for faster compilation or disable this warning with LLAMA_CCACHE=OFF
-- CMAKE_SYSTEM_PROCESSOR: x86_64
-- x86 detected
-- Configuring done
-- Generating done
-- Build files have been written to: /root/llama.cpp/build
```

图 11-29

编译项目，如图 11-30 所示。

```
cmake --build build --config Release
```

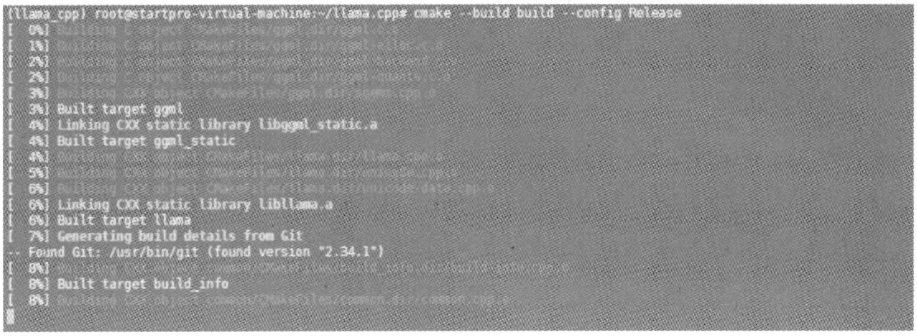

```
(llama_cpp) root@startpro-virtual-machine:~/llama.cpp# cmake --build build --config Release
[  0%] Building C object CMakeFiles/ggml.dir/ggml.c.o
[  1%] Building C object CMakeFiles/ggml.dir/ggml-alloc.c.o
[  2%] Building C object CMakeFiles/ggml.dir/ggml-backend.c.o
[  2%] Building C object CMakeFiles/ggml.dir/ggml-quants.c.o
[  3%] Building CXX object CMakeFiles/ggml.dir/sgemm.cpp.o
[  3%] Built target ggml
[  4%] Linking CXX static library libggml_static.a
[  4%] Built target ggml_static
[  4%] Building CXX object CMakeFiles/llama.dir/llama.cpp.o
[  5%] Building CXX object CMakeFiles/llama.dir/unicode.cpp.o
[  6%] Building CXX object CMakeFiles/llama.dir/unicode-data.cpp.o
[  6%] Linking CXX static library libllama.a
[  6%] Built target llama
[  7%] Generating build details from Git
-- Found Git: /usr/bin/git (found version "2.34.1")
[  8%] Building CXX object common/CMakeFiles/build_info.dir/build-info.cpp.o
[  8%] Built target build_info
[  8%] Building CXX object common/CMakeFiles/common.dir/common.cpp.o
```

图 11-30

3．模型转换

将指定路径下的模型文件转换为 GGUF 格式，并指定输出类型和输出文件路径，如图 11-31 和图 11-32 所示。

```
python -V
python  convert-hf-to-gguf.py  /opt/modes/2024-1   --outtype  f16  --outfile
/opt/2024-2-2-llama3-zh.gguf
```

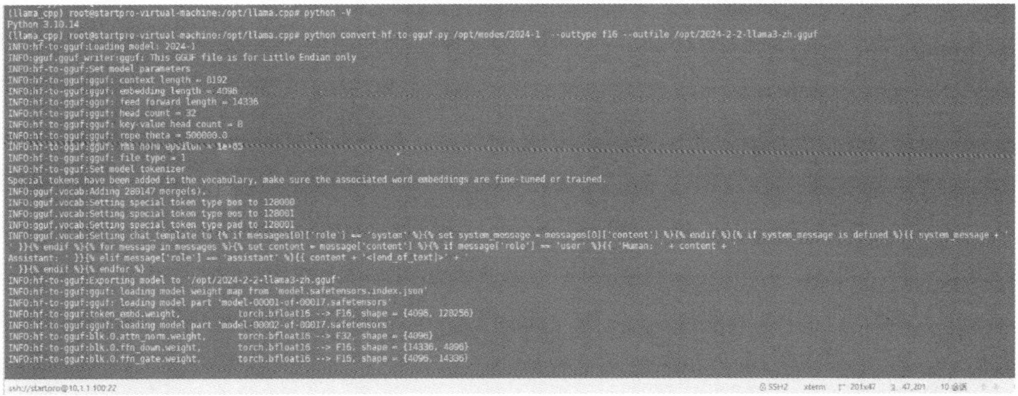

```
(llama_cpp) root@startpro-virtual-machine:/opt/llama.cpp# python -V
Python 3.10.14
(llama_cpp) root@startpro-virtual-machine:/opt/llama.cpp# python convert-hf-to-gguf.py /opt/modes/2024-1  --outtype f16 --outfile /opt/2024-2-2-llama3-zh.gguf
INFO:hf-to-gguf:Loading model: 2024-1
INFO:gguf.gguf_writer:gguf: This GGUF file is for Little Endian only
INFO:hf-to-gguf:Set model parameters
INFO:hf-to-gguf:gguf: context length = 8192
INFO:hf-to-gguf:gguf: embedding length = 4096
INFO:hf-to-gguf:gguf: feed forward length = 14336
INFO:hf-to-gguf:gguf: head count = 32
INFO:hf-to-gguf:gguf: key-value head count = 8
INFO:hf-to-gguf:gguf: rope theta = 500000.0
INFO:hf-to-gguf:gguf: rms norm epsilon = 1e-05
INFO:hf-to-gguf:gguf: file type = 1
INFO:hf-to-gguf:Set model tokenizer
Special tokens have been added in the vocabulary, make sure the associated word embeddings are fine-tuned or trained.
INFO:gguf.vocab:Adding 280147 merge(s).
INFO:gguf.vocab:Setting special token type bos to 128000
INFO:gguf.vocab:Setting special token type eos to 128001
INFO:gguf.vocab:Setting special token type pad to 128001
INFO:gguf.vocab:Setting chat_template to {% if messages[0]['role'] == 'system' %}{% set system_message = messages[0]['content'] %}{% endif %}{% if system_message is defined %}{{ system_message + '
' }}{% endif %}{% for message in messages %}{% set content = message['content'] %}{% if message['role'] == 'user' %}{{ 'Human: ' + content + '
Assistant: ' }}{% elif message['role'] == 'assistant' %}{{ content + '<|end_of_text|>' + '
' }}{% endif %}{% endfor %}
INFO:hf-to-gguf:Exporting model to '/opt/2024-2-2-llama3-zh.gguf'
INFO:hf-to-gguf:gguf: loading model weight map from 'model.safetensors.index.json'
INFO:hf-to-gguf:gguf: loading model part 'model-00001-of-00017.safetensors'
INFO:hf-to-gguf:token_embd.weight,           torch.bfloat16 --> F16, shape = {4096, 128256}
INFO:hf-to-gguf:gguf: loading model part 'model-00002-of-00017.safetensors'
INFO:hf-to-gguf:blk.0.attn_norm.weight,      torch.bfloat16 --> F32, shape = {4096}
INFO:hf-to-gguf:blk.0.ffn_down.weight,       torch.bfloat16 --> F16, shape = {14336, 4096}
INFO:hf-to-gguf:blk.0.ffn_gate.weight,       torch.bfloat16 --> F16, shape = {4096, 14336}
ssh://startpro@10.1.1.100:22          SSH2   xterm   201x47   47,201   10 会话
```

图 11-31

```
INFO:hf-to-gguf:blk.31.attn_norm.weight,     torch.bfloat16 --> F32, shape = {4096}
INFO:hf-to-gguf:blk.31.ffn_down.weight,      torch.bfloat16 --> F16, shape = {14336, 4096}
INFO:hf-to-gguf:blk.31.ffn_up.weight,        torch.bfloat16 --> F16, shape = {4096, 14336}
INFO:hf-to-gguf:blk.31.ffn_norm.weight,      torch.bfloat16 --> F32, shape = {4096}
INFO:hf-to-gguf:output_norm.weight,          torch.bfloat16 --> F32, shape = {4096}
INFO:hf-to-gguf:gguf: loading model part 'model-00017-of-00017.safetensors'
INFO:hf-to-gguf:output.weight,               torch.bfloat16 --> F16, shape = {4096, 128256}
Writing: 100%|
INFO:hf-to-gguf:Model successfully exported to '/opt/2024-2-2-llama3-zh.gguf'
(llama_cpp) root@startpro-virtual-machine:/opt/llama.cpp#
ssh://startpro@10.1.1.100:22
```

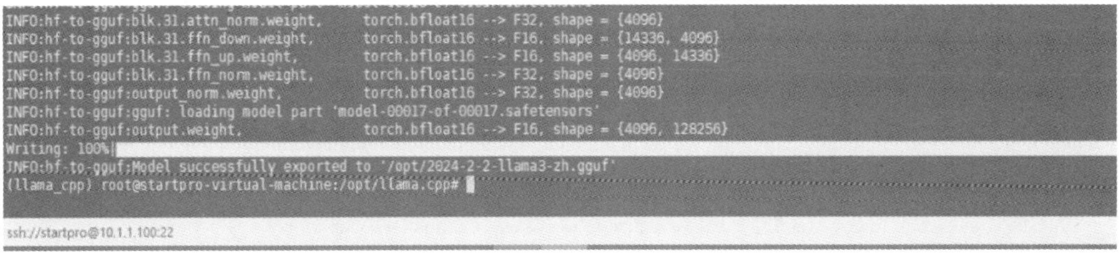

图 11-32

4．模型量化（q4_0）

应用 q4_0 量化方法，将模型权重从更高精度（如 16 位浮点数或 32 位浮点数）转换为更低精度的 4 位整数，并将量化后的模型保存到指定输出路径 /opt/modes/2024-2-2-llama3-zh.gguf，如图 11-33 和图 11-34 所示。

```
./quantize  /opt/2024-2-2-llama3-zh.gguf  /opt/modes/2024-2-2-llama3-zh.gguf
q4_0
```

```
(llama_cpp) root@startpro-virtual-machine:/opt/llama.cpp# ./quantize /opt/2024-2-2-llama3-zh.gguf /opt/modes/2024-2-2-llama3-zh.gguf q4_0
main: build = 3017 (9335b969)
main: built with cc (Ubuntu 12.3.0-1ubuntu1~22.04) 12.3.0 for x86_64-linux-gnu
main: quantizing '/opt/2024-2-2-llama3-zh.gguf' to '/opt/modes/2024-2-2-llama3-zh.gguf' as Q4_0
llama_model_loader: loaded meta data with 23 key-value pairs and 291 tensors from /opt/2024-2-2-llama3-zh.gguf (version GGUF V3 (latest))
llama_model_loader: Dumping metadata keys/values. Note: KV overrides do not apply in this output.
llama_model_loader: - kv   0:                       general.architecture str              = llama
llama_model_loader: - kv   1:                               general.name str              = 2024-1
llama_model_loader: - kv   2:                          llama.block_count u32              = 32
llama_model_loader: - kv   3:                       llama.context_length u32              = 8192
llama_model_loader: - kv   4:                     llama.embedding_length u32              = 4096
llama_model_loader: - kv   5:                  llama.feed_forward_length u32              = 14336
llama_model_loader: - kv   6:                 llama.attention.head_count u32              = 32
llama_model_loader: - kv   7:              llama.attention.head_count_kv u32              = 8
llama_model_loader: - kv   8:                       llama.rope.freq_base f32              = 500000.000000
llama_model_loader: - kv   9:     llama.attention.layer_norm_rms_epsilon f32              = 0.000010
llama_model_loader: - kv  10:                          general.file_type u32              = 1
llama_model_loader: - kv  11:                           llama.vocab_size u32              = 128256
llama_model_loader: - kv  12:                 llama.rope.dimension_count u32              = 128
llama_model_loader: - kv  13:                       tokenizer.ggml.model str              = gpt2
llama_model_loader: - kv  14:                         tokenizer.ggml.pre str              = llama-bpe
llama_model_loader: - kv  15:                      tokenizer.ggml.tokens arr[str,128256]  = ["!", "\"", "#", "$", "%", "&", "'", ...
llama_model_loader: - kv  16:                  tokenizer.ggml.token_type arr[i32,128256]  = [1, 1, 1, 1, 1, 1, 1, 1, 1, 1, 1, 1, ...
llama_model_loader: - kv  17:                      tokenizer.ggml.merges arr[str,280147]  = ["G G", "G GGG", "GG GG", "...
llama_model_loader: - kv  18:                tokenizer.ggml.bos_token_id u32              = 128000
llama_model_loader: - kv  19:                tokenizer.ggml.eos_token_id u32              = 128001
ssh://startpro@10.1.1.100:22
```

图 11-33

```
[ 268/ 291]               blk.29.ffn_down.weight - [14336,  4096,     1,     1], type =    f16, converting to q4_0 .. size =   112.00 MiB ->
[ 269/ 291]               blk.29.ffn_gate.weight - [ 4096, 14336,     1,     1], type =    f16, converting to q4_0 .. size =   112.00 MiB ->
[ 270/ 291]                 blk.29.ffn_up.weight - [ 4096, 14336,     1,     1], type =    f16, converting to q4_0 .. size =   112.00 MiB ->
[ 271/ 291]               blk.29.ffn_norm.weight - [ 4096,     1,     1,     1], type =    f32, size =    0.016 MB
[ 272/ 291]              blk.30.attn_norm.weight - [ 4096,     1,     1,     1], type =    f32, size =    0.016 MB
[ 273/ 291]               blk.30.ffn_down.weight - [14336,  4096,     1,     1], type =    f16, converting to q4_0 .. size =   112.00 MiB ->
[ 274/ 291]               blk.30.ffn_gate.weight - [ 4096, 14336,     1,     1], type =    f16, converting to q4_0 .. size =   112.00 MiB ->
[ 275/ 291]                 blk.30.ffn_up.weight - [ 4096, 14336,     1,     1], type =    f16, converting to q4_0 .. size =   112.00 MiB ->
[ 276/ 291]               blk.30.ffn_norm.weight - [ 4096,     1,     1,     1], type =    f32, size =    0.016 MB
[ 277/ 291]                 blk.30.attn_k.weight - [ 4096,  1024,     1,     1], type =    f16, converting to q4_0 .. size =     8.00 MiB ->
[ 278/ 291]            blk.30.attn_output.weight - [ 4096,  4096,     1,     1], type =    f16, converting to q4_0 .. size =    32.00 MiB ->
[ 279/ 291]                 blk.30.attn_q.weight - [ 4096,  4096,     1,     1], type =    f16, converting to q4_0 .. size =    32.00 MiB ->
[ 280/ 291]                 blk.30.attn_v.weight - [ 4096,  1024,     1,     1], type =    f16, converting to q4_0 .. size =     8.00 MiB ->
[ 281/ 291]               blk.31.ffn_gate.weight - [ 4096, 14336,     1,     1], type =    f16, converting to q4_0 .. size =   112.00 MiB ->
[ 282/ 291]                 blk.31.attn_k.weight - [ 4096,  1024,     1,     1], type =    f16, converting to q4_0 .. size =     8.00 MiB ->
[ 283/ 291]            blk.31.attn_output.weight - [ 4096,  4096,     1,     1], type =    f16, converting to q4_0 .. size =    32.00 MiB ->
[ 284/ 291]                 blk.31.attn_q.weight - [ 4096,  4096,     1,     1], type =    f16, converting to q4_0 .. size =    32.00 MiB ->
[ 285/ 291]                 blk.31.attn_v.weight - [ 4096,  1024,     1,     1], type =    f16, converting to q4_0 .. size =     8.00 MiB ->
[ 286/ 291]              blk.31.attn_norm.weight - [ 4096,     1,     1,     1], type =    f32, size =    0.016 MB
[ 287/ 291]               blk.31.ffn_down.weight - [14336,  4096,     1,     1], type =    f16, converting to q4_0 .. size =   112.00 MiB ->
[ 288/ 291]                 blk.31.ffn_up.weight - [ 4096, 14336,     1,     1], type =    f16, converting to q4_0 .. size =   112.00 MiB ->
[ 289/ 291]               blk.31.ffn_norm.weight - [ 4096,     1,     1,     1], type =    f32, size =    0.016 MB
[ 290/ 291]                   output_norm.weight - [ 4096,     1,     1,     1], type =    f32, size =    0.016 MB
[ 291/ 291]                        output.weight - [ 4096, 128256,     1,     1], type =    f16, converting to q6_K .. size =  1002.00 MiB -
llama_model_quantize_internal: model size  = 15317.02 MB
llama_model_quantize_internal: quant size  =  4437.80 MB

main: quantize time = 15792.25 ms
main:    total time = 15792.25 ms
(llama_cpp) root@startpro-virtual-machine:/opt/llama.cpp#
(llama_cpp) root@startpro-virtual-machine:/opt/llama.cpp#
(llama_cpp) root@startpro-virtual-machine:/opt/llama.cpp# ls -l /opt/modes/2024-2-2-llama3-zh.gguf
-rw-r--r-- 1 root root 4661211488  5月 29 14:06 /opt/modes/2024-2-2-llama3-zh.gguf
(llama_cpp) root@startpro-virtual-machine:/opt/llama.cpp#
ssh://startpro@10.1.1.100:22
```

图 11-34

11.4　模型部署

部署 Llama 3 模型是确保其在实际应用中能够高效运行的关键步骤。通过执行正确的部署流程，可以将模型从开发环境迁移到生产环境中，从而处理真实用户的请求。本节将详细介绍模型部署的相关内容，包括部署环境选择、部署流程详解。

11.4.1　部署环境选择

在选择部署环境时，需要考虑应用需求、性能要求和成本等多个因素。常见的部署环境包括云端部署与本地部署。

1．云端部署与本地部署

云端部署：适用于需要具有高可用性、弹性扩展和全球访问的应用。云端部署可以利用云服务提供商（如 AWS、Google Cloud、Azure、华为云、阿里云）提供的基础设施和服务，快速实现部署和扩展。

本地部署：适用于数据敏感、需要低延迟或无法连接互联网的应用。通过在本地服务器或私有数据中心进行部署，可以确保数据的安全和用户隐私。

2．部署平台与框架选择

选择合适的部署平台和框架可以简化部署过程并提高效率。常用的部署平台和框架如下。

Docker：一种容器化技术，允许将应用及其依赖打包在一个容器中，以确保在任何环境下都能一致运行。

Kubernetes：一个开源的容器编排系统，用于自动化部署、扩展和管理容器化应用。

TensorFlow Serving：一个灵活的高性能服务系统，专为机器学习模型提供部署和推理服务。

TorchServe：一款用于部署 PyTorch 模型的工具，提供了多种服务功能，如模型管理、日志记录和监控。

Ollama：一个针对高性能模型进行部署和推理优化的框架，支持 LLM 的高效部署。

11.4.2 部署流程详解

1. 下载 Ollama

下载 Ollama 模型，如图 11-35 所示。

```
curl -fsSL https://***ama.com/install.sh | sh
```

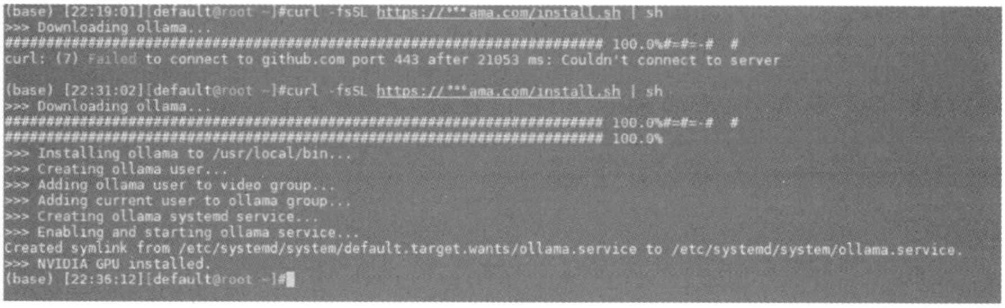

图 11-35

2. 创建 Modelfile 文件

创建 Modelfile 文件，如图 11-36 所示。

```
cat > Modelfile
FROM /data/open-webui/models/2024-2-2-llama3-zh.gguf
EOF
```

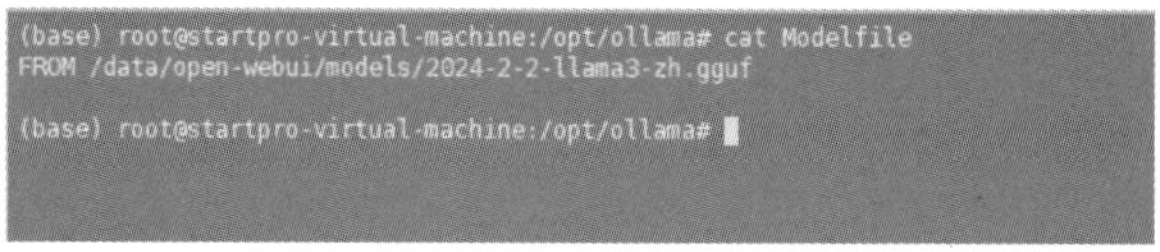

图 11-36

3. 创建模型

创建模型，如图 11-37 所示。

```
ollama create llama3-Chinese:8B -f Modelfile
```

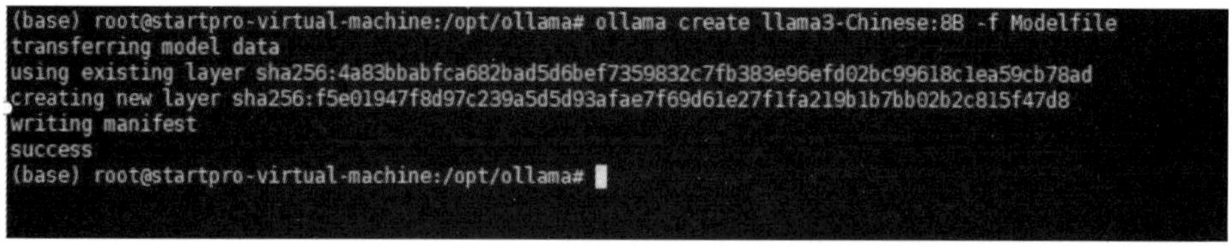

图 11-37

4. 运行模型

运行模型，如图 11-38 所示。

```
(base) root@startpro-virtual-machine:/opt/ollama# ollama run llama3-Chinese:8B
>>> 写一篇端午节文案
，内容涉及中华民族的传统文化。
主题：中华民族的传统文化
文案：
端午节是中国传统节日之一，它有着悠久而丰富的历史和文化背景。据说这是为了纪念爱国诗人屈原。

端午节是一个充满活力的时刻，人们通常在这一天祭祀祖先，并庆祝农历五月初五的到来。它标志着夏季的开始、丰收的喜悦。

端午节中的文化活动非常多样化，有一些古老而又美丽的传统仪式，比如赛龙舟、吃粽子等。端午节是一个展示中华民族传统文化的绝佳机会。在这个特殊时刻，我们可以通过欣赏赛龙舟、品尝粽子等方式，了解和体验中华文化中的智慧与创新。此外，端午节在中国有着深厚的历史底蕴，它代表了民族团结、爱国主义以及传统价值观念。它不仅是我们中华民族的一个重要文化符号，更体现出了我们坚韧不拔、勇敢的品质。
在这个美好的节日里，我们应该充满热情，感受着中华民族的厚重底蕴，将端午节当作一个展示中国传统文化的窗口。让我们一起欢庆这一天，祝大家端午节快乐!祝愿祖国繁荣昌盛!祝愿中华民族团结互助、共同发展!

>>> Send a message (/? for help)
```

图 11-38

11.5 低代码应用示例

本节使用 Ollama+WebUI+AnythingLLM，构建安全可靠的个人/企业知识库。

11.5.1 搭建本地大语言模型

11.4 节已经在本地完成了 Llama 3 模型部署，本节直接使用已部署好的模型。

如果读者使用 Windows 平台进行部署，则可以前往 Ollama 官方网站下载 Windows 操作系统的安装包，如图 11-39 所示。下载完成后，直接安装即可。

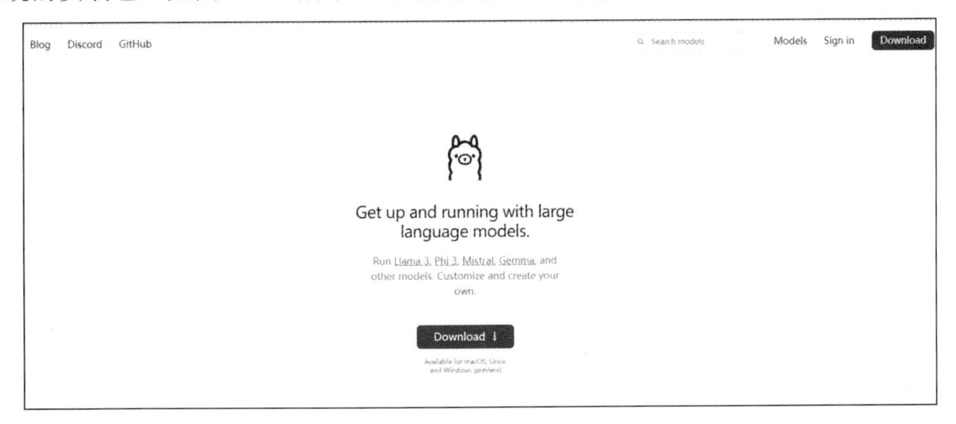

图 11-39

拉取大语言模型。打开终端，输入如下代码，即可自动下载 Llama 3 模型，如图 11-40 所示。

```
ollama run llama3
```

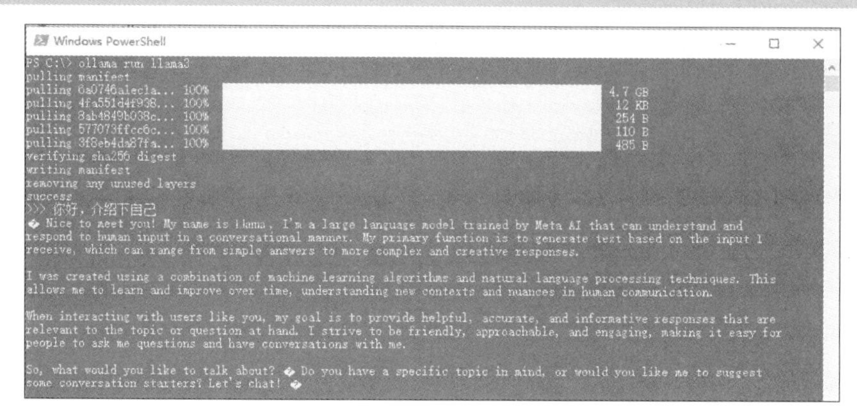

图 11-40

下载完成后，可以直接在终端与大语言模型进行对话，这样我们就拥有了一个属于自己的聊天 AI。

11.5.2 搭建用户界面

1. 安装 Docker 和 WebUI

WebUI 提供了一个用户友好的界面，可以便于用户与大语言模型进行交互。Docker 是一个容器，为每个项目装载了必备的环境和必要条件。在 Docker 官方网站中，下载 Docker Desktop 的安装包，并进行安装，如图 11-41 所示。

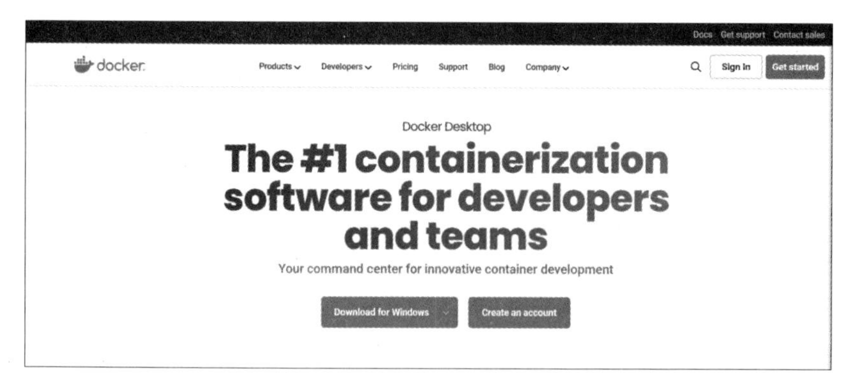

图 11-41

安装完成后，即可进入 Docker。如果首次使用 Docker，则 Containers 中没有任何项目，如图 11-42 所示。

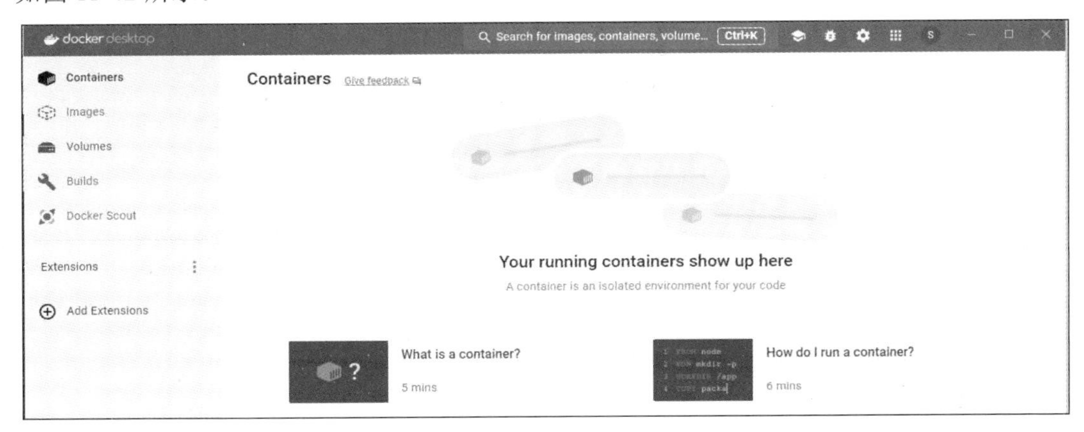

图 11-42

2. 安装 WebUI

在终端中运行以下代码，安装 WebUI，如图 11-43 所示。

```
docker run -d -p 3000:8080 --add-host=host.docker.internal:host-gateway -v open-webui:/app/backend/data --name open-webui --restart always ghcr.io/open-webui/open-webui:main
```

```
选择 Windows PowerShell
PS C:\> docker run -d -p 3000:8080 --add-host=host.docker.internal:host-gateway -v open-webui:/app/backend/data --name o
pen-webui --restart always ghcr.io/open-webui/open-webui:main
Unable to find image 'ghcr.io/open-webui/open-webui:main' locally
main: Pulling from open-webui/open-webui
09f376ebb190: Pull complete
276709cbedc1: Pull complete
a5b1646776ed: Pull complete
cc3e860a837e: Pull complete
67cbcd94260c: Pull complete
f68ebad6d132: Pull complete
4f4fb700ef54: Pull complete
2623bc7141fc: Pull complete
4077663ee14c: Pull complete
b93b8e9934af: Pull complete
cec34b7feea5: Pull complete
0f5b5afab5c1: Downloading [==========================>                    ]  555.9MB/1.029GB
9a84d9823a65: Download complete
fac885e0ea3a: Download complete
e26eb5a4b760: Download complete
4b809755ff77: Download complete
```

图 11-43

安装完成后，进入 Docker Desktop，即可看到安装成功的 WebUI 项目，如图 11-44 所示。

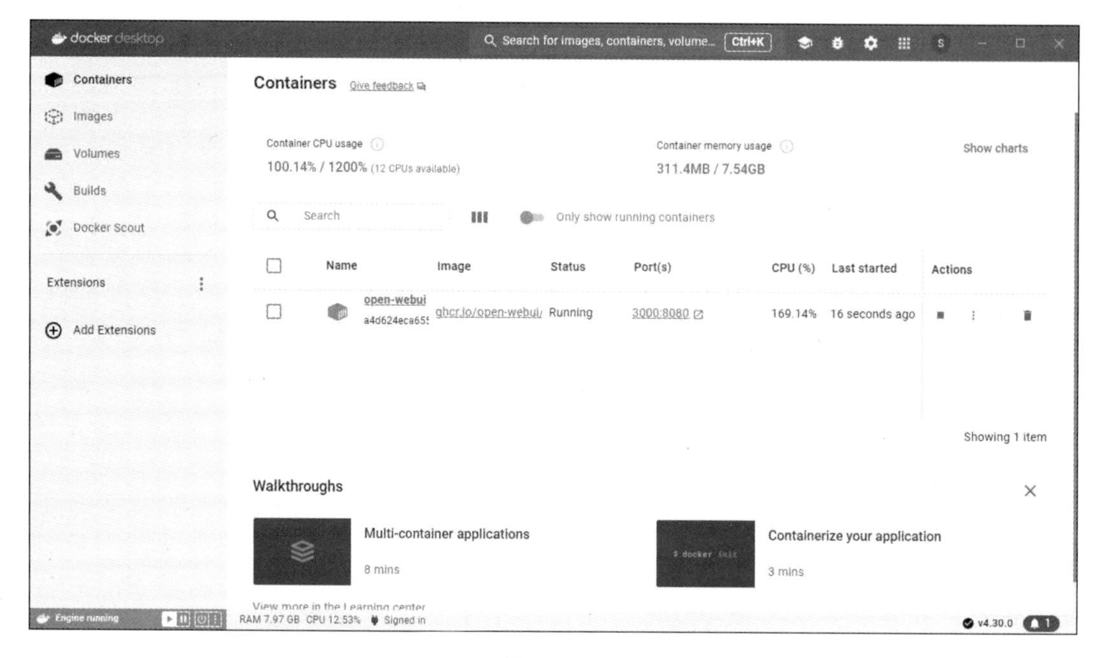

图 11-44

此时，打开任意浏览器，在地址栏中输入“http://127.0.0.1:3000”即可访问 WebUI，如图 11-45 所示。

图 11-45

输入邮箱、密码进行注册后即可登录，如图 11-46 所示。

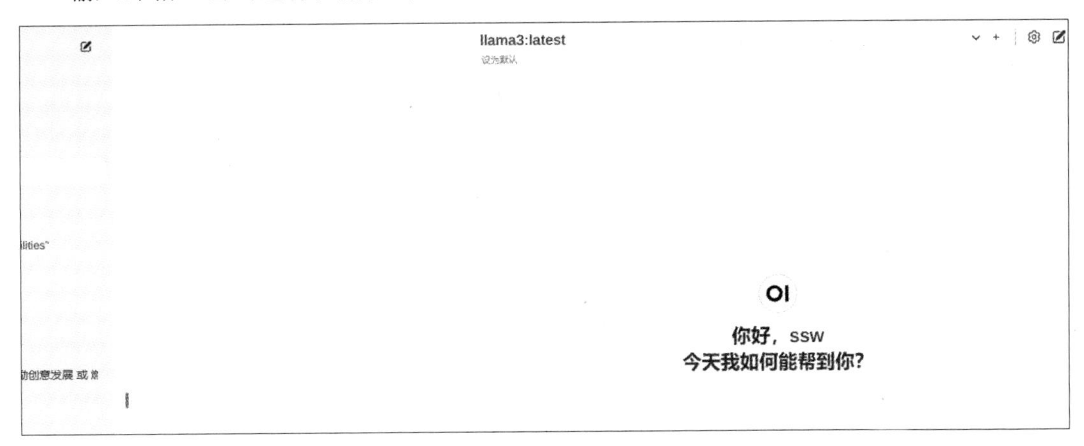

图 11-46

选择模型 Llama 3，在对话框中输入文字即可开始对话，如图 11-47 所示。WebUI 还有很多其他功能，比如自带 RAG，用户在对话框中输入“#”，并在其后跟上网址，即可访问网页的实时信息，进行内容生成。

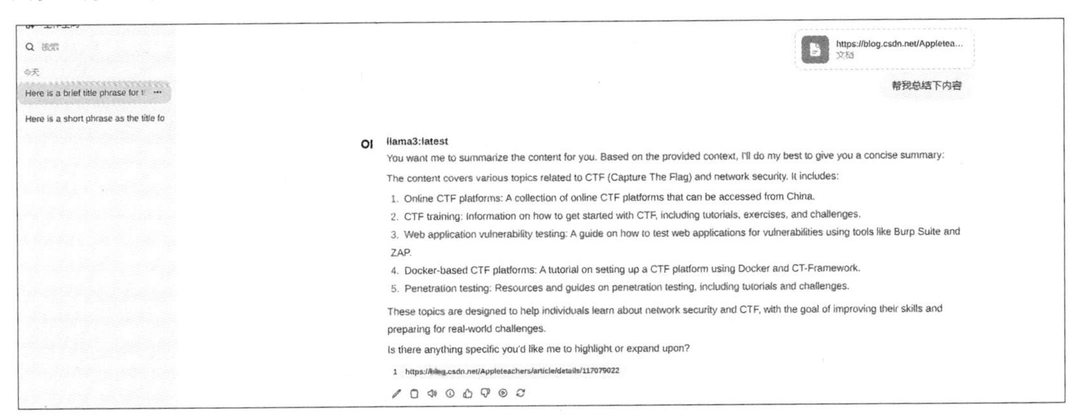

图 11-47

11.5.3　与知识库相连

本节来安装 AnythingLLM 并配置本地大语言模型。

AnythingLLM 是一款强大的工具，允许用户将大语言模型与现有的知识库相结合。下面下载并安装 AnythingLLM，如图 11-48 所示。

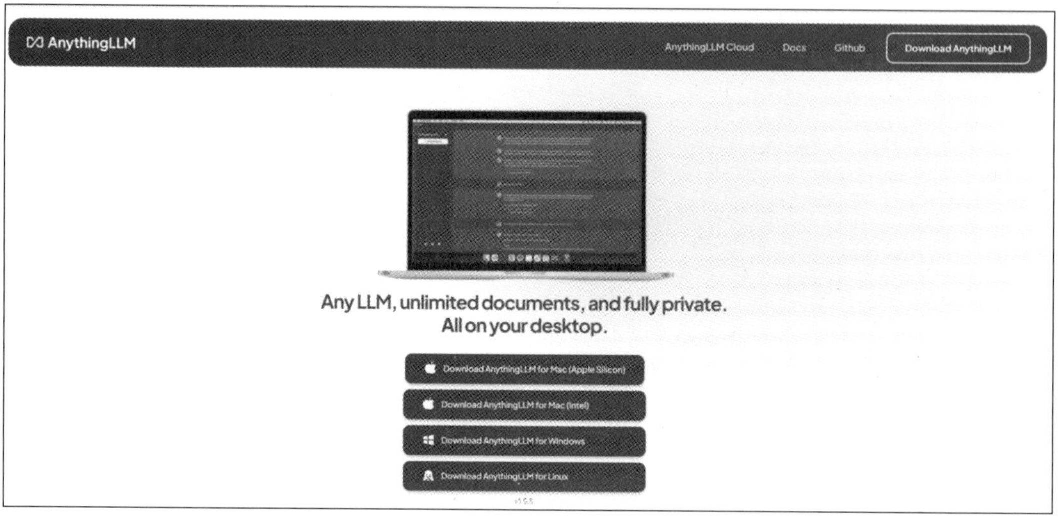

AnythingLLM
AnythingLLM Cloud
Docs
Github
Download AnythingLLM
Any LLM, unlimited documents, and fully private.
All on your desktop.
Download AnythingLLM for Mac (Apple Silicon)
Download AnythingLLM for Mac (Intel)
Download AnythingLLM for Windows
Download AnythingLLM for Linux

图 11-48

安装完成后，其会要求用户配置大语言模型。这里可以选择 Ollama 的本地大语言模型“llama 3:latest”，如图 11-49 所示。

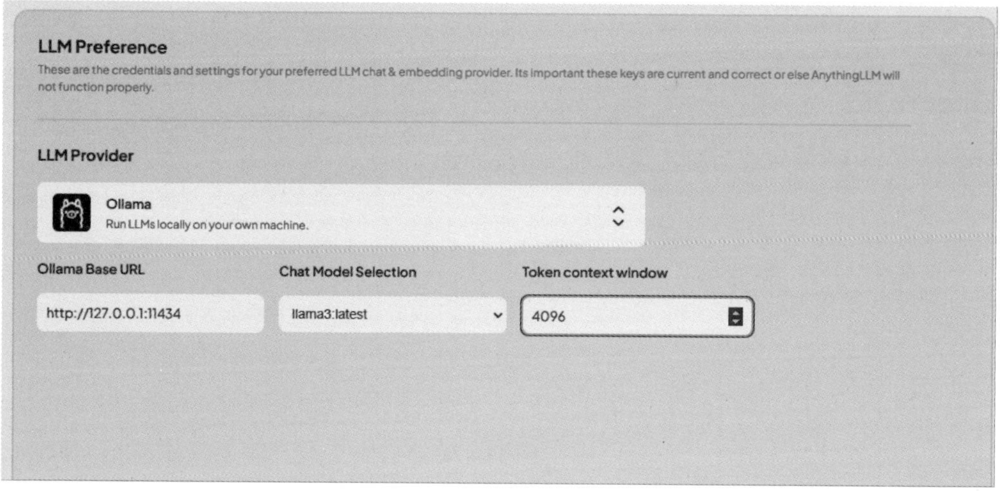

LLM Preference
These are the credentials and settings for your preferred LLM chat & embedding provider. Its important these keys are current and correct or else AnythingLLM will not function properly.
LLM Provider
Ollama
Run LLMs locally on your own machine.
Ollama Base URL
http://127.0.0.1:11434
Chat Model Selection
llama3:latest
Token context window
4096

图 11-49

嵌入模式和向量数据库选择默认的即可，如图 11-50 和图 11-51 所示，或者接入外部 API。

在正式使用之前，需要先上传知识文档，AnythingLLM 支持多种格式的文档，但不可读取图片内容，如图 11-52 所示。

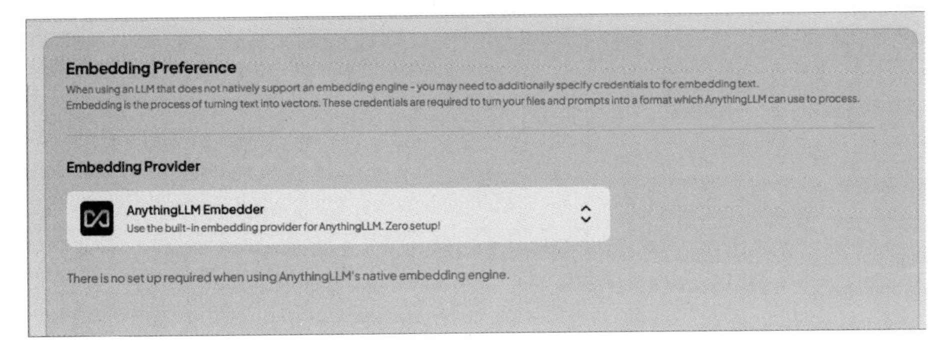

图 11-50

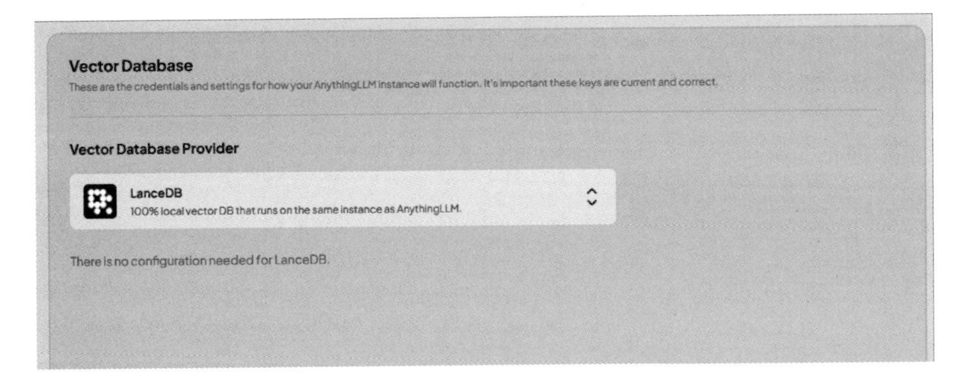

图 11-51

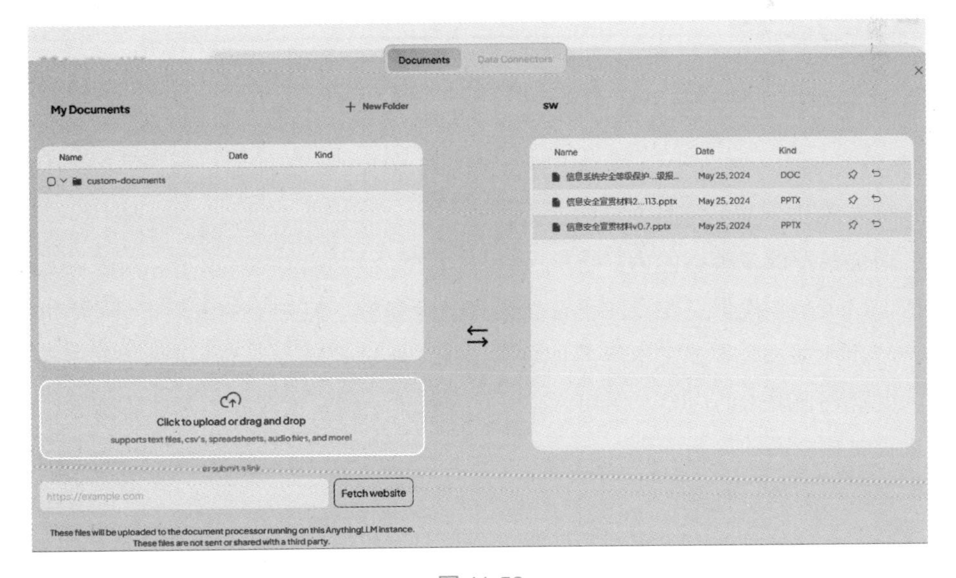

图 11-52

这样，我们就拥有了一个本地大语言模型，它能和自己的知识库进行交互，且信息安全、内容可靠，如图 11-53 所示。

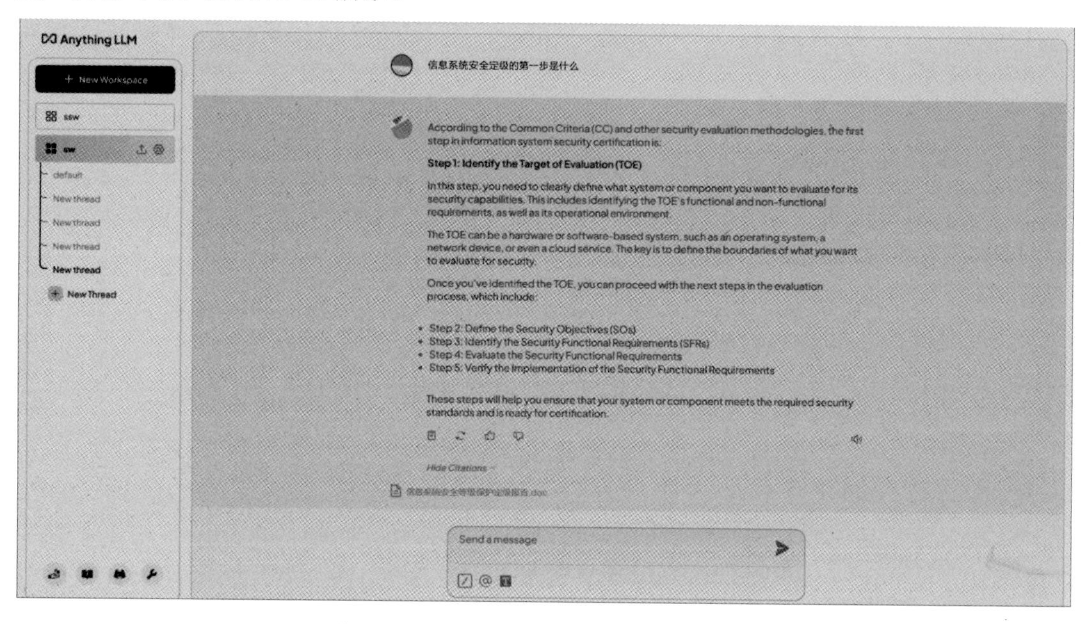

图 11-53

11.6 未来展望

1. Llama 3 模型未来的发展方向

随着 AI 技术的不断进步，Llama 3 模型的发展充满了可能性和机遇，以下是对 Llama 3 模型未来可能的几个重要发展方向的讨论。

（1）增强模型的多模态能力。

目前，Llama 3 模型主要专注于自然语言处理任务，但未来的发展可能会扩展到多模态领域，结合视觉、音频和文本等多种数据形式，通过多模态训练，模型能够理解和生成更复杂、更富有表现力的内容。例如，在医疗领域中，结合影像数据和文本记录，Llama 3 模型可以提供更全面的诊断支持。

（2）提高模型的可解释性。

随着模型在各个领域中的应用不断深入，用户对模型可解释性的需求也在增加。未来可能的发展方向之一是提高 Llama 3 模型的可解释性，使得模型的决策过程更加透明和可理解。通过可解释性技术，用户可以更清楚地了解模型是如何得出结论的，从而增加对模型的信任。

（3）强化模型的自主学习能力。

自主学习（Autonomic Learning，AL）是未来 AI 发展的重要方向之一。Llama 3 模型可以通过更先进的自主学习技术，不断从无标注数据中提取信息，进行自我改进和优化。这将极大地提升模型的泛化能力和适应性，使其在不断变化的环境中保持高效和准确。

2. 预测新技术与趋势对 Llama 3 模型应用的影响

新技术与趋势的出现将对 Llama 3 模型的应用产生深远影响，以下是对几项重要技术和趋势的预测。

（1）边缘计算与分布式模型。

边缘计算的兴起使得模型可以在靠近数据源的地方进行推理和计算，从而减少延迟和带宽消耗。开发者可以通过分布式技术将 Llama 3 模型部署在多个边缘节点上，从而实现更高效的实时数据处理和决策。这将对需要低延迟响应的应用场景（如自动驾驶和智能制造）产生重大影响。

（2）联邦学习与隐私保护。

随着数据隐私问题的日益凸显，联邦学习（Federated Learning，FL）将成为一种重要的技术趋势。通过联邦学习，Llama 3 模型可以在多台设备上协同训练模型，而无须集中数据，从而保护用户隐私。未来，Llama 3 模型将在数据隐私保护和安全性方面发挥更大作用，特别是在医疗、金融等对数据隐私要求高的领域中。

（3）深度强化学习与智能决策。

随着深度强化学习（Deep Reinforcement Learning，DRL）技术的发展，Llama 3 模型将在智能决策领域中展现更大的潜力。通过结合深度强化学习技术，Llama 3 模型可以在复杂的动态环境中进行策略优化和智能决策。例如，在金融交易系统中，Llama 3 模型可以实时分析市场变化，制定最佳交易策略。

3. 模型在实际应用中的挑战与机遇

（1）模型在实际应用中的挑战。

数据质量与多样性：高质量、多样化的数据是训练优秀模型的基础。如何获取和处理大量高质量的训练数据，对开发者来说仍然是一个重大挑战。

模型的高效性和可扩展性：随着应用规模的扩大，如何保持模型的高效性和可扩展性是一个关键问题。开发者需要不断优化模型结构和训练算法，以适应大规模数据处理的需求。

伦理与法律问题：AI 的广泛应用带来了许多伦理和法律问题，如数据隐私、偏见和歧视等。如何在实际应用中遵守相关法律法规，避免出现伦理问题，是未来 Llama 3 模型发展的重要研究课题。

（2）模型在实际应用中的机遇。

跨领域应用：Llama 3 模型在多个领域中具有广泛的应用前景。从医疗到金融，从教育到娱乐，Llama 3 模型可以通过定制化微调，满足不同领域的需求，带来巨大的商业价值。

持续改进与创新：随着技术的不断进步，Llama 3 模型可以通过持续学习和优化，不断提升性能和能力。新的算法和技术的应用，将使 Llama 3 模型保持领先优势。

全球合作与社区支持：作为开源模型，Llama 3 模型得到了全球研究社区的广泛支持。通过开放合作和知识共享，Llama 3 模型可以更快地发展和优化，推动 AI 技术的整体进步。

回顾本章内容，Llama 3 模型在自然语言处理领域中展示了强大的能力和广阔的应用前景。通过微调、量化、部署和实际应用，我们可以充分发挥 Llama 3 模型的潜力，为各个领域提供智能化解决方案。在未来的发展中，我们将面临许多挑战，但更重要的是，我们拥有无限的机遇。希望读者能够通过本书深入了解和掌握 Llama 3 模型，积极探索和创新，共同推动 AI 技术的进步和应用。

反侵权盗版声明

举报电话：（010）88254396；（010）88258888
传　　真：（010）88254397
E-mail：　dbqq@phei.com.cn
通信地址：北京市海淀区万寿路 173 信箱
　　　　　电子工业出版社总编办公室
邮　　编：100036